AF232549

3ᵉ Edition.

1857.

A MONSIEUR A. VINCENT

ancien élève de l'École polytechnique, Officier de la
Légion d'honneur, Directeur de l'École Royale d'arts
et métiers de Châlons - sur - marne, Ingénieur de
la marine, &c.

Hommage de l'auteur,

E. E. BOBILLIER.

ancien élève de l'École polytechnique.

V.   Imprimerie Lithographique de BARBAT à Châlons s m.

Ouvrages publiés à l'École Royale d'arts et métiers de Châlons sur-marne.

Principes d'Algèbre par C.C. Bobillier. — (trois parties) — prix 5.ᶠ et 6.ᶠ franc de port.
Théorie du calorique, par le même. — 2.ᶠ
Comptabilité Commerciale, ou cours théorique et pratique de la tenue des livres en partie
  Double, par M. Mézières. — texte et Atlas. — 6.ᶠ

Sous presse.
Cours d'arithmétique (2ᵐᵉ édition) par MM. Véret et Faron.
Machines à vapeur, par C.C. Bobillier.
Résistance des bois et métaux, par le même.

Avis. — Les lettres non affranchies sont refusées.

TABLE DES MATIÈRES.

Suite d. p.

Géométrie de l'espace (1re partie).
Section 1. — Les plans.

Section 2. — Les polyèdres.

Section 3. — Les corps ronds.

Géométrie de l'espace (2e partie).
Section 1. — Les surfaces courbes.

Section 2. — Les plans tangents.

Fin de la Table.

COURS DE GÉOMÉTRIE.

Introduction.

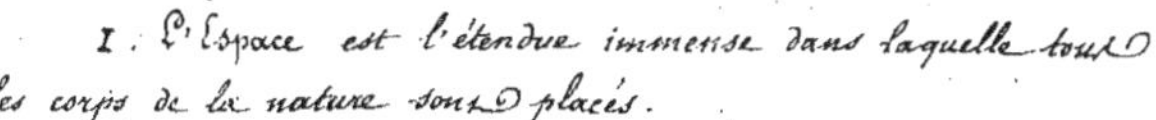

I. L'Espace est l'étendue immense dans laquelle tous les corps de la nature sont placés.

L'espace n'a pas de bornes ; car, quelles que soient celles qu'on lui assigne, l'esprit les franchit aussitôt et conçoit un espace plus grand.

II. Le volume d'un corps est la portion de l'espace qu'il occupe. — Il ne dépend en aucune manière de l'espèce de matière dont le corps est formé.

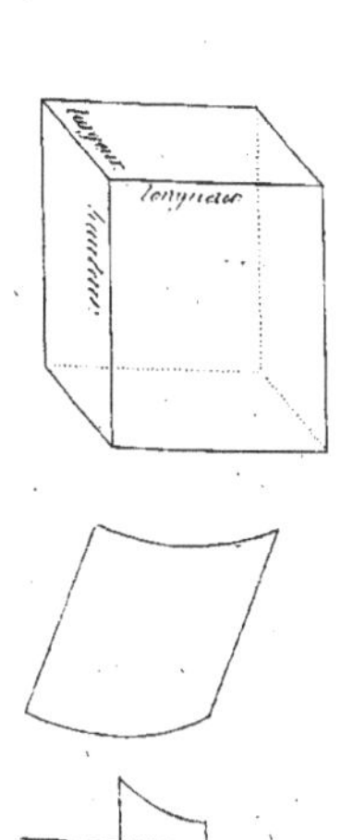

- Un corps, quelque petit qu'il soit, présente de l'étendue dans tous les sens. — Toutefois, on est souvent conduit à ne considérer cette étendue que dans trois sens principaux, que l'on appelle dimensions et que l'on désigne sous les noms particuliers de longueur, largeur et hauteur ; au lieu de hauteur, on dit, selon les cas, profondeur ou épaisseur.

III. On appelle surface le lieu qui sépare le volume d'un corps de l'espace indéfini dont il est entouré. — C'est la surface d'un corps qui détermine sa forme ou sa figure. — Une surface, n'étant qu'une enveloppe idéale dépourvue d'épaisseur, n'a que deux dimensions : longueur et largeur.

IV. Une ligne est le lieu de l'intersection de deux surfaces qui se pénètrent mutuellement dans l'espace. — Les lignes n'ont d'étendue qu'en longueur.

V. On appelle point le lieu de la rencontre de deux lignes. — Le point, n'ayant d'étendue en aucun sens, n'a pas de forme.

VI. On peut marquer sur une ligne une infinité de points et

et tracer sur une surface une infinité de lignes; on peut également concevoir dans une portion limitée de l'espace un nombre infini de surfaces diverses.

Conséquemment, si l'on convient de désigner un point par une lettre, on pourra énoncer: 1°. Une ligne au moyen de plusieurs points; 2°. Une surface au moyen des lignes qui la terminent ou qui s'y trouvent situées; 3°. Un corps à l'aide de la surface qui le recouvre.

Ainsi, on dira: le point a. — les lignes bcd, ccf se coupent au point c. — Les surfaces ghij, klmn se pénètrent selon la ligne opq. — Le corps rstuvwxy.

VII. On mesure naturellement la distance de deux points a et b par la ligne la plus courte ab parmi toutes celles acb, adb, aeb,..... que l'on peut tirer entre ces deux points.

VIII. On distingue trois espèces de lignes: 1°. la ligne droite, ou, par abréviation, la droite; 2°. la ligne brisée; 3°. la ligne courbe.

1°. La droite est une ligne ab, indéfinie dans les deux sens, dont la principale propriété est d'être le plus court chemin entre deux points pris à volonté sur sa direction.

2°. Une ligne abcdef est brisée quand elle est composée de plusieurs portions de droites ab, bc, cd, de, ef.

3°. Une ligne est courbe lorsqu'elle n'est ni droite ni brisée. — Telle est la ligne abc.

On dit aussi qu'une ligne abcdef est mixte quand elle est formée de parties droites ab, de, et de parties courbes bc, cd, ef.

IX. Il y a trois espèces de surfaces: 1°. la surface plane ou le plan; 2°. la surface brisée; 3°. la surface courbe.

1°. Le plan est une surface indéfinie, telle que la droite qui unit deux quelconques de ses points, y est située toute entière.

Ainsi, une surface est plane lorsqu'on peut y appliquer exactement une ligne droite dans tous les sens.

2°. Une surface est brisée quand elle est formée de plusieurs portions de plan.

3°. Une surface est courbe quand elle n'est ni plane ni brisée.

On dit aussi qu'une surface est mixte lorsqu'elle est composée de parties planes et de parties courbes.

X. Quant aux corps, on les classe d'après la nature des surfaces qui limitent leur étendue. — Les plus simples sont terminés par des portions de plan. —

But et Division de la Géométrie.

La Géométrie est la science qui traite de la mesure et des propriétés de l'étendue.

On la divise généralement en Géométrie plane et en Géométrie de l'espace:

La Géométrie plane comprend les questions dont les données et les constructions se trouvent sur un même plan.

La Géométrie de l'espace comprend toutes les autres considérations qui concernent l'étendue.

Axiômes.

Un axiôme est une vérité évidente par elle même.

On admettra dans ce cours les cinq axiômes qui suivent:

1° Le tout est égal à la somme de ses parties. — Si une grandeur A a été divisée en trois parties B, C, D, on a l'égalité qui suit $A = B + C + D$.

2° Le tout est plus grand que sa partie. — Soient A une grandeur et B l'une de ses parties, on a l'inégalité $A > B$ ou l'inégalité équivalente $B < A$.

3° Deux quantités égales chacune à une troisième sont égales entr'elles. — Des égalités $A = C$, $B = C$ on déduit l'égalité $A = B$.

4° D'un point à un autre on ne peut tirer qu'une seule ligne droite. —

5° Deux grandeurs, lignes, surfaces, volumes, &ᵃ &ᵃ, sont égales, lorsqu'elles peuvent être superposées, c'est à dire, lorsqu'il est possible de les appliquer l'une sur l'autre de manière à les faire coïncider dans toute leur étendue.

Les parties qui coïncident sont dites homologues. — Les points homologues se désignent ordinairement par une même lettre que l'on affecte d'un ou de plusieurs accents. — Les notations a', b'', c''' s'énoncent a prime, b seconde, c tierce.

Termes usités en Géométrie.

1. Un Théorème est une vérité qui devient évidente au moyen d'une série de raisonnements que l'on appelle Démonstration. — L'énoncé d'un théorème comprend toujours une supposition et une conclusion.

11. Un problème est une question proposée qui exige une réponse nommée solution. — Un problème est déterminé quand il n'a qu'une solution ou qu'un certain nombre de solutions; il est indéterminé quand il en a une infinité et impossible lorsqu'il n'en a pas.

111. Un lemme est une vérité peu saillante qui sert à établir un théorème ou à résoudre un problème.

1V. On donne indistinctement le nom de proposition aux théorèmes, aux lemmes et aux problèmes.

V. Une réciproque est une proposition inverse d'une autre, en sorte que dans l'énoncé la conclusion prend la place de la supposition et la supposition celle de la conclusion. — Toutes les réciproques ne sont pas vraies.

On établit la plupart des réciproques au moyen de la démonstration dite par l'absurde. — Elle consiste à faire voir que toutes les suppositions contraires à la vérité qu'il s'agit de prouver, conduisent à une absurdité.

V1. Un corollaire est une conséquence qui découle d'une ou de plusieurs propositions.

V11. Un scholie est la même chose qu'une remarque.

V111. L'expression hypothèse est synonime de supposition.

1ʳᵉ PARTIE.

1ʳᵉ SECTION.

Les Figures Rectilignes.

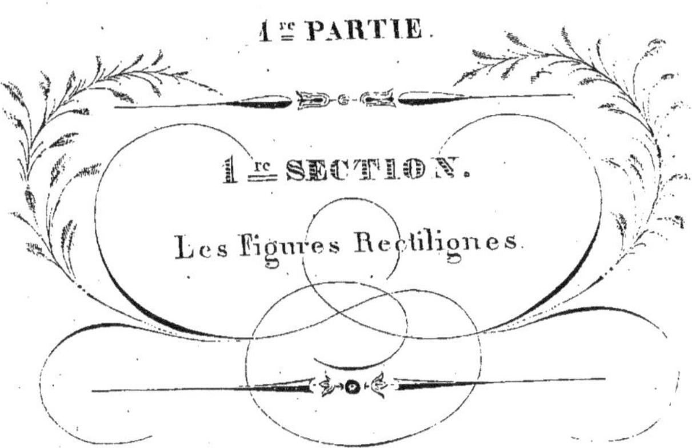

§. 1. — Notions sur les lignes.

1. Il existe une infinité de lignes essentiellement distinctes par les formes qu'elles affectent et par les propriétés dont elles jouissent. — Les unes, rentrantes sur elles-mêmes, sont fermées ; — d'autres, comme la ligne droite, sont indéfinies dans les deux sens ; — certaines lignes enfin sont limitées dans un sens et illimitées dans l'autre.

On appelle segment de ligne une portion arbitraire ab d'une ligne quelconque cd. — Les points a et b sont les extrémités du segment.

Un segment très petit prend le nom d'élément.

II. Le milieu d'un segment de droite ab est le point o de cette ligne qui se trouve à égale distance des extrémités a et b.

III. Tout point c, pris sur la direction d'un segment de ligne ab, y détermine deux autres segmens ac, bc, qui mesurent les distances de ce point aux extrémités a et b. — Les segmens (fig. 1) sont dits additifs, lorsque le point c est compris entre a et b, parceque l'on a $ac + bc = ab$. — Ils sont dits soustractifs dans le cas contraire, parcequ'alors (fig. 2) $ac - bc = ab$, ou bien (fig. 3) $bc - ac = ab$.

IV. Une ligne quelconque est plane, lorsque tous ses points

Scholies. — 1. Pour construire une expression de la forme $m + n - l + p - q$; les lettres m, n, l, p, q désignant des portions de droite, prenez, sur une droite indéfinie ax, 1° $ab = m$; 2° $bc = n$; 3° $cd = l$; 4° $de = p$; 5° $ef = q$. — La droite af est la ligne cherchée. — Si le point f tombait en a, l'expression donnée serait nulle. — S'il tombait à gauche du point a, la somme des lignes l et q surpasserait celle des lignes m, n et p de la ligne af.

11. Pour faire une droite multiple d'une autre, par exemple, égale à $5m$, il suffit de déterminer la somme de cinq lignes égales à la droite m. — Cette remarque permet de construire les expressions de la forme $5m + 3n - 4l + 2p - 7q$.

111. On verra plus loin comment on peut interpréter un produit de deux ou de trois lignes. — Quant à la division d'une ligne par une autre, on l'effectue en retranchant la seconde de la première autant de fois que cela est possible ; le nombre des soustractions faites exprime le quotient.

Prop. 4. — Théorème. — La distance du milieu o d'une portion de droite ab à un point quelconque c de sa direction, est égale à la demi somme ou à la demi différence des segmens ac, bc, formés par ce point, selon que ces segmens sont soustractifs ou additifs.

1° Si les segmens sont soustractifs, on a $oc = ac - ao$, $oc = bc + ob$; ajoutant ces égalités et observant que les moitiés ao, ob sont égales, il vient $2oc = ac + bc$, d'où $oc = \dfrac{ac + bc}{2}$.

2° Si les segmens sont additifs, on a $oc = ac - ao$, $oc = ob - bc$ et, en ajoutant ; $2oc = ac - bc$ d'où $oc = \dfrac{ac - bc}{2}$.

Prop. 5. — Problème. — Mesurer une portion de droite avec le mètre.

On porte le mètre sur la droite donnée autant de fois que cela est possible ; — s'il y a un reste, on le mesure en le comparant au décimètre ; — on mesure pareillement le deuxième reste avec le centimètre, le troisième avec le millimètre et ainsi de suite jusqu'à ce que l'on obtienne un reste qui contienne exactement l'une des subdivisions du mètre, ou qui soit assez petit pour qu'on puisse le négliger.

Supposons, pour fixer les idées, que la droite ab contienne deux fois le mètre avec un reste bc ; que bc contienne 3 décimètres avec un reste bd ; que bd enfin contienne exactement 4 centimètres. — On aura

$$ab = ac + cd + db = 2^m + 0^m,3 + 0^m,04 = 2^m,34.$$

Prop. 6. — Problème. — Rectifier une ligne courbe donnée.

Remarquons d'abord que la recherche d'une ligne droite égale au contour d'une ligne brisée $mnlopq$ ne présente aucune difficulté, puisqu'elle consiste à prendre la somme des portions de droite mn, nl, lo, ... dont elle est composée:

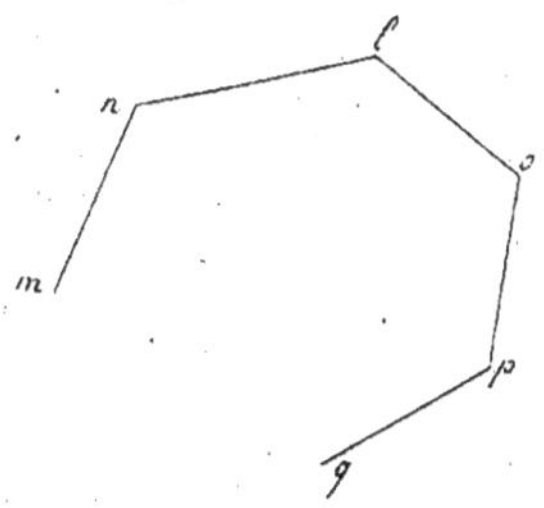

Cela posé, soit à rectifier une ligne courbe $akjf$, plane ou non, limitée aux points a et f. — Marquons sur son contour des points b, c, d, e très voisins les uns des autres, de manière que les élémens curvilignes asb, btc, cud, ... diffèrent peu en longueur des petites portions de droite ab, bc, cd, ...; la question sera ainsi ramenée à trouver le contour de la ligne brisée $abcdef$; mais elle ne pourra être résolue que par approximation. — L'erreur commise sera évidemment d'autant moindre que les élémens de la courbe seront plus petits, ou, ce qui revient au même; qu'ils seront en plus grand nombre.

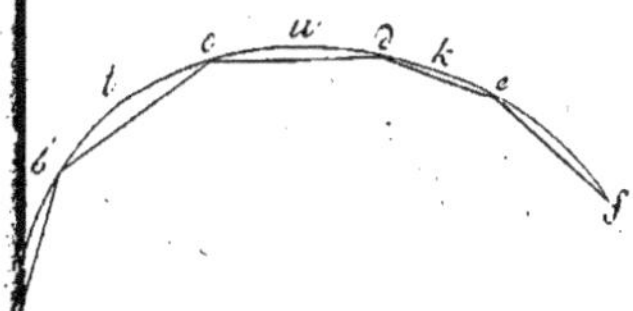

Scholies. — 1. Une ligne courbe peut être considérée comme une ligne brisée composée d'un nombre infini de portions de droite infiniment petites.

11. C'est en rectifiant les lignes courbes qu'on parvient à les mesurer et à les soumettre aux opérations de l'Arithmétique.

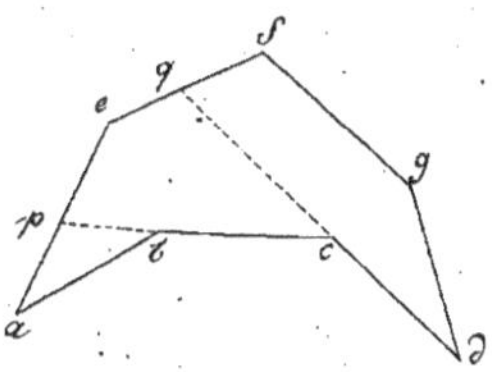

Prop. 7. — Théorème. — Toute ligne convexe est moindre que toute autre ligne qui l'enveloppe de toutes parts, soit que ces deux lignes aient ou n'aient pas d'extrémités communes. (La démonstration est la même dans les deux cas.)

Soient $abcd$ une ligne brisée convexe et $aefgd$ une autre ligne, brisée, courbe ou mixte, convexe ou non, qui l'enveloppe de toutes parts et qui a les mêmes extrémités a et d. — Prolongeant les côtés bc et cd, dans le même sens, jusqu'aux points p et q de la ligne enveloppe, on a, parceque le plus court chemin entre deux points est la ligne droite, les inégalités qui suivent:

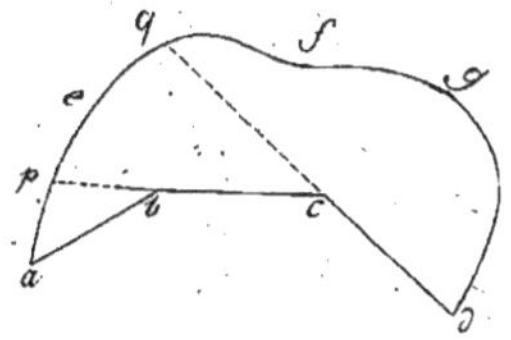

$$ab < ap + pb.$$
$$pc \text{ ou } pb + bc < peq + qc.$$
$$qd \text{ ou } qc + cd < qfg\,d.$$

ajoutant ces inégalités, il vient

$$pb + qc + abcd < aefgd + pb + qc,$$

et, en supprimant $pb + qc$ dans les deux membres, $abcd < aefgd$.

Ce Théorème subsista encore quand la ligne enveloppée est une courbe convexe, car on peut la considérer comme une ligne brisée composée d'une infinité de portions de droite infiniment petites.

Scholie. — Le présent théorème n'est plus vrai généralement, comme on peut s'en apercevoir par la figure ci-contre, lorsque la ligne enveloppée n'est pas convexe.

§. 2. — Des Angles.

1. On appelle angle plan ou simplement angle l'espace indéfini qu'interceptent sur un plan deux droites oa et ob, issues d'un même point o. — Les droites oa, ob sont dites les côtés de l'angle et le point de concours o en est le sommet.

Un angle se désigne par trois lettres, celle du milieu appartenant au sommet et les deux autres à deux points pris arbitrairement sur les côtés. — Lorsque l'angle est isolé et en général, lorsqu'il n'y a pas lieu à double entente, on ne fait usage, pour abréger, que de la seule lettre du sommet. — Ainsi, s'il s'agit de l'angle dont les côtés sont oa et ob, on pourra dire indifféremment : angle aob, angle boa, angle o.

La grandeur d'un angle ne dépend en aucune manière de la longueur de ses côtés et ne consiste que dans leur ouverture ou écartement. — Si, le côté oa restant immobile, on fait tourner le côté ob autour du sommet o, l'angle aob croîtra ou décroîtra selon que le côté variable s'éloignera ou se rapprochera du côté fixe.

11. La Bissectrice d'un angle aob est la droite oc qui le divise en deux angles égaux aoc et boc.

111. Deux angles aob et aoc sont adjacents lorsqu'ils ont le même sommet o et un côté commun oa. — Ils sont nommés intérieurs (fig. 1) lorsque l'un comprend l'autre et extérieurs (fig. 2) dans le cas contraire.

IV. Deux angles aob et cod sont opposés par le sommet, lorsque les côtés oc, od de l'un sont les prolongements des côtés oa, ob de l'autre.

V. Une droite oc est perpendiculaire à une autre droite ab, lorsqu'elle fait avec elle deux angles adjacents égaux aoc, boc. — Le point de rencontre o se nomme le pied de la perpendiculaire.

VI.

Cette définition revient à dire que la ligne oc tombe d'aplomb sur la droite ab ou bien encore que cette ligne ne penche pas plus du côté oa que du côté ob.

VI. Une droite oc est oblique à une autre droite ab, quand elle forme avec elle deux angles adjacens inégaux aoc et boc. — Le point o est le pied de l'oblique. — Le plus petit boc des deux angles est dit l'inclinaison de l'oblique oc sur la ligne ab.

VII. On appelle angle droit tout angle, aoc ou boc, formé par une droite oc perpendiculaire à une autre droite ab.

Un angle est obtus, lorsque, comme aod, il est plus grand qu'un angle droit.

Un angle est aigu, lorsque, comme bod, il est plus petit qu'un angle droit.

VIII. Deux angles bod et cod sont dits complimens l'un de l'autre, ou complémentaires, lorsque leur somme boc est égale à un angle droit.

IX. Deux angles sont dits supplémens l'un de l'autre, ou supplémentaires, lorsque leur somme équivaut à deux angles droits.

X. Mesurer un angle, c'est l'exprimer numériquement en le comparant à un autre angle pris arbitrairement pour unité.

Proposition 1. — Théorème. — Si une droite oc est perpendiculaire à une autre droite ab : 1° le prolongement od de la première est perpendiculaire à la seconde. — 2° La seconde droite ab est aussi perpendiculaire à la première cd.

Imaginons que les deux droites ab, cd soient liées invariablement entr'elles et qu'on les fasse tourner, dans le sens de la flèche, autour du point o, jusqu'à ce que le côté oc prenne la direction ob. — L'angle aoc étant égal par hypothèse à l'angle boc, le côté oa se couchera aussi sur oc (axiome 5); et comme deux droites, qui ont une partie commune, coïncident dans toute leur étendue, od prolongement de oc tombera sur oa prolongement de ob. — Par la même raison, ob prolongement de oa tombera sur od, prolongement de oc. — Ainsi, de l'hypothèse angle aoc = angle boc il résulte

1° ang. aod = ang. bod. 2° ang. coa = ang. doa, ang. cob = ang. dob; ce qui démontre les deux parties de l'énoncé.

Corollaire 1. — Deux droites ab et cd, perpendiculaires l'une à

si l'on imagine la droite ok perpendiculaire à la ligne ab, on a

angle aoc = angle droit aok + angle koc;

angle boc = angle droit bok − angle koc;

ajoutans ces égalités, membres à membres, et supprimant les termes angle koc et − angle koc qui se détruisent, il vient

angle aoc + angle boc = 2 angles droits.

Réciproque. — Si la somme de deux angles aoc et boc, extérieurement adjacens, est égale à deux angles droits, les côtés non communs oa et ob sont en ligne droite.

Si ob n'est pas le prolongement de oa, soit od ce prolongement. — On a, par hypothèse, angle aoc + angle boc = 2^D, et, parceque la droite co rencontre la droite aod au point o, angle aoc + angle cod = 2^D. — Mais deux quantités égales chacune à une troisième sont égales entre elles; donc

angle aoc + angle boc = angle aoc + angle cod.

ou bien, en supprimant l'angle aoc commun aux deux membres, angle boc = angle cod, ce qui est absurde (axiôme 2). — Donc le prolongement de oa est ob.

Scholie. — On peut énoncer ces propositions comme il suit:

Toute droite, qui en rencontre une autre, fait avec elle deux angles adjacens supplémens l'un de l'autre.

Réciproquement, si deux angles, extérieurement adjacens, sont supplémentaires, les côtés non communs sont en ligne droite.

Prop. 6. — Théorème. — La somme de tous les angles consécutifs aob, boc, cod et doe, formés dans un plan autour d'un point o d'une droite ae et d'un même côté, est égale à deux angles droits.

On a, parceque la droite ob rencontre la droite ae en o, angle aob + angle boe = 2^D. — Substituant à l'angle boe ses trois parties, angle boc, angle cod et angle doe, il vient

angle aob + angle boc + angle cod + angle doe = 2^D.

Réciproque. — Si la somme de plusieurs angles consécutifs aob, boc, cod et doe, formés autour d'un point o dans un plan, est égale à deux angles droits, les côtés extérieurs oa et oe sont en ligne droite.

Car, la somme des trois angles boc, cod, doe étant angle boe, on déduit de l'hypothèse angle aob + angle boe = 2^D.

Prop. 7. — Théorème. — Lorsque deux droites ac, bd se coupent

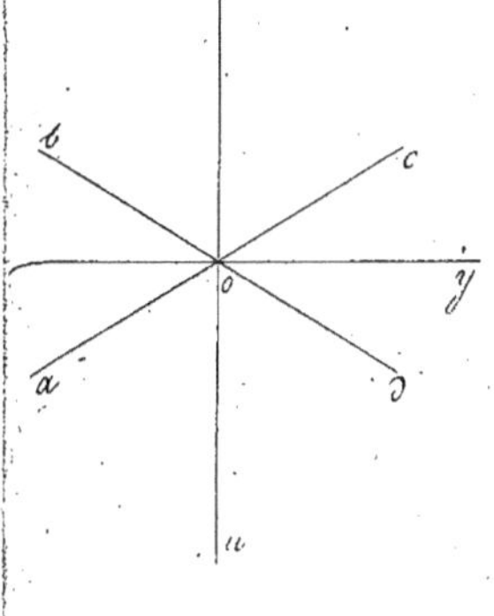

les angles aob et cod, boc et aod, opposés par le sommet, sont égaux deux à deux.

On a, parceque ob rencontre ac, angle aob + angle boc = 2^D, et, parceque co rencontre bd, angle cod + angle boc = 2^D. — Donc il vient (axiôme 3)

angle aob + angle boc = angle cod + angle boc,

et, en supprimant l'angle commun boc, angle aob = angle cod. — On prouverait de même que angle boc = angle aod.

Réciproque (à démontrer). — Quatre droites oa, ob, oc et od, issues d'un même point o dans un plan, n'en forment que deux ac et bd, lorsque les angles opposés aob et cod, boc et aod sont égaux deux à deux.

— **Prop. 8.** — Théorème. — Lorsque deux droites ac et bd se coupent:
1° les bissectrices ox et oy, oz et ou des angles opposés par le sommet sont, deux à deux, en ligne droite. — 2° les bissectrices xy, zu des angles adjacens sont perpendiculaires l'une à l'autre.

1° On a, par la proposition 6 du présent paragraphe,

angle aox + angle xob + angle boc = 2^D;

mais à l'angle aox, moitié de aob, on peut substituer angle yoc, moitié de l'angle égal cod; donc

angle yoc + angle xob + angle boc = 2^D;

d'où il suit, en vertu de la réciproque de la proposition citée, que oy est le prolongement de ox. — On démontrerait de la même manière que ou est le prolongement de oz.

2° Parceque la somme des deux angles adjacens aob et boc vaut deux angles droits, celle de leurs moitiés xob et boz, c'est à dire, l'angle xoz est égal à un angle droit. — Donc les droites xy, zu sont perpendiculaires l'une à l'autre.

§. 3. — Théorie des perpendiculaires et des obliques.

1. On appelle projection d'un point o sur une droite ab le pied p de la perpendiculaire op abaissée du point sur la droite. — Tous les points de la droite ab se confondent avec leurs projections.

11. La projection d'un segment de ligne cd sur une droite ab est la portion ef de cette droite comprise entre les projections e et f des extrémités c et d du segment.

Proposition 1. — Théorème. — En un point o d'une droite ab on peut toujours tirer sur cette ligne une perpendiculaire, mais on ne peut en tirer qu'une.

La première partie de ce théorème est évidente, car elle revient à dire qu'il est toujours possible de plier le plan de la figure selon une certaine droite oc, issue du point o, de manière que la ligne oa se rabatte sur la ligne ob, ou, en d'autres termes, de manière que l'angle aoc soit égal à l'angle boc.

Quant à la seconde partie, elle résulte de ce que toute autre droite od, menée par le point o, est oblique à la ligne ab. — En effet, l'angle aod étant plus grand que l'angle aoc et ce dernier angle ou son égal boc étant plus grand que l'angle bod, on a aussi angle aod $>$ angle bod.

Prop. 2. — Théorème. — D'un point o, pris hors d'une droite ab, on peut toujours tirer sur cette ligne une perpendiculaire, mais on ne peut en tirer qu'une.

Soit c la position que viendrait occuper le point o, si, pliant le plan de la figure le long de ab, on rabattait sa partie supérieure sur sa partie inférieure. — Unissons les points o et c par la droite oc, qui coupe ab en p, et opérons ensuite le rabattement en question. — Le point p, situé sur la charnière ab, restant fixe et le point o se plaçant en c, la droite po s'appliquera sur pc et par suite l'angle apo sur l'angle apc; donc ab est perpendiculaire sur oc et réciproquement oc est perpendiculaire sur ab.

Reste maintenant à faire voir que op est la seule perpendiculaire que l'on puisse tirer du point o sur la ligne ab, ou, en d'autres termes, que toute autre droite ok, issue du même point c est oblique à cette ligne. — Dans le rabattement, ok prenant la position ck, on a angle ako = angle akc; mais si l'on prolonge ck vers d, il vient, parceque les angles opposés par le sommet sont égaux, angle akc = angle bkd; d'où résulte angle ako = angle bkd; or angle bko est $>$ angle bkd; donc aussi angle bko est $>$ angle ako.

Scholie. — Une droite est déterminée en direction lorsqu'elle est assujettie à passer par un point donné et à être perpendiculaire à une droite donnée.

Prop. 3. — Théorème. — 1° Tout point k, situé sur la perpen-

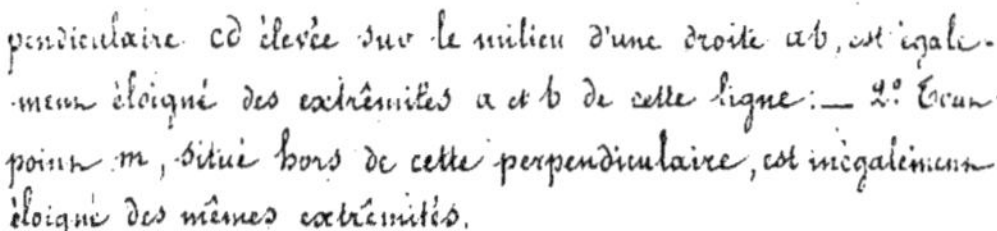

perpendiculaire cd élevée sur le milieu d'une droite ab, est également éloigné des extrémités a et b de cette ligne. — 2.° Tout
point m, situé hors de cette perpendiculaire, est inégalement
éloigné des mêmes extrémités.

1.° Plions le plan de la figure selon la perpendiculaire cd, de
manière que la partie de gauche se rabatte sur la partie de droite. —
Parceque angle aoc = angle boc, oa prendra la direction ob, et, parceque
oa = ob, le point a tombera en b; et, comme le point k de la charnière
est immobile, la droite ak s'appliquera sur la droite bk. — Donc
ak = bk.

2.° Joignant le point b au point p où la perpendiculaire cd est
coupée par am, il vient pa = pb; mais, par la définition de la
ligne droite, on a mb < mp + pb; donc on a aussi mb < mp + pa
ou mb < ma.

Scholie. — La plus petite mb des deux distances ma et mb a
ses extrémités m et b d'un même côté de la perpendiculaire cd, tandis
que celles m et a de la plus grande ma sont de différens côtés de cette ligne.

Corollaire 1. — La perpendiculaire, élevée sur le milieu d'une droite,
est le lieu de tous les points également distans des extrémités de cette droite.

Corol. 2. — Toute ligne cd, qui a deux points k et p chacun à égale
distance des extrémités a et b d'une droite ab, est perpendiculaire sur le
milieu de cette droite. — Les points k et p appartiennent l'un et l'autre
à la perpendiculaire dont il s'agit, sans quoi ils seraient à inégale
distance des extrémités a et b, ce qui est contre l'hypothèse : or, la
direction d'une droite est déterminée par deux points; donc la ligne
cd est perpendiculaire sur le milieu de la droite ab.

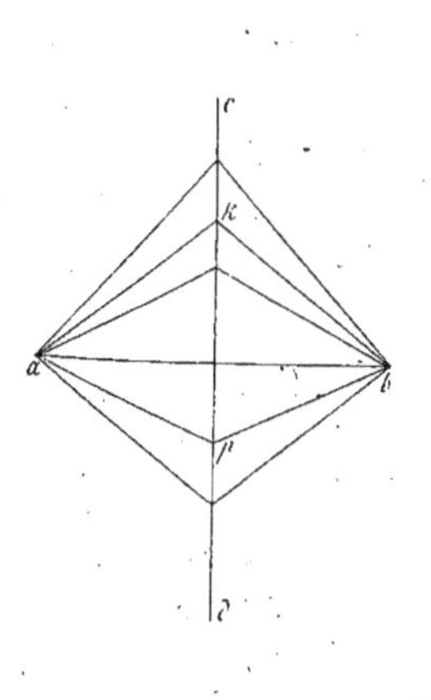

Prop. II. — Théorème. — Si d'un point o, pris hors d'une droite
ab, on tire sur cette droite la perpendiculaire oc et diverses
obliques od, oe, of, ... : 1.° la perpendiculaire oc est plus
courte que toute oblique oe. — 2.° Les obliques od et oe, qui
ont des projections égales cd et ce, sont égales. — 3.° de deux
obliques quelconques od et of, celle od, qui a la moindre projection cd, est la plus petite.

1.° Si l'on prolonge oc d'une quantité égale ck, la droite ab
se trouve perpendiculaire sur le milieu de ok et par suite il vient
oe = ek. Mais, en vertu de la définition de la ligne droite, on a
ok < oe + ek; donc oc, moitié de ok, est plus petit que oe, moitié de oe + ek.

2°. od = oe. — Cela résulte de ce que le point o appartient à la ligne oc, perpendiculaire sur le milieu de la droite de.

3° Parceque le point f est situé sur ab, il vient of = fk ; or, toute ligne convexe étant moindre que sa ligne enveloppe, on a oe + ek (of + fk, ou 2 oe (2 of ou bien encore, en prenant les moitiés, oe (of ; mais oe = od, donc on a aussi od (of.

Corollaire. — D'un point, pris hors d'une droite, on ne peut abaisser sur cette droite plus de deux obliques égales. — Car, si l'on pouvait en tirer trois, il y en aurait deux d'un même côté de la Perpendiculaire, ce qui est contraire à la troisième partie du présent théorème.

Scholie. — On mesure naturellement la distance d'un point o à une droite ab par la perpendiculaire oc tirée du point sur la Droite. — La ligne oc est en effet plus courte que toute autre ligne omp, qui unit le point o à un point quelconque p de la droite ab. — Cela résulte des inégalités oc (op et op (omp, d'où l'on conclut oc (omp.

Prop. 5. — Théorème. — 1° Tout point k, situé sur la bissectrice ox d'un angle aob, est également distant des côtés oa et ob de cet angle. — 2° Tout point m, situé hors de cette bissectrice, est inégalement distant des mêmes côtés.

1° Si on plie le plan de l'angle selon la bissectrice ox, le côté oa viendra s'appliquer sur le côté ob ; et, comme le point k reste immobile, la perpendiculaire kp tombera sur la perpendiculaire kq, sans quoi du point k on pourrait tirer deux perpendiculaires sur ob, ce qui est impossible ; donc kp = kq.

2° Du point f, où la bissectrice ox est coupée par la ligne mg, abaissons fl perpendiculaire sur ob et tirons ml. — On a ml (mf + fl ou, à cause de fl = fg, ml (mf + fg, c'est à dire ml (mg ; mais, parceque la perpendiculaire est moindre qu'une oblique, mh est (ml, donc, à plus forte raison, il vient mh (mg.

Scholie. — Les extrémités m et h de la distance la plus courte mh se trouvent d'un même côté de la bissectrice ox, tandis que celles m et g de la plus grande mg sont situées de différens côtés.

Corollaire. — Les bissectrices des angles, formés par deux droites qui se coupent, sont le lieu de tous les points également distans de ces deux droites.

S. 4. — Théorie des Parallèles.

1. Deux droites sont parallèles lorsqu'étant situées dans le même plan elles ne peuvent se rencontrer à quelque distance qu'on les prolonge l'une et l'autre.

11. Quand deux droites ab et cd, concourantes ou parallèles, sont coupées par une troisième droite eh, appelée sécante ou transversale, il y a, autour des points d'intersection f et g, huit angles qui, considérés deux à deux, prennent les dénominations suivantes : on nomme 1° angles internes d'un même côté les angles bfh et dge ainsi que les angles afh et cge. — 2° angles externes d'un même côté les angles bfe et dgh ainsi que les angles afe et cgh. — 3° angles internes-externes ou correspondants les angles bfh et dgh ainsi que les angles bfe et dge. — Tels sont encore les angles afh et cgh et les angles afe et cge. — 4° Angles alternes internes les angles bfh et cge, ainsi que les angles afh et dge. — 5° Angles alternes-externes les angles bfe et cgh ainsi que les angles afe et dgh.

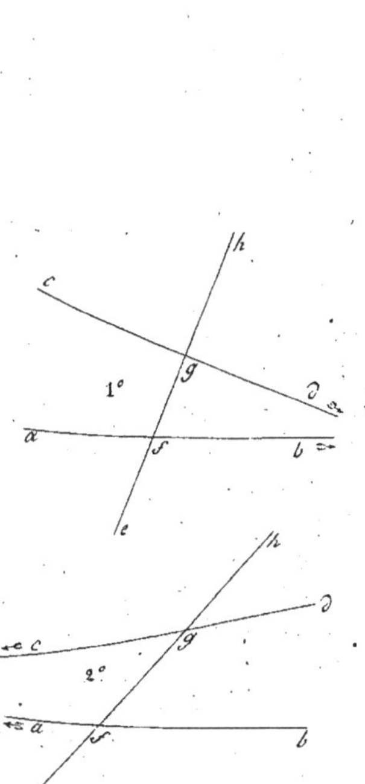

Proposition 1. — Théorème. — Deux droites ab et cd, prolongées suffisamment, se rencontrent, lorsqu'elles font avec une sécante eh et d'un même côté deux angles internes bfh et dge, dont la somme est plus petite ou plus grande que deux angles droits.

1° Soit d'abord angle bfh + angle $dge < 2^D$. — Parceque la somme des angles adjacent dgh et dge vaut deux angles droits, l'hypothèse revient à angle bfh + angle $dge <$ angle dgh + angle dge ou bien à angle $bfh <$ angle dgh. — Or, si la ligne cd ne rencontrait pas la ligne ab à droite de la sécante eh, il en résulterait que l'angle bfh, moindre que l'angle dgh, se composerait de ce même angle dgh et de l'espace-plan indéfini $bfgd$, compris entre fg, fb et gd, ce qui est absurde. — Donc les lignes ab et cd doivent se couper essentiellement à droite de la sécante eh.

2° Soit maintenant angle bfh + angle $dge > 2^D$. — La somme des angles adjacent bfh, afh valant deux angles droits ainsi que celle des angles adjacent dge, cge, la somme de ces quatre angles est égale à quatre angles droits. — Or, par hypothèse, angle bfh + angle $dge > 2^D$; donc, par compensation, angle afh + angle $cge < 2^D$; d'où il suit que les droites ab, cd doivent se rencontrer à gauche de la sécante eh.

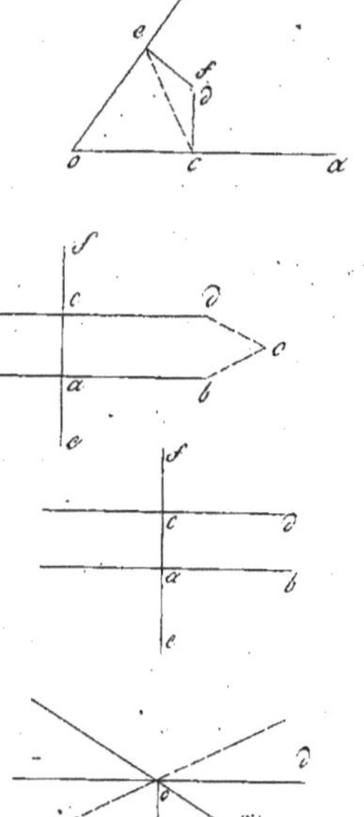

Corollaire. — Deux droites cd et ef, respectivement perpendiculaires aux côtés oa et ob d'un angle aob, se rencontrent essentiellement. — Car, si l'on tire la sécante ce, on a angle dce ⟨ angle droit dco, angle fce ⟨ angle droit feo, et, en ajoutant, angle dce + angle fce ⟨ 2ᴰ.

Prop. 2. — Théorème. — Deux droites ab et cd, perpendiculaires à une troisième ef, sont parallèles.

Car si ces droites se rencontraient en un certain point o, on pourrait de ce point tirer sur la droite ef deux perpendiculaires oa et oc; ce qui est impossible.

Réciproque. — Toute droite ef, perpendiculaire à une droite ab, est aussi perpendiculaire à sa parallèle cd.

Car, si l'angle dce n'était pas droit, la somme des angles internes baf et dce différerait de deux angles droits et par suite les droites ab, cd seraient concourantes, ce qui est contre l'hypothèse.

Corollaire. — Par un point o, situé hors d'une droite ab, on peut toujours mener une parallèle à cette droite, mais on ne peut en mener qu'une. — D'abord, si l'on tire ok perpendiculaire à ab, puis od perpendiculaire à ok, la droite od sera évidemment parallèle à la droite ab. — En second lieu, toute autre ligne om, menée par le point o, rencontrera ab; car l'angle mok étant aigu ou obtus, la somme des angles internes bko et mok sera ⟨ ou ⟩ 2ᴰ.

Scholie. — Une droite est déterminée en direction, lorsqu'elle est astreinte à passer par un point donné et à être parallèle à une droite donnée.

Prop. 3. — Théorème. — Lorsque deux parallèles ab, cd sont traversées par une sécante eb:

1º Les angles bfh, dge, internes d'un même côté, sont supplémentaires.
2º Les angles bfe, dgb, externes d'un même côté, sont supplémentaires.
3º Les angles correspondants bfh, dgb sont égaux.
4º Les angles alternes-internes bfh, cge sont égaux.
5º Les angles alternes-externes bfe, cgb sont égaux.

1º Les angles bfh, dge sont supplémentaires, car si leur somme était plus petite ou plus grande que deux angles droits, les lignes ab, cd se couperaient, ce qui est contre l'hypothèse.

2º Les angles afh, cge étant internes d'un même côté, il vient angle afh + angle cge = 2ᴰ; mais angle afh = angle bfe, angle cge = angle dgh ; donc aussi angle bfe + angle dgh = 2^D.

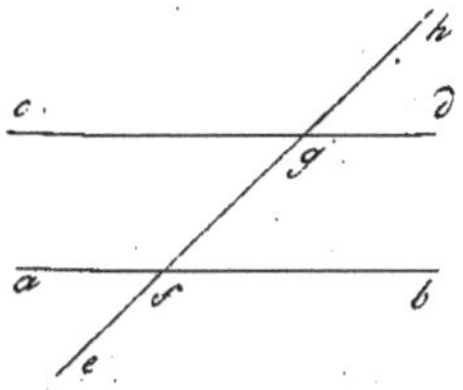

3°. Angle bfh = angle dgh, car chacun de ces angles est le sup-
-plément de l'angle dge.

4°. angle bfh = angle cge, car chacun de ces angles est le sup-
-plément de l'angle dge.

5°. Angle bfe = angle cgh, car chacun de ces angles est le sup-
-plément de l'angle dgh.

Prop. 4. — Réciproque. — Deux droites ab, cd sont parallèles dans
chacun des cinq cas qui suivent, savoir : lorsqu'elles font avec une
sécante eh :

1°. Deux angles internes d'un même côté, bfh et dge, supplémens l'un de l'autre.

2°. Deux angles externes d'un même côté, bfe et dgh, supplémens l'un de l'autre.

3°. Deux angles correspondans, bfh et dgh, égaux entr'eux.

4°. Deux angles alternes internes, bfh et cge, égaux entr'eux.

5°. Deux angles alternes externes, bfe et cgh, égaux entr'eux.

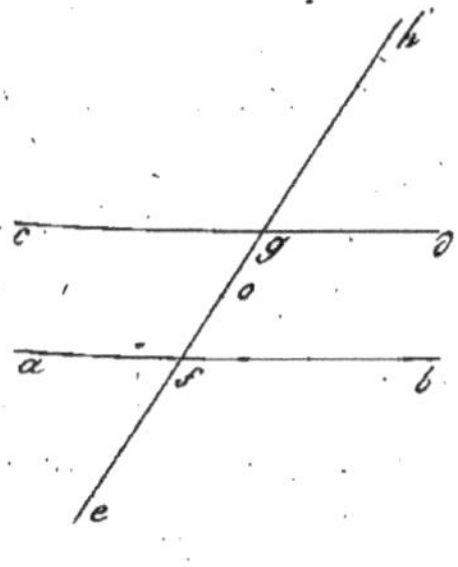

1°. Imaginons que, la partie afgc de la figure restant immobile,
la partie dgfh fasse une demi révolution autour du milieu o de la droite
fg, de sorte que le point f vienne tomber en g et le point g en f. — L'angle
cge étant le supplément de son adjacent dge, et, par hypothèse, l'angle
bfh étant supplémentaire du même angle, il vient angle cge = angle bfh ;
donc fh prendra la direction gc. — On prouvera de la même manière que
gd tombe sur fa. — Delà suit que, si les droites ab, cd se coupaient
d'un côté de la sécante eh, elles se couperaient aussi de l'autre côté de
cette ligne ; elles auraient donc deux points communs et partant elles se
confondraient, ce qui est contraire à l'hypothèse. — Donc ces droites
sont parallèles.

2°. Si les angles bfe, dgh sont supplémentaires, leurs égaux afh,
cge, comme opposés par le sommet, sont aussi supplémentaires et par
conséquent les droites ab, cd sont parallèles.

3°. L'angle dge, supplément de son adjacent dgh, est aussi le
supplément de l'angle bfh, qui lui est égal par hypothèse ; donc ab est
parallèle à cd.

4°. L'angle dge, supplément de l'angle adjacent cge, est aussi le
supplément de l'angle bfh, son égal par hypothèse ; donc ab est parallèle à cd.

5°. L'angle dgh, supplémentaire de cgh, est aussi supplémentaire de
l'angle égal bfe ; conséquemment les droites ab, cd sont parallèles.

Prop. 5. — Théorème. — Deux droites ab et cd, parallèles chacune à une troisième ef, sont parallèles entr'elles.

Car si elles se coupaient en un certain point o, on pourrait de ce point mener à la droite ef deux parallèles oa et oc, ce qui est impossible.

Prop. 6. — Théorème. — Deux angles aob, a'o'b' sont égaux, lorsque leurs côtés oa et o'a', ob et o'b' sont parallèles deux à deux et dirigés à la fois dans le même sens ou dans des sens contraires.

1.° Soit prolongé le côté o'a' jusqu'au point k du côté ob. — On a angle aob = angle a'kb, comme correspondans par rapport aux parallèles oa, ka' traversées par la sécante ob, et angle a'kb = angle a'o'b' pour la même raison par rapport aux parallèles ob, o'b' traversées par ka'. — Donc angle aob = angle a'o'b'.

2.° On a angle aob = angle o'kb, comme correspondans relativement aux parallèles oa, o'a' coupées par ob, et angle o'kb = angle a'o'b', comme alternes-internes relativement aux parallèles ob, o'b' coupées par o'a'. — Donc angle aob = angle a'o'b'.

Scholie 1. — Deux angles aob, a'o'b' sont supplémentaires, lorsque leurs côtés oa et o'a', ob et o'b' sont parallèles, sans être dirigés à la fois dans le même sens ou dans des sens contraires. — Car l'angle aob est égal à l'angle o'kb et ce dernier angle est le supplément de l'angle a'o'b'.

Scholie 2. — Pour obtenir l'angle de deux droites ab, cd sans les prolonger, par un point quelconque o menez op parallèle à ab et oq parallèle à cd. — L'angle poq, en vertu du présent théorème, sera l'angle cherché.

Si la droite oq se confondait avec op, auquel cas l'angle poq serait nul, les droites ab, cd, parallèles chacune à la droite op, seraient parallèles entr'elles. — Conséquemment, on peut dire que deux parallèles font entr'elles un angle nul.

Prop. 7. — Théorème. — Les portions de parallèles ef et gh, comprises entre deux parallèles ab et cd, sont égales.

Tirons la droite fg et supposons que, la figure feg restant immobile, la figure fgh fasse une demi-révolution autour du milieu o de fg, en sorte que le point g vienne tomber en f et le point f en g. — Les angles gfe, fgh étant égaux comme alternes-internes à cause des parallèles ef, gh traversées par fg, la droite gh prendra la direction fe et par conséquent le point h tombera sur fe ou sur son prolongement. — On prouvera de même que *fh* prend la direction *ga* et que le point *h* tombe sur quelque point de cette ligne. — Donc le point *h*, se trouvant à la fois sur *fe* et *ga*, ne peut tomber qu'en *e* et par suite on a *ef = gh*.

Prop. 8. — Théorème. — Deux parallèles *ab*, *cd* sont partout également distantes.

Car les distances *mn*, *lo*, *pq*,.... des points *m*, *l*, *p*,.... de la droite *ab* à la droite *cd* sont parallèles, comme perpendiculaires à la même ligne *cd*, et égales, comme portions de parallèles comprises entre deux parallèles.

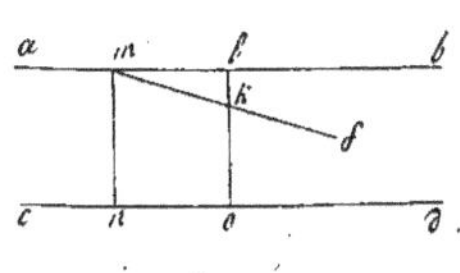

Réciproque. — Deux droites *ab*, *cd* sont parallèles lorsque deux points *m* et *l* de l'une *ab* sont également distants de l'autre *cd* et situés d'un même côté.

S'il n'en était pas ainsi, la droite *mf*, menée par le point *m* parallèlement à *cd*, couperait la ligne *lo* en un point *k*, tel que *mn = ko*; mais, par hypothèse, *mn = lo*; donc *ko = lo*, ce qui est absurde. — Conséquemment, *ab* est parallèle à *cd*.

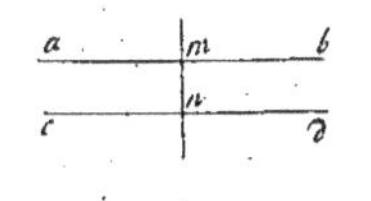

Scholies — 1. On appelle distance de deux parallèles *ab*, *cd* la portion constante *mn* qu'elles interceptent sur l'une quelconque de leurs perpendiculaires communes.

11. Deux droites, qui se confondent, peuvent être considérées comme deux parallèles dont la distance est nulle.

Corollaire 1. — Le lieu des points également distants d'une droite *ab* est un système de deux lignes *cd*, *ef* parallèles à cette droite.

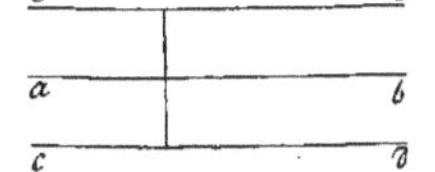

Corol. 2. — Le lieu des points également distants de deux lignes parallèles *cd*, *ef* est une droite *ab* qui leur est parallèle et qui en est équi-distante.

§. 5. — Egalité et propriétés des triangles.

1. Un triangle est l'espace qu'interceptent sur un plan trois portions de droites qui ont deux à deux une extrémité commune.

Tout triangle *abc* a six parties ou éléments: trois côtés *ab*, *bc*, *ca* et trois angles *a*, *b*, *c*.

Les angles *cbd*, *ace*, *baf*, supplémentaires des angles intérieurs, sont dits extérieurs au triangle *abc*.

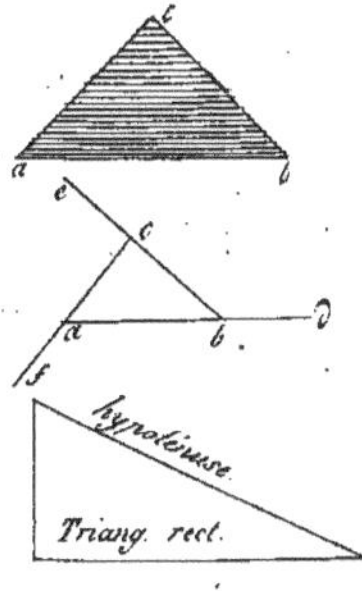

11. On divise les triangles en triangles rectangles et en triangles obliquangles.

Un triangle est rectangle lorsqu'il a un angle droit. — Le

Triang. Oblig.
obtus.

acut.

3ᵉ

2ᵉ
base

1ᵉ

côté, opposé à l'angle droit, s'appelle hypoténuse.

Un triangle est obliquangle lorsqu'aucun de ses angles n'est droit. — Il est dit obtusangle quand le plus grand de ses angles est obtus et acutangle quand ses trois angles sont aigus.

111. Un triangle peut être équilatéral, isocèle ou scalène.

1° Un triangle est équilatéral lorsque ses trois côtés sont égaux.

2° Un triangle est isocèle lorsque deux côtés seulement sont égaux. — Le côté qui n'a pas d'égal, prend le nom de base.

3° Un triangle est scalène lorsque ses trois côtés sont inégaux.

IV. Un triangle est équiangle quand ses trois angles sont égaux et isoangle quand deux angles seulement sont égaux.

Proposition 1. — Théorème. — Deux triangles sont égaux lorsqu'ils ont un côté égal adjacent à deux angles égaux chacun à chacun.

Soient côté ab = côté $a'b'$, angle a = angle a', angle b = angle b'; je dis que les triangles abc, $a'b'c'$ sont égaux. — Je pose le triangle $a'b'c'$ sur le triangle abc, de manière que le côté $a'b'$ s'applique exactement sur son égal ab; parceque angle a = angle a', le côté $a'c'$ prendra la direction ac et le sommet c' tombera en quelque point du côté ac ou de son prolongement. — De même, parceque angle b = angle b', le côté $b'c'$ prendra la direction bc et le sommet c' tombera quelque part sur le côté bc ou sur son prolongement. — Donc le sommet c', devant se trouver à la fois sur les deux droites ab et ac, ne pourra tomber que sur leur point d'intersection c; donc (axiôme 5) les triangles abc, $a'b'c'$ sont égaux.

Corollaire 1. — Des trois égalités

côté ab = côté $a'b$, angle a = angle a', angle b = angle b',

on peut conclure les trois suivantes:

angle c = angle c', côté ac = côté $a'c'$, côté bc = côté $b'c'$.

Corol. 2. — Un triangle est déterminé par un côté et les deux angles adjacents.

Scholie. — Quand les trois parties, supposées égales dans les deux triangles, sont disposées dans des sens inverses, il faut pour opérer la superposition, porter le triangle $a'b'c'$ en abc'' et plier ensuite le plan de la figure selon ab.

Prop. 2. — Théorème. — Deux triangles sont égaux lorsqu'ils ont un angle égal compris entre deux côtés égaux chacun à chacun.

Soient angle a = angle a', côté ab = côté $a'b'$, côté ac = côté $a'c'$: je dis que les triangles abc, $a'b'c'$ sont égaux. — Je transporte le triangle $a'b'c'$ de manière que le côté $a'b'$ s'applique sur son égal ab, savoir: le sommet a' sur le sommet a et le sommet b' sur le sommet b; parceque angle a' = angle a, le côté $a'c'$ prendra la direction ac; et, comme côté $a'c'$ = côté ac, le sommet c' tombera en c; mais du point b au point c on ne peut tirer qu'une seule ligne droite; donc le côté $b'c'$ couvrira exactement le côté bc; donc les triangles abc, $a'b'c'$ sont égaux.

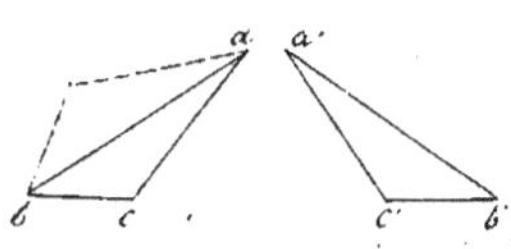

Corollaire 1. — Des trois égalités

$$\text{angle } a = \text{angle } a', \quad \text{côté } ab = \text{côté } a'b', \quad \text{côté } ac = \text{côté } a'c',$$

on peut conclure les trois qui suivent:

$$\text{côté } bc = \text{côté } b'c', \quad \text{angle } b = \text{angle } b', \quad \text{angle } c = \text{angle } c'.$$

Corol. 2. — Un triangle est déterminé par deux côtés et l'angle compris.

Scholie. — Si les trois parties, égales par hypothèse, étaient disposées dans des sens inverses, il faudrait, pour opérer la super-position, faire coïncider $a'b'$ avec ab et plier ensuite le plan de la figure selon le côté commun ab.

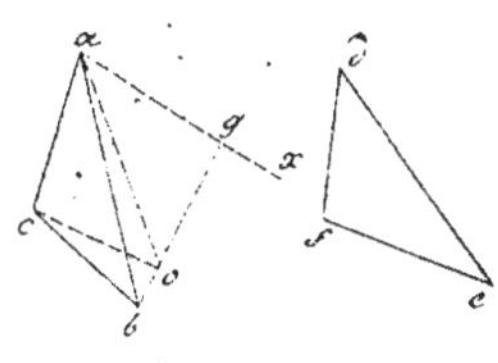

Prop. 3. — Lemme. — Si deux triangles ont un angle inégal compris entre deux côtés égaux chacun à chacun, le troisième côté, opposé au plus petit angle, est plus petit que le troi-sième côté, opposé au plus grand angle.

Soient: angle bac $<$ angle edf, côté ab = côté de, côté ac = côté df; je dis que côté bc est $<$ côté ef. — Après avoir fait angle bag = an-gle d, je prends ag = df ou ac et je tire bg; comme ab = de par supposition, les triangles bag, edf ont un angle égal compris entre côtés égaux et par conséquent bg = ef. — Or l'angle bac étant moindre que l'angle bag, la bissectrice ao de l'angle cag tombe entre ab et ay et par suite elle coupe le côté bg en un certain point o. — Tirant la droite co, les triangles aoc, aog sont égaux, parceque 1.° angle oac = angle oag; 2.° côté ao est commun; 3.° côté ac = côté ay; d'où il résulte oc = og. — Maintenant le plus court chemin du point b au point c étant la droite bc, on a

$$bc < bo + oc \quad \text{ou} \quad bc < bo + og \quad \text{ou enfin} \quad bc < bg;$$

mais bg = ef; donc il vient aussi $bc < ef$.

Réciproque. — Si deux triangles ont un côté inégal compris

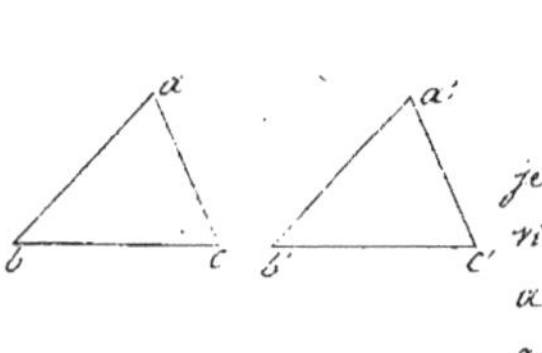

entre deux côtés égaux chacun à chacun, l'angle opposé au plus petit côté est plus petit que l'angle opposé au plus grand côté.

Soient côté $bc <$ côté ef, côté $ab =$ côté de, côté $ac =$ côté df; je dis que angle a est $<$ angle d. — En effet 1° si l'on avait angle $a =$ angle d, les triangles bac, edf seraient égaux et il s'ensuivrait côté $bc =$ côté ef, ce qui est contre l'hypothèse. — 2° si angle a était $>$ angle d, côté bc, en vertu de la proposition directe, serait aussi $>$ côté ef, ce qui est encore contre l'hypothèse. — Il faut donc que angle a soit $<$ angle d.

Prop. 4. — Théorème. — Deux triangles sont égaux lorsqu'ils ont leurs trois côtés égaux chacun à chacun.

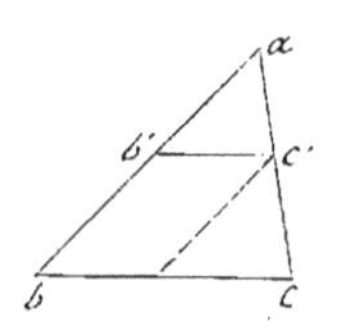

Soient côté $ab =$ côté $a'b'$, côté $ac =$ côté $a'c'$, côté $bc =$ côté $b'c'$; je dis que les triangles abc, $a'b'c'$ sont égaux. — Cette assertion deviendra évidente si l'on prouve que angle $a =$ angle a'. Or, si angle a était $(ou >)$ angle a', côté bc, à cause du lemme précédent, serait aussi $(ou >)$ côté $b'c'$; ce qui est contraire à l'hypothèse. — Donc angle $a =$ angle a' et partant les triangles abc, $a'b'c'$ sont égaux.

Corollaire 1. — Des trois égalités

côté $ab =$ côté $a'b'$, côté $ac =$ côté $a'c'$, côté $bc =$ côté $b'c'$,

il résulte celles-ci :

angle $a =$ angle a', angle $b =$ angle b', angle $c =$ angle c'.

La réciproque est fausse. — En d'autres termes : dans un triangle, l'égalité des angles n'entraîne pas celle des côtés. — En effet, si l'on tire à volonté $b'c'$ parallèle au côté bc, les triangles abc, $ab'c'$ auront des angles égaux, savoir : angle a commun, angle $b =$ angle $ab'c'$, angle $c =$ angle $ac'b'$, et des côtés inégaux ab et ab', ac et ac', bc et $b'c'$.

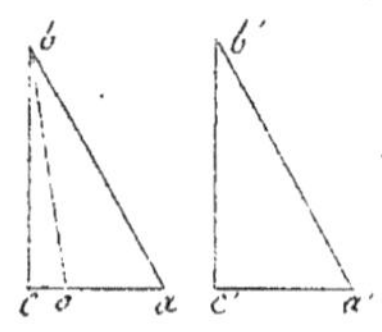

Corol. 2. — Un triangle est déterminé par ses trois côtés, mais il ne l'est pas par ses trois angles.

Prop. 5. — Théorème. — Deux triangles rectangles sont égaux lorsqu'ils ont l'hypoténuse égale et un angle adjacent égal.

Soient hyp. $ab =$ hyp. $a'b'$ et angle $a =$ angle a'; je dis que les triangles rectangles abc, $a'b'c'$ sont égaux. — L'égalité sera manifeste si l'on démontre que côté $ac =$ côté $a'c'$. — Or, s'il n'en est pas ainsi, prenons $ao = a'c'$ et tirons bo. — Les triangles abo, $a'b'c'$ sont égaux, parceque 1° angle $a =$ angle a'; 2° côté $ab =$ côté $a'b'$; 3° côté $ao =$ côté $a'c'$; donc angle aob, opposé à

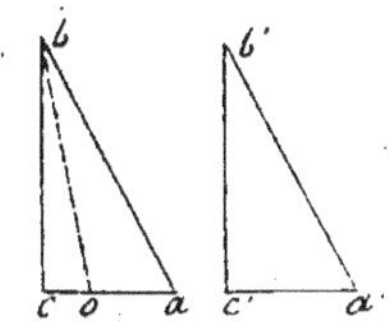

ab, est égal à angle c', opposé à $a'b'$; mais ce dernier angle est droit; donc l'angle aob est aussi droit et par suite les droites bc et bo, issues du point b, sont perpendiculaires sur ac, ce qui est impossible. — Donc côté ac = côté $a'c'$ et triangle abc = triangle $a'b'c'$.

Corollaire 1. — Des deux égalités hyp. ab = hyp. $a'b'$ et angle a = angle a', on peut déduire celles-ci.

côté ac = côté $a'c'$, côté bc = côté $b'c'$, angle abc = angle $a'b'c'$.

Corol. 2. — Un triangle rectangle est déterminé par l'hypoténuse et l'un des angles adjacents.

Prop. 6. — Théorème. — Deux triangles rectangles sont égaux lorsqu'ils ont l'hypoténuse égale et un côté égal.

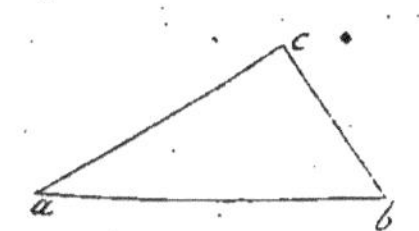

Soient hyp. ab = hyp. $a'b'$ et côté ac = côté $a'c'$; je dis que les triangles rectangles abc, $a'b'c'$ sont égaux. — Cette assertion sera évidente si l'on fait voir que le troisième côté cb est égal au troisième côté $c'b'$. — S'il n'en est pas ainsi, prenons co = $c'b'$ et tirons ao. — Les triangles aco, $a'c'b'$ sont égaux, parceque 1° les angles c et c' sont droits; 2° côté ac = côté $a'c'$; 3° côté co = côté $c'b'$; de là résulte ao = $a'b'$; mais, par hypothèse, ab = $a'b'$; donc ao = ab, ce qui est impossible, puisque proj. co est $<$ proj. cb. — Donc triangle abc = triangle $a'b'c'$.

Corollaire 1. — Des deux égalités : hyp. ab = hyp. $a'b'$ et côté ac = côté $a'c'$; on déduit les trois qui suivent :

côté bc = côté $b'c'$, angle bac = angle $b'a'c'$, angle b = angle b'.

Corol. 2. — Un triangle rectangle est déterminé par l'hypoténuse et l'un des côtés de l'angle droit.

Prop. 7. — Théorème. — Dans tout triangle abc, un côté quelconque ab est plus petit que la somme $ac + bc$ des deux autres et plus grand que leur différence $ac - bc$.

Le plus court chemin du point a au point b étant la droite ab, on a d'abord $ab < ac + bc$. — En second lieu, parceque la ligne ac est droite, il vient $ab + bc > ac$, et, en retranchant bc de part et d'autre, $ab + bc - bc > ac - bc$ ou bien $ab > ac - bc$.

Scholie. — Le présent théorème fournit six inégalités entre les trois côtés d'un triangle, mais elles rentrent toutes dans celle-ci : le plus grand des trois côtés est plus petit que la somme des deux autres.

Corollaire (à démontrer). — La somme des distances ao, bo, co

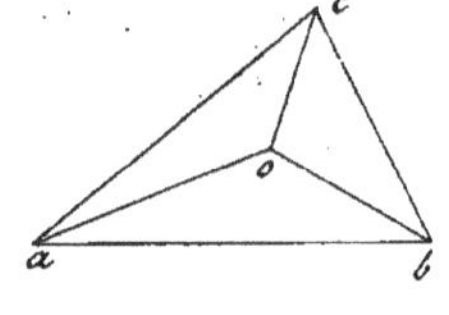

des trois sommets d'un triangle abc à un point quelconque o de l'intérieur, est 1.° plus petite que le contour de ce triangle ; 2.° plus grande que la moitié de ce contour. — La seconde partie est encore vraie quand le point o est extérieur au triangle.

Prop. 8. — **Théorème.** — La somme des trois angles d'un triangle quelconque est égale à deux angles droits.

Car, si l'on prolonge vers d le côté ac du triangle abc et si l'on tire ck parallèle au côté ab, on a

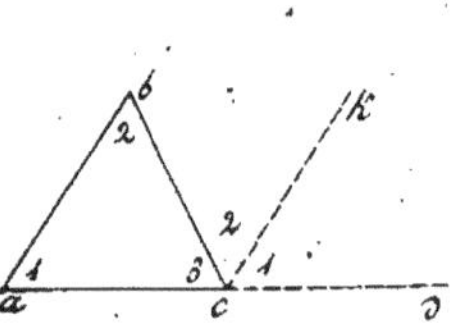

$$\text{angle } dck + \text{angle } kcb + \text{angle } bca = 2^D ;$$

mais angle dck = angle a, comme correspondant par rapport aux parallèles ab, ck traversées par la sécante ad et angle kcb = angle b, comme alternes-internes par rapport aux mêmes parallèles traversées par bc ; substituant, il vient

$$\text{angle } a + \text{angle } b + \text{angle } bca = 2^D .$$

Corollaire 1. — L'angle extérieur bcd d'un triangle abc est égale à la somme des deux angles intérieurs opposés a et b. — Car, angle bcd = angle dck + angle kcb ; mais angle dck = angle a et angle kkb = angle b ; donc angle bcd = angle a + angle b.

Corol. 2. — Tout triangle a au moins deux angles aigus. — Car, la somme des trois angles valent deux angles droits ; il ne peut y avoir deux angles obtus, ni deux angles droits, ni un angle obtus et un angle droit.

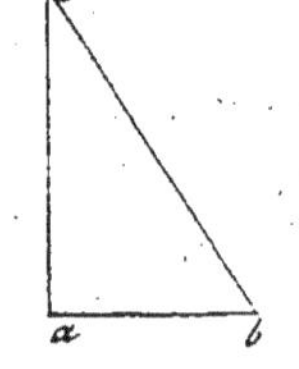

Corol. 3. — Dans un triangle rectangle abc, les angles aigus b et c sont complémentaires.

Corol. 4. — Si deux triangles ont deux angles égaux chacun à chacun, les troisièmes angles sont aussi égaux. — Car ils sont l'un et l'autre le supplément de la somme des deux angles communs.

Prop. 9. — **Théorème.** — Un triangle isocèle est aussi isoangle.

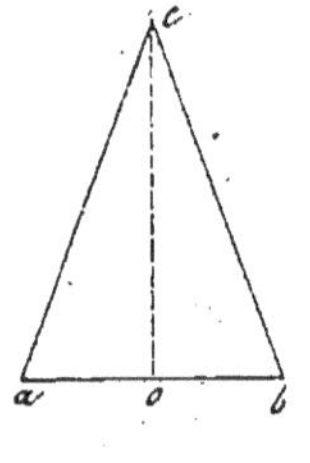

Soit côté ac = côté bc ; je dis que l'angle b, opposé à ac, est égal à l'angle a, opposé à bc. — En effet, la bissectrice co de l'angle acb décompose le triangle abc en deux triangles aco, bco qui sont égaux, parceque 1.° angle aco = angle bco, par construction ; 2.° côté ac = côté bc, par hypothèse ; 3.° côté co est commun ; donc l'angle a, opposé à oc dans le premier, égale l'angle b, opposé au même côté oc dans le second.

Réciproque. — Un triangle isoangle est aussi isocèle.

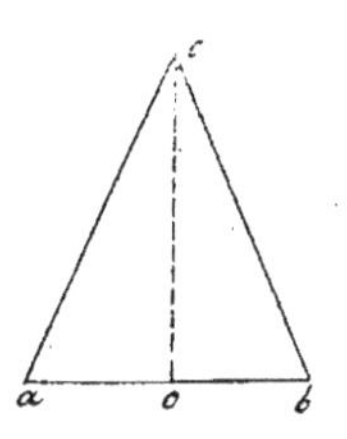

soit angle a = angle b ; je dis que côté bc, opposé à angle a, est égal au côté ac, opposé à angle b. — En effet la bissectrice co de l'angle acb décompose le triangle abc en deux triangles coa, cob qui sont égaux, parceque : 1° côté oc est commun ; 2° angle a = angle b, par hypothèse ; 3° angle aco = angle ocb, par construction ; d'où résulte angle aoc = angle boc. Donc côté ac, opposé à angle aoc, égale côté bc, opposé à angle boc.

Corollaire. — Dans un triangle isocèle acb, la bissectrice co de l'angle au sommet c est perpendiculaire sur le milieu de la base ab. — Car, à cause de l'égalité des triangles aco, bco, il vient : 1° angle aoc = angle boc ; 2° côté oa = côté ob.

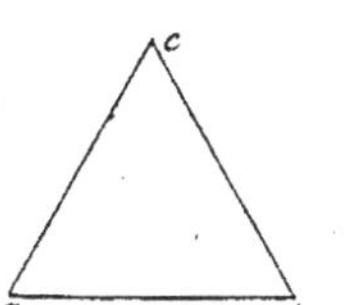

Prop. 10. — Théorême. — Un triangle équilatéral est aussi équiangle.

De ce que côté bc = côté ac, il résulte angle a = angle b, et de ce que côté ac = côté ab, il résulte aussi angle b = angle c. — Donc angle a = angle b = angle c.

Réciproque. — Un triangle équiangle est aussi équilatéral.

Parceque angle a = angle b, côté bc = côté ac, et, parceque angle b = angle c, côté ac = côté ab. — Donc côté bc = côté ac = côté ab.

Corollaire. — L'angle d'un triangle équilatéral vaut les deux tiers d'un angle droit. — Car il est égal à 2^D divisés par 3 ou à $\frac{2}{3}$ d'angle droit.

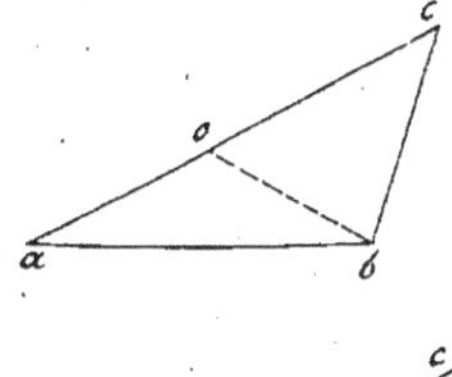

Prop. 11. — Théorême. — Aux plus petits angles d'un triangle sont opposés les plus petits côtés.

Soit angle $a <$ angle abc ; je dis que côté bc, opposé à angle a, est $<$ côté ac, opposé à angle abc. — L'angle abc étant plus grand que l'angle a, si je fais angle abo = angle a, le côté bo tombera entre ba et bc ; or, dans le triangle bco, on a $bc < co + bo$; et comme $bo = oa$, parceque le triangle abo est isocèle, il vient $bc < co + oa$ ou bien $bc < ac$.

Réciproque. — Aux plus petits côtés d'un triangle sont opposés les plus petits angles.

Soit côté $bc <$ côté ac ; je dis que l'angle a, opposé à bc, est $<$ angle b, opposé à ac. — En effet, on ne peut avoir : 1° angle a = angle b, parceque le triangle étant isocèle il s'ensuivrait côté bc = côté ac, ce qui est contre l'hypothèse ; 2° angle $a >$ angle b, parceque en vertu de la proposition directe il viendrait côté $bc >$ côté ac, ce qui est encore contre l'hypothèse. — Il faut donc que l'on ait angle a $<$ angle b.

Prop. 12. — Théorème. — Un angle acb d'un triangle abc est droit, aigu ou obtus, selon que la droite co, qui unit son sommet c au milieu du côté opposé ab, est égale, supérieure ou inférieure à la moitié oa ou ob de ce côté.

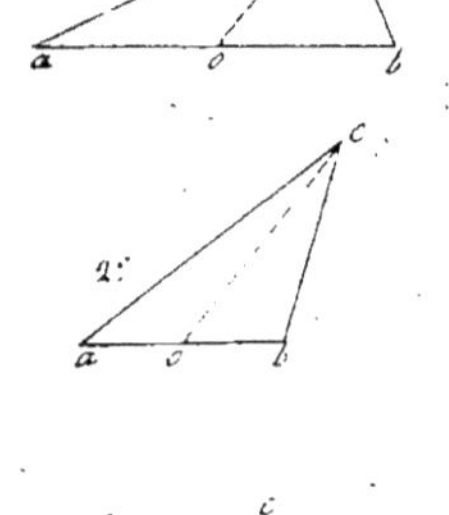

1° Soit co = oa = ob. — Les triangles isocèles aco, bco étant aussi isoangles, il vient angle aco = angle a, angle bco = angle b et, en ajoutant, angle acb = angle a + angle b. — Mais la somme de ces trois angles égale deux angles droits ; donc l'angle acb, moitié de cette somme, est droit.

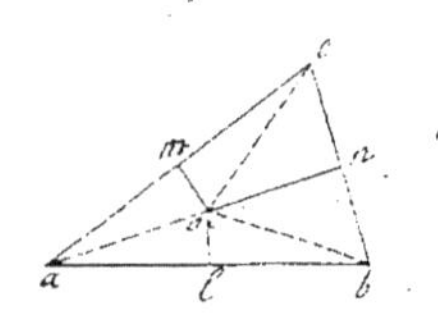

2° Soit co $>$ oa ou ob. — Les triangles aco, bco fournissent, à cause de l'hypothèse, angle aco $<$ angle a, angle bco $<$ angle b, d'où résulte angle acb $<$ angle a + angle b ; donc l'angle acb est aigu.

3° Soit co $<$ oa ou ob. — On a angle aco $>$ angle a, angle bco $>$ angle b, d'où l'on déduit angle acb $>$ angle a + angle b ; donc l'angle acb est obtus.

Scholie. — Les réciproques des trois parties sont vraies.

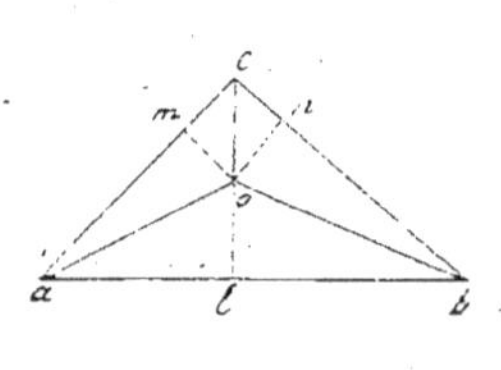

Prop. 13. — Théorème. — Les perpendiculaires, tirées sur les milieux des trois côtés d'un triangle, concourent au même point.

Soit o le point de concours des perpendiculaires mo, no tirées sur les milieux des côtés ac, cb. — Parce que le point o appartient à la ligne mo, oa = oc, et parce qu'il appartient à la ligne no, oc = ob, donc oa = ob et par suite le point o est situé sur la perpendiculaire élevée sur le milieu du côté ab.

Scholie. — Le point o est également distant des trois sommets a, b, c.

Prop. 14. — Théorème. — Les bissectrices des trois angles d'un triangle concourent au même point.

Du point de concours o des bissectrices ao, bo des angles bac, abc j'abaisse sur les trois côtés ac, cb, ba les perpendiculaires om, on, ol. — Parce que le point o appartient à la bissectrice ao, om = ol, et parce qu'il appartient à la bissectrice bo, ol = on ; donc om = on et par suite le point o est situé sur la bissectrice de l'angle acb.

Scholies. — 1. — Les bissectrices qr, pr, pq des angles extérieurs d'un

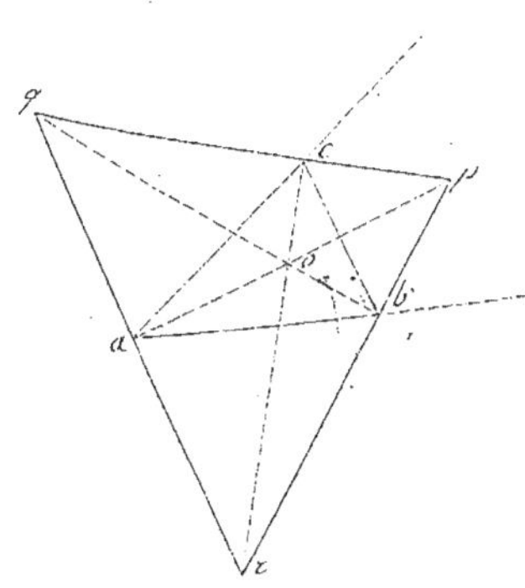

d'un triangle forment un triangle pqr, dont les sommets p, q, r sont situés sur les bissectrices des angles intérieurs. — Le point p, étant à égale distance des côtés ab, bc et des côtés bc, ca, est également distant des côtés ab et ca; donc ap est la bissectrice de l'angle cab. — On prouverait de même que bq et cr sont les bissectrices des angles abc et bca.

11. — Ainsi, les quatre points o, p, q, r sont chacun également distant des trois côtés ab, bc, ca du triangle abc.

Prop. 15. — Théorème. — Les perpendiculaires, menées des trois sommets d'un triangle sur les côtés opposés, concourent au même point.

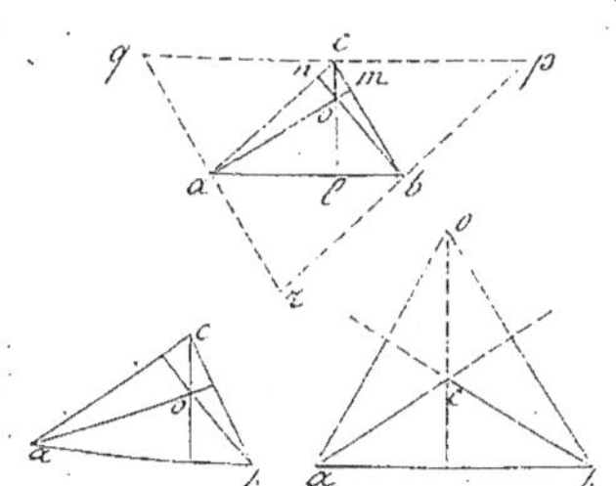

Par les sommets a, b, c du triangle abc je tire des parallèles qr, rp, pq aux côtés opposés bc, ca, ab, lesquelles forment le triangle pqr. — Parce que les parallèles comprises entre parallèles sont égales, $aq = bc$, $ar = bc$; donc $aq = ar$; on prouverait de même que $br = bp$ et $cp = cq$. — On conclut de là que les perpendiculaires am, bn, cl, tirées des milieux a, b, c sur les trois côtés qr, rp, pq ou, ce qui revient au même, sur les côtés parallèles bc, ca, ab, concourent en un même point o.

Scholie. — Lorsque le triangle abc est acutangle, les trois perpendiculaires lui sont intérieures. — Lorsqu'il est obtusangle, la perpendiculaire, issue de l'angle obtus, lui est intérieure et les deux autres lui sont extérieures.

Prop. 16. — Théorème. — Les trois droites, qui unissent les sommets d'un triangle aux milieux des côtés opposés, concourent au même point.

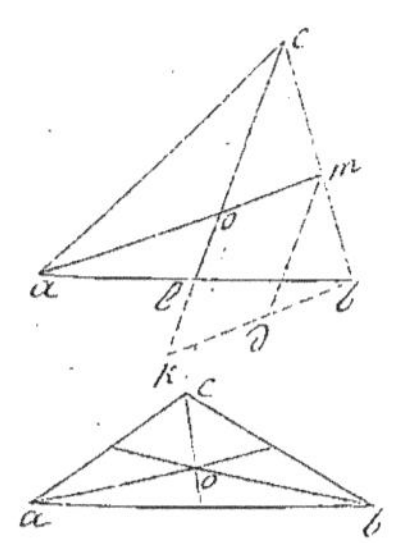

Soient m, l les milieux des côtés bc, ab et o le point de concours des droites am, cl. — Soient menées md parallèle à cl et bk parallèle à am. — A cause de $al = bl$, angle $alo =$ angle blk, angle $oal =$ angle kbl; les triangles alo, blk sont égaux et par suite $lo = lk$. — Parce que $cm = mb$, angle $mco =$ angle bmd, angle $cmo =$ angle mbd, les triangles mco, mbd sont aussi égaux; donc $co = md$; mais $md = ok = 2lo$; donc $co = 2lo$ ou bien $cl = 3lo$. — Ainsi, chacune des trois droites est coupée par l'une quelconque des deux autres, au tiers de sa longueur à partir du côté sur lequel elle tombe; donc les trois droites doivent se couper au même point o.

Scholie. — Le point de concours o est situé au tiers de chacune des trois droites à partir des côtés ou aux deux tiers à partir des sommets

§. 6. — Propriétés et égalité des quadrilatères.

1. Un quadrilatère est l'espace qu'interceptent sur un plan quatre portions de droite qui ont deux à deux une extrémité commune.

Tout quadrilat[ère] abcd à huit parties : quatre côtés ab, bc, cd, da et quatre angles a, b, c, d.

11. On appelle diagonales d'un quadrilatère abcd les droites ac, bd qui unissent les sommets a et c, b et d des angles opposés. — Le point de concours o des diagonales est intérieur au quadrilatère lorsque son contour est convexe et il lui est extérieur dans le cas contraire.

Quelquefois on donne aussi le nom de diagonale à la droite ef qui joint les points de concours e, f des côtés opposés ab et cd, ad et bc. — On dit alors que le quadrilatère abcd est complet.

111. — On appelle 1° trapèze, un quadrilatère dont deux côtés opposés sont parallèles. — 2° Parallélogramme ou Rhombe, un quadrilatère dont les côtés opposés sont parallèles deux à deux. — 3° Losange, un quadrilatère dont les quatre côtés sont égaux sans que les angles soient droits. — 4° Rectangle, un quadrilatère dont les angles sont droits sans que les côtés soient égaux. — 5° Quarré, un quadrilatère dont les côtés sont égaux et dont les angles sont droits.

Proposition 1. — Théorème. — La somme des quatre angles d'un quadrilatère quelconque est égale à quatre angles droits.

Si l'on tire la diagonale bd, la somme des trois angles a, adb, adb du triangle abd égale deux angles droits, ainsi que celle des trois angles c, cbd, cdb du triangle cbd ; donc la somme de ces six angles vaut quatre droits ; mais angle abd + angle cbd = angle abc et angle adb + angle cdb = angle cda ; donc

$$\text{angle } a + \text{angle } abc + \text{angle } c + \text{angle } cda = 4^{D}.$$

Corollaire. — Tout quadrilatère, qui a ses angles égaux, est un rectangle ou un quarré.

Prop. 2. — Théorème. — Les côtés opposés ab et cd, bc et ad d'un parallélogramme abcd sont égaux deux à deux.

Parceque les portions de parallèles comprises entre parallèles sont égales, il vient en effet ab = cd, bc = ad.

Réciproque. — si les côtés opposés ab et cd, bc et ad d'un quadrilatère abcd sont égaux deux à deux, ils sont aussi parallèles et ce quadrilatère est un parallélogramme :

La diagonale ac décompose le quadrilatère abcd en deux triangles égaux acb, cad; car côté ac est commun; côté ab = côté cd et côté bc = côté ad par hypothèse; donc l'angle bac, opposé à bc dans le premier, est égal à l'angle dca, opposé à ad dans le second; mais ces angles sont = dans la position d'alternes internes; donc les droites ab, cd sont parallèles; on prouverait de même que bc est parallèle à ad; conséquemment, le quadrilatère abcd est un parallélogramme.

Scholie. — On peut dire qu'un losange est un parallélogramme dont les côtés sont égaux.

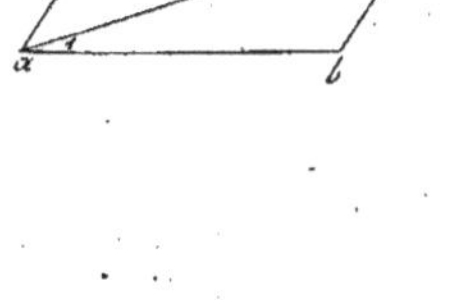

Prop. 3. — Théorème. — Les angles opposés a et c, b et d d'un parallélogramme abcd sont égaux deux à deux.

Parceque deux angles sont égaux lorsqu'ils ont leurs côtés parallèles et dirigés en sens contraires; il vient en effet angle a = angle c, angle b = angle d.

Réciproque. — Tout quadrilatère abcd, dont les angles opposés a et c, b et d sont égaux deux à deux, est un parallélogramme.

Il résulte de l'hypothèse : angle a + angle b = angle c + angle d; mais la somme de ces quatre angles vaut quatre droits; donc angle a + angle b = 2 ^{D} et partant ad est parallèle à bc. — On démontrerait de même que les côtés ab, cd sont parallèles; donc abcd est un parallélogramme.

Scholie. — On peut dire 1° qu'un rectangle est un parallélogramme dont les angles sont droits; 2° qu'un carré est un losange dont les angles sont droits ou un rectangle dont les côtés sont égaux.

Prop. 4. — Théorème. — si deux côtés opposés ab et cd d'un quadrilatère abcd sont égaux et parallèles, les deux autres ad, bc sont aussi égaux et parallèles et ce quadrilatère est un parallélogramme.

Il s'agit de faire voir que ad est parallèle à bc. — S'il n'en est pas ainsi, par le sommet a soit tirée ak parallèle à bc; On a ab = kc, comme parallèles comprises entre parallèles, et ab = cd, par hypothèse; donc kc = cd, ce qui est absurde. — Donc abcd est un parallélogramme.

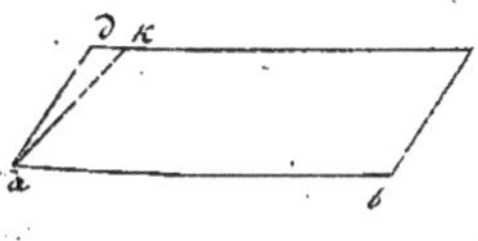

Prop. 5. — Théorème. — Les diagonales d'un parallélogramme ou d'un losange sont inégales.

Comparons les triangles abc et dbc. — 1° angle abc est (angle

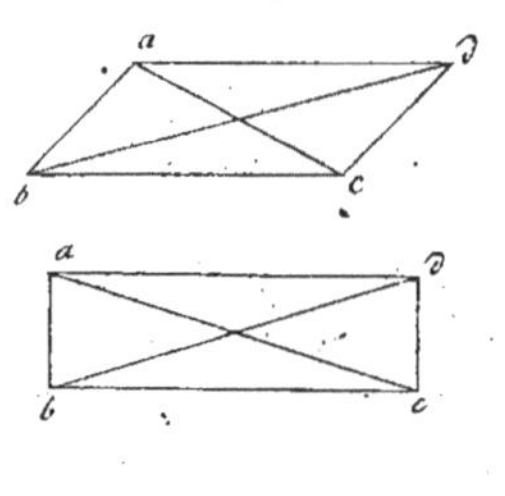

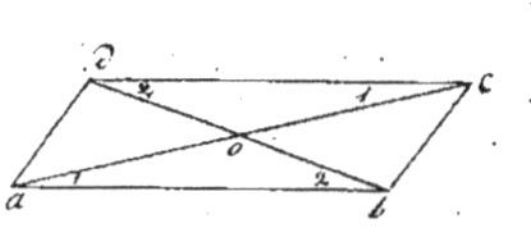

bcd, car les angles supplémentaires abc, bcd, ne pouvant être droits, sont l'un aigu et l'autre obtus ; 2.° côté bc est commun ; 3.° ab = cd, comme côtés opposés d'un parallélogramme. — Donc, le côté ac, opposé à l'angle aigu abc, est < le côté bd, opposé à l'angle obtus bcd.

Scholie. — Les diagonales d'un rectangle ou d'un quarré sont égales. — En effet, les triangles rectangles abc, dbc sont égaux parceque bc est commun et que ab = cd ; donc ac = bd.

Prop. 6. — Théorême. — Les diagonales ac, bd d'un parallélogramme abcd se coupent mutuellement en deux parties égales.

Les triangles abo, cdo sont égaux, parceque 1.° ab = cd, comme côtés opposés de parallélogramme ; 2.° angle oab = angle ocd et 3.° angle oba = angle odc, comme alternes-internes par rapport aux parallèles ab, cd traversées par les droites ac et bd. — Donc le côté oa, opposé à angle abo, est égal au côté oc, opposé à angle odc et le troisième côté ob au troisième côté od.

Réciproque. — Un quadrilatère abcd est un parallélog.me lorsque ses diagonales ac, bd se coupent mutuellement en deux parties égales.

Les triangles oab, ocd sont égaux, parceque angle aob = angle cod, oa = oc et ob = od. — Donc l'angle oab, opposé à ob, égale angle ocd, opposé à od et partant ab est parallèle à cd ; et, comme en outre côté ab = côté cd, le quadrilatère abcd est un parallélogramme.

Scholie. — Les diagonales d'un losange ou d'un quarré se coupent à angle droit et sont les bissectrices des angles opposés. — Parceque ba = bc, da = dc, la diagonale bd, qui unit les points b et d, est perpendiculaire sur le milieu de ac. — En second lieu, les triangles bad et bcd étant égaux, on a angle dba = angle dbc et angle bda = angle bdc. — On prouverait de même que la diagonale ac est la bissectrice des angles bad et bcd.

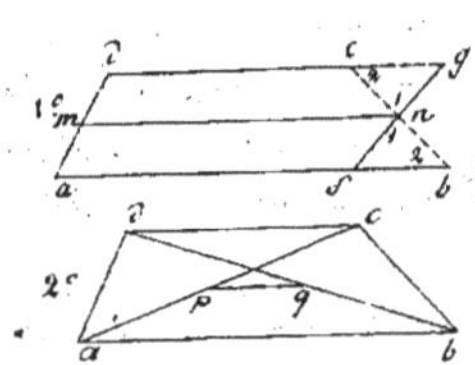

Prop. 7. — Théorême. — Dans un trapèze abcd : 1.° la droite mn qui joint les milieux m, n des côtés concourans ad, bc, est parallèle aux deux autres côtés ab, cd et égale à leur demi-somme. — 2.° la droite pq, qui unit les milieux p, q des diagonales ac, bd, est parallèle aux mêmes côtés et égale à leur demi-différence.

1.° Par le point n tirons, parallèlement à ad, la droite fg qui coupe ab et le prolongement de dc en f et g. — Les triangles nbf, ncg sont égaux, parceque 1.° nb = nc, par hypothèse ; 2.° angle bnf = an

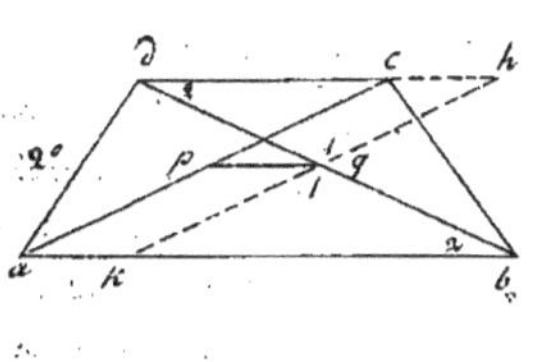

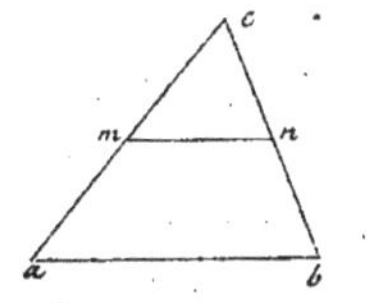

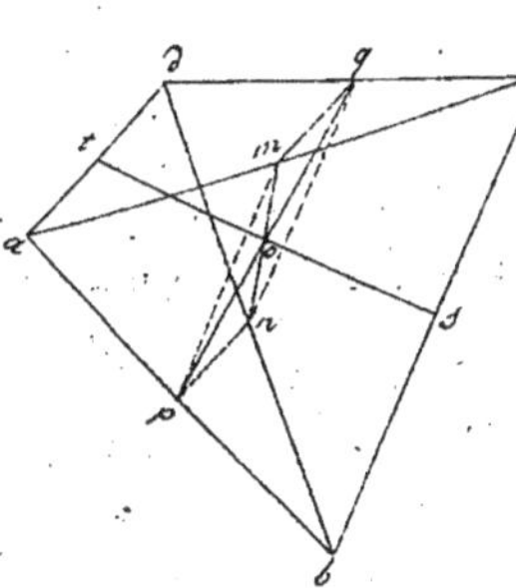

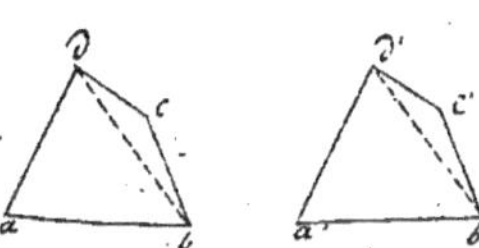

gle cng, comme opposés par le sommet ; 3.° angle nbf = ncg, comme alternes internes ; donc fb = cg et nf = ng. — Maintenant, les parallèles ad, fg comprises entre les parallèles ab, dg étant égales, leurs moitiés ma, nf le sont aussi, d'où il résulte que mn est parallèle à ab et par suite à dg. — De plus, on a mn = af = ab − fb, mn = dg = cd + cg ; ajoutant et observant que cg − fb = 0, il vient 2 mn = ab + cd, d'où $mn = \dfrac{ab+cd}{2}$.

2.° Par le point g tirons kth parallèle à ac. — Les triangles gbk, gdh sont égaux ; car 1.° gb = gd ; 2.° angle bgk = angle dgh ; 3.° angle gbk = angle gdh ; donc bk = dh et gk = gh. — Maintenant, de ce que ac = kth il suit pa = gk et partant pg est parallèle à ab et aussi à cd. — On a d'ailleurs pg = ak = ab − bk, pg = ch = dh − cd, et, en ajoutant, 2pg = ab − cd. D'où $pg = \dfrac{ab-cd}{2}$.

Corollaire. — La droite mn, qui unit les milieux m et n de deux côtés ac, bc d'un triangle abc, est parallèle au troisième côté ab et égale à sa moitié. — Car un triangle peut être considéré comme un trapèze dont l'un des côtés parallèles est devenu nul.

Prop. 8. — Théorème. — Dans tout quadrilatère abcd, la droite qui joint les milieux m, n des diagonales et celles qui joignent les milieux p et q, s et t des côtés opposés se coupent mutuellement en deux parties égales au même point.

Parce que q et m sont les milieux de cd et de ca et n et p ceux de bd et de ba, chacune des droites qm et np est parallèle à ad et par suite elles sont parallèles entr'elles. — De plus, l'une et l'autre étant égales à la moitié de ad, on a qm = np ; donc la figure qmpn est un parallélogramme et partant le point o est le milieu commun de mn et de pg. — On prouverait de la même manière que mn et st ont le même milieu.

Corollaire. (à démontrer.) — Lorsque les diagonales d'un quadrilatère sont égales, les droites, qui unissent les milieux des côtés opposés, sont parallèles aux bissectrices des angles formés par les diagonales.

Prop. 9. — Théorème. — Deux quadrilatères convexes sont égaux lorsqu'ils ont un angle égal et leurs quatre côtés égaux chacun à chacun et pareillement assemblés.

Soient angle a = angle a', côté ab = côté a'b', côté bc = côté b'c', côté cd = côté c'd', côté da = côté d'a' — je tire bd et b'd'. — Les triangles bad, $b'a'd'$ sont égaux; car, par hypothèse, angle a = angle a', côté ab = côté $a'b'$ et côté da = côté $d'a'$; donc côté bd = côté $b'd'$, et, comme on a côté bc = côté $b'c'$, côté cd = côté $c'd'$, il s'ensuit que le triangle bdc est égal au triangle $b'd'c'$. — Maintenant, si l'on pose le quadrilatère $a'b'c'd'$ sur le quadrilatère $abcd$ de manière que le triangle bad couvre son égal $b'a'd'$, le triangle bdc s'appliquera aussi sur son égal bdc et les deux quadrilatères seront superposés.

Corollaire 1. — Deux trapèzes sont égaux lorsqu'ils ont leurs quatre côtés égaux chacun à chacun et pareillement assemblés. — L'égalité sera manifeste si l'on fait voir que angle a = angle a'. — Tirons do parallèle à cb et $d'o'$ parallèle à $c'b'$; 1° ad = $a'd'$, par hypothèse; 2° od = $o'd'$, parceque od = bc et $o'd'$ = $b'c'$; 3° ao = $a'o'$, parceque ao = $ab - dc$ et $a'b'$ = $a'b' - d'c'$; donc les triangles ado, $a'd'o'$ sont égaux et par suite angle a = angle a'.

Corol. 2. — Sont égaux : 1° Deux parallélogrammes qui ont un angle égal compris entre deux côtés égaux chacun à chacun.

2° Deux losanges qui ont un côté égal et un angle égal.

3° Deux rectangles qui ont deux côtés adjacens égaux chacun à chacun.

4° Deux quarrés qui ont un côté égal.

Scholie. — Ainsi un quadrilatère est généralement déterminé par cinq parties. — Mais, en particulier, un trapèze est déterminé par quatre parties, un parallélogramme par trois, un losange ou un rectangle par deux, enfin un quarré par une seule.

§ 7. — Propriétés, symétrie, égalité des Polygones.

1. Un polygone est l'espace qu'interceptent sur un plan plusieurs portions de droite qui ont deux à deux une extrémité commune.

Tout polygone a autant d'angles que de côtés. — Le polygone $abcde$ par exemple, a cinq côtés ab, bc, cd, de, ea et cinq angles a, b, c, d, e.

Quand les côtés sont en nombre pair, les côtés sont opposés deux à deux ainsi que les angles. — Quand ils sont en nombre impair, chaque côté est opposé à un angle.

11. On classe les polygones d'après le nombre des côtés : les plus simples sont le triangle et le quadrilatère; viennent ensuite le pentagone ou polygone de cinq côtés, l'hexagone ou polygone de six côtés, l'heptagone ou polygone de sept côtés, l'octogone ou polygone de huit côtés, l'ennéagone ou polygone de neuf côtés, le décagone ou polygone

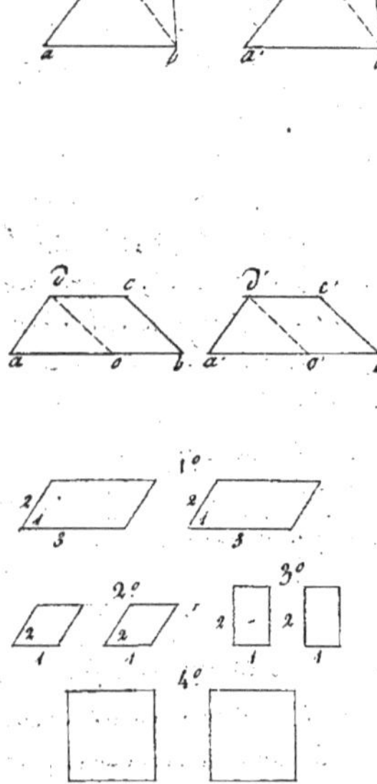

de dix côtés, l'undécagone ou polygone de onze côtés, le dodécagone ou polygone de douze côtés; audelà, les polygones n'ont plus de noms particu-liers, excepté ceux de quinze et de vingt côtés qui s'appellent pente-décagone et icosagone.

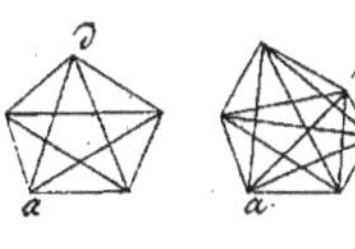

III. Le périmètre ou le contour d'un polygone abcde est la somme ab + bc + cd + da + ea de tous ses côtés.

IV. On appelle diagonale toute droite qui unit deux sommets non consécutifs d'un polygone... Telle est la ligne ad... Un pentagone a cinq diagonales, un hexagone en a neuf, un heptagone en a quatorze &c. à

En général, un polygone de n côtés a $\dfrac{n(n-3)}{2}$ diagonales (à démontrer)

V. On appelle angle extérieur d'un polygone tout angle formé par l'un de ses côtés et le prolongement du côté précédent ou suivant... Tel est l'angle abk.

VI. Un polygone est convexe lorsque son périmètre est une ligne convexe... Un polygone non convexe est dit concave ou à angles rentrans.

VII. Un polygone est équilatéral quand tous ses côtés sont égaux et équiangle quand tous ses angles sont égaux... Un losange est équila-téral sans être équiangle et un rectangle est équiangle sans être équilatéral.

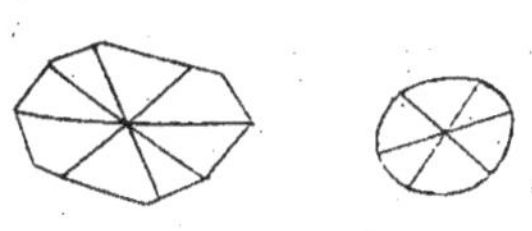

VIII. Un polygone est régulier lorsqu'il est à la fois équilatéral et équiangle... Les triangles équilatéraux et les carrés sont des polygones réguliers.

IX. Deux polygones sont équilatéraux entr'eux lorsque leurs côtés sont égaux chacun à chacun et assemblés dans le même ordre.

X. Deux polygones sont équiangles entr'eux lorsque leurs angles sont égaux chacun à chacun et assemblés dans le même ordre.

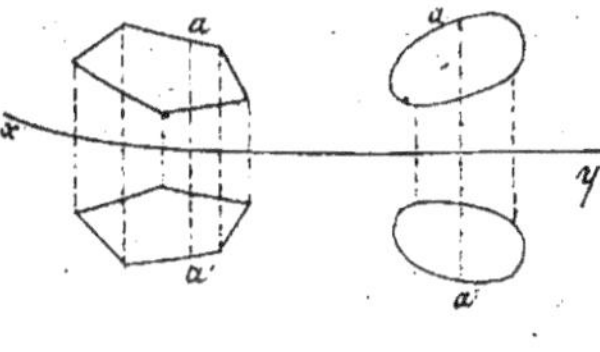

XI. Un polygone est inscrit dans un autre lorsque tous les sommets du premier sont situés sur le périmètre du second... Le second polygone est dit circonscrit au premier.

XII. Un point prend le nom de centre de symétrie lorsqu'il est le milieu de toutes les droites qui le contiennent et qui sont limitées dans les deux sens par le contour d'une figure quelconque... Ces droites sont appelées diamètres.

XIII. Deux points a, a' sont dits symétriques par rapport à une droite xy, quand cette droite est perpendiculaire sur le milieu de leur dis-tance aa'.

Cela posé, deux figures, rapportées à une même droite, sont symétri-ques, lorsque tout point, pris sur le contour de l'une, a son point symétri-que sur le contour de l'autre et réciproquement... La droite prend le nom d'axe de symétrie.

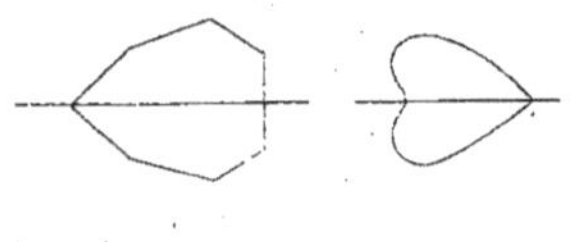

XIV. On appelle aussi axe de symétrie d'une figure isolée toute droite qui divise cette figure en deux parties symétriques.

Proposition 1. — Théorème. — La somme des angles de tout polygone convexe est égale à autant de fois deux angles droits qu'il a de côtés moins deux.

Les diagonales, issues de l'un des sommets, décomposent le polygone en autant de triangles qu'il a de côtés moins deux; car, à l'exception des deux côtés qui aboutissent à ce sommet, chacun des autres correspond à un triangle. — Or les trois angles d'un triangle valent ensemble deux angles droits; donc la somme des angles de tous les triangles partiels, c'est-à-dire, la somme des angles du polygone est égale à autant de fois deux droits qu'il a de côtés moins deux.

Scholies. — 1. — Ainsi la somme des angles d'un pentagone $= 2(5-2) = 6^D$; celle des angles d'un hexagone $= 2(6-2) = 8^D$, &c&c; en général, la somme des angles d'un polygone de n côtés $= 2(n-2)^D$.

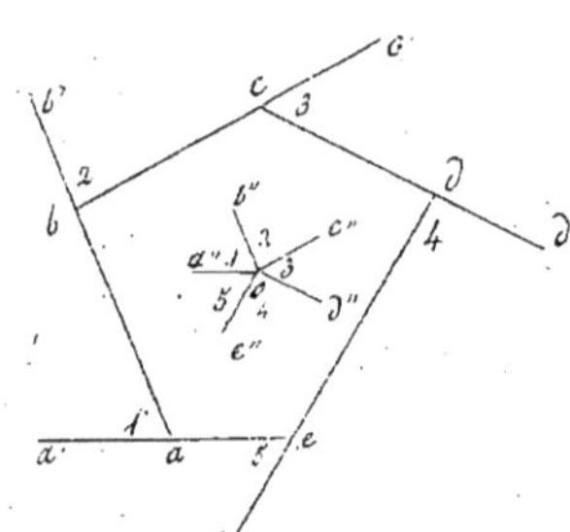

11. L'angle d'un polygone équiangle de n côtés est exprimé par $2\frac{(n-2)^D}{n}$. — Ainsi, l'angle d'un pentagone régulier $= \frac{6^D}{5}$; celui d'un hexagone régulier $= \frac{8}{6} = \frac{4^D}{3}$, &c&c.

111. Deux polygones réguliers d'un même nombre de côtés sont équiangles entre eux.

Prop. 2. — Théorème. — La somme des angles extérieurs de tout polygone convexe est égale à quatre angles droits.

Par le point o, pris à volonté dans le plan du polygone convexe abcde, je tire les droites oa'', ob'', oc''..... parallèlement aux côtés ea, ab, bc,...... et j'ai

angle $a''ob''$ + angle $b''oc''$ + angle $c''od''$ + ... $= 4^D$;

mais, deux angles étant égaux, lorsque leurs côtés sont parallèles et de même sens, il vient angle $a''ob'' =$ angle $a'ab$, angle $b''oc'' =$ angle $b'bc$, angle $c''od'' =$ angle $c'cd$;.... ; substituant, on a

angle $a'ab$ + angle $b'bc$ + angle $c'cd$ + ... $= 4^D$.

Corollaire. — Tout polygone convexe a au plus trois angles aigus. — Car, s'il en avait un plus grand nombre, les angles extérieurs correspondants seraient obtus et par suite la somme des angles extérieurs surpasserait 4 angles droits.

Prop. 3. — Théorème. — Un polygone abcdefg, d'un nombre

paiv de côtés, a un centre de symétrie, lorsque ses côtés opposés ab et ef, bc et fg, ... sont égaux et parallèles deux à deux.

Les figures abef, bcfg, ... étant des parallélogrammes, les diagonales ae, bf, cg, ... qui unissent les sommets opposés a et e, b et f, c et g, ...se coupent consécutivement, deux à deux, en parties égales. Le point o, milieu de toutes les diagonales, est un centre de symétrie. — En effet, si l'on tire à volonté par ce point la droite pg, les triangles aop, eoq sont égaux, parceque oa = oe, angle oap = angle oeq comme alternes internes et angle aop = eoq comme opposés par le sommet. — Donc op = oq.

Réciproque. — Tout polygone abcdefgh, doué d'un centre o de symétrie, est composé d'un nombre pair de côtés égaux et parallèles deux à deux.

Tirons arbitrairement un diamètre pg et concevons que, la partie pbcdeq restant fixe, la partie qfghap fasse une demi-révolution autour du centre o, de manière que l'extrémité q tombe en p, et l'extrémité p on q. — Il y aura alors superposition entre ces parties ; car, si l'on considère un point quelconque n et que l'on mène le diamètre nm, parceque angle nop = angle moq, la droite on prendra la direction om et parceque on = om le point n tombera en m. — Delà résulte pb = qf, pa = qe et en ajoutant ab = ef ; delà résulte encore bc = fg, cd = gh, ... On voit en outre que ab est parallèle à ef, parceque angle bpo = angle fqo ; que bc est parallèle à fg, parceque angle cso = angle gto ; &ᵃ &ᵃ.

Corollaire 1. — Un polygone est divisé par un diamètre en deux parties égales, superposables par rotation.

Corol. 2. — Les parallélogrammes, les losanges, les rectangles et les quarrés sont les seuls quadrilatères qui aient un centre de symétrie. — Le centre se trouve à l'intersection des deux diagonales ou au milieu de l'une d'elles.

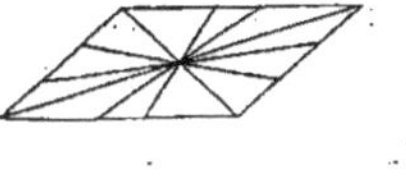

Prop. 4. — Théorème. — Deux polygones abcde, a'b'c'd'e' sont égaux par rabattement et symétriques, lorsque leurs sommets a et a', b et b', c et c', ... sont deux à deux symétriques par rapport à une même droite xy.

Pliez le plan de la figure selon la droite xy de manière que la partie inférieure vienne se rabattre sur la partie supérieure. — Le point m de l'axe étant fixe et les angles amy, a'my étant droits, ma' prendra la direction ma, et, parceque ma' = ma, le point a' tombera en a ; on prouverait de même que le sommet b' doit tomber sur le sommet b, le sommet c' sur le sommet c, &ᵃ &ᵃ. Ainsi, les côtés a'b', b'c', c'd' ..... se rabattront sur les côtés ab, bc, cd, ... et les deux polygones abcde,

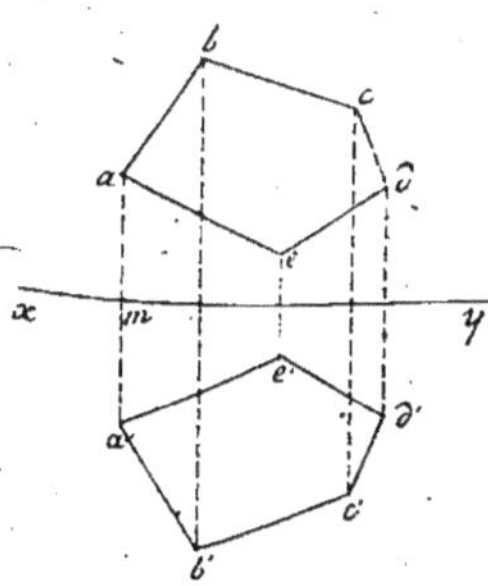

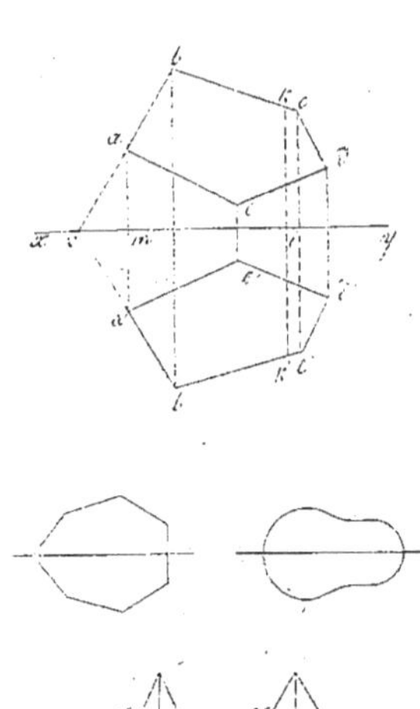

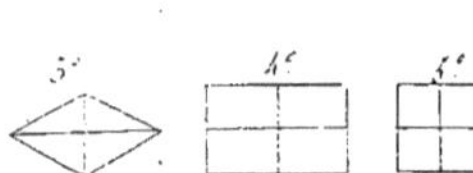

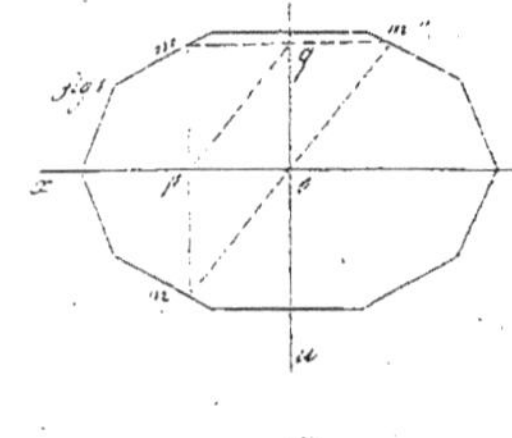

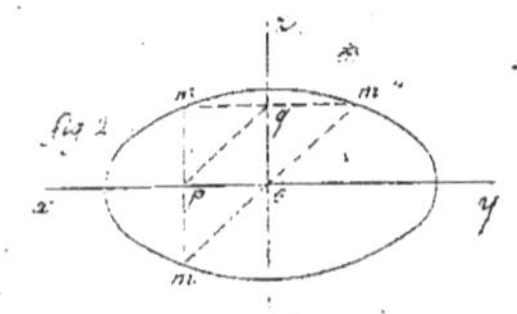

$a'b'c'd'e'$ seront superposés. — Reste donc à faire voir qu'ils sont symétriques; pour cela, soit tirée arbitrairement sur xy une perpendiculaire kk' qui coupe deux côtés homologues bc et $b'c'$ en k et k'; sans le rabattement, la droite ik' prenant la direction ik, le point k' devra se trouver à la fois sur ik et sur bc homologue de $b'c'$; donc il tombera en k et par suite on aura $ik = ik'$.

Corollaire 1. — Deux côtés homologues quelconques ab, $a'b'$ concourent où sont également inclinés sur l'axe de symétrie xy. — Car, le côté $a'b'$ se rabattant sur le côté ab, le point fixe v, où le premier côté rencontre l'axe, se trouve essentiellement sur le second et de plus angle $bvy =$ angle $b'vy$.

Corol. 2. — Toute droite, qui divise une figure en deux parties égales par rabattement, est un axe de symétrie.

Scholies. — sont des axes de symétrie : 1°. La bissectrice de l'angle au sommet d'un triangle isocèle. — 2°. Les bissectrices des trois angles d'un triangle équilatéral. — 3°. Les diagonales d'un losange. — 4°. Les droites qui unissent les milieux des côtés opposés d'un rectangle; — 5°. Les diagonales et les droites tirées entre les milieux des côtés opposés d'un quarré.

Prop. 5. — Théorème.

Toute figure, qui a deux axes de symétrie xy, zu rectangulaires, a pour centre de symétrie l'intersection o de ces deux axes. (Fig. 1 ou 2).

D'un point quelconque m du contour soient tirées sur les axes xy, zu les perpendiculaires mm', mm''. — La droite oq, étant égale et parallèle à pm, est aussi égale et parallèle à pm'; par conséquent, les droites pq et om' sont égales et parallèles. — On prouverait de même que la droite pq est égale et parallèle à om''. — Ainsi $om' = om''$ et les trois points m', o, m'' sont en ligne droite, parceque du point o on ne peut mener qu'une seule parallèle à pq. — Donc le point o, divisant en parties égales une droite quelconque $m'm''$ tirée par ce point, est un centre de symétrie.

Scholie. — Les deux axes rectangulaires xy, zu divisent la figure en quatre parties égales. — Les parties adjacentes sont superposables par rabattement et les parties opposées par rotation.

Prop. 6. — Théorème.

Dans tout polygone régulier : 1°. Les bissectrices des angles et les perpendiculaires tirées sur les milieux des côtés concourent au même point. — 2°. Ce point est à égale distance de tous les sommets et aussi à égale distance de tous les côtés.

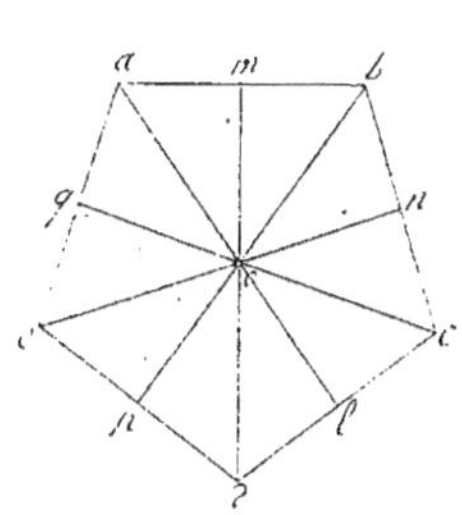

1°. soit o le point de concours de la bissectrice ao de l'angle eab et de la perpendiculaire mo menée sur le milieu du côté ab; joignant le point o aux sommets $b, c, d, \ldots$ et aux milieux $n, l, p \ldots$ des côtés. — Les triangles amo, bmo sont égaux, parceque angle droit $amo =$ angle droit bmo, $ma = mb$ par construction et mo commun; conséquemment angle $mao =$ angle mbo; mais angle $mao = \frac{1}{2}$ angle eab; donc, à cause que angle $eab =$ angle abc, angle $mbo = \frac{1}{2}$ angle abc. — Les triangles obm, obn sont égaux; parceque angle $mbo =$ angle nbo, $bm = bn$ et bo commun; donc l'angle onb est égal à l'angle droit omb. — On démontrerait de même que oc est la bissectrice de l'angle bcd et que ol est perpendiculaire sur cd, et ainsi de suite.

2°. $oa = ob$, parceque triangle $oma =$ triangle omb; $ob = oc$, parceque triangle $onb =$ triangle onc; $\&^a \&^a$. Donc $oa = ob = oc = \ldots$ — $om = on$, parceque triangle $obm =$ triangle obn; $on = ol$, parceque triangle $ocn =$ triangle ocl; $\&^a \&^a$. Donc $om = on = ol = \ldots$.

Scholie. — On appelle 1° centre d'un polygone régulier $abcde$, le point o équidistant de tous les sommets et équidistant de tous les côtés; — 2° Rayons, les distances égales $oa, ob, oc, \ldots$ du centre o aux divers sommets $a, b, c, \ldots$; 3° Apothèmes, les distances égales $om, on, ol, \ldots$ du centre o aux divers côtés $ab, bc, cd, \ldots$; — 4° Angles au centre, les angles $aob, boc, cod, \ldots$ que forment, deux à deux, les rayons consécutifs $oa, ob, oc, \ldots$.

Corollaire. — L'angle au centre d'un Polygone régulier est égal à quatre angles droits divisés par le nombre de ses côtés. — Car 1° les angles au centre $aob, boc, cod, \ldots$ sont égaux, parceque les triangles $abo, bco, cdo \ldots$ sont équilatéraux entr'eux; — 2° le nombre de ces angles est égal à celui des côtés; 3° la somme de tous ces angles vaut quatre angles droits.

Ainsi, l'angle au centre d'un triangle équilatéral $= \frac{4^D}{3}$; celui d'un quarré $= \frac{4}{4} = 1^D$; celui d'un pentagone régulier $\frac{4^D}{5}$; $\&^a \&^a$. — Généralement l'angle au centre d'un polygone régulier de n côtés est exprimé par $\frac{4^D}{n}$.

Prop. 7. — Théorème. — Dans tout polygone régulier, les bissectrices des angles et les perpendiculaires tirées sur les milieux des côtés sont des axes de symétrie.

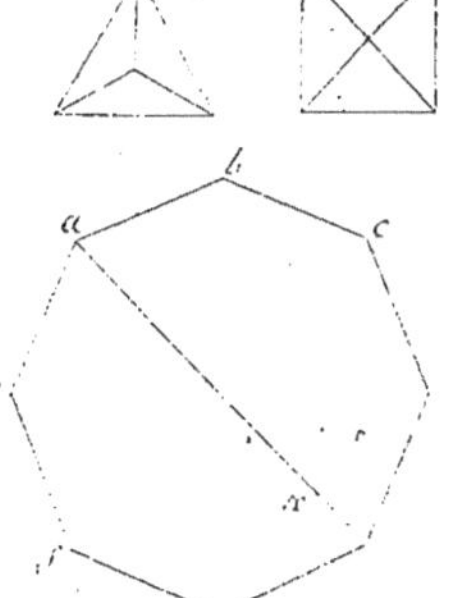

1°. si on plie le plan de la figure selon la bissectrice ox de l'angle eab, le côté ab prendra la direction ae, et, comme $ab = ae$, le point b tombera en e; parceque angle $b =$ angle e, le côté bc tombera sur son égal ef; et ainsi de suite. — Donc ax est un axe de symétrie.

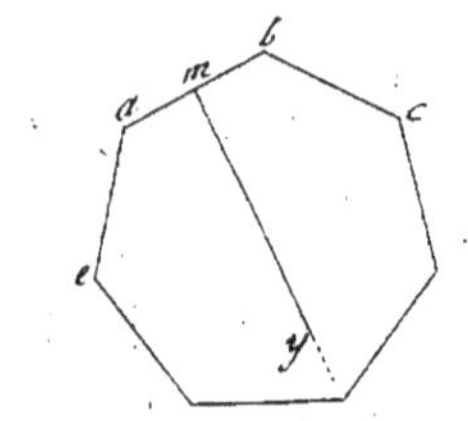

fig 1.   fig 2.

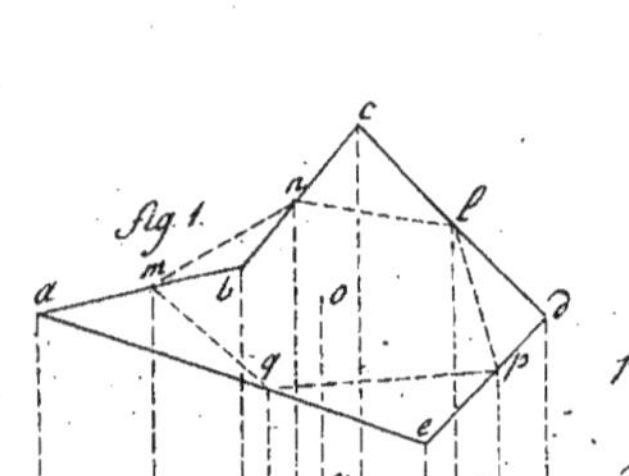

fig 1.

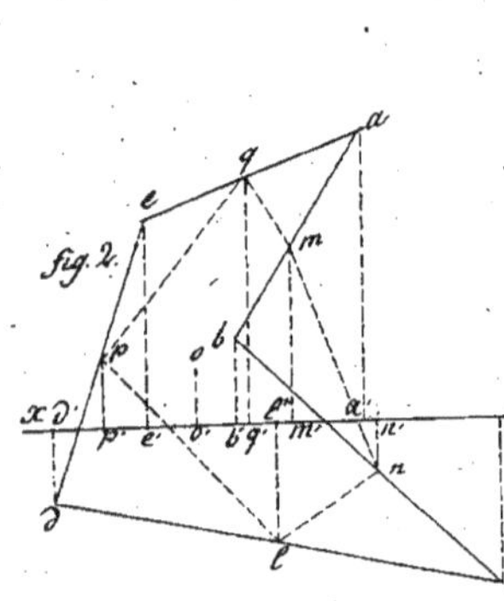

fig. 2.

2°. Si on plie le plan du polygone selon la droite my perpendiculaire sur le milieu du côté ab, la moitié mb se rabattra sur son égal ma; puis, à cause que angle $b =$ angle a, bc tombera sur ae, et ainsi de suite. — Donc my est un axe de symétrie.

Corollaire 1. — Tout polygone régulier a autant d'axes de symétrie que de côtés. — Car si le nombre des côtés est pair (fig.1), les bissectrices des angles opposés se confondent ainsi que les perpendiculaires menées sur les milieux des côtés opposés; et, s'il est impair, (fig.2), la bissectrice de chaque angle se confond avec la perpendiculaire tirée sur le milieu du côté opposé.

Corol. 2. — Le centre d'un polygone régulier d'un nombre pair de côtés est un centre de symétrie. — Car deux côtés opposés quelconques sont égaux et de plus parallèles; comme étant perpendiculaires à l'axe de symétrie qui unit leurs milieux.

Prop. 8. — Théorème — Il existe, dans le plan de tout polygone $abcde$, un point invariable, dont la distance à une droite quelconque xy est une moyenne arithmétique entre les distances aa', bb', cc', ... à des sommets a, b, c, ... à la même droite.

Des milieux m, n, l, ... des côtés ab, bc, cd, ... soient tirées sur xy les perpendiculaires mm', nn', ll', ...; il viendra (fig. 1), en vertu de la prop. 7,

$$mm' = \frac{aa' + bb'}{2}, \quad nn' = \frac{bb' + cc'}{2}, \quad ll' = \frac{cc' + dd'}{2}, \quad pp' = \frac{dd' + ee'}{2}, \quad qq' = \frac{ee' + aa'}{2},$$

d'où, en ajoutant,

$$mm' + nn' + ll' + pp' + qq' = aa' + bb' + cc' + dd' + ee'.$$

La même propriété subsiste encore lorsque la droite xy traverse le polygone $abcde$ (fig.2), pourvu toutefois que l'on prenne avec le signe plus les distances qui tombent d'un côté de cette droite et avec le signe moins celles qui tombent du côté opposé. — On a en effet, première et deuxième parties de la proposition citée,

$$mm' = \frac{aa' + bb'}{2}, \quad nn = \frac{cc' - bb'}{2}, \quad ll' = \frac{cc' + dd'}{2}, \quad pp' = \frac{ee' - dd'}{2}, \quad qq' = \frac{ee' + aa'}{2},$$

égalités d'où l'on déduit, par addition, et soustraction,

$$mm' - nn' - ll' + pp' + qq' = aa' + bb' - cc' - dd' + ee'.$$

Il est à remarquer d'ailleurs que le périmètre du Polygone $mnlpq$ est toujours moindre que celui du polygone $abcde$; car, on a $mn < bm + bn$, $nl < nc + cl$, $lp < ld + dp$, ..., d'où, en ajoutant, périm. $mnlpq <$ périm. $abcde$.

Si donc, en partant du polygone $abcde$, on construit une série de polygones, tels que chacun ait pour sommets les milieux des côtés précédent, les périmètres de ces polygones décroîtront de plus en plus, mais la somme algébrique des distances des sommets à la droite arbitraire xy sera constante pour tous. — Ainsi, en prolongeant cette suite indéfiniment, on arrivera à un polygone infiniment petit, dont les sommets seront tellement voisins qu'on pourra le considérer comme se confondant en un seul point o; si l'on abaisse oo' perpendiculaire sur xy, on aura donc, dans le cas de la figure 1,

$$\int.oo' = aa' + bb' + cc' + dd' + ee', \text{ d'où } oo' = \frac{aa' + bb' + cc' + dd' + ee'}{\int},$$

et, dans celui de la figure 2,

$$\int.oo' = aa' + bb' - cc' - dd' + ee', \text{ d'où } oo' = \frac{aa' + bb' - cc' - dd' + ee'}{\int}.$$

Scholies. — 1. — Le point o est dit le centre des moyennes distances des sommets $a, b, c, \ldots$ du polygone $abcde$.

11. — Toute droite zu, menée par le centre o, est appelée axe des moyennes distances des points $a, b, c, \ldots$, parceq'en effet la somme algébrique $aa' + bb' - cc' - dd' + ee'$ de leurs distances à cette droite étant nulle, il vient $aa' + bb' + ee' = cc' + dd'$.

111. — Réciproquement, toute droite ux, pour laquelle on a $aa' + bb' + ee' = cc' + dd'$, est un axe des moyennes distances.

Corollaires. — 1. — Le centre des moyennes distances des sommets d'un triangle est le point de concours des trois droites qui les unissent aux milieux des côtés opposés. — Car, chacune de ces droites, passant par un sommet et étant équidistante des deux autres, est un axe des moyennes distances.

11. — Le centre des moyennes distances des sommets d'un quadrilatère est le point de concours des droites qui joignent les milieux des côtés opposés. — Car chacune de ces droites est également distante des sommets considérés deux à deux.

111. — Le centre d'un polygone régulier est le centre des moyennes distances de ces sommets. — Car les axes de symétrie sont autant d'axes de moyennes distances.

1V. — Le centre de symétrie d'un polygone est le centre des moyennes distances des sommets. — Tout diamètre, divisant le polygone en deux parties superposables par rotation, est en effet un axe des moyennes distances.

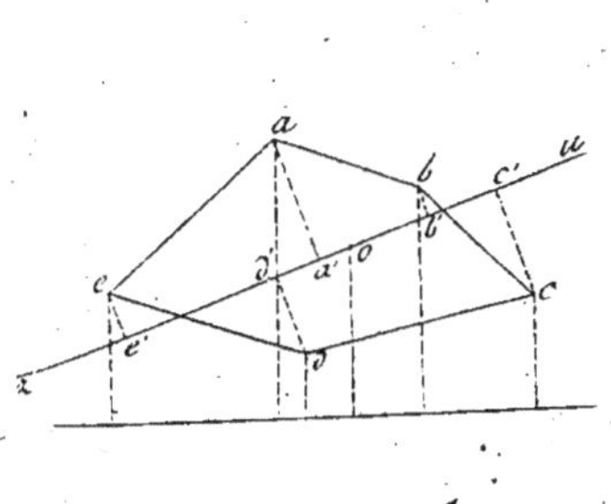

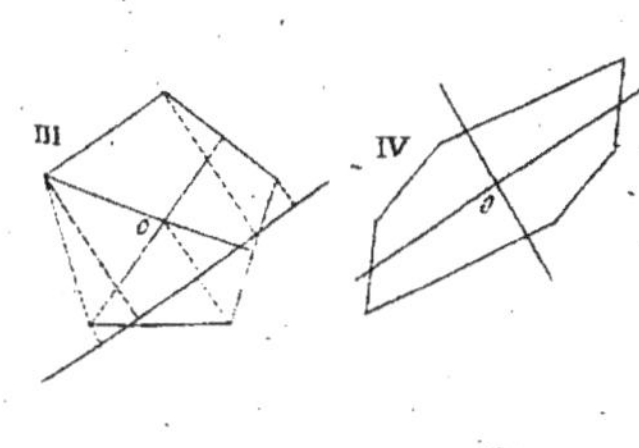

Prop.9. — Théorème. — Deux polygones de même espèce sont égaux, lorsque, abstraction faite d'un côté et des deux angles adjacens, toutes les autres parties, ang. et côtés, sont égales chacune à chacune et pareillem.^t assemblées.

Soient côté bc = côté $b'c'$, côté cd = côté $c'd'$, côté de = côté $d'e'$, côté ea = côté $e'a'$ et angle c = angle c', angle d = angle d', angle e = angle e'.

— Posons le polygone $a'b'c'd'e'$ sur le polygone $abcde$, de manière que $b'c'$ tombe sur son égal bc; parceque angle c = angle c', cd tombera sur son igal cd ; on prouvera de même que d'e' tombe sur de et e'a' sur ea ; donc a'b' tombera aussi sur ab et les deux polygones coïncideront.

Si les parties, supposées égales, étaient assemblées dans des ordres inverses, on opérerait la superposition en faisant d'abord coïncider les côtés bc, b'c' et en pliant ensuite le plan le long du côté commun.

Corollaire 1. — Un polygone de n côtés est déterminé généralement par $2n-3$ conditions, savoir par $n-1$ côtés et par les $n-2$ angles qu'ils forment entr'eux. — Ainsi, un pentagone est déterminé par sept conditions, un hexagone par neuf, &ᵃ &ᵃ.

Corollaire 2. — Deux polygones réguliers de même espèce sont égaux quand ils ont un côté égal. — Cela résulte de ce que les polygones sont équiangles entr'eux.

Conséquemment, un polygone régulier d'une espèce donnée est déterminé par son côté.

Prop. 10. — **Théorème.** — Deux polygones égaux, situés sur le même plan, sont superposables par transport parallèle ou par rotation ou bien par l'un de ces mouvemens combiné avec un rabattement.

Il faut distinguer deux cas : les côtés égaux des deux polygones peuvent être assemblés dans le même ordre ou dans des ordres inverses.

1ᵉʳ Cas. — Soient abcde, a'b'c'd'e' deux polygones égaux et ab, a'b' deux côtés homologues quelconques ; il peut arriver : 1° que les côtés soient parallèles et de même sens ; 2° qu'ils soient parallèles et de sens contraires ; 3° qu'ils concourent sous un angle quelconque.

1ʳᵉ Variété. — Si les côtés homologues ab, a'b' sont parallèles et de même sens, faites mouvoir le polygone a'b'c'd'e' de manière que le sommet a' glisse le long de la droite a'a et que le côté a'b' reste constamment parallèle à son égal ab. — Quand le sommet a' arrivera en a, a'b' tombera évidemment sur ab, et, comme angle a'b'c' = angle abc, le côté b'c' s'appliquera sur son égal bc ; puis, c'd' sur cd, d'e' sur de, &ᵃ&ᵃ. — Ainsi, on peut opérer la superposition par transport parallèle.

Parceque les côtés ab, a'b' sont égaux et parallèles, les droites aa', bb' sont aussi égales et parallèles ; donc angle abx = angle a'b'x, et, en retranchant d'une part angle abc et de l'autre angle a'b'c', angle cbx = angle c'b'x ; d'où résulte que bc est parallèle à b'c' ; on prouverait de même que les droites bb', cc' sont égales et parallèles et que cd est parallèle à c'd' ; &ᵃ&ᵃ. Donc 1° les distances aa', bb', cc'... des sommets homologues sont égales et parallèles. — 2° les côtés homologues bc et b'c', cd et c'd',... sont parallèles deux à deux et de même sens.

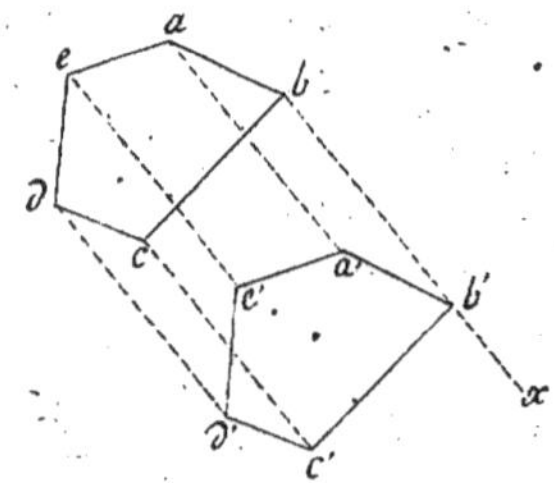

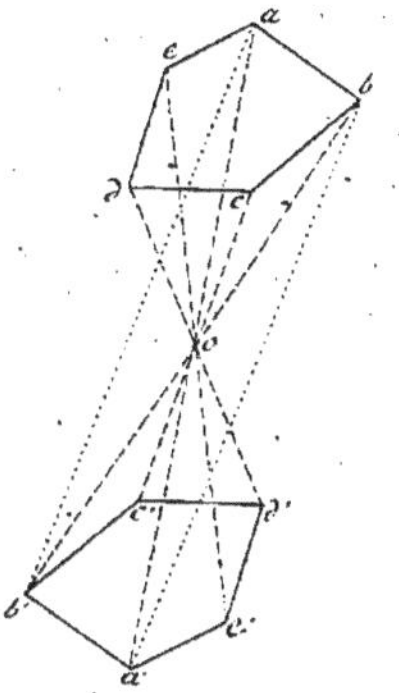

2ème variété. — Si les côtés homologues ab, a'b' sont parallèles et de sens contraires, concevez que le polygone a'b'c'd'e' fasse une demi révolution autour du milieu o de la droite aa', de manière que oa' vienne s'appliquer sur oa. — Parceque angle oa'b' = angle oab, le côté a'b' tombera sur son égal ab ; et, parceque angle a'b'c' = angle abc, b'c' tombera sur bc, puis c'd' sur cd &ª &ª. — Conséquemment, on peut opérer la superposition par rotation.

La figure aba'b' étant un parallélogramme, les diagonales aa', bb' se coupent mutuellement en parties égales. — De plus angle abo = angle a'b'o et angle abc = angle a'b'c', d'où, par soustraction, angle cbo = angle c'b'o ; donc bc est parallèle à b'c'. — On démontrerait de même que le point o est le milieu de cc' et que cd est parallèle à c'd' ; &ª &ª. — Ainsi 1° les distances aa', bb', cc',..... des sommets homologues se coupent en parties égales au centre de rotation. — 2° les côtés homologues bc et b'c', cd et c'd',... sont deux à deux parallèles et de sens contraires.

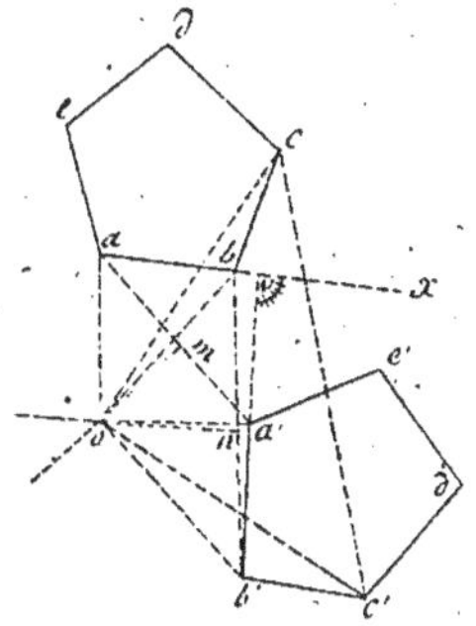

3ème variété. — Si les côtés homologues ab, a'b' concourent sous un angle quelconque a'rx, soit o le point de rencontre des perpendiculaires mo, no, tirées sur les milieux des distances aa', bb' ; les triangles oab, oa'b' sont égaux, parceque ab = a'b', obl. oa = obl. oa', obl. ob = obl. ob'. — Faites tourner le polygone a'b'c'd'e' autour du point o, de manière que le triangle oa'b' vienne couvrir son égal oab ; puisque angle a'b'c' = angle abc, b'c' tombera sur son égal bc ; pareillement, c'd' tombera sur cd ; &ª &ª. Ainsi, on peut opérer la superposition par une simple rotation.

De là diverses conséquences : 1° les perpendiculaires, tirées sur les milieux des distances ab', bb', cc'..... des sommets homologues, concourent au centre de rotation. — Car les obliques oc et oc', od et od',..., étant superposables, sont égales deux à deux. — 2° les inclinaisons des côtés homologues sont égales entr'elles et à l'angle de rotation. En effet, dans le quadrilatère oava', l'angle oav, étant égal à l'angle oa'b', est le supplément de l'angle oa'v ; donc l'angle aoa' de rotation est aussi le supplément de l'angle ava' et par suite il est égal à l'angle arx. — 3° les bissectrices des suppléments de ces inclinaisons passent toutes par le centre de rotation. — Cela résulte que ce que le point o est équidistant de ab et a'b', bc et b'c', cd et c'd',.....

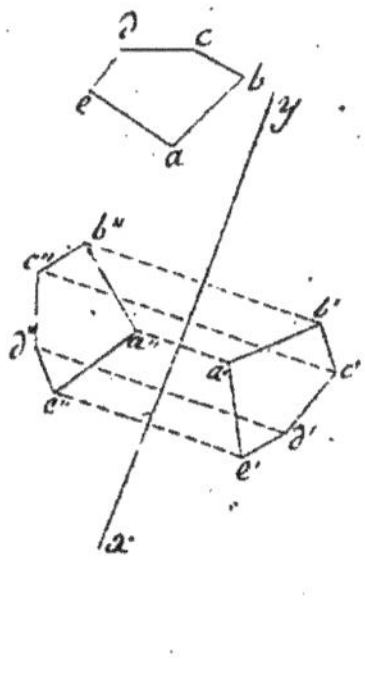

2e Cas. — Si les côtés égaux sont assemblés dans des ordres inverses, rabattez le polygone a'b'c'd'e' en a"b"c"d"e" en le faisant tourner autour d'un axe arbitraire xy ; le polygone a"b"c"d"e" pourra ensuite être amené en abcde par un transport parallèle ou par une rotation, selon que les côtés homologues ab et a"b" seront ou ne seront pas parallèles et de même sens.

Au surplus, on peut toujours substituer un transport parallèle à la rotation. — En effet, après avoir prolongé les côtés ab, a'b' jusqu'à leur intersection o, prenez $oa'' = oa$, $ob'' = ob$, de manière que $a''b'' = ab$ et que la bissectrice ox de l'angle aoa' soit perpendiculaire sur le milieu des droites aa'', bb''. — Vous pourrez d'abord, par un transfer parallèle, placer le polygone $a'b'c'd'e'$ en $a''b''c''d''e''$ et ensuite, par un pli le long de ox, le faire tomber sur $abcde$.

Les polygones $abcde$, $a''b''c''d''e''$, étant symétriques par rapport à l'axe ox, les côtés homologues bc et $b''c''$, cd et $c''d''$, ... sont également inclinés sur cette droite ; donc les côtés bc et $b'c'$, cd et $c'd'$, ... jouissent de la même propriété. — Ainsi, dans les polygones $abcde$ et $a'b'c'd'e'$, les bissectrices des angles des côtés homologues forment deux systèmes de droites parallèles.

2ᵉ SECTION.

La Similitude.

§. 1. — Les lignes proportionnelles.

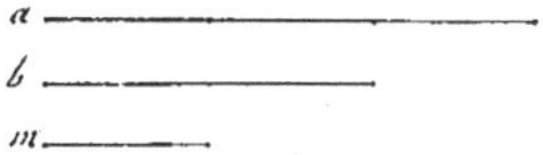

1. — On appelle commune mesure de deux lignes a et b toute ligne m qui est contenue dans l'une et dans l'autre un nombre exact de fois. — La ligne en prend le nom de plus grande commune mesure s'il n'existe pas de mesures communes plus grandes qu'elle.

11. Deux lignes sont commensurables ou rationnelles quand elles ont une commune mesure et incommensurables ou irrationnelles quand elles n'en ont pas.

Proposition 1. — *Lemme*. — La p.g.c.m. entre deux lignes est égale à la plus p.g.c.m. entre la plus petite et le reste de la division de la plus grande par la plus petite.

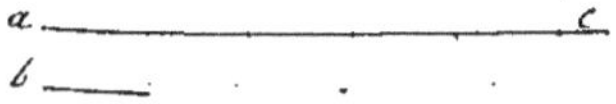

Supposons, pour fixer les idées, que la ligne a contienne cinq fois la ligne b avec un reste c plus petit que b, en sorte que l'on ait $a = 5.\,b + c$. — Divisant tous les termes par une ligne arbitraire m, nous aurons $\frac{a}{m} = 5.\,\frac{b}{m} + \frac{c}{m}$. — Or, comme les deux membres d'une égalité ne peuvent être l'un entier et l'autre fractionnaire, toutes les fois que deux des trois rapports $\frac{a}{m}$, $\frac{b}{m}$, $\frac{c}{m}$, seront des nombres entiers, le troisième sera pareillement un nombre entier. — Ainsi, toute mesure commune aux lignes a et b, est aussi commune aux lignes b et c et réciproquement. — Donc puisque les lignes a et b, b et c admettent les mêmes communes mesures, la p.g.c.m. entre a et b est égale à la p.g.c.m. entre b et c.

Scholies. — 1. — Si la ligne m est la p.g.c.m. des lignes a et b, elles ont une infinité de mesures communes, savoir : $\frac{m}{2}$, $\frac{m}{3}$, $\frac{m}{4}$, $\frac{m}{5}$, ...

11. Quand les lignes a et b sont incommensurables, les lignes b et c le sont aussi et réciproquement.

Prop. 2. — *Problème*. — Trouver la p.g.c.m. des lignes ab et cd.

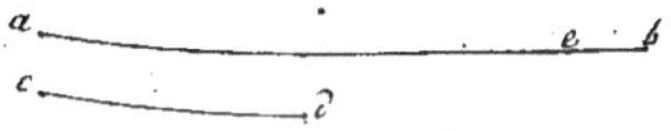

Si la plus petite cd des deux lignes pouvait être portée un nombre exact de fois sur la plus grande ab, elle serait la p.g.c.m. demandée car cette p.g.c.m. est tout au plus égale à cd. — Supposons qu'il n'en soit pas ainsi et que ab contienne cd deux fois avec un reste be ($< cd$,

$$(1) \begin{cases} ab = 2 \cdot cd + be, \\ cd = 3 \cdot be + df, \\ be = 1 \cdot df + bg, \\ df = 2 \cdot bg. \end{cases}$$

$$(2) \begin{cases} df = 2 \cdot bg, \\ be = 2 \cdot bg + 1 \cdot bg = 3 \cdot bg, \\ cd = 9 \cdot bg + 2 \cdot bg = 11 \cdot bg, \\ ab = 22 \cdot bg + 3 \cdot bg = 25 \cdot bg, \end{cases}$$

$$(3) \begin{cases} \dfrac{ab}{cd} = 2 + \dfrac{be}{cd}, \\ \dfrac{cd}{be} = 3 + \dfrac{df}{be}, \\ \dfrac{be}{df} = 1 + \dfrac{bg}{df}, \\ \dfrac{df}{bg} = 2. \end{cases} \qquad (4) \begin{cases} \dfrac{ab}{cd} = 2 + \dfrac{1}{\left(\frac{cd}{be}\right)}, \\ \dfrac{cd}{be} = 3 + \dfrac{1}{\left(\frac{be}{df}\right)}, \\ \dfrac{be}{df} = 1 + \dfrac{1}{\left(\frac{df}{bg}\right)}, \\ \dfrac{df}{bg} = 2. \end{cases}$$

$$(5)\quad \frac{ab}{cd} = 2 + \frac{1}{3 + \frac{1}{1 + \frac{1}{2}}} = \frac{25}{11}$$

de manière que $ab = 2 \cdot cd + be$; en vertu du lemme précédent, la question sera ramenée à rechercher la p.g.c.m. des lignes plus petites cd et be. — Divisons pour cela cd par be; soient 3 le quotient et df le reste; il viendra $cd = 3 be + df$. — Soient pareillement 1 le quotient, et bg le reste de la division de be par df, en sorte que $be = df + bg$. — Admettons enfin que df contienne bg deux fois exactement ou que $df = 2 \cdot bg$. — La ligne bg sera la p.g.c.m. cherchée, car elle est évidemment la p.g.c.m. des lignes df et bg, puis, en remontant, celle des lignes be et df, des lignes cd et be, enfin des lignes ab et cd. — Si, en continuant indéfiniment cette suite de divisions, on ne parvenait pas à un reste qui fut contenu exactement dans le précédent, il n'y aurait pas de p.g.c.m. et les lignes ab et cd seraient incommensurables.

Scholie. — La recherche de la plus grande commune mesure de deux lignes conduit à la détermination de leur rapport numérique. — En effet, par des substitutions successives, les égalités (1) fournissent les égalités (2) et en divisant la quatrième par la troisième, il vient $\frac{ab}{cd} = \frac{25}{11}$. — La fraction, ainsi trouvée, est toujours irréductible. car si ses termes admettaient, par exemple, le diviseur commun 3, les lignes ab et cd auraient une commune mesure $3 bg$ plus grande que bg, ce qui est impossible.

On trouve, au surplus, ce rapport d'une manière plus simple, en mettant les égalités (1) sous la forme (3), puis, sous la forme (4), d'où l'on déduit aisément l'expression (5) qui donne le rapport $ab : cd$ en fraction continue.

Quand les lignes sont incommensurables, la recherche de la p.g.c.m. ne se détermine pas et la fraction continue comprend une infinité de fractions ordinaires; il est alors impossible de déterminer en toute rigueur la valeur du rapport numérique des deux lignes, mais on peut en approcher aussi près qu'on le veut, car on sait que la différence entre une fraction continue et une réduite quelconque est moindre que l'unité divisée par le quarré du dénominateur de cette réduite.

Prop. 3. — **Théorème**. — Toute droite mn parallèle à l'un des côtés ab d'un triangle abc, divise les deux autres côtés ca, cb en parties proportionnelles cm et ma, cn et nb.

1° Si les parties cn et nb sont commensurables, supposons que leur p.g. c.m. soit contenue 4 fois dans cn et 3 fois dans nb, de manière que l'on ait $cn : nb :: 4 : 3$. — Par les points de division $d, e, f, \ldots$ parallèlement à ab, tirons les droites $dr, es, ft, \ldots$; les parties $cr, rs, st, \ldots$ seront toutes égales entre elles; car, si la partie rs, par exemple, n'était pas

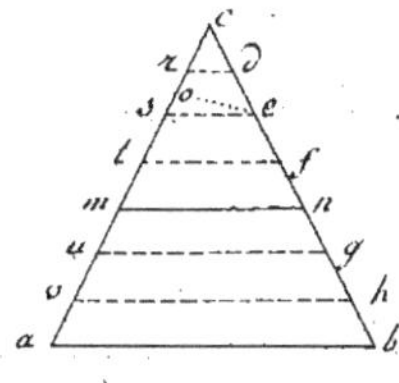

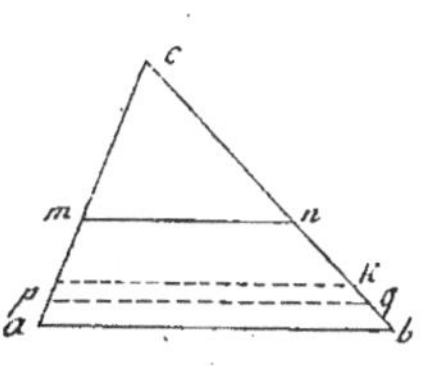

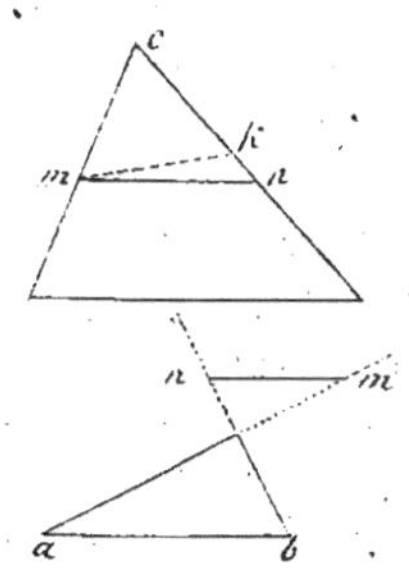

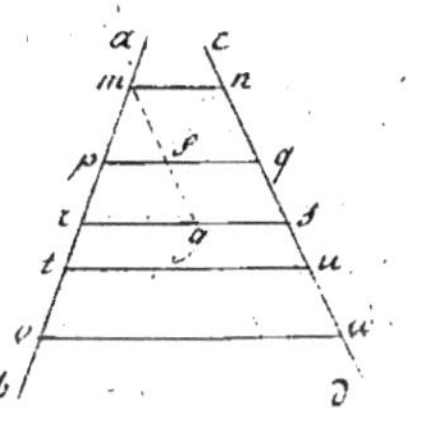

égale à la partie st, la droite oe, qui joindrait les milieux o et e des côtés concourants rt, df du trapèze rtfd serait parallèle à tf et par suite à se, ce qui est absurde. — Ainsi, la droite cr étant contenue 4 fois dans cm et 3 fois dans ma, il vient cm : ma :: 4 : 3, et, à cause du rapport commun, cm : ma :: cn : nb.

2°. Si les parties cn et nb sont incommensurables, on a encore cm : ma :: cn : nb. — En effet, si cette proportion était inexacte, on pourrait la rectifier en changeant son quatrième terme; supposons que l'on ait cm : ma :: cn : nk, nk étant (ou) nb. — Décomposons cn en parties égales, moindres chacune que kb, de sorte qu'en continuant les divisions le long de cb, il se trouve au moins entre k et b l'extrémité g de l'une d'entre elles; par là, les parties cn, ng seront commensurables et, si l'on tire gp parallèle à ab, on aura cm : mp :: cn : ng. — Or, de ce que cette proportion et la précédente ont les mêmes antécédents, il résulte celle-ci : ma : mp :: nk : ng, laquelle est évidemment fausse; car ma est > mp, tandisque nk est < ng : donc, la supposition faite étant inadmissible, la proportion cm : ma :: cn : nb est exacte.

Corollaire. — Les côtés ca et cb sont proportionnels à leurs parties correspondantes cm et cn, ma et nb. — Car, de la proportion cm : ma :: cn : nb on déduit cm + ma : cn + nb, c'est à dire, ca : cb comme cm : cn ou bien comme ma : nb.

Réciproque. — Toute droite mn, qui divise proportionnellement deux côtés ca, cb d'un triangle abc, est parallèle au troisième côté ab.

S'il n'en est pas ainsi, soit mk la parallèle menée au côté ab par le point m. — On a, par hypothèse, cm : ma :: cn : nb et, par la directe, cm : ma :: ck : kb; donc, à cause du rapport commun, cn : nb :: ck : kb, proportion fausse, attendu que cn est > ck, tandis que nb est < kb. — Donc mn est parallèle à ab.

Scholie. — Ce théorème et sa réciproque ont encore lieu lorsque la droite mn coupe les prolongements des côtés ca et cb.

Prop. 4. — Théorème. — Lorsque deux droites quelconques ab, cd sont coupées par plusieurs parallèles mn, pq, rs, tu....., les parties correspondantes mp et nq, pr et qs, rt et su,..... sont proportionnelles.

Tirant ng parallèle à cd, on a, parceque pf est parallèle au côté rq du triangle rng, mp : mf :: pr : fq; or, mf = nq, fq = qs, comme parallèles comprises entre parallèles; donc mp : nq :: pr : qs. — On prouverait de même que pr : qs :: rt : su, que rt : su :: tv : uw, &c &c. — De là la suite de rapports égaux, mp : nq :: pr : qs :: rt : su :: ....

scholie. — Si les antécédens mp, pr, rt, ... sont égaux, les conséquens nq, qs, su, ... le sont aussi.

Prop. 5. — Théorème. — Les parallèles mn et pq, comprises entre les côtés d'un angle acb, sont entr'elles comme les distances mc et pc de leurs extrémités correspondantes m et p au sommet c dect angle. (fig. 1 et 2)

Tirant pk parallèlement au côté cn du triangle mcn, il vient mn : kn :: mc : pc ; mais kn = pq, comme parallèles comprises entre parallèles ; donc mn : pq :: mc : pc.

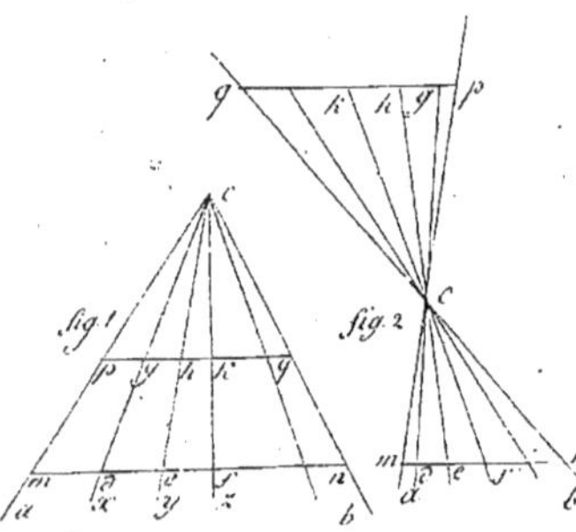

Prop. 6. — Théorème. — Deux parallèles mn et pq, comprises entre les côtés d'un angle acb, sont divisées en parties proportionnelles par les droites cx, cy, cz, ... issues de son sommet c. (fig. 1 ou 2)

Les parallèles md, pq étant comprises entre les côtés de l'angle acx et les parallèles de, gh entre ceux de l'angle xcy, on a md : pq :: de : ge, de : gh :: dc : gc et par suite md : pq :: de : gh. — On démontrerait de même que de : gh :: ef : hk, &c°&c°. — Donc md : pq :: de : gh :: ef : hk :: &c°—

Scholie. — Lorsque les antécédens md, de, ef, ... sont égaux, les conséquens pq, gh, hk, ... le sont aussi.

1re Réciproque. — Deux droites mn et pq, comprises entre les côtés d'un angle acb, sont parallèles, lorsqu'elles sont divisées proportionnellement par une droite cx issue de son sommet c.

S'il n'en est pas ainsi, par le point p tirons po parallèle à mn. — On a, par la directe ; md : pk :: dn : ko et, par hypothèse ; md : pq :: dn : qq d'où résulte pk : pq :: ko : qq, donc kq est parallèle à qc, ce qui est faux. — Conséquemment, les droites mn, pq sont parallèles.

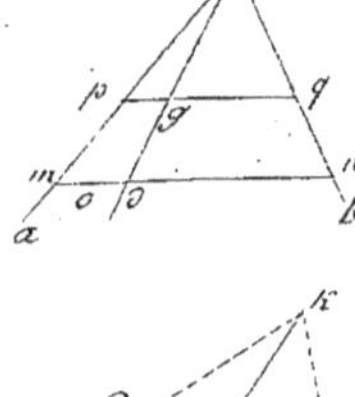

2eme Réciproque. — Toute droite dq, qui divise proportionnellement deux parallèles mn, pq comprises entre les côtés d'un angle acb, passe par son sommet c.

S'il en est autrement, soit o le point où la droite cq rencontre mn. — On a, par la directe, mo : pq :: on : qq, et, par hypothèse, md : pq :: dn : qq d'où l'on conclut mo : md :: on : dn, proportion fausse, car mo est < md, tandis que on est > dn. — Donc la droite dq, passe par le sommet c.

Corollaire. — Dans tout trapèze abcd, les milieux m, n des côtés parallèles ab, dc, le point de concours k des deux autres côtés ad, bc et celui o des diagonales ac, bd sont situés en ligne droite. — Cela résulte de ce que les points m, n divisent proportionnellement les parallèles ab, dc, comprises à la fois entre les côtés de l'angle akb et entre ceux de l'angle aob.

Prop 7. — Théorème. — Dans tout triangle abc, la bissectrice co d'un angle acb divise le côté opposé ab en segments additifs ao, bo proportionnels aux côtés adjacents ac, bc.

Par le sommet b, parallèlement à co, soit tirée la droite bk qui coupe en k le prolongement de ac, on aura $ao : bo :: ac : kc$. — Or, angle ace = angle k comme correspondant et angle bco = angle cbk comme alternes-internes; de plus, par hypothèse, angle aco = angle bco; donc aussi angle k = angle cbk, d'où résulte $kc = bc$. — Substituant dans la proportion obtenue, il vient $ao : bo :: ac : bc$.

Réciproque. — La droite co est la bissectrice de l'angle acb, si elle divise le côté opposé ab en segments additifs ao, bo proportionnels aux côtés adjacents ac, bc.

Par le sommet b, parallèlement à co, soit tirée la droite bk; on aura $ao : bo :: ac : kc$; mais, par hypothèse, $ao : bo :: ac : bc$; donc $kc = bc$ et partant angle cbk = angle k. — Or, angle cbk = angle bco et angle k = angle aco; donc aussi angle bco = angle aco.

Scholie. — Connaissant les trois côtés ab, ac, bc, on pourra aisément déterminer les segments ac, bo. — Le triangle abk fournit en effet, en observant que $ck = ac + bc$, $ao : ab :: ac : ac + bc$ et $bo : ab :: bc : ac + bc$.

Prop. 8. — Théorème. — Dans tout triangle abc, la bissectrice co d'un angle extérieur bcx divise le côté ab en segments soustractifs ao, bo proportionnels aux côtés adjacents ac, bc. — et réciproquement.

Les démonstrations sont à très peu près les mêmes que celles qui précèdent.

Scholie. — On déterminera les segments soustractifs ao, bo à l'aide des proportions $ao : ab :: ac : ac - bc$, $bo : ab :: bc : ac - bc$.

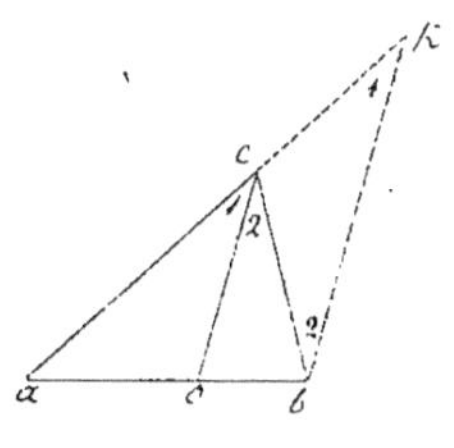

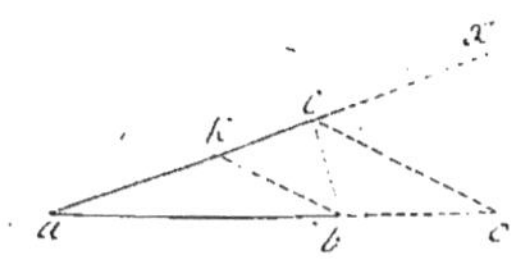

§ 2. — La similitude des triangles.

Deux triangles abc, a'b'c' sont semblables lorsque leurs côtés sont proportionnels, c'est-à-dire, lorsqu'on a $ab : a'b' :: ac : a'c' :: bc : b'c'$. — Les côtés ab, ac, bc et a'b', a'c', b'c' peuvent d'ailleurs être assemblés dans le même ordre (fig. 1) ou dans des ordres inverses (fig. 2).

Ainsi, la similitude est déterminée par deux conditions : 1° $ab : a'b' :: ac : a'c'$, 2° $ac : a'c' :: bc : b'c'$; d'où résulte $ab : a'b' :: bc : b'c'$.

Les côtés proportionnels ab et a'b', ac et a'c', bc et b'c' sont dits homologues. — Le rapport constant de deux côtés homologues prend le nom de rapport de similitude; quand ce rapport est égal à l'unité, on a

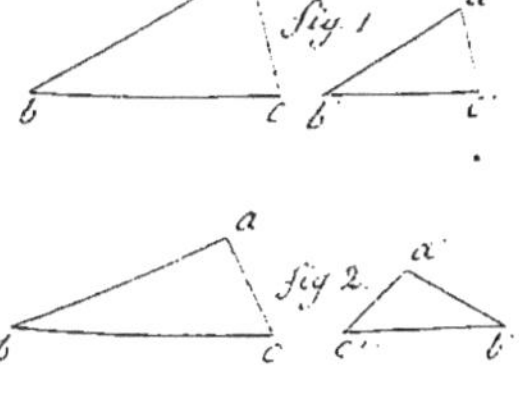

$ab = a'b'$, $ac = a'c'$, $bc = b'c'$ et par suite les triangles abc, $a'b'c'$ sont égaux; ainsi, l'égalité est un cas particulier de la similitude.

Proposition 1. — Théorème. — Deux triangles semblables sont équiangles entr'eux.

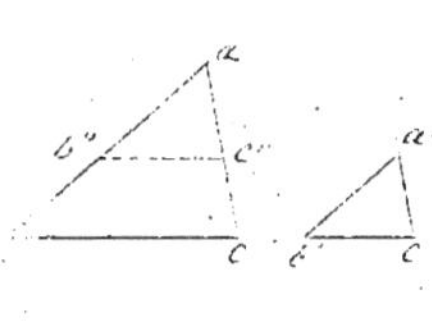

Soit $ab : a'b' :: ac : a'c' :: bc : b'c'$. — Je prends $ab'' = a'b'$, $ac'' = a'c'$ et j'ai $ab'' : a'b'$, $ac'' : a'c''$, conséquemment, $b''c''$ est parallèle à bc, et, comme ces lignes sont comprises entre les côtés de l'angle a, il vient $bc : b''c'' :: ab : ab''$ ou $a'b'$; mais, par hypothèse, $bc : b''c'' :: ab : a'b'$; ces proportions ayant trois termes égaux et pareillement disposés, il s'ensuit $b''c'' = b'c'$; donc les triangles $a'b'c'$, $ab''c''$, équilatéraux entr'eux, sont égaux et partant l'angle a' est égal à l'angle a, l'angle b' est égal à l'angle $ab''c''$ et par suite à l'angle correspondant b; enfin l'angle c' est égal à l'angle $ac''b$ ou à son correspondant c. — Donc &c.

Scholie. — Les angles égaux a et a', b et b', c et c' sont opposés aux côtés homologues bc et $b'c'$, ac et $a'c'$, ab et $a'b'$.

Prop. 2. — Théorème. — Deux triangles équiangles entr'eux sont semblables.

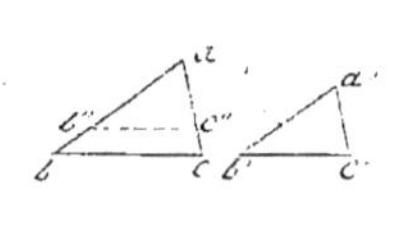

Soit angle a = angle a', angle b = angle b', angle c = angle c'. — Je prends $ab'' = a'b'$, je tire $b''c''$ parallèle à bc et j'ai $ab : ab'' :: ac : ac''$ et $bc : b''c'' :: ab : ab''$ ou bien $ab : ab'' :: ac : ac'' :: bc : b''c''$. — Or, parceque $a'b'$ est égal à ab'', angle a' à angle a et angle b' à angle b ou à son correspondant $ab''c''$, les triangles $a'b'c'$, $ab''c''$ sont égaux et partant $ac'' = a'c'$, $b''c'' = b'c'$; substituant dans la suite obtenue, il vient $ab : a'b' :: ac : a'c' :: bc : b'c'$. — Donc &c.

Scholie. — Les côtés homologues ab et $a'b'$, ac et $a'c'$, bc et $b'c'$ sont opposés aux angles égaux c et c', b et b', a et a'.

Corollaire. — Sont semblables 1° Deux triangles qui ont deux angles égaux chacun à chacun. — 2° Deux triangles rectangles qui ont un angle aigu égal. — Car, dans l'un et l'autre cas, les triangles sont équiangles entr'eux.

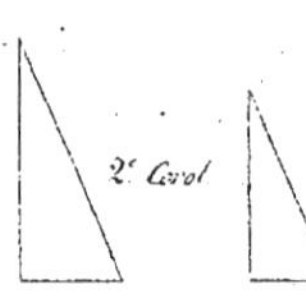

Prop. 3. — Théorème. — Deux triangles sont semblables lorsqu'ils ont un angle égal compris entre deux côtés proportionnels.

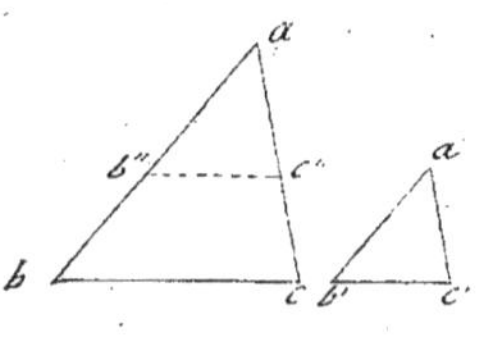

Soit angle a = angle a' et $ab : a'b' :: ac : a'c'$. — Je prends $ab'' = a'b'$, $ac'' = a'c'$ et j'ai $ab : ab'' :: ac : ac''$, ainsi $b''c''$ est parallèle à bc. — Or, les triangles $a'b'c'$, $ab''c''$ sont égaux parcequ'ils ont un angle égal compris entre deux côtés égaux. — Donc angle b' = angle $ab''c''$ = angle b, angle c' = angle $ac''b$ = angle c. — Donc &c.

Corollaire. — Deux triangles rectangles sont semblables quand ils ont l'hypoténuse et un côté proportionnels... Soient $ab : a'b' :: ac : a'c'$. — Je prends $ab'' = a'b'$, $ac'' = a'c'$ et j'ai $ab : ab'' :: ac : ac''$; donc $b''c''$ est parallèle à bc et par suite l'angle $ac''b''$ est droit. — Ainsi, les triangles rectangles $ab''c''$, $a'b'c'$ sont égaux; donc angle a = angle a'.

Prop. 4. — Théorème. — Deux triangles abc, $a'b'c'$ sont semblables lorsque leurs côtés ab et $a'b'$, ac et $a'c'$, bc et $b'c'$ sont parallèles chacun à chacun.

Parceque deux angles sont égaux quand ils ont leurs côtés parallèles et dirigés dans le même sens ou dans des sens contraires, on a en effet angle a = angle a', angle b = angle b', angle c = angle c'.

Scholie. — Les côtés parallèles ab et $a'b'$, ac et $a'c'$, bc et $b'c'$ sont homologues, car ils sont opposés aux angles égaux c et c', b et b', a et a'. — Conséquemment, on a $ab : a'b' :: ac : a'c' :: bc : b'c'$.

Prop. 5. — Théorème. — Deux triangles abc, $a'b'c'$ sont semblables lorsque leurs côtés ab et $a'b'$, ac et $a'c'$, bc et $b'c'$ sont perpendiculaires chacun à chacun.

Soient prolongés les côtés $a'b'$, $a'c'$; $b'c'$ jusqu'aux points m, n, l où ils rencontrent ab, ac, bc. — Parceque la somme des angles du quadrilatère $ama'n$ est égale à 4^D et que les angles ama', ana' sont droits, l'angle a est le supplément de l'angle $ma'n$; mais l'angle $b'a'c'$ est aussi le supplément de son adjacent $ma'n$; donc angle a = angle $b'a'c'$. — On démontrerait de la même manière que angle b = angle $a'b'c'$ et angle c = angle $a'c'b'$.

Scholie 1. — Les côtés perpendiculaires ab et $a'b'$, ac et $a'c'$, bc et $b'c'$ sont homologues, car ils sont opposés aux angles égaux c et c', b et b', a et a'. — Ainsi, on a $ab : a'b' :: ac . a'c' :: bc : b'c'$.

Scholie 2. — Pour généraliser cette démonstration, remarquez que tout triangle $a''b''c''$, dont les côtés sont respectivement perpendiculaires à ceux du triangle abc, est semblable au triangle $a'b'c'$, puisque leurs côtés sont parallèles chacun à chacun; donc le triangle $a''b''c''$ est aussi semblable au triangle abc.

§. 3. — La similitude des Polygones.

1. Deux polygones $abcde$, $a'b'c'd'e'$ sont semblables lorsqu'ils peuvent être décomposés en un même nombre de triangles abc et $a'b'c'$, acd et $a'c'd'$, ade et $a'd'e'$,..... semblables chacun à chacun et pareillement.

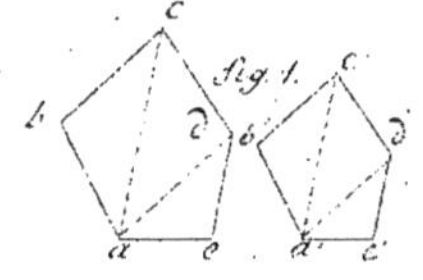

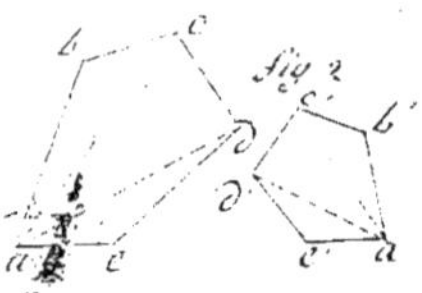

...posé. — Les triangles peuvent d'ailleurs être assemblés dans le même ordre (fig. 1) ou dans des ordres inverses (fig. 2).

Si les polygones ont n côtés, chacun renferme $n-2$ triangles partiels, et, comme il faut deux conditions pour déterminer la similitude de deux triangles, il en faut $2(n-2)$ ou $2n-4$ pour déterminer celle des deux polygones.

On a vu plus haut que l'égalité de deux polygones de n côtés dépendait en général de $2n-3$ conditions; conséquemment, la similitude exige une condition de moins que l'égalité. — Ainsi, deux polygones, d'une espèce donnée, sont naturellement semblables, quand ils sont égaux en vertu d'une condition unique; de ce que, par exemple, deux polygones réguliers d'un même nombre de côtés sont égaux lorsqu'ils ont un côté égal, on peut conclure immédiatement que tous les polygones réguliers de même espèce sont semblables.

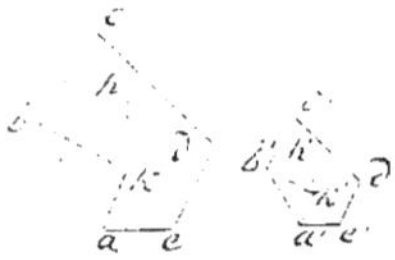

II. Deux points k, k' sont dits homologues lorsqu'ils sont pareillement situés par rapport à deux polygones semblables $abcde$, $a'b'c'd'e'$. — Autrement, lorsque, en les unissant aux extrémités de deux côtés homologues ab et $a'b'$, les triangles résultants kab, $k'a'b'$ sont semblables et pareillement disposés.

III. Deux droites kh, $k'h'$ sont homologues quand leurs extrémités k et k', h et h' sont homologues deux à deux.

IV. On appelle centre de similitude un point situé de la même manière par rapport à deux polygones semblables, et rayons de similitude les distances de ce centre à deux points homologues.

Proposition I. — Théorème. — Deux polygones semblables $abcde$, $a'b'c'd'e'$ sont équiangles entre eux et ont leurs côtés homologues proportionnels.

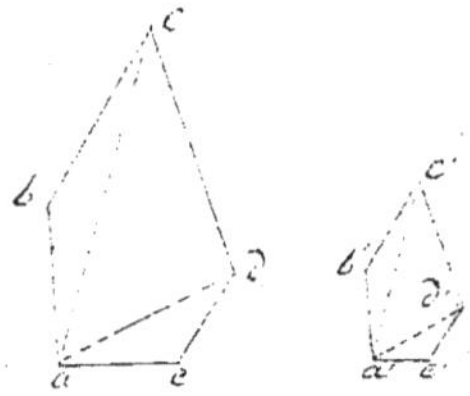

Les polygones $abcde$; $a'b'c'd'e'$ peuvent, par hypothèse, être décomposés des triangles abc et $a'b'c'$, acd et $a'c'd'$, ade et $a'd'e'$ semblables deux à deux et par suite équiangles entre eux. — Conséquemment, l'angle b est égal à l'angle b'; l'angle bcd, somme des angles bca et acd, est égal à l'angle $b'c'd'$, somme des angles $b'c'a'$ et $a'c'd'$, pareillement, angle cde = angle $c'd'e'$, &c. — Les mêmes triangles fournissent aussi $ab : a'b' :: bc : b'c' :: ca : c'a'$, $ca : c'a' :: cd : c'd' :: da : d'a'$, $da : d'a' :: de : d'e' :: ea : e'a'$, d'où résulte, à cause des rapports communs, $ab : a'b' :: bc : b'c' :: cd : c'd' :: de : d'e' :: ea : e'a'$.

Réciproque. — Deux polygones $abcde$, $a'b'c'd'e'$, équiangles entre eux et ayant leurs côtés proportionnels, sont semblables.

Soient tirées toutes les diagonales des deux polygones qui aboutissent aux sommets a, a' des angles égaux bae, $b'a'e'$. — Puisque angle b = angle b' et $ab : a'b' :: bc : b'c'$, le triangle abc est semblable au triangle $a'b'c'$...

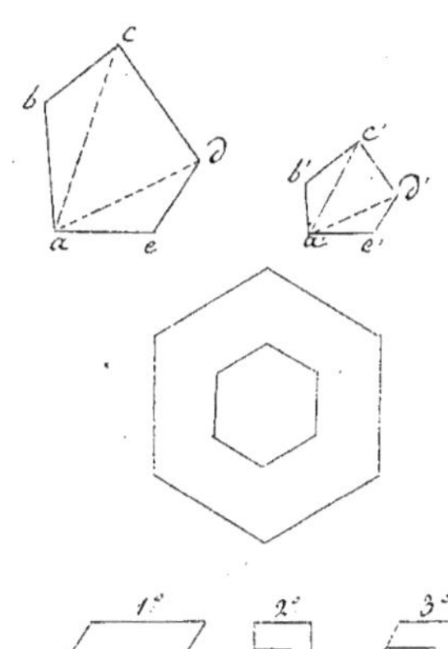

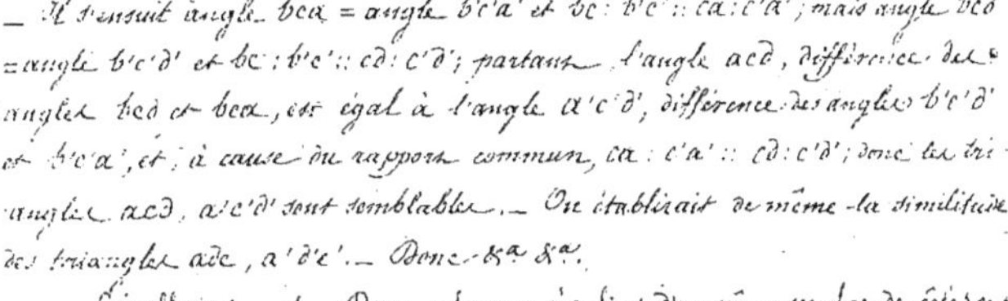

— Il s'ensuit angle bca = angle $b'c'a'$ et $bc : b'c' :: ca : c'a'$; mais angle bcd = angle $b'c'd'$ et $bc : b'c' :: cd : c'd'$; partant l'angle acd, différence des angles bcd et bca, est égal à l'angle $a'c'd'$, différence des angles $b'c'd'$ et $b'c'a'$, et, à cause du rapport commun, $ca : c'a' :: cd : c'd'$; donc les triangles acd, $a'c'd'$ sont semblables. — On établirait de même la similitude des triangles ade, $a'd'e'$. — Donc &c. &c.

Corollaires. — 1. — Deux polygones réguliers d'un même nombre de côtés sont semblables. — Car ils sont équiangles entr'eux et ont évidemment leurs côtés proportionnels.

2. — Sont semblables : 1° Deux losanges qui ont un angle égal. — 2° Deux rectangles qui ont leurs côtés adjacens proportionnels. — 3° Deux parallélogrammes qui ont un angle égal compris entre deux côtés proportionnels.

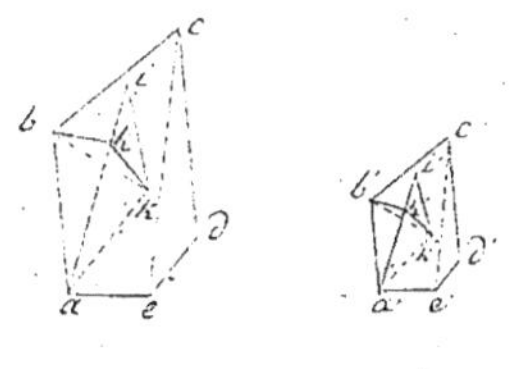

3. (à démontrer) — Deux trapèzes sont semblables lorsque leurs côtés sont proportionnels et pareillement assemblés.

Prop. 2. — Théorème. — Dans deux polygones semblables $abcde$, $a'b'c'd'e'$, les lignes homologues kh, $k'h'$ sont proportionnelles aux côtés homologues ab, $a'b'$.

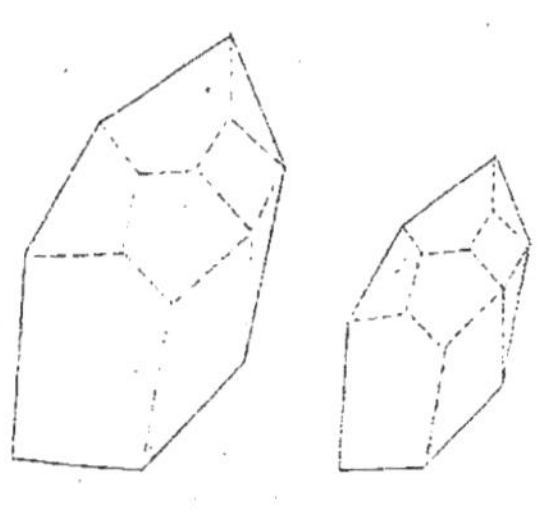

À cause de la similitude des triangles abk, $a'b'k'$, on a $ab : a'b' :: ak : a'k'$; angle bak = angle $b'a'k'$; et, à cause de celle des triangles abh, $a'b'h'$, $ab : a'b' :: ah : a'h'$; ang. bah = ang. $b'a'h'$; ainsi $ak : a'k' :: ah : a'h'$ et ang. bak — ang. bah = ang. $b'a'k'$ — angle kah = angle $k'a'h'$; donc les triangles kah, $k'a'h'$ sont semblables et partant $kh : k'h' :: ak : a'k'$ ou $:: ab : a'b'$.

Corollaires. — 1. — Les diagonales homologues sont proportionnelles aux côtés homologues.

2. — Deux angles sont égaux lorsque leurs côtés sont homologues chacun à chacun. — Si k et k', h et h', i et i' sont trois couples de sommets homologues, les distances homologues kh et $k'h'$, hi et $h'i'$, ik et $i'k'$ sont proportionnelles aux côtés ab, $a'b'$ et par suite proportionnelles entr'elles; donc les triangles khi, $k'h'i'$ sont semblables, d'où résulte angle khi = angle $k'h'i'$.

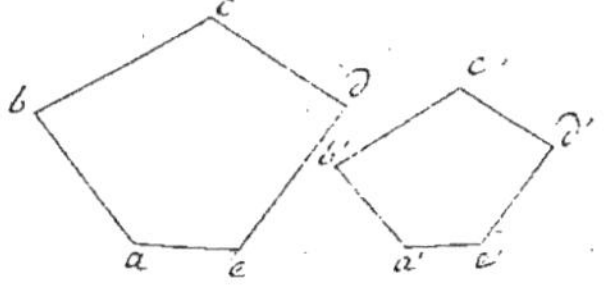

3. — Un polygone ayant été décomposé arbitrairement en triangles, quadrilatères, pentagones, &c. &c. par des lignes quelconques, tout polygone semblable sera décomposé par les lignes homologues, en triangles, quadrilatères, pentagones, &c. respectivement semblables aux premiers. — Car deux polygones partiels homologues sont équiangles entr'eux et ont leurs côtés proportionnels.

Prop. 3. — Théorème. — Les périmètres de deux polygones semblables $abcde$, $a'b'c'd'e'$ sont entr'eux comme les côtés homologues.

On a la suite de rapports égaux $ab : a'b' :: bc : b'c' :: cd : c'd' :: de : d'e' ::$

$ca : c'a'$, d'où l'on déduit $ab + bc + cd + de + ea : a'b' + b'c' + c'd' + d'e' + c'a' :: ab : a'b'$, c'est-à-dire, périm. $abcde$: périm. $a'b'c'd'e' :: ab : a'b'$.

Corollaire. — Les périmètres de deux polygones réguliers d'un même nombre de côtés sont entr'eux comme leurs rayons ou comme leurs apothèmes. — Car les rayons sont des lignes homologues ainsi que les apothèmes.

Prop. 4. — Théorème. — Si, sur les distances $oa, ob, oc, \ldots$ d'un point quelconque o aux divers sommets d'un polygone $abcde$ ou sur leurs prolongemens, on porte des distances proportionnelles $oa', ob', oc', \ldots$, le polygone $a'b'c'd'e'$, qui a pour sommets les extrêmités $a', b', c', \ldots$, est semblable au premier. (Fig. 1 ou 2.) —

Puisque $oa : oa' :: ob : ob'$, ab est parallèle à $a'b'$ et on a $ab : a'b' :: ob : ob'$; pareillement, à cause de $ob : ob' :: oc : oc'$, bc est parallèle à $b'c'$ et il vient $bc : b'c' :: ob : o'b'$; conséquemment, angle abc = angle $a'b'c'$ et $ab : a'b' :: bc : b'c'$. — On prouverait de même que angle bcd = angle $b'c'd'$ et que $bc : b'c' :: cd : c'd'$, &ª &ª. Donc les polygones $abcde$, $a'b'c'd'e'$ sont semblables.

Scholies. — 1. — Les polygones $abcde$, $a'b'c'd'e'$, dont les côtés ab et $a'b'$, bc et $b'c'$, …. sont parallèles deux à deux, sont dits semblables et semblablement placés. — Les côtés parallèles sont de même sens dans la fig. 1 et de sens contraires dans la figure 2.

11. — Le point o est le centre de similitude des deux polygones $abcde$, $a'b'c'd'e'$. — Car les triangles oab, $oa'b'$ sont semblables et pareillement disposés. — Ce centre peut être externe (fig. 1) ou interne (fig. 2.)

111. — Les rayons ok, ok' de deux points homologues k et k' ont la même direction. — Car les angles homologues aok, $a'ok'$ sont égaux.

1V. — Les droites homologues kh, $k'h'$ sont parallèles. — Cela résulte de ce que les angles homologues okh, $ok'h'$ sont égaux.

Prop. 5. — Théorème. — Les trois centres de similitude de trois polygones semblables et semblablement placés sont situés sur une même ligne droite.

Désignons par p, p', p'' ces trois polygones et par o'', o', o les centres de similitude de p et p', de p et p'', de p' et p''. — Soit x le point du polygone p homologue du centre o des polygones p' et p''. — Les points o et x, étant à la fois homologues par rapport aux polygones p et p' et par rapport aux polygones p et p'', la droite ox, qui les unit, devra passer par le centre o'' de p et p' et aussi par celui o' de p et p''. — Donc les trois centres o'', o', o sont en ligne droite.

Scholie. — Ces centres de similitude sont tous trois externes ou bien un seul est externe et les deux autres internes.

Prop. 6. — *Théorème.* — Deux polygones semblables quelconques, situés sur le même plan, ont un centre de similitude.

Soient ab, $a'b'$ deux côtés homologues dans les deux polygones et leur point de concours; soient aussi p le point équidistant de a, a', k, q le point équidistant de b, b', k, enfin o le symétrique du point k par rapport à l'axe pq. — Je dis que le point o est le centre de similitude des deux polygones. — Parceque les obliques pk, po sont égales, les triangles pak, pao sont isocèles et par suite isoangles; on a donc ang. extér. $kpr =$ ang. kap, ang. extér. $opr = 2$.ang. oap, et, en retranchant, angle $kpo =$ angle $opr = 2$ (angle kap — angle oap) ou bien angle $kpo = 2$ angle kao — prouverait de même que angle $kpo = 2$.angle $ka'o$; donc angle $kao =$ angle $ka'o$. — Par un raisonnement analogue, on fait voir que angle $kbo =$ ang. $kb'o$, d'où résulte angle $abo =$ angle $a'b'o$. — Ainsi, les triangles oab, $oa'b'$ sont semblables et pareillement disposés; donc le point o est le centre de similitude des deux polygones.

Scholies. — 1. — Si l'on fait tourner le polygone dont le côté est $a'b'$ autour du centre de manière que le rayon oa' se couche sur oa ou sur son prolongement, les deux polygones seront semblables et semblablement placés.

11. — Les rayons homologues de similitude et en général deux lignes homologues quelconques sont inclinés d'un angle égal à l'angle aoa' de rotation.

111. Le présent théorème n'est plus vrai quand les parties homologues sont assemblées dans des ordres inverses.

§. 4. — Relations entre les élémens linéaires d'un triangle.

Soient a et b deux lignes quelconques. — On a les formules:

$$1^\circ\ (a+b)^2 = a^2 + 2ab + b^2. \quad 2^\circ\ (a-b)^2 = a^2 - 2ab + b^2. \quad 3^\circ\ (a+b)(a-b) = a^2 - b^2.$$

$$
\begin{array}{ccc}
1^\circ & 2^\circ & 3^\circ \\
a+b & a-b & a+b \\
a+b & a-b & a-b \\
\hline
a^2+ab & a^2-ab & a^2+ab \\
+ab+b^2 & -ab+b^2 & -ab+b^2 \\
\hline
a^2+2ab+b^2 & a^2-2ab+b^2 & a^2-b^2
\end{array}
$$

Proposition 1. — *Théorème.* — Dans tout triangle rectangle abc, 1°. la perpendiculaire co, tirée du sommet c de l'angle droit sur l'hypoténuse ab, est moyenne proportionnelle entre les deux segments ao, bo de cette ligne. 2°. chacun des côtés ac ou bc de l'angle droit est moyen proportionnel entre l'hypoténuse ab et le segment adjacent ao ou bo.

1°. Parceque le triangle aoc est rectangle en o, l'angle a est le complément de l'angle aco, et, parceque l'angle acb est droit, l'angle bco est complément du même angle aco; donc angle $a =$ angle bco, et partant les angles aco, bco sont semblables; or, les côtés ao, co du premier sont homologues des côtés co et bo du second; conséquemment ao, co ou oc

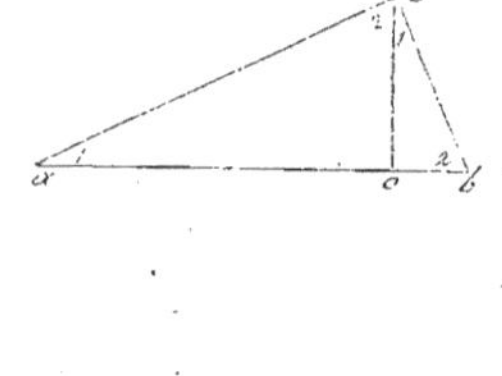

2° Les triangles acb, aco, rectangles l'un en c et l'autre en o, ayant un angle commun a, sont semblables ; il s'ensuit, en observant que les côtés ab et ac, ac et ao sont homologues deux à deux, $ab : ac :: ac : ao$. — On prouverait de même que $ab : bc :: bc : bo$.

Scholie. — Les triangles semblables acb, aco fournissent aussi $ab : ac :: bc : co$.

Prop. 2. — Théorème. — Le quarré de l'hypoténuse ab d'un triangle rectangle abc est égal à la somme des quarrés des côtés ac, bc de l'angle droit.

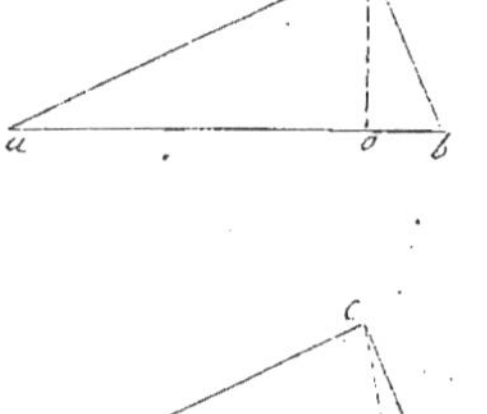

Si l'on tire du sommet c de l'angle droit la perpendiculaire co sur l'hypoténuse ab, on a $ab : ac :: ac : ao$, $ab : bc :: bc : bo$, proportions d'où l'on déduit $ab \times ao = ac^2$, $ab \times bo = bc^2$, et, en ajoutant, $ab (ao + bo) = ac^2 + bc^2$; mais $ao + bo = ab$; donc $ab^2 = ac^2 + bc^2$.

Réciproque. — Un triangle abc est rectangle quand le quarré du plus grand côté ab est égal à la somme des quarrés des deux autres côtés ac et bc.

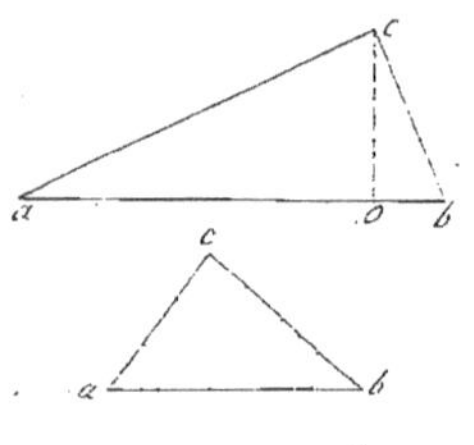

Si l'angle acb n'est pas droit, je tire sur ac une perpendiculaire cd égale à cb et la droite ad. — On a, par la directe, $ad^2 = ac^2 + dc^2$ et, par hypothèse, $ab^2 = ac^2 + bc^2$, et, comme $dc = bc$, il faut que $ad = ab$; or, c'est ce qui est impossible ; car ad est ⟨ou⟩ ab selon que l'angle acd est ⟨ou⟩ l'angle acb. — Donc l'angle acb est droit.

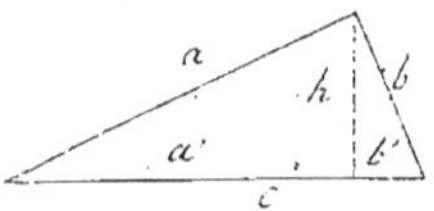

Corollaire 1. — Dans un triangle rectangle abc, les quarrés des côtés ac, bc de l'angle droit sont entre eux comme les projections ao, bo de ces côtés sur l'hypoténuse ab. — Car si l'on divise, membre à membre, les égalités $ac^2 = ab \times ao$, $bc^2 = ab \times bo$, obtenues plus haut, il vient $\dfrac{ac^2}{bc^2} = \dfrac{ao}{bo}$, c'est à dire, $ac^2 : bc^2 :: ao : bo$.

Corol. 2. — Un triangle abc est rectangle, lorsque ses côtés ac, bc et ab sont proportionnels aux nombres 3, 4 et 5. — En effet, de la suite $ac : 3 :: bc : 4 :: ab : 5$ on déduit $ac^2 : 9 :: bc^2 : 16 :: ab^2 : 25$; or, $25 = 9 + 16$; donc aussi $ab^2 = ac^2 + bc^2$.

Scholies. — 1. — Connaissant les côtés a, b de l'angle droit d'un triangle rectangle, on détermine l'hypoténuse c à l'aide de la relation $c^2 = a^2 + b^2$, d'où $c = \sqrt{a^2 + b^2}$.

11. Connaissant l'hypoténuse c et l'un des côtés a de l'angle droit, on a, pour calculer l'autre côté b, $a^2 + b^2 = c^2$, d'où $b^2 = c^2 - a^2$ et $b = \sqrt{c^2 - a^2}$.

111. Soient a', b' les projections des côtés a, b sur l'hypoténuse c ; il vient $c : a :: a : a'$, $c : b :: b : b'$, d'où $a' = \dfrac{a^2}{c}$, $b' = \dfrac{b^2}{c}$.

1V. Soit h la perpendiculaire tirée sur l'hypoténuse du sommet de l'angle droit. — On a $a' : h :: h : b'$, d'où $h^2 = a' \times b' = \dfrac{a^2}{c} \times \dfrac{b^2}{c}$ ou bien $h = \dfrac{a \times b}{c}$. — Le scholie de la proposition 1 donne aussi immédiatement $c : a :: b : h$, c'est à dire, $h = \dfrac{a \times b}{c}$.

Prop. B. — Théorème. — Le quarré d'un côté d'un triangle égale la somme des quarrés des deux autres, plus ou moins deux fois la projection de l'un de ses côtés sur l'autre multipliée par ce dernier, plus si l'angle opposé au côté d'abord cité, est obtus et moins s'il est aigu.

1er cas. — Soient abc un triangle obtusangle en c et cd la projection de ac sur bc. — Le pied d de la perpendiculaire ad tombe essentiellement à la gauche du sommet c, car, s'il tombait à la droite de ce sommet, le triangle acd aurait un angle obtus et un angle droit, ce qui est impossible. — Ainsi, pour exprimer que l'angle acb est obtus, il suffit de poser $db = cd + bc$, d'où résulte, en élevant au quarré, $db^2 = cd^2 + bc^2 + 2\,cd \times bc$; on a d'ailleurs, dans le triangle rectangle acd, $ad^2 = ac^2 - cd^2$; si maintenant on ajoute ces deux égalités, en observant que le triangle rectangle abd fournit $db^2 + ad^2 = ab^2$ et que les termes cd^2 et $-cd^2$ se détruisent, il vient $ab^2 = ac^2 + bc^2 + 2\,cd \times bc$.

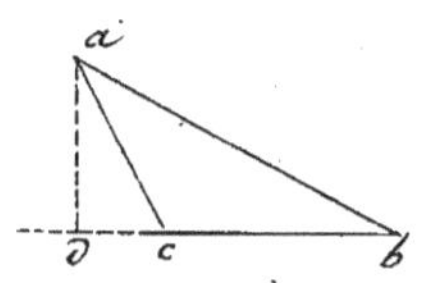

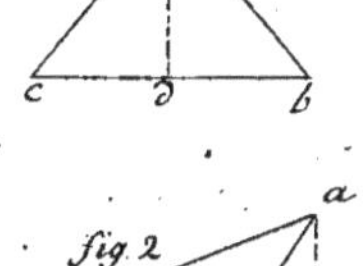

2e Cas. — Si l'angle c est aigu, le pied d tombe évidemment à la droite du sommet c; on exprime cette circonstance par l'égalité $bd = bc - cd$, si le point d est situé entre b et c (fig. 1), et par $bd = cd - bc$, s'il se trouve sur le prolongement du côté bc (fig. 2). Ces égalités, élevée au quarré, produisent l'une et l'autre $bd^2 = cd^2 + bc^2 - 2\,cd \times bc$, on a d'autre part $ad^2 = ac^2 - cd^2$; ajoutant et observant que $bd^2 + ad^2 = ab^2$, il vient $ab^2 = ac^2 + bc^2 - 2\,cd \times bc$.

Corollaire 1. — Ainsi, selon qu'un angle d'un triangle est obtus ou aigu, le quarré du côté opposé est plus grand ou plus petit que la somme des quarrés des deux autres côtés. — et réciproquement.

Corol. 2. — Un triangle est obtusangle ou acutangle, selon que le quarré du plus grand côté est plus grand ou plus petit que la somme des quarrés des deux autres côtés. — Cela résulte de ce que le plus grand angle d'un triangle est opposé au plus grand côté.

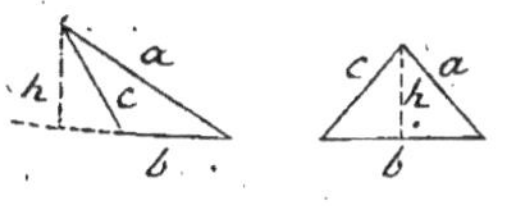

Scholies. — 1. — Soient a, b, c les trois côtés d'un triangle, pour déterminer la projection a' d'un côté a sur un autre côté b, on a $c^2 = a^2 + b^2 + 2a' \times b$, si c^2 est $> a^2 + b^2$, et $c^2 = a^2 + b^2 - 2a' \times b$, si c^2 est $< a^2 + b^2$; ainsi, dans le premier cas, $a' = \dfrac{c^2 - a^2 - b^2}{2b}$, et, dans le second, $a' = \dfrac{a^2 + b^2 - c^2}{2b}$. — lorsque $c^2 = a^2 + b^2$, il vient $a' = 0$.

11. Pour calculer la perpendiculaire h, tirée sur le côté b du sommet opposé, on a $h^2 = a^2 - a'^2$, d'où $h = \sqrt{a^2 - a'^2}$.

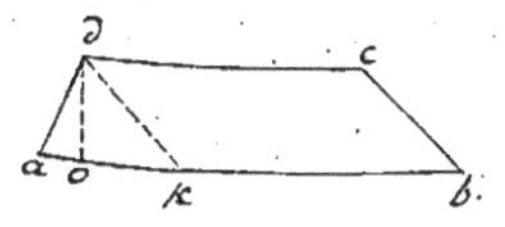

111. Quand on connait les quatre côtés d'un trapèze $abcd$, on détermine la distance do des côtés parallèles ab, cd au moyen du triangle adk, dont le côté dk est parallèle et égal à bc et dont le côté $ak = ab - cd$.

Prop. 4. — Théorème. — Dans tout triangle abc : 1° la somme des quarrés de deux côtés ac, bc égale deux fois le quarré de la moitié ao du troisième côté ab, plus deux fois le quarré de la distance oc de son milieu o au sommet opposé c. — 2° La différence des quarrés des mêmes côtés égale le double du troisième côté ab multiplié par la projection ok de la distance oc sur ce troisième côté.

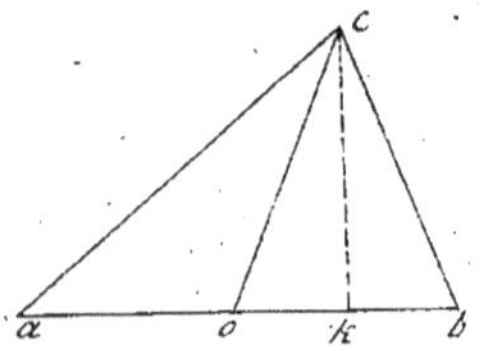

Les angles supplémentaires aoc, boc étant l'un obtus et l'autre aigu, les triangles aoc, boc fournissent
$$ac^2 = ao^2 + oc^2 + 2ao \times ok, \quad bc^2 = bo^2 + oc^2 - 2bo \times ok.$$

cela posé, il vient 1° en ajoutant ces égalités et en observant que ao = bo, $ac^2 + bc^2 = 2ao^2 + 2oc^2$; 2° en retranchant la seconde de la première, $ac^2 - bc^2 = 2(ao + bo)\, ok$ ou $ac^2 - bc^2 = 2ab \times ok.$

Scholie. — Soient a, b, c les trois côtés d'un triangle, s la distance du milieu du côté c au sommet opposé et s' la projection de cette distance sur le côté c. — on a
$$a^2 + b^2 = 2\cdot\frac{c^2}{4} + 2s^2, \quad a^2 - b^2 = 2c \times s', \quad d'où \quad s = \frac{1}{2}\sqrt{2a^2 + 2b^2 - c^2}, \quad s' = \frac{a^2 - b^2}{2c}.$$

Corollaires. — 1. Tous les points, dont la somme des quarrés des distances aux extrémités d'une droite est constante, sont également éloignés du milieu de cette droite.

11. — Tous les points, dont la différence des quarrés des distances aux extrémités d'une droite est constante, sont situés sur une droite perpendiculaire à la première.

Prop. 5. — Théorème. — Le produit de deux côtés ac, bc d'un triangle abc égale le quarré de la bissectrice co de leur angle acb, plus le produit des segmens ao, bo qu'elle forme sur le troisième côté ab.

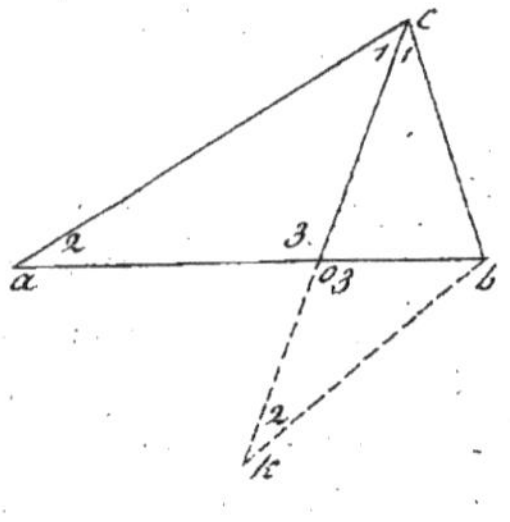

Soit fait angle cbk = angle aoc. — Parceque angle bck = angle ack, les triangles bck, aco sont semblables et il vient, en observant que ck = co + ok, co + ok : ac :: bc : co, d'où $ac \times bc = co^2 + co \times ok$. — Mais, à cause de angle kob = angle aoc, les triangles bok, aoc sont aussi semblables et partant bo : co :: ok : ao ou $co \times ok = ao \times bo$; donc $ac \times bc = co^2 + ao \times bo.$

Théorème corrélatif (à démontrer). — Si co est la bissectrice de l'angle extérieur bca, on a $ac \times bc = ao \times bo - co^2.$

Scholie. — Soient a, b, c les trois côtés d'un triangle, s et s_1 les bissectrices de l'angle intérieur et de l'angle extérieur. opposés au côté c, c' et c" les segmens additifs, c_1 et c_2 les segmens soustractifs, formés par s et s_1 sur le côté c. — On a $a \times b = s^2 + c' \times c"$, $a \times b = c_1 \times c_2 - s_1^2$, d'où $s = \sqrt{a \times b - c'c"}$, $s_1 = \sqrt{c_1 \times c_2 - a \times b}$. — On déterminera les segmens c' et c", c_1 et c_2 par les propositions 7 et 8, page 31.

Prop. 6. — Théorème. — La diagonale d et le côté c d'un quarré sont incommensurables et dans le rapport de $\sqrt{2} : 1$.

La diagonale d partageant le quarré en deux triangles rectangles isocèles, il vient $d^2 = c^2 + c^2$ ou $d^2 = 2c^2$, d'où $d = c\sqrt{2}$; ainsi, la diagonale d est incommensurable avec le côté c. — Cette égalité peut d'ailleurs se mettre sous la forme $d : c :: \sqrt{2} : 1$.

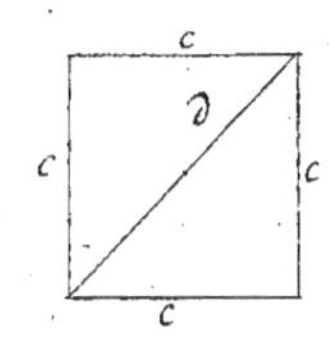

Scholie. — Connaissant le côté c d'un quarré, on trouve la diagonale d à l'aide de la formule $d = c\sqrt{2}$. — On a, pour résoudre le problème inverse, $c = \dfrac{d}{\sqrt{2}}$ ou $c = \dfrac{d\sqrt{2}}{2}$.

Prop. 7. — _Théorème._ — La somme des quarrés des quatre côtés d'un quadrilatère $abcd$ égale la somme des quarrés des deux diagonales ac, bd, plus quatre fois le quarré de la distance mn de leurs milieux n, m.

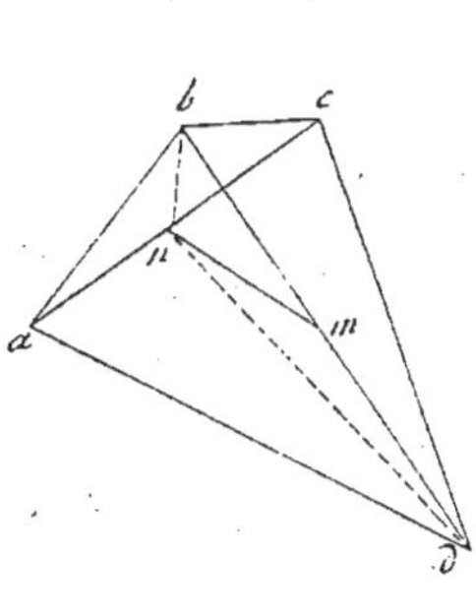

Les triangles abc, acd fournissent, le premier, $ab^2 + bc^2 = 2an^2 + 2nb^2$ et, le second, $cd^2 + da^2 = 2an^2 + 2nd^2$. — Ajoutant, il vient $ab^2 + bc^2 + cd^2 + da^2 = 4an^2 + 2nb^2 + 2nd^2$. — Mais le triangle nbd donne aussi $nb^2 + nd^2 = 2bm^2 + 2mn^2$ et, en doublant, $2nb^2 + 2nd^2 = 4bm^2 + 4mn^2$. — Substituant, on trouve

$$ab^2 + bc^2 + cd^2 + da^2 = 4an^2 + 4bm^2 + 4mn^2 = (2an)^2 + (2bm)^2 + 4mn^2 = ac^2 + bd^2 + 4mn^2.$$

Corollaires. — 1. — La somme des quarrés des quatre côtés d'un parallélogramme égale la somme des quarrés des deux diagonales. — Car, les diagonales se coupant mutuellement en deux parties égales, la distance des milieux de ces deux lignes est nulle.

Réciproquement, tout quadrilatère, dans lequel la somme des quarrés des quatre côtés égale la somme des quarrés des deux diagonales, est un parallélogramme. — Car, la distance des milieux des diagonales étant nulle en vertu du présent théorème, les diagonales se coupent mutuellement en parties égales.

2. (A démontrer). — La somme des quarrés des diagonales d'un quadrilatère est double de la somme des quarrés des droites qui joignent les milieux des côtés opposés.

Prop. 8. — _Théorème._ — La somme des quarrés des distances de m points $a, b, c, d, \dots$ à un point quelconque k égale la somme des quarrés des distances des mêmes points à leur centre o des moyennes distances, plus m fois le quarré de la distance de ce centre au point arbitraire k.

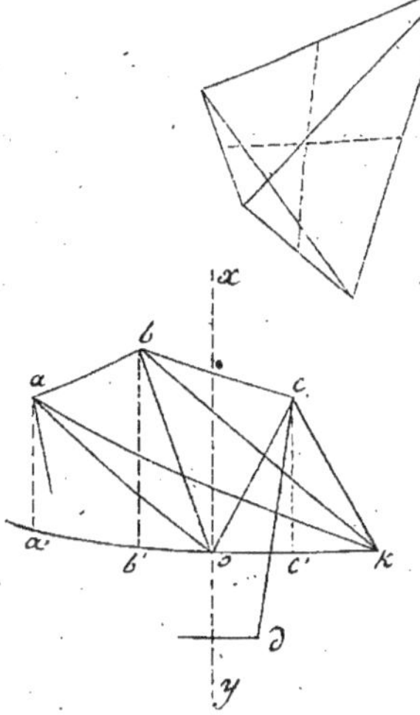

Soient $a', b', c', d', \dots$ les projections des points $a, b, c, d, \dots$ sur la droite ok ; les triangles aok, bok, cok, $\dots$ fournissent

$$ak^2 = ao^2 + ok^2 + 2ok \times oa', \quad bk^2 = bo^2 + ok^2 + 2ok \times ob', \quad ck^2 = co^2 + ok^2 - 2ok \times oc', \dots ;$$

ajoutant ces m égalités, et observant que la somme algébrique $oa' + ob' - oc'$ $\dots$ des distances des points $a, b, c, \dots$ à l'axe xy des moyennes distances perpendiculaire à ok est nulle d'elle-même, il vient

$$ak^2 + bk^2 + ck^2 + \ldots = ao^2 + bo^2 + co^2 + \ldots + m \cdot ok^2.$$

Scholies. — I. Le point, dont la somme des quarrés des distances à m points donnés $a, b, c, \ldots$, est un minimum, est le centre o des moyennes distances de ces m points.

II. — Si, le point k restant invariable, on fait tourner, autour du centre o, le polygone $abc\ldots$ qui a pour sommets les m points $a, b, c, \ldots$, les distances $ak, bk, ck, \ldots$ varieront, mais la somme $ak^2 + bk^2 + ck^2 + \ldots$ de leurs quarrés sera invariable. — Si le polygone $abcd\ldots$ est régulier, auquel cas les distances $ao, bo, co, \ldots$ sont égales, cette somme sera exprimée par $m \cdot ao^2 + m \cdot ok^2$ ou par $m(ao^2 + ok^2)$.

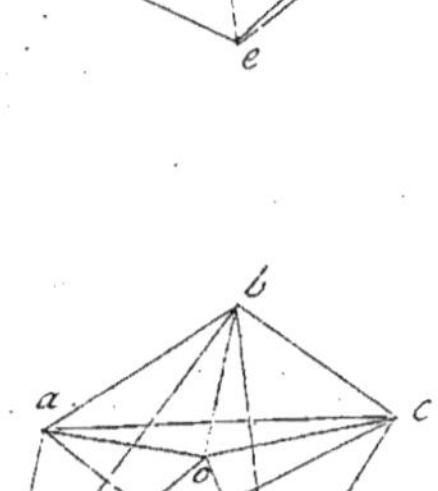

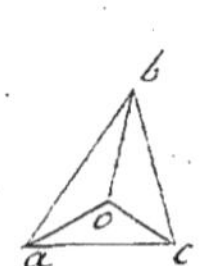

Prop. 9. — Théorème. — La somme des quarrés des côtés et des diagonales d'un Polygone de m côtés égale m fois la somme des quarrés des distances des sommets à leur centre des moyennes distances.

Soit, pour fixer les idées, o le centre des moyennes distances des sommets a, b, c, d, e d'un pentagone $abcde$. — Si l'on suppose que le point arbitraire du théorème précédent soit placé en a, on aura

$$ab^2 + ac^2 + ad^2 + ae^2 = ao^2 + bo^2 + co^2 + do^2 + eo^2 + 5 \cdot ao^2 ;$$

en plaçant successivement le même point en b, c, d, e, on trouvera des égalités de même forme ; ajoutant les cinq égalités ainsi obtenues et en divisant par 2, le premier membre de cette résultante sera la somme des quarrés des côtés et des diagonales du pentagone $abcde$; quant au second membre, il se réduira à $5(ao^2 + bo^2 + co^2 + do^2 + eo^2)$.

Scholie. — Soit o le centre des moyennes distances des sommets d'un triangle abc. On a $ab^2 + bc^2 + ca^2 = 3(ao^2 + bo^2 + co^2)$. — Si le triangle est équilatéral, cette égalité devient $3\,ab^2 = 9\,ao^2$, d'où $ab = ao\sqrt{3}$.

§ 5. — Les transversales rectilignes.

1. Une droite ab est divisée harmoniquement aux points c et d, lorsqu'ils déterminent deux segments additifs ac, bc et deux segments soustractifs ad, bd proportionnels entre eux, c'est-à-dire, lorsque l'on a $ac : bc :: ad : bd$. — On remarquera que, ad étant $> bd$, il faut aussi que ac soit $> bc$.

Réciproquement, la droite dc est divisée harmoniquement aux points b et a, car la proportion précédente peut s'écrire ainsi : $db : cb :: da : ca$.

Les quatre points a, b, c, d sont appelés harmoniques. — On dit que les points a et b, c et d sont conjugués deux à deux.

II. — Quatre droites ax et by, cz et du, issues d'un même point 0 ou

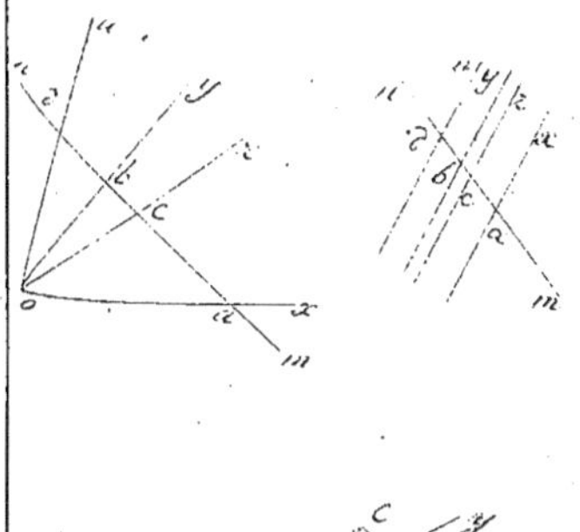

parallèles, forment un faisceau harmonique, lorsqu'une droite quelconque rnn les traverse en quatre points harmoniques a et b, c et d. — Les droites ax et by sont conjuguées ainsi que les droites ca et du.

Proposition 1. — Théorème. — Toute transversale xy détermine, sur les côtés d'un triangle abc, six segments, tels que les produits $am \times bn \times cl$, $bm \times cn \times al$ des segments non contigus sont égaux.

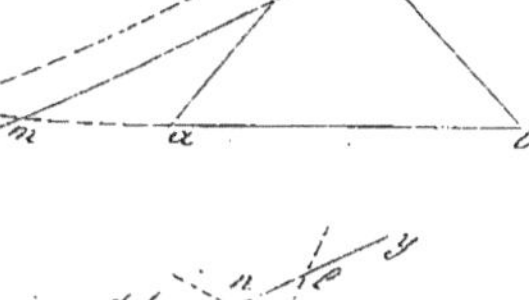

Tirant par le sommet c la droite ck parallèle à xy, les triangles ack, bck fournissent $am : mk :: al : cl$, $mk : bm :: cn : bn$, d'où $am \times cl = mk \times al$, $mk \times bn = bm \times cn$; multipliant ces égalités, puis divisant par mk, on trouve .... $am \times bn \times cl = bm \times cn \times al$.

Scholie. — Quand la droite xy traverse le triangle abc, elle coupe deux côtés et le prolongement du troisième; quand elle est extérieure à ce triangle, elle coupe les prolongements des trois côtés.

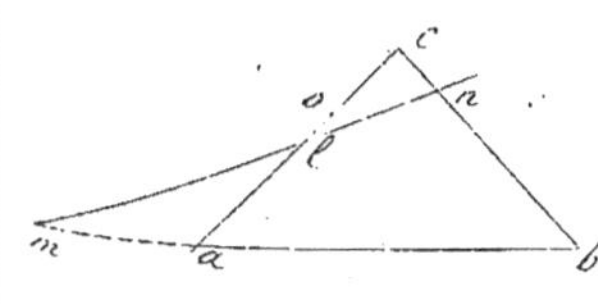

Réciproque. — Trois points m, n, l, situés respectivement sur les trois côtés d'un triangle abc, sont en ligne droite, lorsqu'ils forment, sur ces côtés, six segments tels que les produits $am \times bn \times cl$, $bm \times cn \times al$ des segments non contigus soient égaux.

S'il n'en est pas ainsi, soit o le point où le côté ac est coupé par la droite mn. — On a, par la directe, $am \times bn \times co = bm \times cn \times ao$ et, par hypothèse, $am \times bn \times cl = bm \times cn \times al$; d'où résulte, en divisant, $\dfrac{co}{cl} = \dfrac{ao}{al}$, ce qui est faux, car co est $< cl$, tandis que ao est $> al$. — Donc les trois points m, n, l sont en ligne droite.

Scholie. — On sous-entend dans l'énoncé de cette réciproque que les prolongements des côtés contiennent les trois points ou un seul d'entre eux.

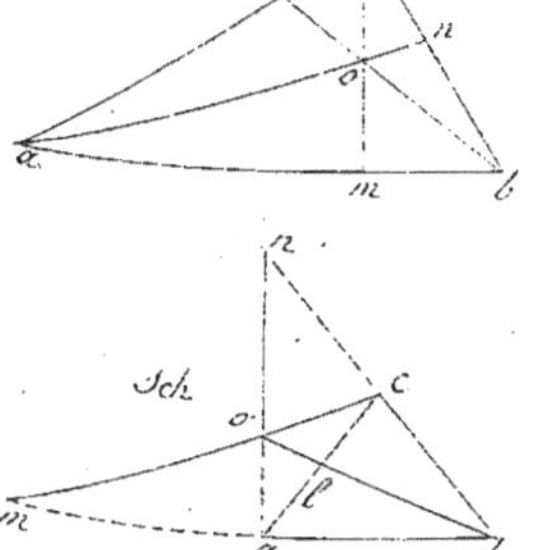

Prop. 2. — Théorème. — Trois droites an, bl, cm, issues des trois sommets d'un triangle abc et concourant en un même point o, déterminent, sur les côtés opposés, six segments, tels que les produits $am \times bn \times cl$, $bm \times cn \times al$ des segments non contigus sont égaux.

Parce que les triangles bnc, anc sont coupés le premier par la transversale an et le second par la transversale bl, on a

$$am \times bn \times co = ab \times cn \times mo, \quad ab \times mo \times cl = bm \times co \times al;$$

multipliant ces égalités et divisant ensuite par $co \times ab \times mo$, il vient

$$am \times bn \times cl = bm \times cn \times al.$$

Scholie. — Si le point de concours o est intérieur au triangle abc, les trois points m, n, l sont situés sur les côtés, et, s'il lui est extérieur, un seul des trois points est dans ce cas.

Réciproque. — Trois droites an, bl, cm, issues des trois sommets d'un

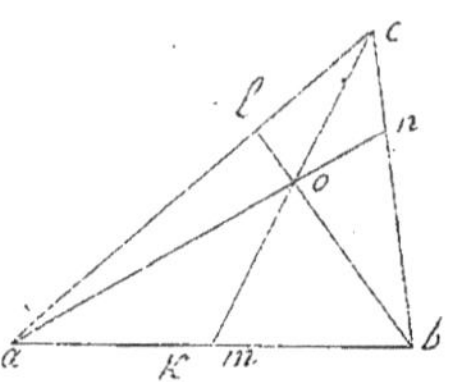

triangle abc, concourent au même point, lorsqu'elles déterminent, sur les côtés opposés, six segmens, tels que les produits $am \times bn \times cl$, $bm \times cn \times al$ des segmens non contigus soient égaux.

S'il n'en est pas ainsi, soit k le point où le côté ab est coupé par la droite qui unit le sommet c au point de concours o des droites an, bl. — On a, par la directe, $ak \times bn \times cl = bk \times cn \times al$, et, par hypothèse, $am \times bn \times cl = bm \times cn \times al$; d'où, en divisant, $\dfrac{ak}{am} = \dfrac{bk}{bm}$, ce qui est faux, puisque ak est (am et bk) bm. — Donc les trois droites an, bl, cm se coupent au même point.

Scholie. — On sous-entend dans l'énoncé de cette réciproque que les trois droites an, bl, cm tombent en nombre impair sur les côtés ou en nombre pair sur leurs prolongemens.

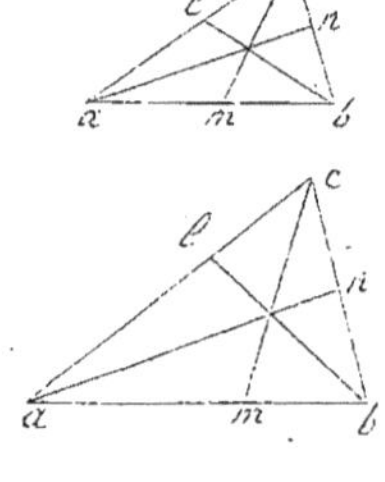

Corollaires. — 1. — Les trois droites an, bl, cm, qui unissent les sommets d'un triangle abc aux milieux des côtés opposés, concourent au même point. — Car on a évidemment $am \times bn \times cl = bm \times cn \times al$.

11. — Les bissectrices an, bl, cm des trois angles d'un triangle abc concourent au même point. — On a en effet

$$am : bm :: ac : bc, \quad bn : cn :: ab : ac, \quad cl : al :: bc : ab,$$

et, en multipliant,

$$am \times bn \times cl : bm \times cn \times al :: ac \times ab \times bc : bc \times ac \times ab;$$

mais les deux dernier termes sont égaux; donc $am \times bn \times cl = bm \times cn \times al$.

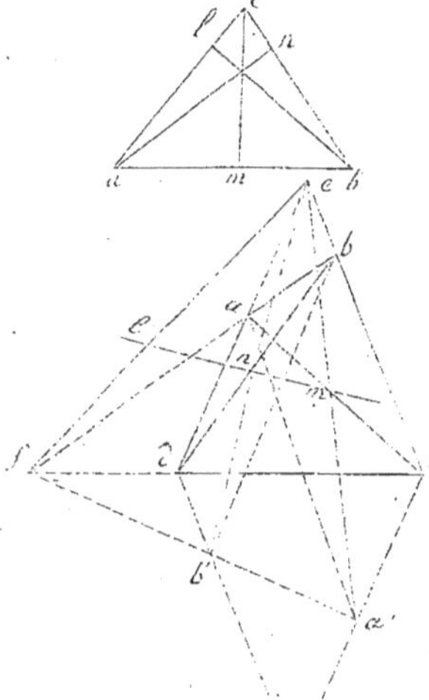

111. Les trois perpendiculaires an, bl, cm, tirées des trois sommets d'un triangle abc sur les côtés opposés, concourent au même point. — Les triangles rectangles amc et alb, bna et bmc, clb et cna, étant semblables deux à deux comme ayant un angle égal, on a

$$am : al :: ac : ab, \quad bn : bm :: ab : bc, \quad cl : cn :: bc : ac,$$

et, en multipliant,

$$am \times bn \times cl : bm \times cn \times al :: ac \times ab \times bc : ab \times bc \times ac,$$

d'où résulte $am \times bn \times cl = bm \times cn \times al$.

Prop. 3. — Théorème. — Dans tout quadrilatère complet $abcd$, les milieux des trois diagonales ac, bd, ef sont en ligne droite.

Par les sommets a, d je tire les droites aa', dc' parallèles à bc et par les sommets b, c les droites bb', cc' parallèles à ad. — Le triangle edc étant coupé par la transversale fb, il vient $df \times cb \times ea = cf \times eb \times da$; or, parceque les parallèles, comprises entre parallèles, sont égales, $cb = c'b$, $ea = ca'$, $eb = db'$, $da = e'a$; donc $df \times e'b \times ca' = cf \times db' \times ea'$, d'où il suit que les trois points a', b', f sont en ligne droite. — Actuellement, les diagonales ac, ca' du parallélogramme $eca'a$ et celles bd, eb' du parallélogramme c'bb'd se coupant mutuellement en parties égales aux points m et n, il vient cm : ma' :: cn : nb' ; conséquemment, la droite mn est parallèle à la droite a'f et l'on a aussi cm : ma' :: cl : lf, c'est à dire, cl = lf.

Prop. 4. — Théorème. — La moitié oa d'une droite ab est moyenne proportionnelle entre les distances oc, od du milieu o de cette droite à deux points c, d qui la divisent harmoniquement.

De la proportion $ac : bc :: ad : bd$ on déduit

$$\frac{ac - bc}{2} : \frac{ac + bc}{2} :: \frac{ad - bd}{2} : \frac{ad + bd}{2} ;$$

or, $\frac{ac + bc}{2} = oa$, $\frac{ad - bd}{2} = oa$ et (prop. 4, page 8) $\frac{ac - bc}{2} = oc$, $\frac{ad + bd}{2} = od$; donc $oc : oa :: oa : od$.

Réciproque. — Une droite ab est divisée harmoniquement aux points c, d, lorsque sa moitié oa est une moyenne proportionnelle entre leurs distances oc, od au milieu o.

Car, de la proportion $oc : oa :: oa : od$ on tire

$$oa + oc : oa - oc :: od + oa : od - oa,$$

c'est-à-dire, $ac : bc :: ad : bd$.

Scholie. — Si le point c était placé au milieu o de la droite ab, son conjugué harmonique d passerait à l'infini. — Cela résulte de ce que $od = \dfrac{oa^2}{oc}$.

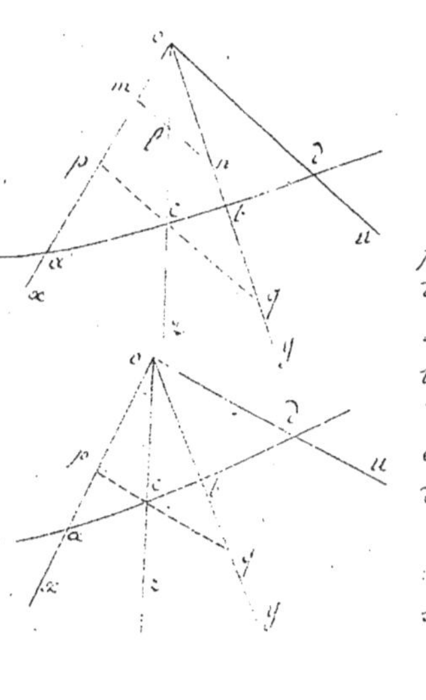

Prop. 5. — Théorème. — Quatre droites ox et oy, oz et ou, issues d'un même point o, forment un faisceau harmonique, lorsqu'une droite mn, parallèle à l'une d'elles ou, est divisée en parties égales ml, nl par les trois autres ox, oy, oz.

Tirons une transversale quelconque acbd et par le point c la droite pq parallèle à mn. — Parce que deux parallèles, comprises entre les côtés d'un angle, sont entr'elles &c., il vient pc : od :: ac : ad, qc : od :: bc : bd. — Mais pc = qc, à cause de pc : qc :: ml : nl ; donc ac : ad :: bc : bd ou bien ac : bc :: ad : bd. — C. Q. F. D.

Réciproque. — Quatre droites ox et oy, oz et ou, issues d'un même point o, forment un faisceau harmonique, lorsqu'elles divisent harmoniquement une droite quelconque acbd.

Par le point c soit menée pq parallèlement à ou. — On a pc : od :: ac : ad, qc : od :: bc : bd, et, comme par hypothèse, ac : ad :: bc : bd, il s'ensuit pc : od :: qc : od, d'où résulte pc = qc. — C. Q. F. D.

Corollaire. — Deux droites ox, oy qui se coupent et les bissectrices

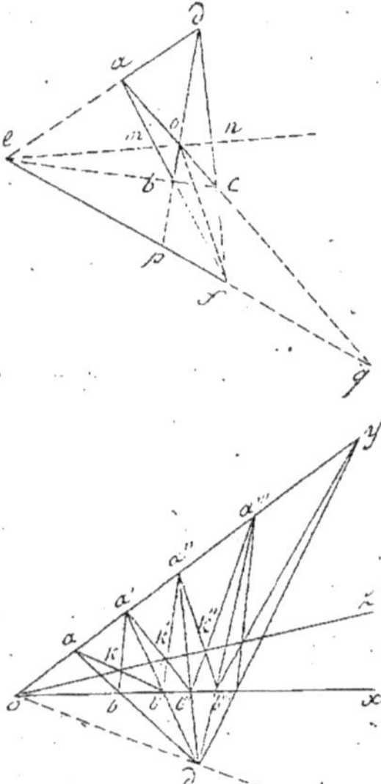

ox, ou de leurs angles xoy, x'oy formeux un faisceau harmonique. — Car, si l'on tire à volonté la transversale acbd, le triangle acb fournira ac : bc :: ao : bo, ao : bd :: ao : bo, d'où ac : bc :: ad : bd.

Réciproquement, si, dans un faisceau harmonique, deux droites conjuguées ox et on sont rectangulaires, elles sont les bissectrices des angles xoy, x'oy formés par les deux autres ox et oy. — Car, si l'on tire ℓmn perpendiculaire à on et par suite parallèle à ox, on aura, parceque le faisceau est harmonique, mℓ = nℓ, d'où résulte obℓ. om = obℓ. on et angle xoz = angle yoz.

Prop. 6. — Théorème. — Dans tout quadrilatère complet abcd, chacune des trois diagonales ac, bd, ef est divisée harmoniquement par les deux autres.

Soient divisés les côtés ab, cd aux points m, n, de manière que l'on ait am : bm :: af : bf, dn : cn :: df : cf. — L'harmonique conjuguée de la droite ef par rapport aux droites cd, ce contiendra les points m et n; donc la droite mn passe par le point e. — Pareillement, l'harmonique conjuguée de la droite ef par rapport aux droites ac, bd contiendra les points m et n, la droite mn passera aussi par le point o. — Ainsi, les quatre points e, m, o, n appartiennent à une même droite. — Maintenant, parceque les quatre points n et f, d et c sont harmoniques, les quatre droites on ex ef, od et oc sont harmonicales; donc la diagonale ef est divisée harmoniquement aux points p et q, autrement on a ep : fp :: eq : fq. — On prouverait de même que ao : co :: aq : cq et do : bo :: ep : bp.

Corollaire. — Si par un point d pris dans le plan d'un angle xoy, on tire plusieurs droites da, da', da'', da'''..... les points de concours k, k', k''..... des diagonales des quadrilatères abb'a', a'b'b''a'', a''b''b'''a'''..... sont situés sur une même droite oz qui passe par le sommet o de l'angle. — Car les droites ok, ok', ok''......, étant chacune l'harmonique conjuguée de la droite od par rapport aux droites ox et oy, doivent toutes se confondre.

3ᵉ SECTION.

La Circonférence.

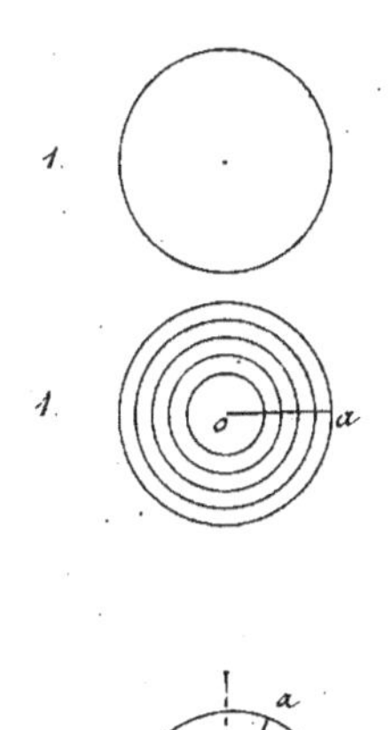

1. La circonférence ou la ligne circulaire est une courbe fermée, tracée sur un plan, dont tous les points sont également éloignés d'un point intérieur que l'on appelle centre.

Si l'on conçoit qu'une droite oa tourne, sur un plan, autour de son extrémité o supposée fixe, l'autre extrémité a ou plus généralement un point quelconque de cette droite décrira une circonférence qui aura son centre au point o.

La circonférence, en vertu de sa définition, ne cesse pas de coïncider avec elle-même, lorsqu'on l'a fait tourner autour de son centre.

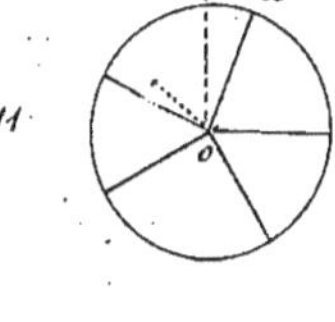

11. Un rayon est une droite qui unit le centre à un point de la circonférence. — Il y a une infinité de rayons. — Tous les rayons sont égaux.

— Selon qu'un point est extérieur ou intérieur à la circonférence, sa distance au centre est plus grande ou plus petite que le rayon et réciproquement.

On désigne, pour l'ordinaire, une circonférence au moyen de son rayon, en mettant la lettre du centre la première ; ainsi circonf. oa signifie une circonf. décrite du centre o avec un rayon oa.

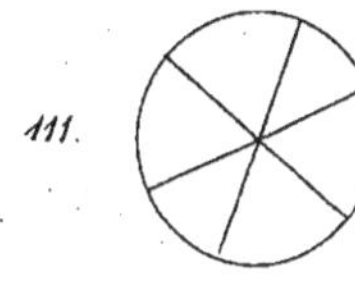

111. Un Diamètre est une droite qui, passant par le centre, est limitée dans les deux sens, à la circonférence. — Il y a une infinité de diamètres. — Tous les diamètres sont égaux, chacun d'eux étant double du rayon.

IV. Une droite peut avoir trois positions différentes par rapport à une circonférence :

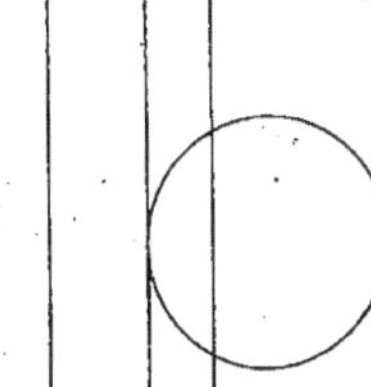

1° Elle est sécante quand elle a des points hors de la circonférence et des points en dedans.

2° Elle est dite extérieure quand tous ses points se trouvent hors de la circonférence.

3° Elle est tangente quand elle a un point commun avec la circonf. et que tous ses autres points sont extérieurs à cette courbe. — Le point commun prend le nom de point de contact, de tangence ou d'attouchement.

V. On appelle 1° arc une portion de la circonf. ; 2° corde ou sous-

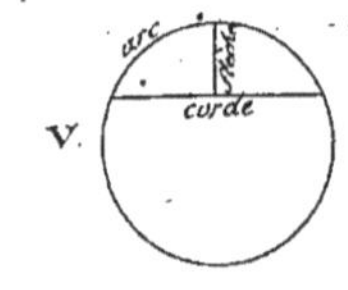

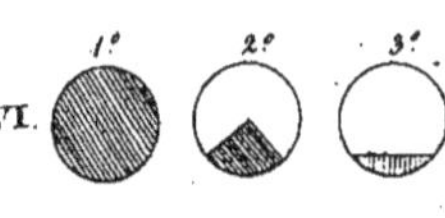

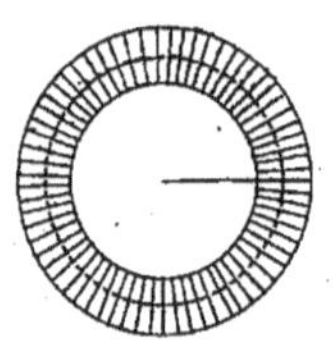

tendante la droite qui joint les extrémités d'un arc; 3° flèche, la droite qui unit les milieux d'un arc et de sa corde. — On peut remarquer qu'une même corde correspond à deux arcs, qui, pris ensemble, forment la circonf. entière.

VI. On appelle : 1° cercle, une portion de plan terminée par une circonférence. — 2° secteur, la portion d'un cercle comprise entre deux rayons. — 3° segment, la portion d'un cercle comprise entre un arc et sa corde.

On appelle aussi couronne ou zône circulaire la partie d'un plan interceptée entre deux circonférences de même centre et de rayons inégaux. — L'épaisseur de la zône est égale à la différence des deux rayons. — La distance du centre commun au milieu de l'épaisseur prend le nom de rayon moyen.

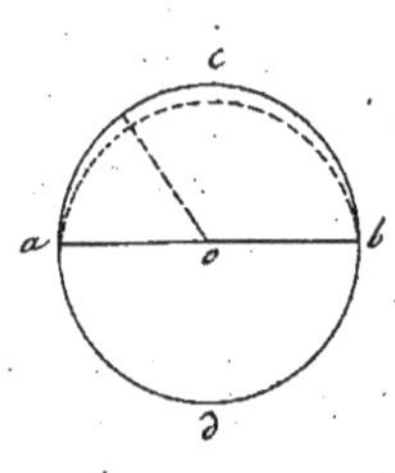

Proposition 1. — Théorème. — Toute diamètre ab divise le cercle et sa circonférence en deux parties égales.

Car, si la partie acb restant fixe, on fait tourner autour du centre o, la partie adb, de manière que l'extrémité a tombe en b et l'extrémité b en a, ces deux parties coïncideront parfaitement; sans quoi il y aurait des points de la circonférence inégalement éloignés du centre, ce qui est contraire à la définition de cette ligne.

Corollaire. Tout diamètre ab est un axe de symétrie. — Cela résulte de ce que l'on peut aussi, pour la même raison, superposer les parties acb et adb, en pliant le plan du cercle le long de ce diamètre.

Scholie. — La demi-circonf. a pour corde un diamètre.

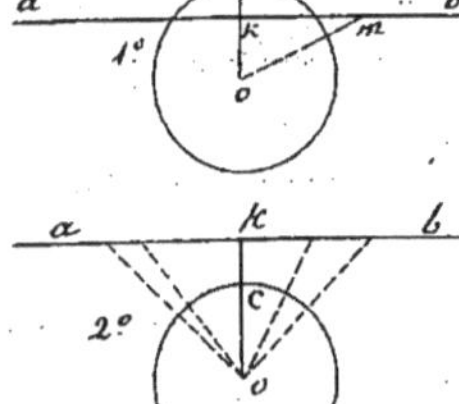

Prop. 2. — Théorème. — Une droite ab coupe une circonférence ou lui est extérieure, selon que la distance ok au centre o est plus petite ou plus grande que le rayon oc.

1° si ok est $<$ oc, le point k est intérieur à circonf. oc; de plus, en prenant km = oc, on a obl. mo $>$ perp. km ou mo $>$ oc; donc le point m est extérieur à la circonférence et partant la droite ab est sécante. — 2° si ok est $>$ oc, tous les points de la droite ab se trouvent hors de la circonf, car leurs distances au centre o, ne pouvant être moindres que la perpend. ok, sont plus grandes que le rayon oc.

Prop. 3. — Théorème. — Une droite ne peut couper une circonférence en plus de deux points.

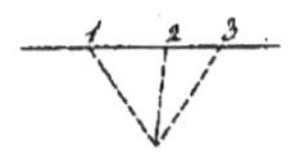

S'il y avait trois points d'intersection, trois rayons de la circonf. aboutiraient à la droite ; or, c'est ce qui est impossible, puisque du centre on ne peut tirer sur cette ligne plus de deux obliques égales.

Corollaire. La circonférence est une ligne convexe.

Prop. 4. — Théorème. — Toute droite ab, perpendiculaire à l'extrémité d'un rayon oc, est une tangente.

Unissant le centre o à un point quelconque m de la droite ab, on a obl. om > perp. oc ; ainsi, le point m et en général tous les points de cette ligne, à l'exception du point c, sont extérieurs à circonf. oc. — Donc ab est une tangente.

Réciproque. — Toute tangente ab est perpendiculaire au rayon oc, tiré par le point de contact c.

Car, sans cela, la perpendiculaire ok, abaissée du centre o sur la droite ab, serait moindre que le rayon oc et par suite le point k serait intérieur à circonf. oc, ce qui est contraire à l'hypothèse.

Corollaires. — 1. — Il n'existe qu'une seule tangente en chacun des points d'une circonférence. — S'il y avait deux tangentes en un même point de la circonférence, elles seraient l'une et l'autre perpendiculaires à l'extrémité du rayon de ce point, ce qui est impossible.

2. — Les tangentes aux extrémités d'un diamètre sont parallèles, comme étant perpendiculaires à une même Droite.

3. — Toutes les droites, également distantes d'un point donné, touchent une même circonf. dont ce point est le centre.

Prop. 5. — Théorème. — Toute corde est plus petite que le Diamètre.

Car, si l'on tire les rayons oa, ob aux extrémités d'une corde ab, le triangle oab fournit ab < $oa + ob$; mais $oa + ob = oc + od = cd$; donc ab est < cd.

Scholie. — Le plus grand segment, qu'une circonf. puisse intercepter sur une droite, est égal au diamètre.

Prop. 6. — Théorème. — Dans une même circonférence : 1° les arcs égaux ont des cordes égales. — 2° Les plus grands arcs ont les plus grandes cordes.

1° — Si arc acb = arc mln, je dis que corde ab = corde mn. — Parceque tous les points de la circonf. sont à égale distance du centre, l'arc mln, quand on le fait tourner autour du centre o, ne cesse pas d'appartenir à circonf. oa ; conséquemment, on pourra amener cet arc sur son égal acb,

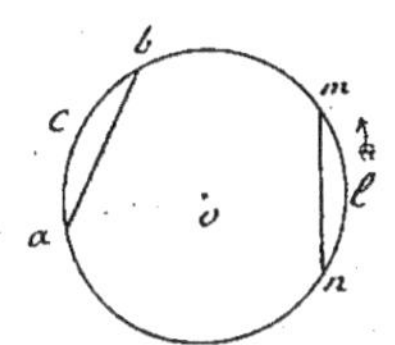

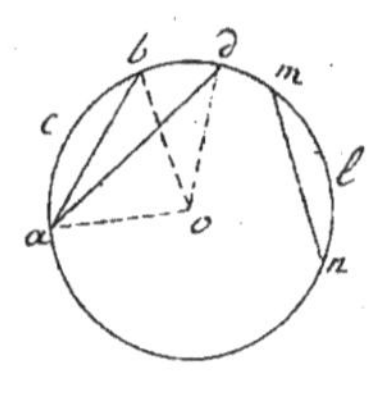

en faisant décrire à son extrémité m l'arc mba ; les points m et n coïncidant avec les points a et b, la corde mn couvrira exactement la corde ab, sans quoi il y aurait deux lignes droites entre les points a et b ; donc corde ab = corde mn. — 2.° Soit arc acd $>$ arc mln ; je dis que corde ad est $>$ corde mn. — Je tire les rayons oa, ob, od et je compare les triangles aod et aob : 1.° angle aod est $>$ sa partie angle aob ; 2.° le côté oa est commun ; 3.° od = ob, comme rayons ; donc corde ad, opposée à angle aod, est plus grande que corde ab, opposée à angle aob ; mais corde ab = corde mn ; donc aussi corde ad est $>$ corde mn.

Réciproque. — Dans une même circonf. : 1.° les cordes égales sous-tendent des arcs égaux. — 2.° les plus grandes cordes sous-tendent les plus grands arcs.

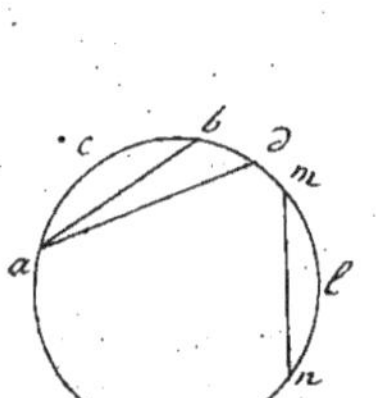

1.° Soit corde ab = corde mn. — Si arc acb était $>$ ou $<$ arc mln, on aurait corde ab $>$ ou $<$ corde mn, ce qui est contre l'hypothèse ; donc arc acb = arc mln. — 2.° Soit corde ad $>$ corde mn. — Si l'on avait arc acd = ou $<$ arc mln, il s'ensuivrait corde ad = ou $<$ corde mn, ce qui est contraire à l'énoncé ; donc arc acd est $>$ arc mln.

Scholie. — On sous-entend dans cette proposition et sa réciproque que les arcs dont il s'agit sont moindres qu'une demi-circonférence. — S'ils étaient plus grands, la première partie serait encore vraie, mais il faudrait changer la seconde et dire : les plus grands arcs ont les plus petites cordes.

Prop. 7. — Théorème. — Tout diamètre cd, perpendiculaire sur une corde ab, divise cette corde et chacun des arcs sous tendus adb, acb en deux parties égales.

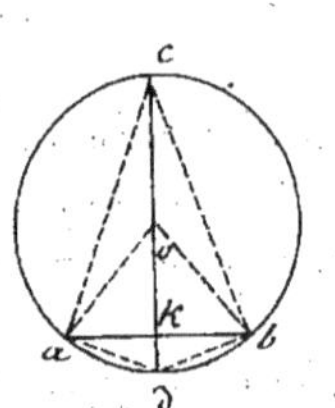

Tirant les rayons oa, ob, les triangles rectangles oak, obk sont égaux, comme ayant des hypoténuses égales oa, ob et un côté commun ok ; donc ak = bk. — On a corde ad = corde bd et corde ac = corde bc, parceque ces obliques ont des projections égales ak, bk ; mais les cordes égales sous-tendent des arcs égaux ; donc arc ad = arc bd et arc ac = arc bc.

Corollaires. — La droite cd jouit de cinq propriétés : elle passe 1.° par le centre o ; 2.° et 3.° par les milieux d et c des arcs adb et acb ; 4.° par le milieu k de leur corde commune ab ; 5.° elle est perpendiculaire sur cette corde. — Or, deux des cinq propriétés mentionnées suffisent pour déterminer la direction d'une ligne droite ; donc toute droite, qui jouit de deux de ces cinq propriétés, jouira aussi des trois autres. — Delà diverses conséquences, dont voici les plus remarquables.

1. — La perpendiculaire, élevée sur le milieu d'une corde, divise les arcs qu'elle sous-tend chacun en deux parties égales et passe par le centre.

II. La flèche d'un arc est perpendiculaire sur sa corde et passe par le centre.

III. La droite qui unit les milieux de deux arcs sous-tendus par la même corde, est un diamètre perpendiculaire sur le milieu de cette corde.

Scholies. — I. Les arcs ne sont pas proportionnels à leurs cordes. — Si cette proportionnalité existait, on aurait: arc adb : arc ad :: corde ab : corde ad; or cette proportion est évidemment fausse, car arc adb = 2 arc ad, tandis que corde ab est < ($ad + bd$ ou que 2 corde ad.

II. — On peut considérer une tangente comme une sécante, sur laquelle la circonférence intercepte une corde nulle, ou bien, comme une sécante dont les deux points d'intersection se confondent.

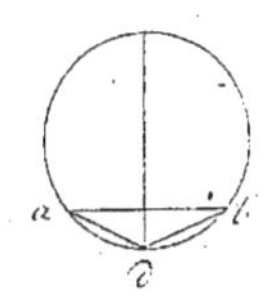

Prop. 8. — Théorème. — Dans une même circonférence: 1° les cordes égales sont également éloignées du centre. — 2° les plus grandes cordes sont les moins éloignées du centre.

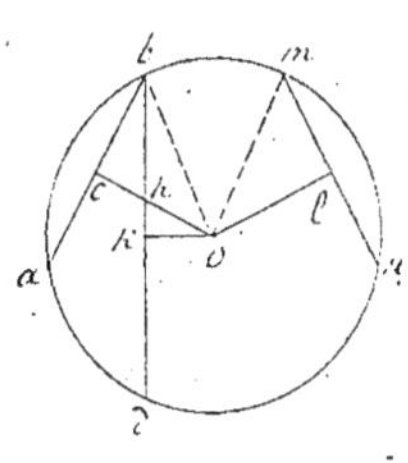

1° Si corde ab = corde mn, je dis que perp. oc = perp. ol. — Car, si l'on tire les rayons ob et om, les triangles rectangles obc, oml sont tout égaux parceque les hypoténuses ob, om sont égales et que bc = ml comme moitiés des cordes égales ab, mn. — Donc oc = ol. — 2° Soit corde bd > corde mn, je dis que perp. ok est < perp. ol. — En effet, la perp. ok est plus courte que l'oblique oh et la partie oh est moindre que le tout oc, donc à plus forte raison, perp. ok est < perp. oc ou que son égale perp. ol.

Scholie. — Les réciproques s'établissent par le raisonnement à l'absurde.

Corollaire. — La plus petite mn de toutes les cordes, tirées par un point c intérieur à la circonf., est perpendiculaire au diamètre ab qui passe par ce point. — Car, si pq est l'une de ces cordes, on a perp. ok < obl. oc, d'où résulte corde pq > corde mn.

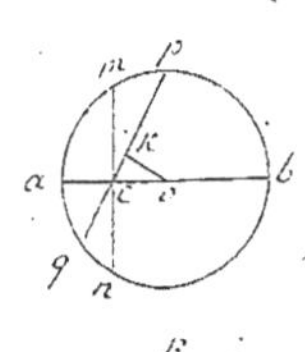

Prop. 9. — Théorème. — Deux parallèles interceptent sur la circonférence des arcs égaux.

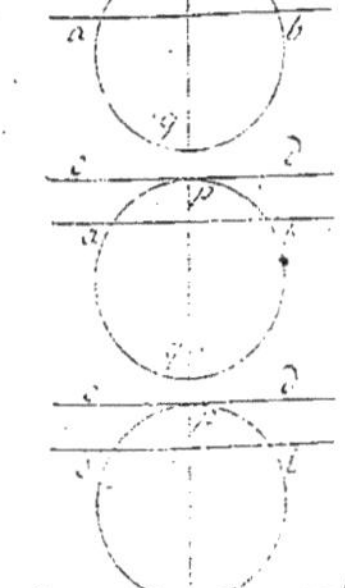

1° Si les parallèles ab, cd sont sécantes, je tire le diamètre pq qui leur est perpendiculaire et j'ai arc ap = arc bp, arc cp = arc dp, d'où en retranchant, arc ap - arc cp = arc bp - arc dp ou bien arc ac = arc bd. — 2° Si les parallèles ab, cd sont l'une sécante et l'autre tangente; le diamètre pq au point de contact p est perpendiculaire sur la tangente cd et par suite sur la parallèle ab; d'où résulte arc ap = arc bp. — 3° Si les parallèles ab, cd sont toutes deux tangentes, je tire entre elles une droite st qui leur soit parallèle et j'ai arc

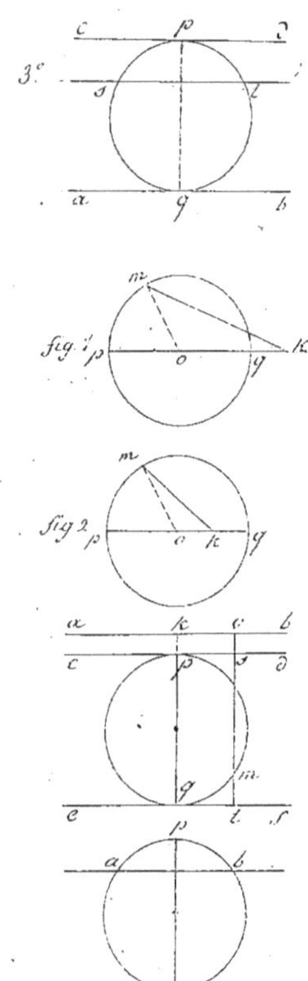

$qs = $ arc qt, arc $sp = $ arc tp, et, en ajoutant, arc $qsp = $ arc qtp. — On voit en outre que la droite pq, qui divise la circonférence en parties égales, est un diamètre.

Scholie. — La réciproque de la première partie est fausse.

Prop. 10. — Théorème. — La plus grande et la plus petite des droites qui unissent les divers points d'une circonférence à un point quelconque k, sont dirigées selon le diamètre pq de ce point.

Soit m un point quelconque de la circonférence. — Le triangle omk fournit, si le point k est extérieur (fig. 1), $mk < ok + om$, $mk > ok - om$ ou bien $mk < kp$, $mk > kq$; et, si le point k est intérieur (fig 2), $mk < ok + om$, $mk > om - ok$ ou bien $mk < kp$, $mk > kq$.

Prop. 11. — Théorème. — La plus grande et la plus petite, entre les distances des divers points d'une circonf. à une droite extérieure ab, sont dirigées selon le diamètre pq perpendiculaire à cette droite.

Les tangentes cd, ef des points p et q sont perpendiculaires au diamètre pq et par suite parallèles à ab ; si donc, d'un point quelconque m de la circonférence, on abaisse une perpendiculaire vt commune à ces trois parallèles, on aura $mv < tv$ et $mv > sv$ ou bien $mv < qk$ et $mv > pk$.

Scholie. — Lorsque la droite ab est sécante, les extrémités p et q du diamètre perpendiculaire ab sont les points de la circonférence qui sont les plus éloignés de cette ligne ; le premier parmi les points de l'arc apb et le second parmi ceux de l'arc aqb.

§. 2. — Mesures des angles par des arcs circulaires.

1. Un angle aob est dit au centre quand son sommet o se trouve au centre d'une circonf. ou, en d'autres termes, lorsqu'il est formé par deux rayons oa, ob.

11. Un angle b est inscrit dans un arc abc, lorsque ses côtés sont deux cordes ba, bc unissant un point b de cet arc à ses extrémités a et c. — Réciproquement, on dit que l'arc abc est capable de l'angle b. Le supplément cbe d'un angle inscrit abc prend le nom d'angle ex-inscrit.

111. Un angle b est circonscrit à un arc abc, quand ses côtés ab, bc sont tangents aux extrémités a et c de cet arc. — La corde ac, très...

entre les points de tangence a et c, s'appelle corde de contact.

IV. Pour exprimer avec facilité le rapport d'un arc à la circonférence dont il fait partie, on a imaginé de la diviser en 360 parties égales ou degrés, en sorte que le quart de la circonférence ou le quadrant est composé de 90 degrés, chaque degré comprend 60 minutes ; chaque minute, 60 secondes ; chaque seconde, 60 tierces ; &c. &c. On désigne le quadrant par la lettre q et les degrés, minutes, secondes, tierces …… par les caractères $°, ', '', ''',$ …. Ainsi, un arc de 27 degrés 59 minutes 14 secondes 38 tierces s'écrit $27°\,59'\,14''\,38'''$.

Cette division de la circonf. est nommée ancienne ou sexagésimale. — Dans la division nouvelle ou centésimale, due aux auteurs du système métrique —, le quadrant comprend 100 grades et la circonf. 400 ; le grade est composé de 100 minutes ; la minute, de 100 secondes ; la seconde de 100 tierces et ainsi de suite. — Le principal avantage de la division moderne consiste en ce que l'on peut sur le champ opérer la conversion d'un arc en parties décimales du quadrant, ce qui simplifie beaucoup les calculs ; l'arc $18°\,17'\,89''$, par exemple, équivaut à $0^q,181789$.

Proposition 1. — Théorème. — Dans une même circonf. les angles au centre égaux aob, cod interceptent des arcs égaux aeb, cfd.

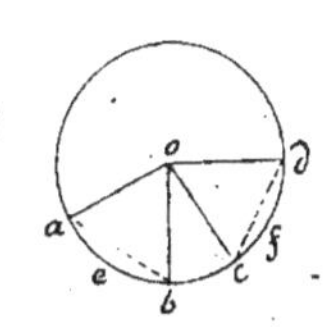

Si l'on tire les cordes ab, cd, on a 1.° angle aob = angle cod, par hypothèse ; 2.° et 3.° $oa = oc$, $ob = od$, comme rayons ; donc les triangles oab, ocd sont égaux et partant corde ab = corde cd ; mais les cordes égales sous-tendent des arcs égaux ; donc arc aeb = arc cfd.

Réciproque. — Dans une même circonf. les arcs égaux aeb, cfd correspondent à des angles au centre égaux aob, cod.

Parceque les arcs égaux aeb, cfd ont des cordes égales ab, cd, les triangles oab, ocd sont équilatéraux entr'eux et par suite égaux ; donc angle aob = angle cod.

Corol. — Tout angle droit aob, qui a son sommet au centre, intercepte un quadrant et réciproquement. — Prolongeant le rayon oa, on a angle aob = angle boc et par suite arc ab = arc bc, donc l'arc ab est un quadrant. — Réciproquement, si l'arc ab est un quadrant, il vient arc ab = arc bc, puis, angle aob = angle boc ; d'où résulte que l'angle aob est droit.

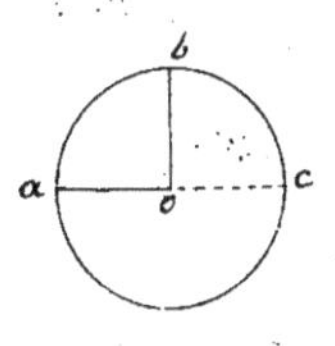

Prop. 2. — Problème. — Trouver 1.° la p.g.c.m. de deux arcs de même rayon ; 2.° la p.g.c.m. de deux angles.

1.° Je porte le plus petit cd des deux arcs donnés sur le plus grand ab autant de fois que cela est possible ; je suppose qu'il y soit contenu deux fois

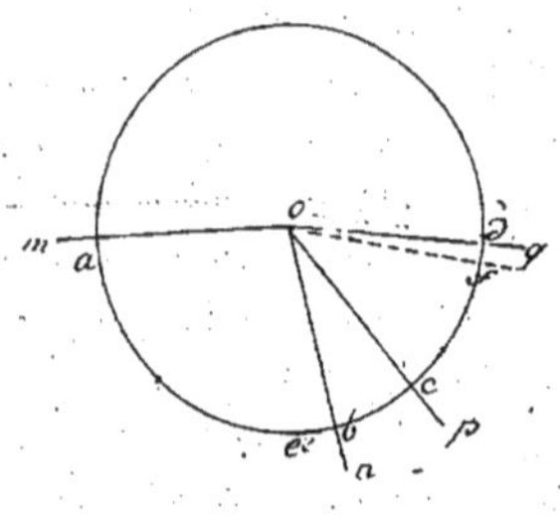

$$(1) \begin{cases} ab = 2.cd + be; \\ cd = 3.be + df; \\ be = 2.df \end{cases}$$

$$(2) \begin{cases} be = 2.df; \\ cd = 3.2df + df = 7df; \\ ab = 2.7df + 2df = 16df \end{cases}$$

avec un reste be; je divise pareillement le plus petit arc cd par le reste be; soient 3 le quotient et df le reste; pour abréger, j'admets que le second reste df se trouve un nombre exact de fois, par exemple, 2 fois dans le premier reste be. — L'arc df est la p.g.c.m. cherchée; c'est ce que l'on démontrera par un raisonnement tout à fait identique à celui de la Prop. 2, page 47. — Les égalités (1) conduisent d'ailleurs aux égalités (2), d'où l'on déduit $\frac{ab}{cd} = \frac{16}{7}$. — Si, en prolongeant indéfiniment la recherche de la p.g.c.m., on ne parvenait pas à une division exacte, les arcs ab, cd seraient incommensurables et leur rapport numérique ne pourrait être obtenu que par approximation.

2° Pour obtenir la p.g.c.m. de deux angles mon, poq, je décris, avec un rayon arbitraire oa, une circonf. ayant pour centre le sommet commun o; je cherche ensuite la p.g.c.m. df des arcs ab, cd compris entre les côtés de ces angles; l'angle dof est la p.g.c.m. demandée. — En effet, de ce que l'arc df est contenu exactement 16 fois dans l'arc ab et 7 fois dans l'arc cd, il suit que l'angle dof est aussi contenu exactement 16 fois dans l'angle mon et 7 fois dans l'angle poq; ainsi, l'angle dof est une commune mesure des angles mon et poq; de plus, c'est leur p.g.c.m., parceque les nombres 16 et 7 sont premiers entr'eux. — Quand les arcs ab, cd sont incommensurables, les angles mon, poq le sont aussi et on ne peut déterminer leur rapport numérique qu'approximativement.

Prop. 3. — Théorème. — Dans une même circonf., les angles au centre aob, aoc sont entr'eux comme leurs arcs ab, ac.

1° Supposons que les arcs ab, ac soient commensurables et que leur p.g.c.m. ak soit contenue 5 fois dans ab et 3 fois dans ac, de manière que l'on ait arc ab : arc ac :: 5 : 3. —— Les angles au centre, correspondant aux divisions de l'arc ab, étant égaux entr'eux, le petit angle aok est contenu exactement 5 fois dans l'angle aob et 3 fois dans l'angle aoc; par conséquent, on a aussi angle aob : angle aoc :: 5 : 3. — Donc, à cause du rapport commun 5 : 3, il vient angle aob : angle aoc :: arc ab : arc ac.

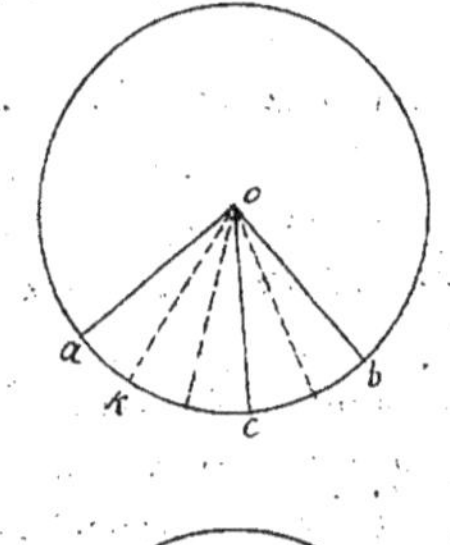

2° Si les arcs ab, ac sont incommensurables je dis que l'on a encore angle aob : angle aoc :: arc ab : arc ac. — En effet, supposons un instant que cette proportion soit inexacte et que l'on ait angle aob : angle aoc :: arc ab : arc ak, arc ak étant > ou < arc ac. — Divisons l'arc ab en parties égales, moindres chacune que arc ck, afin qu'il tombe au moins un point m de division entre les points c et k; les arcs ab, am étant commensurables par construction, on aura, en tirant le rayon om, angle aob : angle aom :: arc ab : arc am, et, parceque cette proportion

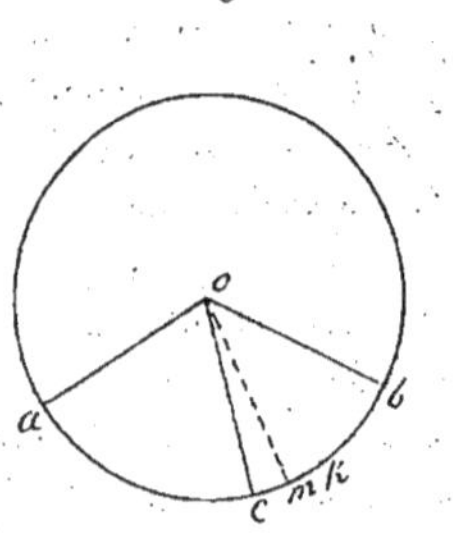

et la précédente ont les mêmes antécédents, angle aoc : angle aom :: arc ak : arc am ; or, c'est ce qui est faux ; car angle aoc est plus petit que angle aom, tandis que arc ak est plus grand que arc am. — Donc &c. &c.

Prop. 4. — Théorème. — Un angle au centre peut être mesuré par l'arc compris entre ses côtés.

Dire que deux angles au centre sont entr'eux comme leurs arcs, c'est-à-dire qu'il y a, entre un angle au centre et son arc, une liaison telle que, lorsque l'un croît ou décroît dans un certain rapport, l'autre croît ou décroît aussi dans le même rapport. On peut donc, à cause de la simplicité de cette relation, convenir de mesurer un angle au centre par son arc.

Au surplus, si la brièveté de cet énoncé laissait quelque vague dans l'esprit, il faudrait lui substituer celui-ci : le rapport numérique d'un angle au centre à l'angle droit est égal au rapport numérique de son arc au quadrant.

Scholies. — 1. — L'œil appréciant plus aisément la grandeur d'un arc circulaire que celle d'un espace angulaire indéfini, il y a évidemment avantage à substituer des arcs aux angles. — On évitera toutefois de dire qu'un angle est égal à un arc et on ne perdra pas de vue que les propositions de ce paragraphe ne sont vraies que dans le cas où les arcs employés sont décrits avec un même rayon.

11. On peut, sans équivoque, énoncer les angles de la même manière que les arcs ; ainsi, un angle de 81ᵍʳ 97′ 14″ est un angle qui, ayant son sommet au centre d'une circonf., y intercepte un arc de pareille valeur. — Le rapport de cet arc au quadrant ou de l'angle à l'angle droit est 0,819714.

Prop. 5. — Théorème. — Tout angle inscrit a pour mesure la moitié de l'arc compris entre ses côtés.

Il faut distinguer trois cas : l'angle inscrit est formé 1° par un diamètre et par une corde ; 2° par deux cordes qui comprennent le centre ; 3° par deux cordes qui ne le comprennent pas. — 1° Si l'angle inscrit acb est formé par un diamètre cb et par la corde ca, je tire le rayon oa et j'ai, parceque l'angle aob est extérieur au triangle aco, angle aob = angle a + angle acb ; mais les côtés co et ao étant égaux comme rayons, les angles opposés a et acb sont aussi égaux, et partant angle aob = 2 angle acb ou angle acb = ½ angle aob, or, l'angle au centre aob a pour mesure l'arc ab ; donc celle de l'angle acb est ½ arc ab. — 2° Si l'angle inscrit acd est formé par deux cordes ac, cd qui comprennent le centre o, on a angle acd = angle

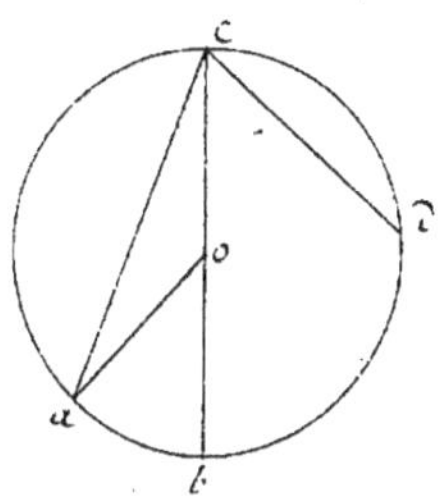

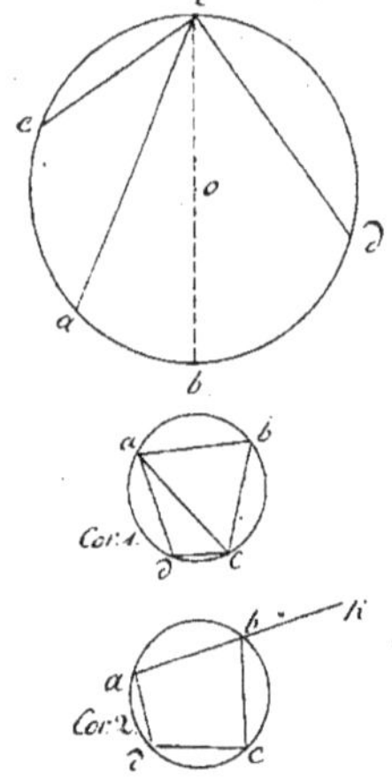

acb + angle bcd ; or, les angles inscrits acb et bcd , formés chacun par un
diamètre et par une corde , sont respectivement mesurés par ½ arc ab et ½ arc
bd ; donc la mesure de l'angle acd = ½ arc ab + ½ arc bd ou bien ½ arc abd.
3°. Si l'angle inscrit ace est formé par deux cordes ca , ce qui ne comprennent
pas le centre o , il vient angle ace = angle bce − angle bca ;
mais ces derniers angles ont pour mesures ½ arc be et ½ arc ba ;
donc celle de l'angle ace est ½ arc be − ½ arc ba ou ½ arc ae.

Corollaire 1. — Les angles b et d , inscrits dans deux arcs abc , adc sous-
tendus par la même corde ac , sont supplémentaires. — Car la somme de ces
angles est mesurée par ½ arc adc + ½ arc abc , c'est à dire, par ½ circonf.
ou par 2 quadrans .

Corol. 2. — Tout angle ex-inscrit cbk a pour mesure la moitié de l'arc abc,
dans lequel son adjacent abc est inscrit. — Cela résulte de ce que les angles cbk et
adc , supplémentaires du même angle abc , sont égaux entr'eux et de ce
que l'angle inscrit adc a pour mesure ½ arc abc.

Prop. 6. — Théorème. — Tout angle acd , formé par une tangente ab
et une corde cd , issue du point de contact c , a pour mesure la moitié
de l'arc ckd compris entre ses côtés .

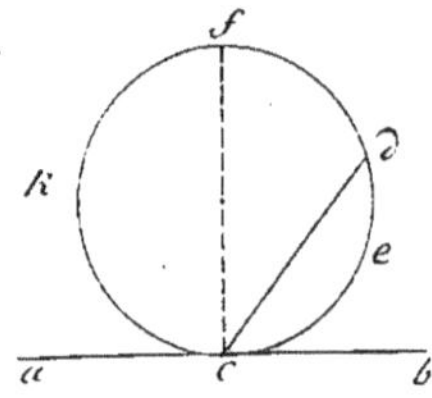

Parce que le diamètre cf , tiré par le point de contact c , est perpendiculaire à la tangente ab , l'angle acf est droit et partant il a pour
mesure un quadrant ou la moitié de la demi-circonf. ckf ; l'angle inscrit
fcd a aussi pour mesure ½ arc fd ; donc l'angle acd , somme des deux
angles acf et fcd , est mesuré par ½ ckf + ½ fd ou bien par ½ arc ckd.
— Pareillement , l'angle bcd , différence de l'angle droit bcf à l'angle
inscrit dcf , est mesuré par ½ cdf − ½ fd ou par ½ arc ced.

Corollaires. — 1. — Les côtés ac , bc d'un angle circonscrit acb , limités
à leurs points de contacts a et b , sont égaux entr'eux. — Car les angles cab,
cba , ayant chacun pour mesure ½ arc amb , sont égaux et par suite le
triangle cab est isocèle .

11. — De là suit que la bissectrice ck d'un angle circonscrit acb est un
diamètre perpendiculaire sur le milieu de la corde de contact ab.

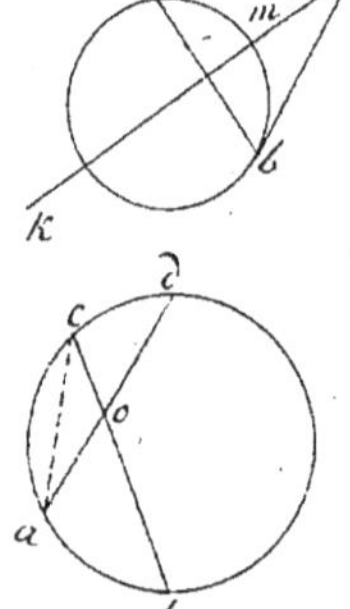

Prop. 7. — Théorème. — Tout angle aob , dont le sommet o est intérieur à la circonf. , a pour mesure la demi-somme des arcs ab , cd
compris entre ses côtés et leurs prolongements .

Je tire ac et j'ai , à cause du triangle aoc , angle aob = angle
c + angle a ; mais les angles inscrits c et a ont respectivement pour

mesurés $\frac{1}{2}$ arc ab et demi arc cd; donc celle de l'angle aob est $\frac{1}{2}$ (arc ab + arc cd).

Prop. 8. — Théorème. — Tout angle, formé par deux droites, sécantes ou tangentes, qui se coupent hors de la circonf., a pour mesure la demi-différence des arcs compris entre ses côtés.

1°. Si l'angle est formé par deux sécantes oa et ob, je tire bc et j'ai angle acb = angle o + angle b; d'où, angle o = angle acb − angle b; or, les angles inscrits acb et b sont mesurés par $\frac{1}{2}$ arc ab et $\frac{1}{2}$ arc cd; donc la mesure de l'angle o est $\frac{1}{2}$ (arc ab − arc cd). — 2°. Si l'angle est formé par une sécante oa et une tangente ob, j'ai, en tirant bc, angle o = angle acb − angle b; mais les angles acb et b ont pour mesures $\frac{1}{2}$ arc ab et $\frac{1}{2}$ arc bc; donc celle de l'angle o est $\frac{1}{2}$ (arc ab − arc bc). — 3° Si l'angle est formé par deux tangentes oa, ob, il vient encore, en tirant la corde de contact ab, angle o = angle kab − angle b; d'où l'on déduit, comme précédemment, que l'angle o est mesuré par $\frac{1}{2}$ (arc amb − arc anb).

Corol. — Le supplément boc d'un angle circonscrit aob a pour mesure le plus petit anb des deux arcs anb, amb sous-tendus par la corde de contact ab. — Cela résulte de ce que angle boc = angle a + angle b et de ce que chacun des angles a et b a pour mesure $\frac{1}{2}$ arc anb.

Prop. 9. — Théorème. — 1°. Tous les angles acb, adb, aeb,...... inscrits dans le même arc acb, sont égaux (fig. 1, 2, 3). — 2°. Ces angles sont droits (fig. 1), aigus (fig. 2) ou obtus (fig. 3), suivant que l'arc acb est égal, supérieur ou inférieur à une demi-circonférence.

1° Les angles inscrits acb, adb, aeb,.... sont égaux, parcequ'ils ont pour mesure commune la moitié de l'arc afb. — 2°. Suivant que l'arc acb est égal, supérieur ou inférieur à une demi-circonf., la moitié de l'arc afb est égale, inférieure ou supérieure à la moitié d'une demi-circonf. ou à un quadrant; or, le quadrant est la mesure d'un angle droit; donc les angles acb, adb, aeb,..... sont droits dans le premier cas, aigus dans le second et obtus dans le troisième.

Scholie. — Ainsi, lorsqu'on fait mouvoir un angle invariable pkq, de manière que ses côtés pp', qq' passent constamment par deux points fixes a et b, le sommet k de cet angle décrit une circonférence $akbk'$, qui contient ces deux points. — Le sommet k engendre l'arc akb, quand la corde fixe ab est située dans l'un des angles pkq, $p'kq'$, et l'arc $ak'b$, quand elle se trouve dans l'angle pkq' ou dans l'angle $p'kq$.

§. 3. — Propriétés métriques des cordes, sécantes et tangentes.

Proposition 1. — Théorème. — La perpendiculaire cd, abaissée d'un point quelconque c de la circonf. sur un diamètre ab, est moyenne proportionnelle entre les deux segmens ad, db de ce diamètre.

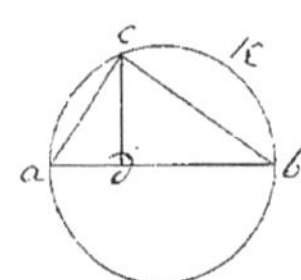

Car, si l'on tire les cordes ac et bc, l'angle acb, inscrit dans la demi-circonférence akb, est droit et le triangle rectangle acb donne $ad : cd :: cd : db$ ou bien $cd^2 = ad \times db$.

Corollaires. — 1. — Toute corde ac est moyenne proportionnelle entre le diamètre ab, issu de son extrémité a, et sa projection ad sur ce diamètre. — Le triangle rectangle acb fournit en effet $ab : ac :: ac : ad$ ou bien $ac^2 = ab \times ad$.

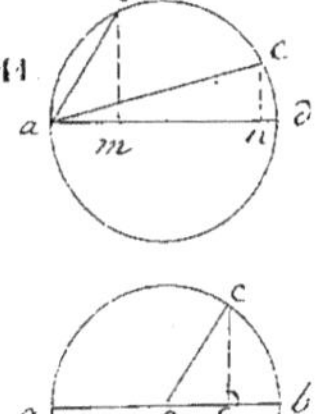

11. — Les quarrés de deux cordes ab, ac, issus d'un point a de la circonf., sont entr'eux comme les projections am, an de ces cordes sur le diamètre ad, issu du même point. — Car $ab^2 = ad \times am$, $ac^2 = ad \times an$ et par suite $\dfrac{ab^2}{ac^2} = \dfrac{ad \times am}{ad \times an} = \dfrac{am}{an}$ ou bien $ab^2 : ac^2 :: am : an$.

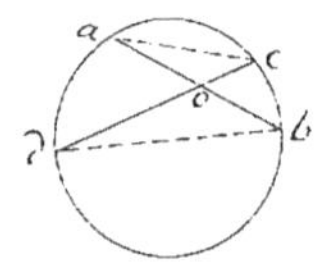

Scholie. — La moyenne proportionnelle dc entre deux droites ad, db est moindre que leur moyenne arithmétique oc. — Ainsi, on a $\sqrt{ad \times db} < \dfrac{ad + db}{2}$. — Ces deux moyennes sont égales lorsque $ad = db$.

Prop. 2. — Théorème. — Les parties oa et ob, oc et od de deux cordes ab, cd, qui se coupent dans la circonf., sont inversement proportionnelles.

Tirant les cordes ac, bd, j'obtiens deux triangles semblables oac, obd; car les angles a et d, inscrits dans l'arc $cadb$, sont égaux et les angles c et b le sont aussi, comme étant inscrits dans l'arc $acbd$. — Remarquant donc que les côtés oa, oc du triangle oac ont pour homologues les côtés od, ob du triangle obd, il vient $oa : od :: oc : ob$.

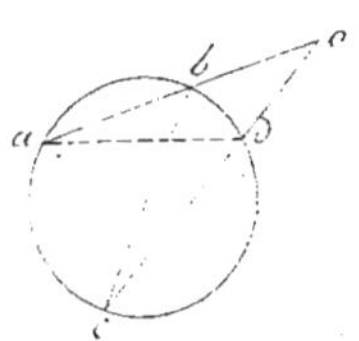

Scholie. — Toute corde, tirée par un point intérieur o, y est divisée en deux parties dont le produit est constant. — Car on déduit de la proportion qui précède $oa \times ob = oc \times od$.

Prop. 3. — Théorème. — Les sécantes oa, oc, issues d'un point o situé hors de la circonf., sont inversement proportionnelles à leurs parties extérieures ob, od.

Tirant les cordes ad, bc, j'ai deux triangles semblables oad, ocb, parce que l'angle o est commun et que les angles a et c, inscrits dans le même arc $bacd$, sont égaux; il vient donc, en observant que les côtés oa et oc, od et ob sont homologues deux à deux, $oa : oc :: od : ob$.

Scholie. — Le produit de toute sécante, issue d'un point o situé hors de la circonférence par sa partie extérieure, est constant. — Car on tire de la proportion obtenue $oa \times ob = oc \times od$.

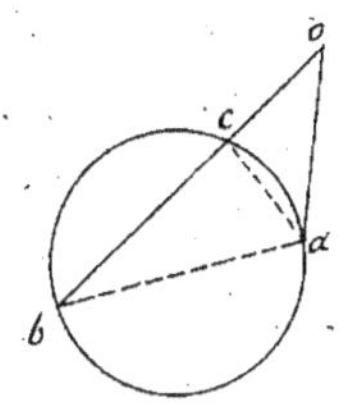

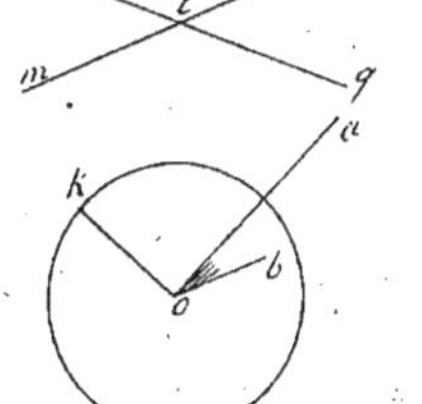

Prop. 4. — Théorème. — La tangente oa est une moyenne proportionnelle entre toute sécante ob, issue du même point o, et sa partie extérieure oc.

Je tire les cordes ac, ab et je compare les triangles oba, oac : l'angle o est commun ; l'angle inscrit b a pour mesure la moitié de l'arc ac et l'angle oac, formé par la tangente ao et la corde ac, est mesuré par la moitié du même arc ; ainsi, angle b = angle oac et par suite les triangles sont semblables ; et, comme les côtés ob, oa du premier sont les homologues des côtés oa, oc du second, il vient ob : oa :: oa : oc.

Scholie 1. — Le quarré d'une tangente est égal au produit de toute sécante, issue du même point, par sa partie extérieure. — La proportion obtenue donne en effet $oa^2 = ob \times oc$.

Scholie 2. — Toutes les réciproques du présent paragraphe peuvent s'établir par la tournure à l'absurde.

S. 4. — Théorie des Pôles et Polaires réciproques.

1. Quand on rapporte tous les points d'un plan à une circonf. ok, on lui donne le nom de circonf. directrice et on appelle 1° rayon vecteur d'un point quelconque a, la distance oa de ce point au centre o, — 2° angle vecteur de deux points a et b, l'angle au centre aob formés par leurs rayons oa et ob, — 3° angle des droites mn, pq, l'un des deux angles égaux mlp, nlq qui ne comprennent pas le centre o.

11. Deux points a et b sont dits réciproques l'un de l'autre, lorsque, se trouvant sur une même droite ox issue du centre o, le produit oa × ob de leurs rayons vecteurs oa, ob est égal au quarré du rayon ok. — Ainsi, tous les points de circonf. ok se confondent avec leurs réciproques, et, en général, deux points réciproques quelconques sont l'un extérieur et l'autre intérieur à cette circonférence. — On remarquera encore que le centre o a une infinité de points réciproques qui se trouvent situés à l'infini sur les divers rayons.

111. On appelle pôle d'une droite mn le point réciproque b du pied a de la perpendiculaire oa, tirée du centre o sur cette droite. — Réciproquement, la droite mn est dite la polaire du point b.

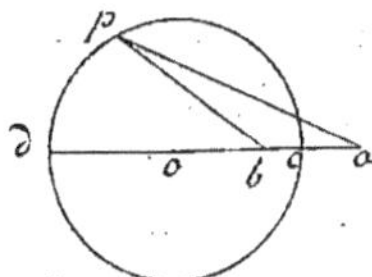

Proposition 1. — Théorème. — Les distances pa, pb d'un point quelconque p d'une circonférence à deux points réciproques a et b sont dans un rapport constant.

Parce que les points a et b sont réciproques, on a $oa \times ob = oc^2$ ou bien oa : oc :: oc : ob, de sorte que le diamètre cd est divisé harmoniquement

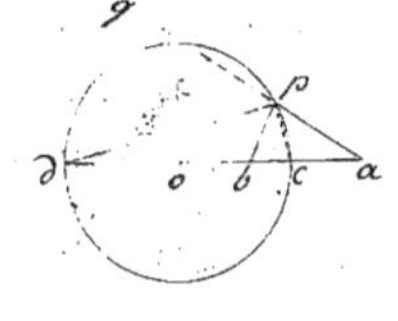

aux points a et b; ainsi, les quatre droites pa et pb, pc et pd forment un faisceau harmonique, et, comme l'angle cpd, inscrit dans une demi-circonf., est droit, il s'ensuit que pc et pd sont les bissectrices des angles bpa et bpq. — Donc on a $pa : pb :: ac : bc$ ou $:: ad : bd$.

Réciproque. — Le lieu des points, dont les distances à deux points fixes a et b sont entr'elles comme $m : n$, est une circonf., par rapport à laquelle ces deux points sont réciproques.

Si l'on divise la droite ab aux points c et d, de manière que l'on ait $ac : bc :: m : n$, $ad : bd :: m : n$, les points c et d appartiendront évidemment au lieu dont il s'agit. — Considérons maintenant un point quelconque p de ce lieu; puisque $pa : pb :: m : n$, on a aussi $pa : pb :: ac : bc$ ou $:: ad : bd$; conséquemment, les droites pc, pd sont les bissectrices des angles bpa, bpq, et partant ces droites forment un angle droit cpd dont le sommet p se trouve sur la circonf. dont le diamètre est cd. — Les points a et b sont d'ailleurs réciproques, car de la proportion $ac : bc :: ad : bd$, on déduit $oa : oc :: oc : ob$ ou $oa \times ob = oc^2$. (prop. 4, page 65.)

Prop. 2. — Théorème. — Le sommet a d'un angle circonscrit xay a pour polaire la corde de contact mn, et, à l'inverse, la corde mn a pour pôle le sommet a.

La bissectrice az de l'angle xay étant un diamètre perpendiculaire sur le milieu de la corde mn, il suffit de faire voir que les points a et b sont réciproques. — Or, le triangle oma, rectangle en m, fournit $oa : om :: om : ob$ ou $oa \times ob = om^2$.

Corollaires. — 1. — Le point b est le pôle de la droite pq, perpendiculaire à l'extrémité de oa, et, à l'inverse, la droite pq est la polaire du point b. —

11. — Toute tangente mn a pour pôle son point de contact c, et, à l'inverse, tout point c de la circonf. a pour polaire sa tangente mn.

Scholies. — 1. — Le pôle d'un diamètre est situé à l'infini, et, réciproquement; tout point, situé à l'infini a pour polaire un diamètre.

11. Le centre a une infinité de polaires situées à l'infini, et, réciproquement, toute droite, qui passe à l'infini, a son pôle au centre.

Prop. 3. — Théorème. — Toutes les cordes, tirées par un point intérieur ou extérieur a, sont divisées en parties harmoniques par ce point et par sa polaire mn (fig. 1 ou 2).

Joignons le point b aux extrémités p et q de l'une pq de ces cordes, on a $pb : pa :: bc : ac$, $qb : qa :: bc : ac$, d'où résulte $pb : pa :: qb : qa$; donc

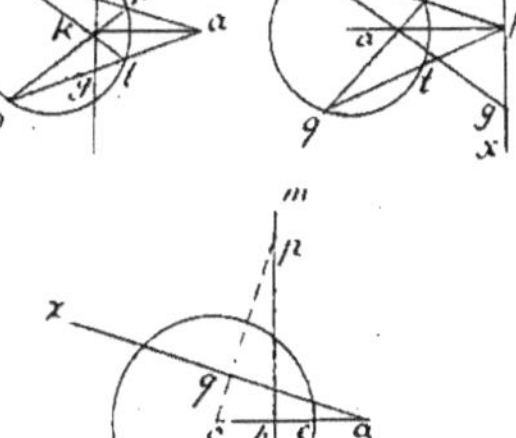

les droites ab, mn sont les bissectrices des angles adjacens qbp, pbp' et partant les quatre droites bp et bq, ba et bn forment un faisceau harmonique. — conséquemment, la corde pq est divisée harmoniquement aux points a et k.

Corollaire. — Les droites pq, qt, qui joignent, deux à deux, les extrémités de deux cordes quelconques pq, st, se coupent sur la polaire du point de concours a de ces cordes. (Fig. 1 ou 2). — Car, si l'on tire l'harmonique conjuguée k.c de la droite ka par rapport aux droites kp et kq, les cordes pq, st sont divisées harmoniquement par le point a. et par les points f et g. Il en résulte que fg est la polaire du point a.

Prop. 4. — Théorème. — Les pôles de toutes les droites, tirées par un même point a, sont situés sur la polaire mn de ce point.

Soit op la perpendiculaire abaissée du centre o sur l'une de ces droites. — les triangles rectangles aoq, bop, ayant un angle aigu o commun, sont semblables, et par suite il vient $oa : op :: oq : ob$, c'est $op \times oq = oa \times ob$; mais $oa \times ob = oc^2$; donc $op \times oq = oc^2$. — ainsi, le point p est le pôle de la droite ax.

Réciproque. — Les polaires de tous les points d'une droite mn passent par le pôle a de cette droite.

Soit ax la perpendiculaire tirée du point a sur le rayon vecteur op d'un point quelconque p. de la droite mn. — à cause de la similitude des triangles rectangles aoq, bop, on a $op \times oq = oa \times ob = oc^2$; donc la droite ax est la polaire du point p.

Scholie. — Ces propositions comprennent celles-ci:

I. — Tous les angles circonscrits à la circonf., dont les cordes de contact passent par le même point, ont leurs sommets sur une même ligne droite.

II. — Si plusieurs angles circonscrits ont leurs sommets en ligne droite, leurs cordes de contact passent toutes par le même point.

Prop. 5. — Théorème. — Si deux polygones abcd, mnpq sont tels que les sommets a, b, c, d du premier soient les pôles respectifs des côtés mn, np, pq, qm du second; réciproquement, les sommets m, n, p, q du second seront les pôles des côtés da, ab, bc, cd du premier.

Parceque les droites mn, np se coupent au point n, leurs pôles a, b appartiennent à la polaire de ce point; donc la droite ab est cette polaire ou, en d'autres termes, le sommet n est le pôle du côté ab. — On prouverait de même que le sommet p est le pôle du côté bc, &c.

Scholie. — Les polygones abcd, mnpq sont dits polaires réciproques l'un de l'autre.

Prop. 6. — Théorème. — L'angle nkq de deux droites mn pq est égal à l'angle vecteur aob de leurs pôles a et b. — et réciproquement.

Car les angles osk, otk du quadrilatère oskt étant droits, l'angle aob est le supplément de l'angle skt et par suite il est égal à l'angle nkq.

Corollaire. — Les pôles a et b, c et d de quatre droites harmoniques kx et ky, kz et ku forment un système harmonique. — et réciproquement. On a angle aoc = angle xkz, angle cob = angle zky, angle bod = angle yku; ainsi, les droites oa, oc, ob, od, étant disposées de la même manière que les droites kx, kz, ky, ku, constituent un faisceau harmonique. — de plus, les quatre points a, c, b, d, pôles de quatre droites issues du même point k, sont en ligne droite. donc &c.

Scholie. — Si la droite ku passait par le centre o, son pôle d serait situé à l'infini et par suite le point c se trouverait au milieu de la droite ab.

§ 5. — Polygones inscrits et circonscrits à la circonférence.

I. Un polygone est inscrit dans une circonférence lorsque cette ligne courbe passe par tous ses sommets. — réciproquement, on dit que la circonf. est circonscrite au polygone.

II. Un polygone est circonscrit à une circonf. lorsque tous ses côtés sont des tangentes. — réciproq.ᵗ, la circonférence est dite inscrite dans le polygone.

III. Un polygone est évidemment inscriptible quand tous ses sommets sont à égale distance d'un même point et circonscriptible quand il existe un point également éloigné de tous ses côtés.

Ainsi, en vertu des proposit. 13 et 14, page 30, tout triangle est inscriptible dans une circonf. et circonscriptible à quatre circonférences distinctes, dont l'une est intérieure et les trois autres extérieures. — ces trois dernières sont appelées ex-inscrites.

Il résulte aussi de la prop. 6, page 40, qu'à tout polygone régulier correspondent deux circonf., l'une inscrite et l'autre circonscrite, ayant pour centre commun celui du polygone et pour rayons son apothème et son rayon propre.

Proposition. 1. _ Théorême. _ Dans tout triangle abc, le produit de deux côtés ac, bc est égal au diamètre cm de la circonf. circonscrite multiplié par la distance ck du troisième côté ab au sommet opposé c.

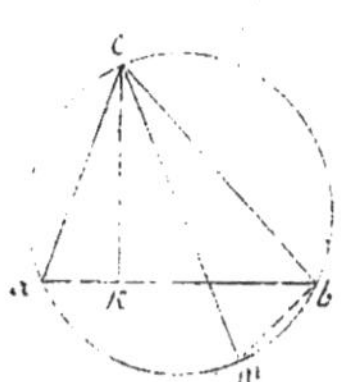

L'angle cbm, formé par le côté bc et la corde bm, est droit, parce qu'il est inscrit dans une demi-circonf.; de plus, les angles act m, inscrits dans le même arc bac, sont égaux; donc les triangles rectangles cak, cmb sont semblables et partant ac:cm::ck:bc, d'où ac × bc = cm × ck.

Scholie. _ Connaissant les trois côtés a, b, c, d'un triangle, on détermine aisément, page 59, la distance h du côté c au sommet opposé; on a donc, pour calculer le rayon R de la circonf. circonscrite, a × b = 2R × h d'où $R = \frac{a \times b}{2h}$. _ quand le triangle est rectangle, il vient a × b = c × h, c représentant l'hypoténuse; et par suite $R = \frac{c}{2}$.

Prop. 2. _ Théorême. _ Dans tout triangle abc, le point de concours s des perpendicul. tirées des sommets sur les côtés opposés, celui t des droites qui unissent ces sommets au milieu des mêmes côtés et le centre de la circonf. circonscrite sont situés en ligne droite.

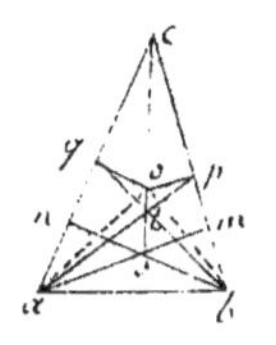

Comme $tp = \frac{ca}{2}$, $tq = \frac{cb}{2}$, prop 16 page 31, si l'on prolonge la droite ts de $to = \frac{ts}{2}$, les droites po, qo seront respectivement parallèles aux droites am, bn et par suite elles seront perpendicul. sur les milieux des côtés bc et ac; ainsi obl. ob = obl. oc, obl. oc = obl. oa; donc le point o est le centre de la circonf. circonscrite au triangle abc.

Prop. 3. _ Théorême. _ Les pieds m, n, l des perpendiculaires abaissées d'un point quelconque k d'une circonf. sur les trois côtés d'un triangle inscrit abc sont situés en ligne droite.

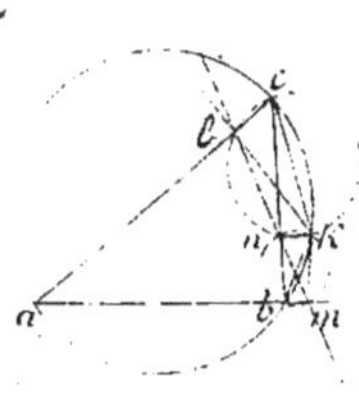

Les angles ack et kbm, inscrit et ex-inscrit, ayant chacun pour mesure $\frac{1}{2}$ arc abk, sont égaux; et, comme les triangles clk, kbm sont rectangles, angle ckl = angle bkm. _ on les circonf. décrites sur les diamètres ck et bk, passent l'une par les sommets l et n des angles droits clk, cnk et l'autre par ceux n et m des angles droits knk, kmb; conséquemment, si l'on tire les droites ln et nm, les angles ckl, cnl inscrits dans l'arc cknl, sont égaux ainsi que les angles bkm, bnm inscrits dans l'arc bnkm; donc aussi angle lnc = angle mnb et par suite nl, nm sont en ligne droite.

Prop. 4. _ Théorême. _ Le périmètre d'un triangle abc multiplié par le rayon om de la circonf. inscrite; est égal au produit d'un côté quelconque ab par sa distance ck au sommet opposé c.

Soit p. le point de rencontre du côté ab et de la droite co; il vient $om : ck :: op : cp$. — mais, parce que ao est la bissectrice de l'angle bac, on a, page 51, $op : cp :: ap : ap + ac$; donc $om : ck :: ap : ap + ac$ ou bien $(ap + ac). om = ap \times ck$. — on prouverait de même que $(bp + bc). om = bp \times ck$. — ajoutant, on trouve $(ab + ac + bc). om = ab \times ck$.

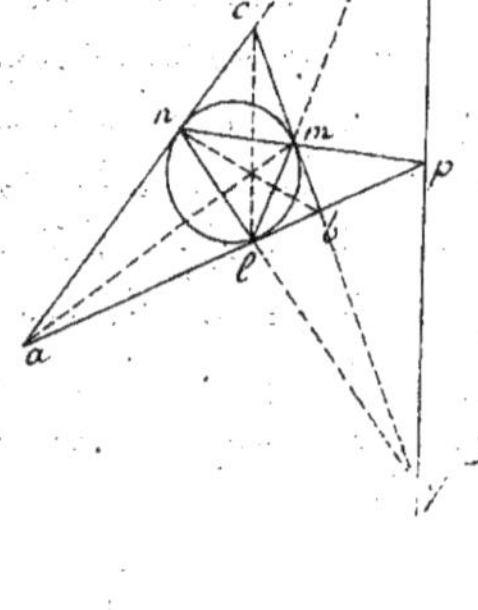

Scholies. — 1. Soient a, b, c, les trois côtés d'un triangle, h la distance du côté c au sommet opposé et r le rayon de la circonf. inscrite. — on a $(a + b + c). r = c \times h$, d'où $r = \dfrac{c \times h}{a+b+c}$.

11. En désignant par r', r'', r''' les rayons des circonf. ex-inscrites, on prouve, par un raisonnement analogue que $r' = \dfrac{c \times h}{b+c-a}$, $r'' = \dfrac{c \times h}{a+c-b}$, $r''' = \dfrac{c \times h}{a+b}$

111. on déduit de là les relations $\dfrac{1}{r} = \dfrac{1}{r'} + \dfrac{1}{r''} + \dfrac{1}{r'''}$, $R = \dfrac{1}{4}(r' + r'' + r''' - r)$.

Prop. 5. — Théorème. — Dans tout triangle abc, circonscrit à une circonf.: 1° les trois droites am, bn, cl, tirées des sommets aux points de contact des côtés opposés, se coupent au même point. — 2° les points de concours p, q, r des cordes de contact mn, nl, lm et des côtés opposés sont situés en ligne droite.

1° On a $al = an, bm = bl, cn = cm$ et, en multipliant, $al \times bm \times cn = an \times bl \times cm$; d'où résulte que les trois droites am, bn, cl se coupent au même point. — 2° les mêmes droites am, bn, cl ont pour pôles respectifs les trois points q, r, p: donc ces trois points sont en ligne droite.

Prop. 6. — Théorème. — La distance ko des centres des circonf. inscrite et circonscrite à un triangle abc est moyenne pro-portionnelle entre le rayon op de la seconde et l'excès de ce rayon sur deux fois celui km de la première.

Les droites ck et ak, étant les bissectrices des angles acb et bac, on a arc $ap =$ arc bp et arc $cs =$ arc bs, d'où résulte $\frac{1}{2}$ (arc $ap +$ arc cs) $= \frac{1}{2}$ arc ps; donc angle $akp =$ angle kap et partant $pk = ap$ — or, $ap^2 = pq \times pv$; donc $pk^2 = 2 op (pt - tv)$. — maintenant, le triangle okp fournit $ko^2 = op^2 + pk^2 - 2 op \times pt$; substituant la valeur de pk^2, il vient $ko^2 = op^2 - 2 op \times tv$ ou $ko^2 = op (op - 2 km)$.

Scholies. — 1. Soient r et R les rayons des circonf. inscrite et circonscrite à un triangle et D la distance de leurs centres. — On a $D^2 = R (R - 2r)$. — on voit que R ne peut être moindre que $2r$ et que $D = 0$ quand $R = 2r$; c'est le cas du triangle équilatéral.

11. — En représentant par r', r'', r''' les rayons des circonf.

ex-inscrites et par d', d'', d''' les distances de leurs centres à celui
de la circonf. circonscrite, on trouve aussi

$$d'^2 = R(R + 2 r'), \quad d''^2 = R(R + 2 r''), \quad d'''^2 = R(R + 2 r''').$$

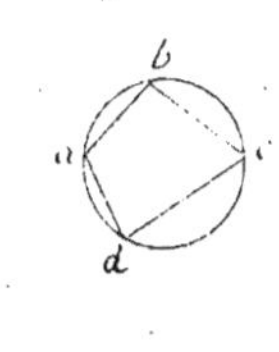

Prop. 7. _ Théorème. _ Dans tout quadrilatère inscriptible abcd,
deux angles opposés a et c sont supplémentaires.

Car les angles inscrits a et c, étant mesurés par $\frac{1}{2}$ arc bcd
et $\frac{1}{2}$ arc bad, leur somme a pour mesure $\frac{1}{2}$ circonf. ou 2 quadrans.

Réciproque. _ Un quadrilatère abcd est inscriptible quand deux angles
opposés a et c sont supplémentaires.

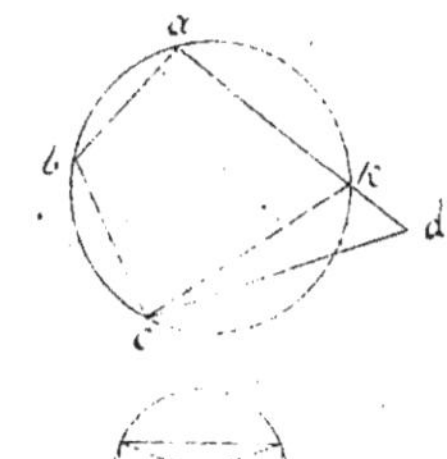

Si la circonf. circonscrite au triangle abc ne passe pas par
le sommet d, soit k le point où elle coupe le côté ad. _ tirant la
corde ck, l'angle akc, en vertu de la directe, est le supplément de
l'angle b; mais, par hypothèse, l'angle d est le supplément du même angle; donc angle akc = angle d, ce qui est impossible, parce
que le triangle ckd fournit angle akc = angle d + angle kcd.

Corollaire. _ 1. _ Tout rectangle est inscriptible à la circonférence.

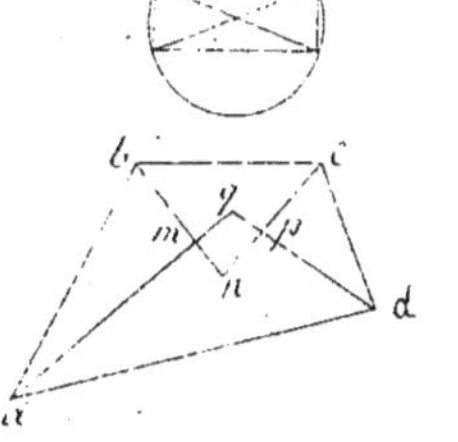

Corol. 2. _ Les bissectrices am, bn, cp, dq des angles intérieurs d'un
quadrilatère quelconque abcd forment un quadrilatère inscriptible mnpq. _ La
somme des six angles des deux triangles qad, nbc est égale à 4ᴰ;
or, la somme des quatre angles qad, qda, nbc, ncb, étant la moitié
de celle des quatre angles du quadrilatère, vaut 2ᴰ. Donc angle
q + angle n = 2ᴰ.

N.B. _ Les bissectrices des angles extérieurs d'un quadrila-
-tère quelconque forment aussi un quadrilatère inscriptible.

Scholie. _ En général, dans tout polygone inscriptible abcdef
d'un nombre pair de côtés, la somme des angles de rangs pairs est égale
à la somme des angles des rangs impairs. _ En effet, les angles
ex-inscrits a'ab, b'bc, c'cd... ayant pour mesures respectives $\frac{1}{2}$ arc fab,
$\frac{1}{2}$ arc abc, $\frac{1}{2}$ arc bcd,..., les sommes a'ab + c'cd + e'ef et b'bc + d'de + f'fa
sont mesurées l'une et l'autre par $\frac{1}{2}$ circonf. et partant elles
sont égales; donc il y a aussi égalité entre les sommes fab + bcd + def
et abc + cde + efa des suppléments de ces angles.

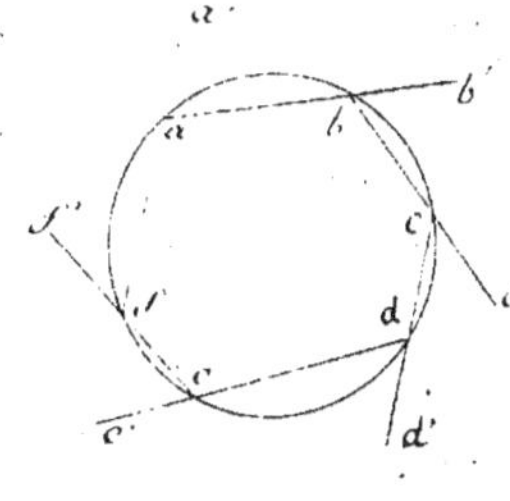

Prop. 8. _ Théorème. _ Dans tout quadrilatère inscrit, les
bissectrices des angles formés par les côtés opposés sont
parallèles aux bissectrices des angles compris entre les diagonales.

Par le point de concours o des diagonales ac, bd je mène

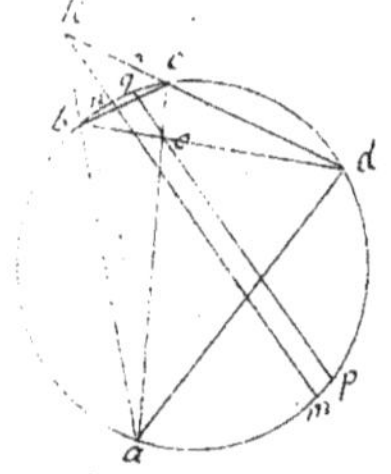

pq parallèle à la bissectrice km de l'angle akd formé par les prolongemens des côtés ab, cd. — l'angle akm est mesuré par $\frac{am-bn}{2}$, ou, à cause que $mp=nq$, par $\frac{ap-bq}{2}$. — on prouverait de même que l'angle dkm est mesuré par $\frac{dp-cq}{2}$. — donc $\frac{ap-bq}{2}=\frac{dp-cq}{2}$, d'où l'on tire $\frac{ap+cq}{2}=\frac{dp+bq}{2}$. — conséquemment, angle $aop=$ angle dop.

Prop. 9. — Théorème. — Dans tout quadrilatère inscrit, les diagonales sont entr'elles comme les sommes des produits des côtés issus de leurs extrémités.

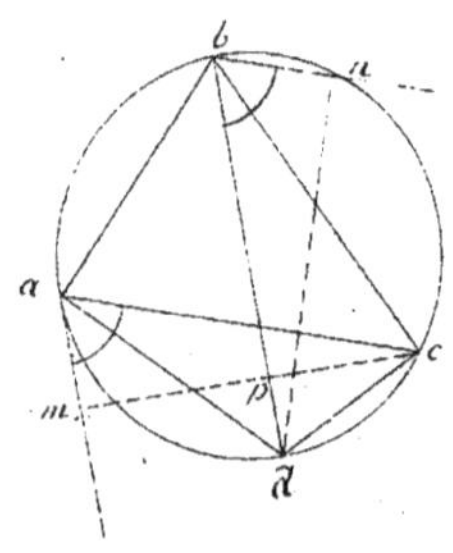

Par les sommets a et b je tire am, bn parallèlement aux diagonales bd, ac; puis par les sommets c, d les droites cm, dn perpendiculaires sur am et bn. — parce que angle $mac=$ angle nbd, les triangles rectangles mac, nbd sont semblables et partant $cm:dn::ac:bd$. — maintenant, si l'on désigne par D le diamètre, les triangles inscrits abd, cbd fournissent $D\times mp=ab\times ad$, $D\times cp=cb\times cd$, et, en ajoutant, $D\times cm=ab\times ad+cb\times cd$. — on déduirait pareillement des triangles bac et dac, $D\times dn=ba\times bc+da\times dc$. — divisant et substituant le rapport $ac:bd$ au rapport $cm:dn$, il vient

$$ac:bd::ab\times ad+cb\times cd:ba\times bc+da\times dc. \quad \text{— C.Q.F.D.}$$

Prop. 10. — Théorème. — Dans tout quadrilatère inscrit, le produit des diagonales est égal à la somme des produits des côtés opposés.

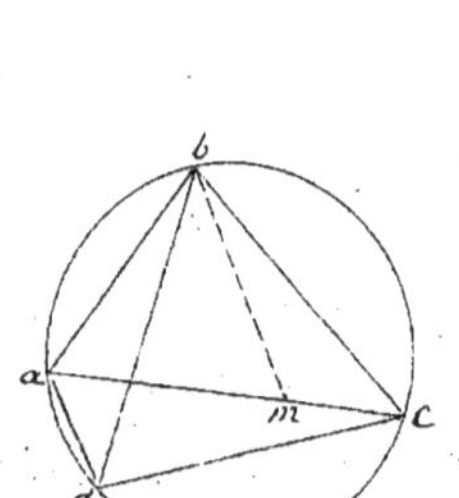

Les angles bca, bda, inscrits dans le même arc acb, étant égaux; si je fais angle $cbm=$ angle abd, les triangles abd, bcm seront semblables et il viendra $bd:bc::ad:cm$. — de plus, parce que angle $abd+$ angle $dbm=$ angle $cbm+$ angle dbm ou bien angle $abm=$ angle dbc et angle $bac=$ angle bdc, les triangles cbd et mab sont aussi semblables; donc $bd:ab::cd:am$. — on tire de ces proportions $cm\times bd=bc\times ad$, $am\times bd=ab\times cd$, et, en ajoutant, $ac\times bd=ab\times cd+bc\times ad$.

Scholie. — Soient D le diamètre d'une circonf.; c et c', les cordes de deux arcs; x et y, les cordes de la somme et de la différence de ces arcs; on a $D.x=c\sqrt{D^2-c'^2}+c'\sqrt{D^2-c^2}$, $D.y=c\sqrt{D^2-c'^2}-c'\sqrt{D^2-c^2}$.

Prop. 11. — Théorème. — Dans tout quadrilatère circonscriptible $abcd$, les sommes $ab+cd$, $bc+ad$ des côtés opposés sont égales.

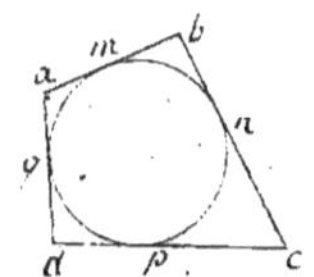

On a $am=aq$, $bm=bn$, $dp=dq$, $cp=cn$, et, en ajoutant, $ab+cd=bc+ad$.

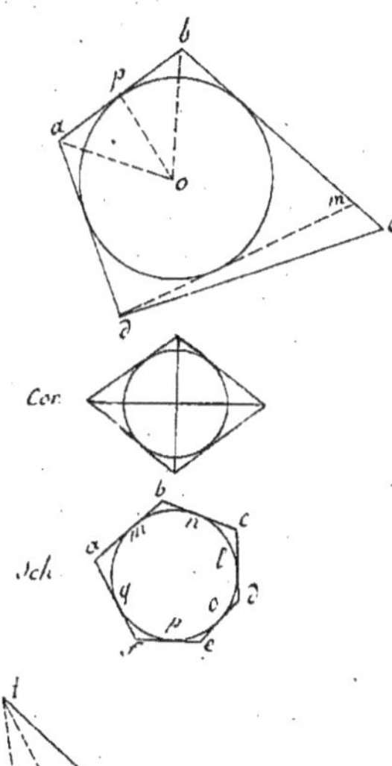

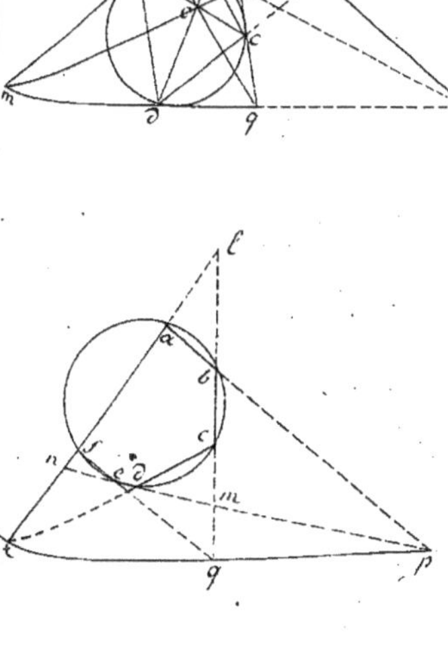

Réciproque. — Un quadrilatère abcd est circonscriptible lorsque les sommes ab + cd, bc + ad des côtés opposés sont égales.

Le point de concours o des bissectrices ao, bo des angles dab, abc est également distant des côtés ad et ab, ab et bc, c'est-à-dire des trois côtés ad, ab, bc. — donc la circonférence, décrite du centre o avec un rayon égal à la droite op perpendicul. sur ab, touche ces trois côtés; je dis en outre qu'elle est tangente au côté dc. — si cela n'est pas, soit dm la tangente issue du sommet d — on a, par la directe, ad + bm = ab + dm, et, par hypothèse, ad + bc = ab + dc; retranchant la première égalité de la seconde, il vient mc = dc − dm, ce qui est impossible, puisque le triangle mcd fournit mc > dc − dm.

Corol. — Tout losange est circonscriptible à la circonférence.

Scholie. — En général, dans tout polygone circonscriptible abcdef d'un nombre pair de côtés, la somme des côtés de rangs pairs est égale à la somme des côtés de rangs impairs. — car on a am = aq, bm = bn, cl = cn, dl = do, ep = eo, fp = fq et, en ajoutant, ab + cd + ef = bc + de + fa

Prop. 12. — Théorème. — Si deux quadrilatères abcd et mnpq, inscrit et circonscrit à la circonf., sont tels que les sommets du premier soient les points de contact des côtés du second: 1°. les quatre points de concours s, t, u, v de leurs côtés opposés sont situés en ligne droite. — 2°. les quatre diagonales ac, bd, mp, nq se coupent en même point.

1°. Parce que les cordes ac, bd se coupent en o, page 81, les points de concours s et t des côtés ab et cd, bc et ad sont situés sur la polaire de ce point; mais les pôles u et v des mêmes cordes ac, bd doivent aussi se trouver sur la polaire du point o; donc cette polaire renferme les quatre points s, t, u, v. — 2°. parce que les trois droites ta, tb, ts passent par le point t, leurs pôles m, p, o sont situés en ligne droite; par une raison semblable, la diagonale nq passe par le point o.

Prop. 13. — Théorème. — Dans tout hexagone inscrit abcdef, les trois points de concours p, q, r des côtés opposés ab et de, bc et ef, cd et af sont situés en ligne droite.

Les côtés alternatifs bc, de, af, prolongés suffisamment, forment le triangle mnl, qui fournit, à cause des transver-

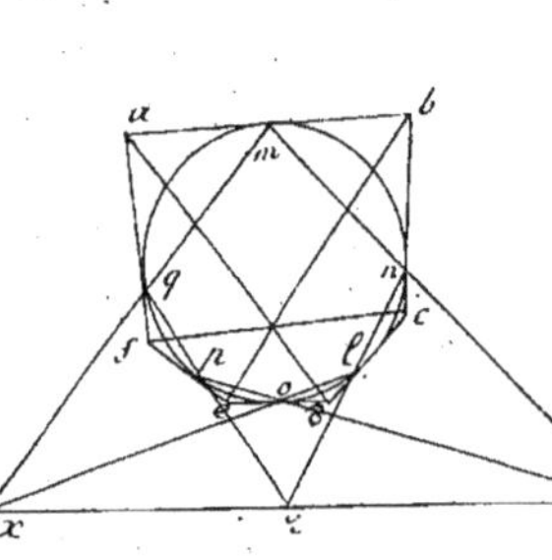

salen ab, cd, ef les trois égalités qui suivent :

mh np. $la = lb$. mp. na, mc. nd. $lr = lc$. md. nr, mq. ne. $lf = lq$. me. nf ;

multipliant ces égalités membres à membres, en observant que

mb. $mc = me$. md, nd. $ne = na$. nf, la. $lf = lb$. lc,

il vient np. lr. $mq = mp$. nr. lq ; d'où il suit que les trois points p, q, r sont en ligne droite. (Voy. pag. 63, prop. 1.)

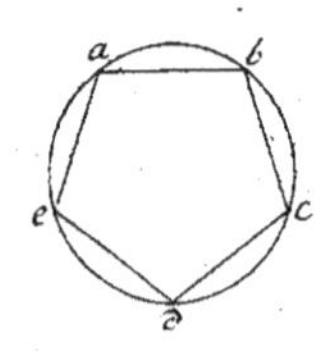

Prop. 14. — Théorème. — Dans tout hexagone circonscrit $abcdef$, les trois diagonales ad, be, cf, qui unissent les som — mets opposés, concourent au même point.

Les sommets a et d, ayant pour polaires les droites mq et la, le pôle de la diagonale ad sera le point de concours x de ces deux droites. pareillement, le pôle de la diagonale be est le point y et le point z est celui de la diagonale cf. — mais, parceque l'hexagone $mnlopq$ est inscrit, les trois pôles x, y, z sont en ligne droite ; donc les trois diagonales ad, be, cf doivent se couper au même point.

Prop. 15. — Théorème. — Tout polygone équilatéral $abcde$, inscrit dans une circonf., est régulier.

L'égalité des cordes ab, bc, cd..... entraine celle des arcs qu'elles sous-tendent ; conséquemment, les angles a, b, c,..., inscrits dans les arcs eab, abc, bcd,.... doubles des premiers, sont égaux. — ainsi, le polygone équilatéral $abcde$ est aussi équiangle ; donc il est régulier.

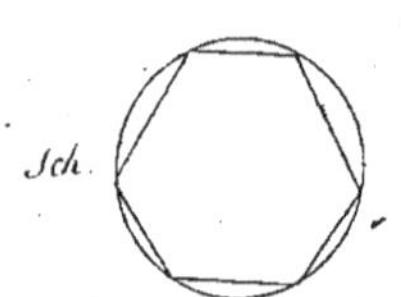

Réciproque. — un polygone équiangle $abcde$, inscrit dans une circonf., est régulier, s'il a un nombre impair de côtés.

On a arc $abc = $ arc bcd, parceque les angles égaux b et c sont inscrits dans ces arcs ; retranchant de part et d'autre arc bc, il vient arc $ab = $ arc cd et par suite $ab = cd$. — on prouverait de même que $cd = ea$, $ea = bc$, $bc = de$. — donc le polygone $abcde$ est équilatéral.

Scholie. — Quand le nombre des côtés est pair, on peut seulement conclure que les côtés de rangs pairs sont égaux ainsi que les côtés de rangs impairs.

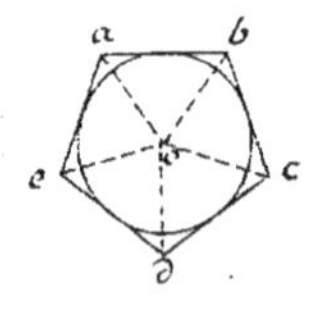

Prop. 16. — Théorème. — Tout polygone équiangle $abcde$, circonscrit à une circonf., est régulier.

D'abord, les bissectrices ao, bo, co,.... des angles eab, abc, bcd,.. passent toutes par le centre o, parceque ce point est également éloigné des côtés ab, bc, cd,...... — de plus, l'angle eab étant égal à l'angle abc, on a

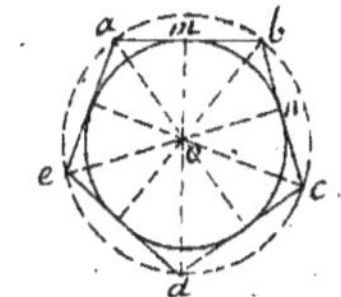

angle oab = angle oba et par suite $oa = bo$. — on démontrerait de même que $bo = co$, $co = do$,.... ainsi, le polygone $abcde$ est inscriptible à circonf oa; donc les côtés ab, bc, cd,.... sont égaux, comme cordes également distantes du centre.

Réciproque. — un polygone équilatéral $abcde$, circonscrit à une circonf, est régulier s'il a un nombre impair de côtés.

On a $ab = bc$ et $bm = bn$; donc $am = nc$ et par suite les triangles rectangles amo, anc sont égaux; donc angle bao = angle bco et, en doublant, angle eab = angle bcd. — on prouverait pareillement que angle bcd = angle dea, angle dea = angle abc, angle abc = angle cde, — conséquemment, le polygone $abcde$ est équiangle.

Scholie. — Quand le nombre des côtés est pair, on peut seulement conclure que les angles de rangs pairs sont égaux ainsi que ceux de rangs impairs.

§. 6. — Positions relatives de deux circonférences.

1. Deux circonf. sont dites concentriques quand elles ont le même centre et excentriques dans le cas contraire.

11. deux circonf. peuvent avoir, l'une par rapport à l'autre, cinq positions diverses;

Elles sont tangentes lorsqu'elles touchent la même droite au même point. — le contact est intérieur (fig. 1) ou extérieur (fig. 2) selon que les deux circonf. sont ou ne sont pas situées d'un même côté de la tangente commune.

Elles sont sécantes (fig. 3) lorsque chacune est située en partie dans l'autre et en partie au dehors.

Enfin, elles peuvent être extérieures l'une à l'autre (fig. 4) ou intérieures l'une à l'autre (fig. 5).

11. On dit qu'une tangente commune à deux circonf. est extérieure ou intérieure suivant que les deux circonf. se trouvent d'un même côté de la tangente ou de côtés différens.

Les circonf. de la fig. 4 ont quatre tang. com., dont deux extérieures et deux intérieures. — celles de la fig. 2 ont deux tang. com. extérieures et une seule intérieure. — celles de la fig. 3 ont deux tang. com. extérieures. — celles de la fig. 1 ont une seule tang. com. extérieure. — enfin, celles de la fig. 5 n'en ont pas.

Proposition. 1. — Théorème. — Deux circonférences ne peuvent se couper en plus de deux points.

Si elles se coupaient en trois points a, b, c, les perpendiculaires

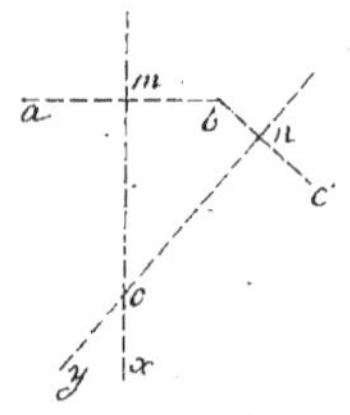

ma, ny, tirées sur les milieux des cordes communes ab, bc, passeraient chacune par les deux centres. — conséquemment, les deux circonf. auraient pour centre commun le point de concours o. — or, c'est ce qui est impossible, parce que deux circonf. concentriques ne peuvent se couper.

Corollaire 1. — par trois points donnés on ne peut faire passer qu'une circonf. — car si l'on pouvait en faire passer deux, elles se couperaient en trois points, ce qui est impossible.

Prop. 2. — Théorème. — Quand deux circonf. se coupent, la ligne des centres ab est perpendicul. sur le milieu de la corde commune cd.

Parceque ac = ad, bc = bd, chacun des points a, b est également distant des extrémités c, d de la corde cd. — donc la droite ab est perpendicul. sur le milieu de cette corde.

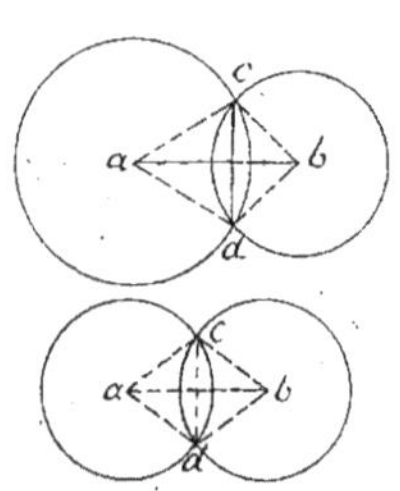

Corol. — Lorsque les deux circonf. sont égales, la corde commune cd est aussi perpendicul. sur le milieu de la ligne des centres ab. — Cela résulte de ce que la figure acbd est alors un losange.

Prop. 3. — Théorème. — Si deux circonf. sont tangentes extérieurement ou intérieurement, les deux centres et le point de contact sont situés en ligne droite.

Les rayons, qui unissent les deux centres au point de contact, sont perpendicul. à la tang. commune; donc ces rayons sont en ligne droite.

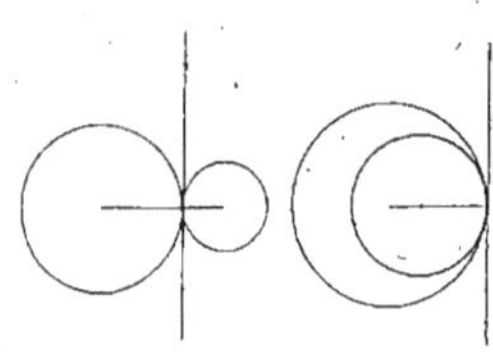

Prop. 4. — Théorème. — Parmi toutes les droites limitées à deux circonf. extér. ou intér. l'une à l'autre, la plus grande et la plus petite sont dirigées selon la ligne des centres.

Soit cd l'une de ces droites. — 1° si les circonf. sont extérieures, il vient $mq = ma + ab + bq = ac + ab + bd$; mais on a $ac + ab + bd > cd$; donc mq est $> cd$. — il vient en second lieu ab ou $an + np + pb < ac + cd + db$; or, $an = ac$, $pb = db$; donc np est $< cd$. — 2° Si les circonf. sont intérieures l'une à l'autre, on a $mq = ma + ab + bq = ac + ab + bd$; or, $ac + ab + bd$ est $> cd$; donc aussi mq est $> cd$. — on a pareillement, en observant que $ac = ab + bq + qn$, $ab + bq + qn < ab + bd + cd$; d'où, parceque $bq = bd$, qn $< cd$.

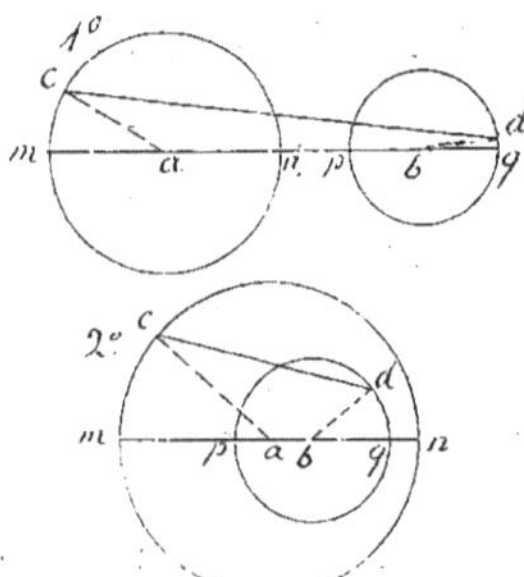

Prop. 5. — Théorème. — 1° Lorsque deux circonf. sont extérieures l'une à l'autre la distance des centres est plus grande que la somme des rayons. — 2° Lorsqu'elles sont tangentes extérieurement, la distance des centres égale la somme des rayons. — 3° Lorsqu'elles se coupent, la distance des centres est plus petite

que la somme des rayons et plus grande que leur différence. — 4.° lorsqu'elles sont tangentes intérieurement, la distance des centres égale la différence des rayons. — 5.° lorsqu'elles sont intérieures l'une à l'autre, la distance des centres est plus petite que la différence des rayons.

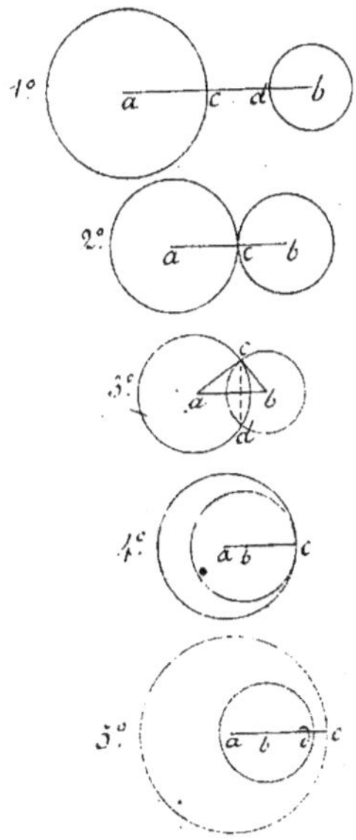

1.° Si les circonf. sont extérieures l'une à l'autre, on a $ab = ac + cd + db$ et par suite $ab > ac + db$. — 2.° Si les circonf. se touchent extérieurement, il vient, parceque les centres a, b et le point de contact c sont en ligne droite, $ab = ac + bc$. — 3.° si les circonf. se coupent aux points c et d, les trois points a, b, c ne peuvent se trouver en ligne droite, parceque la ligne des centres ab est perpendicul. sur le milieu de la corde cd; or, le triangle abc fournit $ab < ac + bc$ et $ab > ac - bc$. — 4.° si les circonf. se touchent intérieurement, il vient, parceque les centres a, b et le point de contact c appartiennent à la même droite, $ab = ac - bc$. — 5.° Si les circonf. sont intérieures l'une à l'autre, on a ad. ou bien $ab + bd < ac$, d'où $ab < ac - bd$.

Scholie. — les cinq réciproques ont lieu. — Car les conséquences qui découlent des cinq positions mentionnées sont incompatibles deux-à-deux.

Corol. — Deux circonf. égales se coupent quand la distance des centres est moindre que le double du rayon commun.

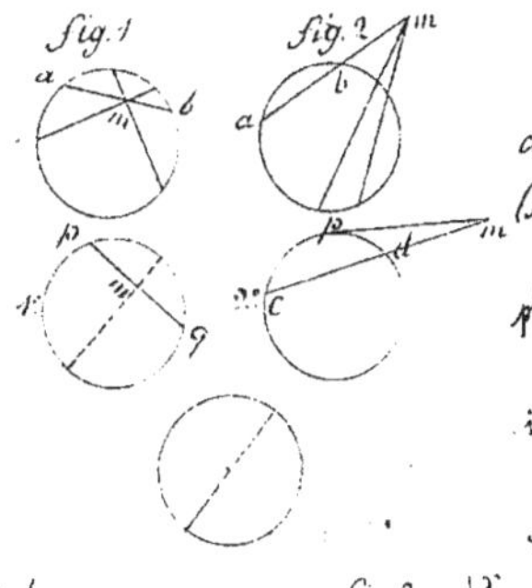

§. 7. — Théorie des axes et des centres radicaux.

On appelle puissance d'un point quelconque m par rapport à une circonf. le produit constant $ma \times mb$ des segmens additifs (fig. 1) ou soustractifs (fig. 2), que forme ce point sur toute corde ab qui le contient. — il s'ensuit que :

1.° La puissance d'un point intérieur m est égale au quarré de la moitié mp de la plus petite corde pq qui peut être tirée par ce point. — car $mp = mq$. (pro. 71.).

2.° La puissance d'un point extérieur m est égale au quarré de la tangente mp, issue de ce point et limitée au point de contact. — car $mc \times md = mp^2$.

On remarquera aussi que la puissance du centre est égale au quarré du rayon et que tous les points de la circonf. ont des puissances nulles.

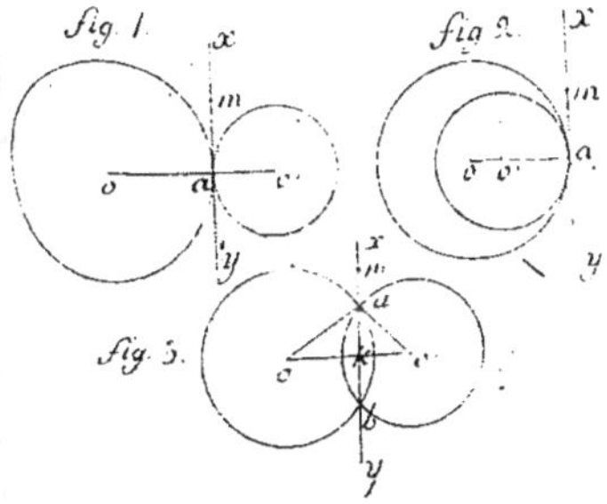

Proposition 1. — Théorème. — Tous les points d'égale puissance par rapport à deux circonf. sont situés sur une droite perpendicul. à la ligne des centres.

1.° Si circonf. oa et circonf. $o'a$ se touchent extérieurement (fig. 1) ou intérieurement (fig. 2), tout point m de la tang. com. xy a même puissance ma^2 par rapport à l'une et à l'autre.

2.° Si cir. oa et cir. $o'a$ se coupent (fig. 3) en a et b, tout point m de la droite xy, qui unit ces deux points, a même puissance $ma \times mb$

relativement aux deux circonférences.

3° Si les cr, oa et cr', oa' sont extérieures (fig 1) ou intérieures l'une à l'autre (fig 2), par les extrémités $a'b'$ du diamètre ab faisons passer à volonté une circonf., de manière toutefois qu'elle coupe cr, oa en deux points l et i — le point k où la sécante li vient rencontrer la ligne des centres oo' est d'égale puissance par rapport à cr, oa et cr', oa' car la circonf. auxiliaire fournit $kl \times ki = ka' \times kb'$ — considérons maintenant un point quelconque m de la perpendicul. xy élevée au point k de la ligne oo', tirons les tangentes mp et mp', les rayons op et op', puis les droites mo et mo', à cause des triangles rectangles mok, $mo'k$, on a $mo^2 = mk^2 + ok^2$, $mo^2 = mp^2 + op^2$ d'où suit $mk^2 + ok^2 = mp^2 + op^2$ — on prouverait de même que $mk^2 + o'k^2 = mp'^2 + o'p'^2$ — retranchant, il vient $ok^2 - o'k^2 = mp^2 - mp'^2 + op^2 - o'p'^2$ (1) — or, les expressions $ok^2 - o'k^2$ et $op^2 - o'p'^2$ étant constantes quelle que soit la position du point m sur xy, il faut aussi que la différence $mp^2 - mp'^2$ des puissances du point variable m soit constante; mais la différence des puissances du point k est nulle, donc $mp^2 - mp'^2 = 0$, ou bien $mp^2 = mp'^2$.

Scholie — On appelle axe radical de deux circonf. la droite xy, lieu des points d'égale puissance.

Corol. 1 — La ligne des centres est divisée par l'axe radical en segments additifs ou soustractifs dont la différence des quarrés est égale à la différence des quarrés des rayons — cette assertion est évidente dans le premier cas (fig 1 et 2) — dans le deuxième (fig 3) on a $ok^2 + o'k^2 = oa^2 + o'k^2 = a'k^2 + oa^2$ et en retranchant $ok^2 - o'k^2 = oa^2 - o'a^2$ — dans le troisième (fig 4 et 5), l'égalité (1) se réduit, parceque $mp^2 - mp'^2$ à $ok^2 - o'k^2 = op^2 - o'p'^2$.

Corol. 2 — Les tangentes communes à deux circonf. limitées aux points de contact, ont leurs milieux sur l'axe radical — car ces milieux sont des points d'égale puissance.

Prop. 2 — Théorème — Les axes radicaux de trois circonf. c, c', c'' considérées deux à deux concourent au même point.

Le point de concours des axes radicaux de c, c' et de c, c'' étant d'égale puissance relativement à c et c' et à c et c'', est aussi d'égale puissance par rapport à c' et c'', donc il se trouve sur l'axe radical de c' et c''.

Scholie — On appelle centre radical de trois circonf. le point de concours de leurs trois axes radicaux.

Corol. 1 — Lorsque trois circonf. se coupent deux à deux, les trois cordes qui unissent les points d'intersection se coupent au centre radical.

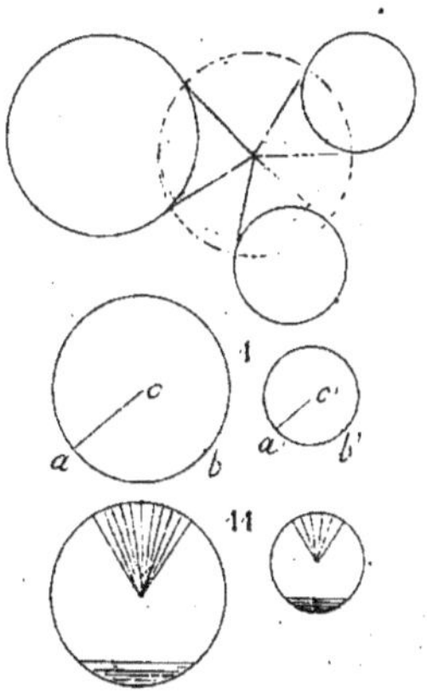

Corol. 2. — Quand le centre radical est extérieur aux trois circonf., les six tangentes, issues de ce centre, sont égales.

§. 8. — Rapport et similitude des circonférences.

I. Deux arcs ab, $a'b'$ sont semblables lorsqu'ils sont proportionnels aux circonf. dont ils font partie, c'est-à-dire, lorsqu'on a arc ab : arc $a'b'$ :: cir oa : cir $o'a'$.

II. Deux secteurs ou deux segmens sont semblables lorsqu'ils correspondent à des arcs semblables.

Proposition 1. — Théorème. — L'excès d'un arc acb, moindre qu'une demi-circonf., sur sa corde ab est plus petit que le cube de cet arc divisé par huit fois le quarré du rayon.

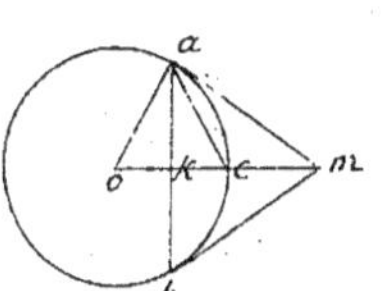

Les tangentes an, bm des points a, b se coupent en m sur le prolongement du rayon oc, perpendicul. à ab. — Les triangles rectangles oak, oam, ayant un angle aigu o commun, sont semblables; ainsi $ak : am :: ok : oa$ ou oc; d'où, en observant que $ak = \frac{ab}{2}$ et $ok = oc - ck$, $2\,am\,(oc - ck) = ab \times oc$. or, la ligne enveloppe $am + mb$ ou $2\,am$ est $> acb$; de plus, parceque $ck = \frac{ac^2}{2oc}$ et que $ac < \frac{acb}{2}$, il vient $ck < \frac{acb^2}{8oc}$; conséquemment, l'égalité obtenue produit l'inégalité $acb\left(oc - \frac{acb^2}{8oc}\right) < ab \times oc$ ou, en divisant par oc, $acb - \frac{acb^3}{8oc^2} < ab$, ou bien enfin $acb - ab < \frac{acb^3}{8oc^2}$.

Corol. — On peut considérer une circonf. comme étant le périmètre d'un polygone régulier d'un nombre infiniment grand de côtés infiniment petits. — Soit p le périmètre d'un polygone régulier de m côtés, inscrit dans une circonf. c d'un rayon R; le côté de ce polygone est exprimé par $\frac{p}{m}$ et il sous-tend un arc égal à $\frac{c}{m}$; on a donc $\frac{c}{m} - \frac{p}{m} < \frac{c^3}{m^3 8R^2}$ ou bien $c - p < \frac{c^3}{8m^2 R^2}$. — on voit que la différence $c - p$ décroit à mesure que le nombre m des côtés augmente et qu'elle devient nulle lorsqu'on donne à m une valeur infinie.

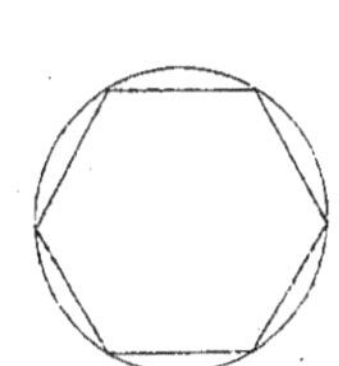

Prop. 2. — Théorème. — Les circonférences de deux cercles sont entr'elles comme leurs rayons.

On peut considérer deux cercles comme deux polygones réguliers d'un même nombre infiniment grand de côtés infiniment petits. — or, les périmètres des polygones réguliers d'un même nombre de côtés sont proportionnels à leurs rayons. — donc aussi les circonf. de deux cercles sont entr'elles comme les rayons. — ainsi, cir oa : cir $o'a'$ :: oa : $o'a'$.

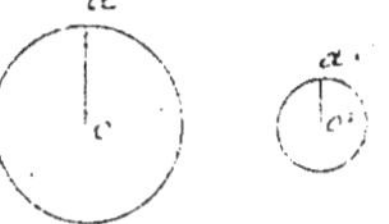

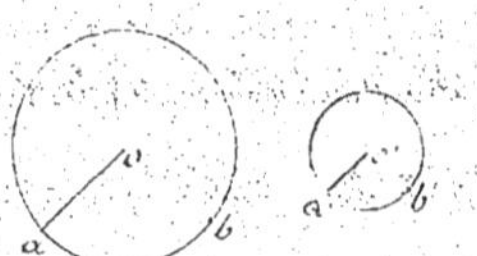

Corol. — Les arcs semblables ab, $a'b'$ sont entr'eux comme leurs rayons oa, $o'a'$. — On a, par définition, arc ab : arc $a'b'$ :: cir. oa : cir. $o'a'$ et, par démonstration, cir. oa : cir. $o'a'$ :: oa : $o'a'$. — donc arc ab : arc $a'b'$ :: oa : $o'a'$.

Prop. 3. — Théorème. — Le rapport de la circonférence au diamètre est invariable pour tous les cercles.

Soient R, R' les rayons de deux circonf.; on a cir. R : cir. R' :: R : R' ou bien cir. R : cir. R' :: $2R$: $2R'$, d'où $\frac{cir. R}{2R} = \frac{cir. R'}{2R'}$. — ainsi, le rapport de cir. R à son diamètre $2R$ est égal au rapport de cir. R' à son diamètre $2R'$.

Scholies. — 1. on représente ordinairement, pour abréger, le rapport constant de la circonf. au diamètre par la lettre grecque π, que l'on prononce pi. — ce rapport ne peut être déterminé en toute rigueur, mais, ainsi qu'on le verra bientôt, on peut en approcher autant qu'on le veut. — on fait, selon le degré d'exactitude que l'on a en vue, $\pi = \frac{22}{7}$, $\pi = \frac{355}{113}$, $\pi = 3,14159\ldots$; le premier rapport est dû à Archimède et le second à Métius; on ne fera usage dans ce cours que du rapport évalué en décimales.

II. — La circonf. d'un cercle est égale au double du rapport de la circonf. au diamètre multiplié par le rayon. — on a $\frac{cir. R}{2R} = \pi$, d'où, en multipliant par $2R$, cir. $R = 2\pi R$.

Cette formule sert à déterminer une circonf. dont le rayon est donné. — soit, par exemple, $R = 10^m$; il vient cir. $10^m = 2 \times 3,14159 \times 10 = 62^m,8318$.

La même formule donne aussi, pour calculer le rayon quand on connait la circonf., l'expression $R = \frac{cir. R}{2\pi}$. — si cir. $R = 62^m,8318$, il vient $R = \frac{62,8318}{2 \times 3,14159} = 10^m$.

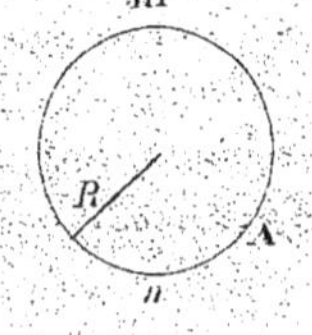

III. — Soit A un arc de n grades et d'un rayon R. — la longueur d'un grade étant $2\pi R : 400$ ou $\frac{\pi R}{200}$, on a $A = \frac{\pi R n}{200}$; on tire de là $R = \frac{200 A}{\pi n}$ et $n = \frac{200 A}{\pi R}$. — ainsi, deux des trois quantités n, R, A étant données, il est facile de trouver la troisième.

Prop. 4. — Théorème. — Les angles aux centres égaux aob, $a'o'b'$ interceptent des arcs semblables ab, $a'b'$.

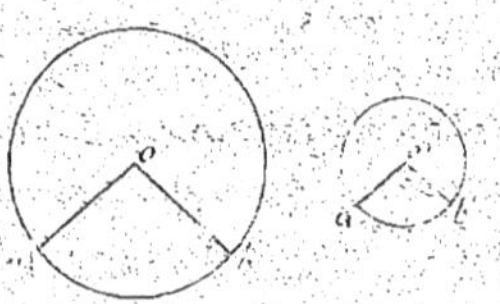

On a angle aob : 4^D :: arc ab : cir. oa et angle $a'o'b'$: 4^D :: arc $a'b'$: cir. $o'a'$; d'où résulte, à cause de angle aob = angle $a'o'b'$, arc ab : cir. oa :: arc $a'b'$: cir. $o'a'$ ou bien arc ab : arc $a'b'$ :: cir. oa : cir. $o'a'$.

Réciproque. — Les arcs semblables ab, $a'b'$ correspondent à des angles au centres égaux aob, $a'o'b'$.

On a angle aob : 4^D :: arc ab : cir. oa, angle $a'o'b'$: 4^D :: arc $a'b'$: cir

o'a', et, par hypothèse, arc ab : cir va :: arc a'b' : cir o'a'; donc, à cause
des rapports communs, angle avb : 4ᴰ :: angle a'o'b' : 4ᴰ, d'où angle avb
= angle a'o'b'.

Scholie. — Deux arcs semblables comprennent le même nombre de grades,
minutes, secondes, &c..

Corol. — les cordes ab, a'b' et les flèches ck, c'k' de deux arcs semblables
acb, a'c'b' sont proportionnelles aux rayons va, va'. — parceque va = oc, va' = oc',
les triangles oac, oa'c' sont semblables et toutes leurs lignes homologues
sont proportionnelles. — Donc 1ˢ ak : a'k' :: oa : oa', ou, en doublant les
deux premiers termes, ab : a'b' :: oa : oa'. 2ˢ ck : c'k' :: oa : oa'.

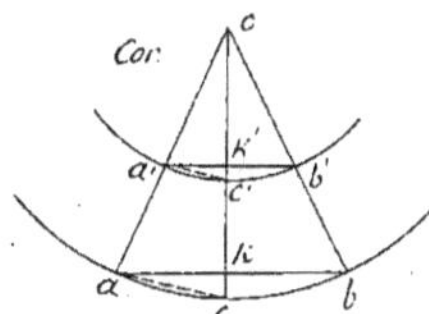

Prop. 5. — Théorème. — Deux angles aux centres quelconques avb,
a'o'b' sont entr'eux comme les rapports $\frac{ab}{oa}$, $\frac{a'b'}{o'a'}$ des arcs
aux rayons.

Du centre o, avec un rayon oa" = oa', soit décrit l'arc a"b". — on
a angle avb : angle a'o'b' :: a"b" : a'b' ou :: $\frac{a"b"}{oa"}$: $\frac{a'b'}{o'a'}$; mais, parceque les
arcs a"b", ab sont semblables, on a aussi a"b" : ab :: oa" : oa d'où $\frac{a"b"}{oa"}$
= $\frac{ab}{oa}$. — remplaçant, il vient angle avb : angle a'o'b' :: $\frac{ab}{oa}$: $\frac{a'b'}{o'a'}$.

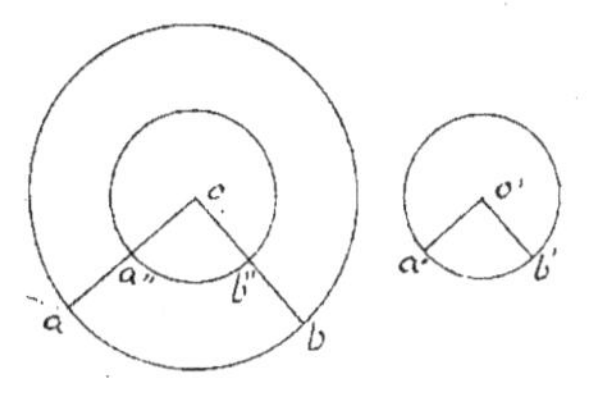

Scholie. — ainsi, quand on substitue aux angles les arcs
circulaires qui les mesurent, il est essentiel, si ces arcs ont des
rayons différens, de diviser chacun d'eux par son rayon.

Prop. 6. — Théorème. — Dans deux circonf. quelconques, les droites,
qui joignent les extrémités des rayons parallèles de même sens ou
celles des rayons parallèles de sens contraires, concourent toutes sur
la ligne des centres.

Soient oa, o'a' deux rayons parallèles de même sens et c le point
où la droite aa' coupe le prolongement de oo'. — parceque les triangles coa, co'a' sont semblables, il vient oc : o'c :: oa : o'a'; or, il n'existe
qu'un seul point qui puisse diviser la distance oo' en parties soustractives proportionnelles aux rayons oa, o'a'; donc toutes les droites aa',
bb',.... doivent aboutir au point c. — soient oa, o'a" deux rayons parallèles de sens contraires et c' le point où la droite aa" traverse oo', à cause
de la similitude des triangles c'oa, c'o'a", on a oc' : o'c' :: oa : o'a"; le point c',
divisant la distance oo' en parties additives proport.ᵉˡˡᵉˢ aux rayons oa, o'a",
toutes les droites aa", bb",.... doivent y concourir.

Scholies. — 1. — Les points c et c' se nomment centre de similitude directe
et centre de similitude inverse des deux circonf. — ils divisent la distance oo' des

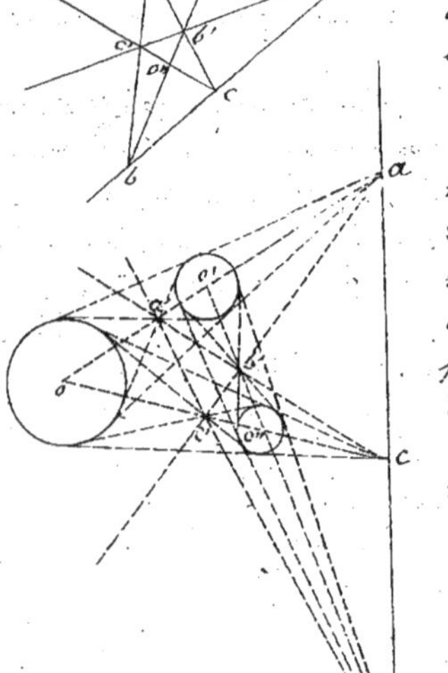

centres en parties harmoniques ; car, des proportions $oc : o'c :: oa : o'a$, $oc : o'c :: oa : o'a$, il résulte $oc : o'c :: oc : o'c$.

11. Les distances ca et ca', $c'a$ et $c'a''$ sont proportionnelles aux rayons oa et $o'a$; on les appelle rayons directs et rayons inverses de similitude.

111. Les arcs homologues ab, $a'b'$ ou ab, $a'b''$ sont semblables comme correspondans à des angles aux centres égaux aob, $a'o'b'$ ou aob, $a'o'b''$.

Corollaires. — 1. Les tang. com. extér. aboutissent au centre de similitude directe et les tang. com. intér. au centre de similitude inverse. — car, pour chaque tang. com. les rayons des points de contact sont parallèles ; de même sens, si la tang. est extérieure, et de sens contraires, si elle est intérieure.

11. — Si deux circonf. se touchent, le point de contact est le centre de similitude directe ou inverse, selon que le contact est intérieur ou extérieur.

111. — Les centres de similitude sont intérieurs aux deux circonf. quand l'une est comprise dans l'autre ; mais lorsqu'elles se coupent, le centre de similitude inverse seulement leur est intérieur. — Si les circonf. sont égales, le centre de similitude directe passe à l'infini et le centre de similitude inverse est le milieu de la ligne des centres. — enfin, si elles sont concentriques, les deux centres de similitude se confondent avec le centre commun.

Corol. (à démontrer). — Deux angles circonscrits à deux circonf. sont égaux lorsqu'ils ont pour sommet commun un point de la circonf. qui a pour diamètre la distance des centres de similitude.

Prop. 7. — Théorème. — Les six centres de similitude de trois circonf., considérées deux-à-deux, sont situés, trois-à-trois, sur quatre droites.

Soient o, o', o'' les centres de trois circonf. de rayons R, R', R'' ; a et a' les centres de similitude de cir R et cir R' ; b et b' ceux de cir R' et cir R'' ; enfin c et c' ceux de cir R'' et cir R. — on a les six proportions :

$$oa : o'a :: R : R', \quad o'b : o''b :: R' : R'', \quad o''c : oc :: R'' : R,$$

$$oa' : o'a' :: R : R', \quad o'b' : o''b' :: R' : R'', \quad o''c' : oc' :: R'' : R.$$

multipliant entr'elles celles de la première ligne, il vient $oa \times o'b \times o''c : o'a \times o''b \times oc :: R R' R'' : R' R'' R$; ainsi, $oa \times o'b \times o''c = o'a \times o''b \times oc$ et par suite les trois centres a, b, c de similitude directe sont situés en ligne droite. — on multipliant chacune des proportions de la première ligne par les deux proportions qui ne lui correspondent pas dans la seconde, on prouve pareillement que chaque centre de similitude directe est en ligne droite avec deux centres de similitude inverse, savoir : a avec b' et c' ; b avec a' et c' ; c avec a' et b'.

Scholie. — La droite acb est dite axe de similitude directe des trois circonf. — Les trois droites $ab'c'$, $bc'a'$, $ca'b'$ sont dites axes de similitude inverse.

4ᵉ SECTION.

Problèmes sur la ligne droite et la circonférence.

§. 1.— Perpendiculaires, parallèles, angles, arcs, &&.

Proposition 1.— Problème.— Décrire par points une droite assujettie à passer par deux points donnés a et b.

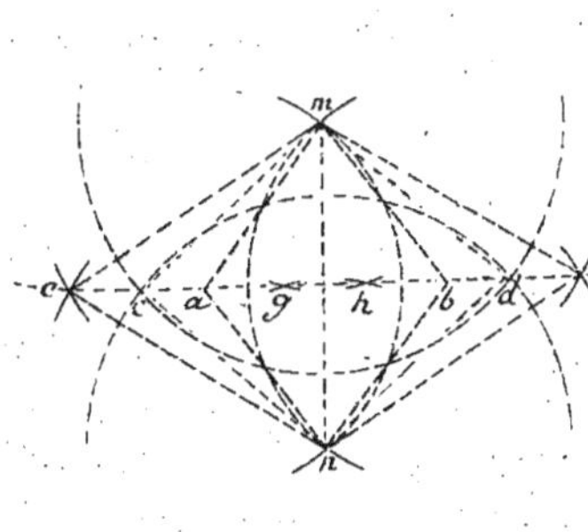

Des centres a et b, avec un rayon plus grand que la moitié de la distance ab (égal ou supérieur à ab par exemple), je décris deux circonf. qui se coupent aux points m et n.— cela fait, des centres m et n, avec un rayon quelconque mais au moins égal à la moitié de la distance mn, je décris deux circonf. qui se rencontrent en c et d; j'obtiens, par une construction semblable, les points e et f, g et h. &&.— les points donnés a et b et les points c, d, e, f, ..., ainsi déterminés, appartiennent à la perpendicul. tirée sur le milieu de la droite mn, car on a am = an, bm = bn, cm = cn, dm = dn, em = en, & &.

Prop. 2.— Problème.— Élever une perpendiculaire en un point c d'une droite ab.

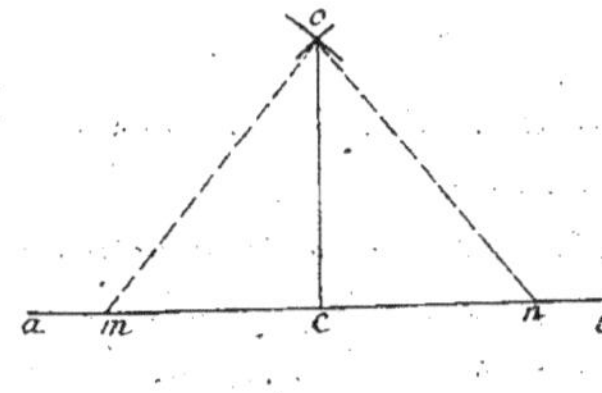

Je prends à volonté les distances égales cm et cn; des centres m et n, avec un rayon plus grand que cm, je décris deux arcs qui se coupent au point o; la droite oc est la perpendiculaire demandée. — car, par construction, elle a deux de ses points c et o à égale distance des extrémités m et n de la droite mn.

Scholie.— Pour faire un angle droit en un point c d'une droite ab, on construit la perpendiculaire co à cette ligne.

Prop. 3.— Problème.— Abaisser une perpendiculaire sur une droite ab d'un point extérieur o.

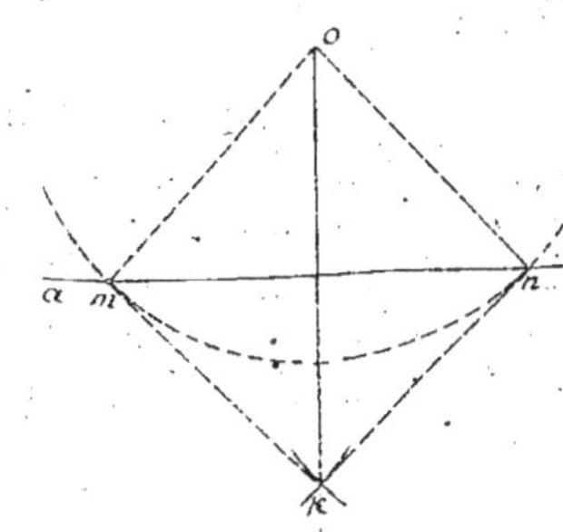

Du centre o, avec un rayon suffisamment grand, je décris une circonf. qui rencontre la droite ab aux points m et n; des centres m et n, avec un rayon plus grand que la moitié de la distance mn, je trace deux arcs et je unis leur point d'intersection k au point o; la droite ok est la perpendicul. cherchée, car les points o et k sont chacun également distant des extrémités m et n de la droite mn.

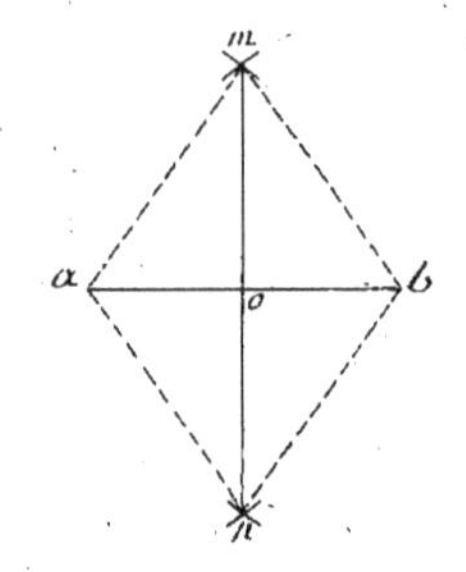

Prop. 4. — *Problème.* — Élever une perpendiculaire sur le milieu d'une droite ab.

Des centres a et b, avec un rayon plus grand que la moitié de ab, je décris deux circonf. qui se coupent aux points m et n. _ la droite mn est perpendiculaire sur le milieu de la droite ab; car, par construction, chacun des points m et n est à égale distance des extrémités a et b.

Scholie. — Cette construction sert aussi à déterminer le milieu o d'une droite donnée ab ou, en d'autres termes, à la diviser en deux parties égales oa, ob. — en la répétant plusieurs fois, on peut diviser une droite en 4, 8, 16,... parties égales.

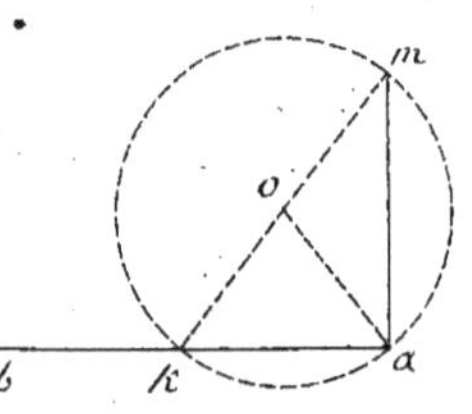

Prop. 5. — *Problème.* — Élever une perpendiculaire à l'extrémité a d'une droite ab qu'on ne peut prolonger.

Du centre o, pris à volonté, avec un rayon oa, je décris une circonf. qui coupe la droite ab en un second point k; je tire le diamètre km et je joins son extrémité m au point a; la droite am est la perpendiculaire demandée, car l'angle kam, inscrit dans la demi-circonf. kam, est droit.

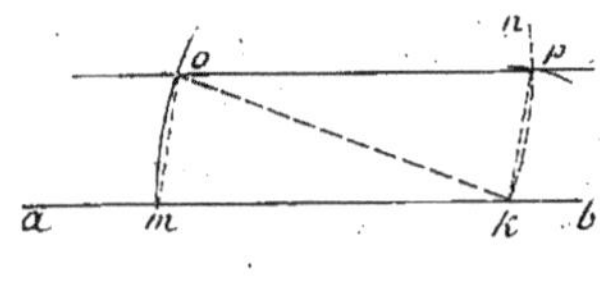

Prop. 6. — *Problème.* — Par un point donné o mener une parallèle à une droite donnée ab.

D'un point quelconque k de la droite ab, avec un rayon égal à ko, je décris un arc om qui coupe ab en m; du centre o, avec le même rayon, je décris un deuxième arc kn; enfin, du centre k, avec un rayon égal à la distance mo des points m et o, je décris un troisième arc qui coupe le deuxième en p. _ la droite op est la parallèle cherchée. _ en effet, mo = kp, km = op, comme rayons de circonf. égales; donc le quadrilatère opkm est un parallélogramme et par suite op est parallèle à ab.

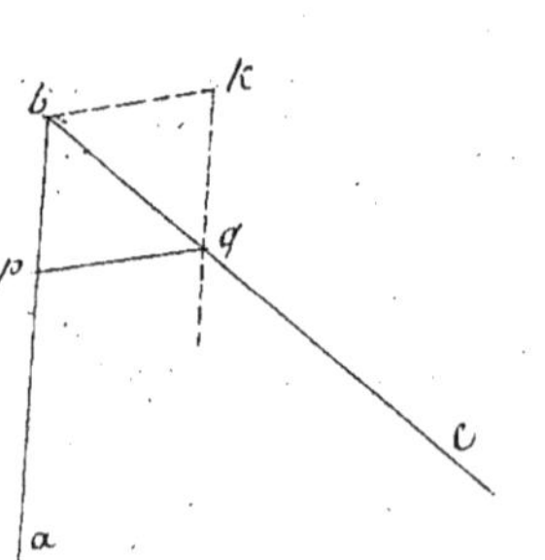

Prop. 7. — *Problème.* — Inscrire, entre les côtés d'un angle abc, une droite parallèle et égale à une droite donnée mn.

Je tire: 1° par le sommet b, la droite bk parallèle et égale à mn; 2° par l'extrémité k, la droite kq parallèle au côté ba, laquelle coupe le côté bc en q; 3° par le point q, la droite qp parallèle à bk. _ c'est la droite cherchée; car, la figure bkqp étant un parallélogramme, on a pq = bk = mn.

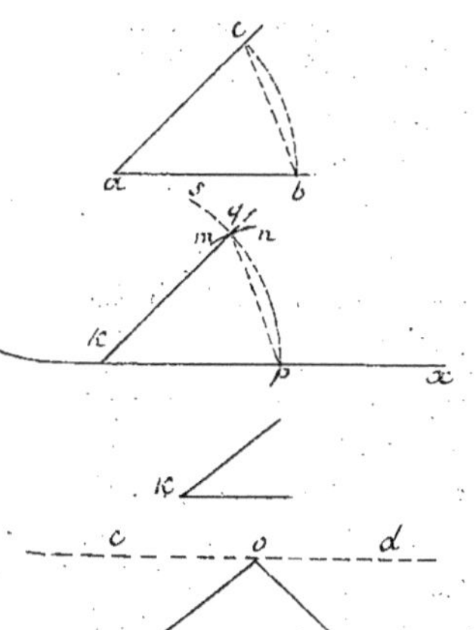

Prop. 8. — Problème. — Par un point donné o tirer une droite sur laquelle deux parallèles données ab, cd interceptent une longueur L.

Du centre k, pris à volonté sur ab, avec un rayon égal à L, je décris un arc qui coupe la droite cd en p et q; je tire les rayons kp, kq et par le point o je leur mène des parallèles om, om', qui répondent l'une et l'autre à la question. — en effet, parceque les parallèles, comprises entre parallèles, sont égales, nm = kp = L, n'm' = kq = L. — la construction serait la même si le point o était compris entre les deux parallèles. — le problème est impossible lorsque la longueur L est moindre que la distance ki de ces deux droites.

Prop. 9. — Problème. — En un point k d'une droite kx, construire un angle égal à un angle donné a.

Des points a et k, avec un même rayon d'ailleurs quelconque, je décris les arcs bc et ps; du centre p, avec un rayon égal à la corde bc, je décris un troisième arc mn qui coupe le deuxième ps en q; je tire la droite kq et je dis que l'angle pkq est l'angle demandé. — on a, par construction, kp = ab, kq = ac, pq = bc; donc les triangles kpq, abc sont égaux et par suite l'angle k, opposé au côté pq, est égal à l'angle a, opposé au côté bc.

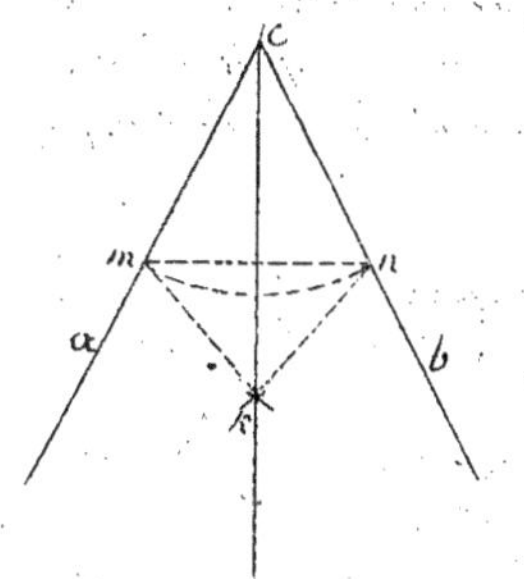

Prop. 10. — Problème. — Par un point o tirer une droite inclinée sur la droite ab d'un angle donné k.

Par le point o je tire cd parallèle à ab et je fais deux angles cop, doq égaux entr'eux et à l'angle k; les droites op, oq satisfont l'une et l'autre à l'énoncé. — car, les droites ab, cd étant parallèles, il vient angle opq = angle cop = angle k, angle oqp = angle doq = angle k.

Prop. 11. — Problème. — Trouver la bissectrice d'un angle acb.

Du centre c, avec un rayon arbitraire, je décris un arc mn entre les côtés de l'angle acb; des centres m, n, avec un rayon quelconque plus grand que la moitié de la corde mn je décris deux autres arcs et j'unis leur intersection k au sommet c; la droite ck est la bissectrice cherchée. — les triangles cmk, cnk sont égaux, parceque ck est commun et que cm = cn, mk = nk, par construction; donc les angles mck, nck, opposés aux côtés mk, nk, sont égaux.

Scholie. — Cette construction permet de diviser un angle en 2, 4, 8, 16... — parties égales.

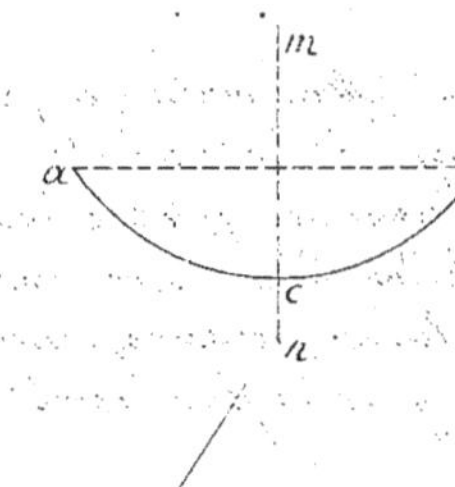

Prop. 12. — Problème. — Reconnaître si un arc donné abc est circulaire et, dans ce cas, déterminer son centre et son rayon.

Par un point quelconque b de l'arc abc, je tire arbitrairement deux cordes bm, bn, sur les milieux des quelles j'élève les perpendiculaires po, qo ; du point de concours o, avec le rayon om, je décris une circonf. qui passe par les trois points m, b, n ; parce que om = ob et ob = on. — si l'arc abc en fait partie, son centre est en o et son rayon est om. — s'il en est autrement, l'arc abc n'est pas circulaire, deux circonf. ne pouvant se couper en plus de deux points.

Prop. 13. — Problème. — Trouver le milieu d'un arc circulaire acb.

J'élève une perpendicul. mn sur le milieu de la corde ab de l'arc acb ; le point c, où elle coupe cet arc, est le milieu cherché.

Scholie. — Cette construction sert aussi à diviser un arc en 2, 4, 8, 16,.... parties égales.

Prop. 14. — Problème. — Décrire sur une corde donnée ab un arc capable d'un angle donné k.

Après avoir fait angle abc = angle k, j'élève une perpendicul. bp au point b du côté bc et une perpendicul. mq sur le milieu de la corde ab ; du point de concours o, avec un rayon ob, je décris une circonf. qui touche la droite bc au point b et qui, parce que oa = ob, passe par le point a ; l'arc afb est celui cherché ; car si l'on y inscrit à volonté un angle agb, il aura pour mesure $\frac{1}{2}$ arc anb or, l'angle abc, formé par la corde ba et la tangente bc, a aussi pour mesure la moitié du même arc ; donc angle agb = angle abc = angle k. — quand l'angle k est obtus, le centre o est situé au dessous de ab et l'arc afb est moindre qu'une demi-circonf. — quand il est droit, l'arc afb se confond avec la demi-circonf. décrite sur le diamètre ab.

Prop. 15. — Problème. — Trouver un point dont les distances aux points a et b fassent entr'elles un angle u et dont les distances aux points c et d fassent entr'elles un angle v.

Sur la corde ab je décris un arc capable de l'angle u et sur la corde cd un arc capable de l'angle v. — ces deux arcs se coupent aux points m et n, qui répondent l'un et l'autre à

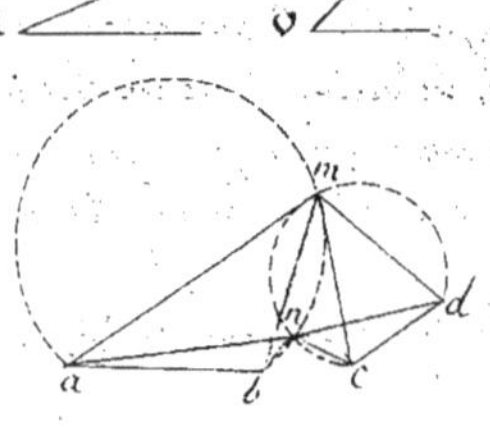

la question. _ si ces arcs étaient tangens, il n'y aurait qu'une seule solution; s'ils ne se rencontraient pas, le problème serait impossible.

Prop. 16. _ Problème. _ Trouver, sur une droite donnée ab, le point dont la somme des distances à deux points c et d, situés d'un même côté de cette droite, est la plus petite possible.

Du point c j'abaisse sur ab une perpendicul. que je prolonge de om = co; je tire ensuite la droite md, qui coupe ab au point cherché k. _ pour le faire voir, soit p un point quelconque de ab; le triangle dmp fournit mp + dp > mk + dk; mais, parceque ab est perpendicul. sur le milieu de cm, mp = cp, mk = ck; il vient donc cp + dp > ck + dk.

Scholie. _ Les droites ck, dk sont également inclinées sur la droite ab. _ car, le triangle kcm étant isocèle, angle ckb = angle bkm; mais angle bkm = angle dka; donc angle ckb = angle dka.

Prop. 17. _ Problème. _ Trouver, sur une droite donnée ab, le point dont la différence des distances à deux points c et d, situés de divers côtés de cette droite, est la plus grande possible.

Du point c j'abaisse sur ab une perpendiculaire que je prolonge de om = co; puis, je tire la droite md, qui coupe ab au point cherché k. _ pour le prouver, soit p un point quelconque de ab; le triangle dmp fournit md ou dk − mk > dp − mp; mais mk = ck, mp = cp; il vient donc dk − ck > dp − cp.

Scholie. _ Les droites ck, dk sont également inclinées sur la droite ab.

Prop. 18. _ Problème. _ Par le sommet c d'un quarré abcd tirer une droite sur laquelle les côtés de l'angle opposé a interceptent une longueur L.

Je prolonge le côté bc de ck = L; du centre d, avec le rayon dk, je décris une circ. qui coupe les prolongemens de dc en p et q; sur les diamètres cp, cq je décris deux circonf.; je joins les quatre points m, m', m'', m''', où elles rencontrent la droite ab, au point c par les droites mc, m'c, m''c, m'''c, que je prolonge jusqu'aux points n, n', n'', n''' de la ligne ad. _ chacune de ces quatre droites satisfait à l'énoncé. _ tirant mp et la perpendicul. mo, j'ai $(cm + mp)^2 = cm^2 + mp^2 + 2\,cm \times mp$; mais, parceque le triangle cmp est rectangle en m, $cm^2 + mp^2 = cp^2$; $cm \times mp = cp \times mo$; donc $(cm + mp)^2 = cp^2 + 2\,cp \times mo = cp\,(cp + 2cd) = cp \times cq = ck^2 = L^2$ ou

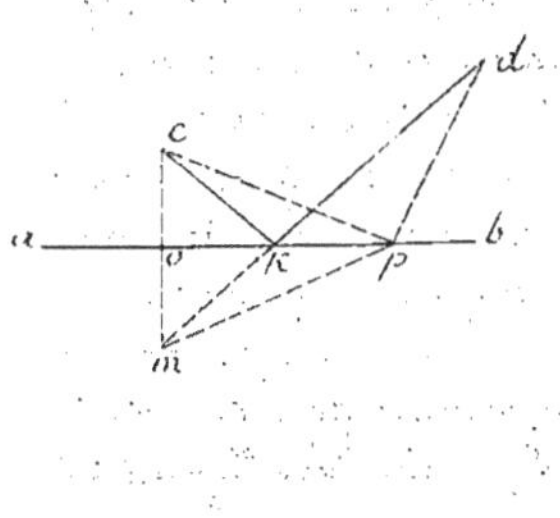

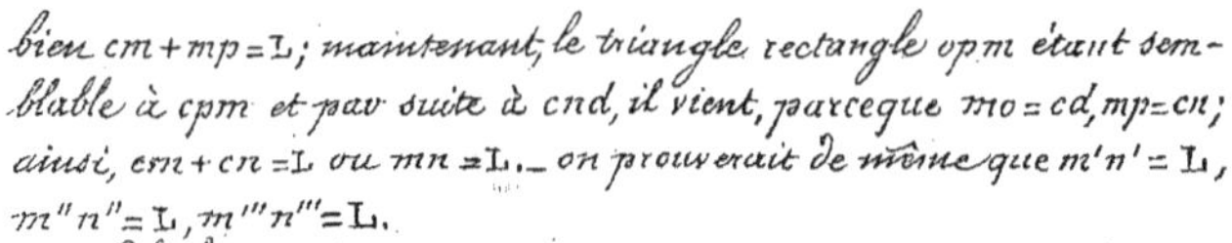

bien $cm + mp = L$; maintenant, le triangle rectangle opm étant semblable à cpm et par suite à cnd, il vient, parceque $mo = cd$, $mp = cn$;
ainsi, $cm + cn = L$ ou $mn = L$. — on prouverait de même que $m'n' = L$,
$m''n'' = L$, $m'''n''' = L$.

Scholie. — Comme dk ou dq est $> dc$, qc est $> 2\,da$; ainsi, la circonf.,
décrite sur le diamètre cq, rencontrera, quelle que soit la grandeur
de L, le côté ab en deux points m'', m'''. — quant à la circonf.,
dont le diamètre est cp, il faut, pour qu'elle atteigne le même
côté, que l'on ait $cp > 2bc$ ou $dk - bc > 2bc$ ou bien $dk > 3bc$; élevant
au quarré, en observant que $dk^2 = L^2 + bc^2$, il vient $L^2 + bc^2 > 9bc^2$ d'où
$L^2 > 8bc^2$, $L > 2bc\sqrt{2}$ et enfin $L > 2ac$. — quand $L = 2ac$, les droites mn,
$m'n'$ se confondent en une seule perpendicul. à ac. — c'est la
moindre droite que l'on puisse tirer par le point c dans l'angle bad

Problèmes (à résoudre). — I. — Trouver sur une ligne droite, brisée ou
courbe : 1° un point dont la distance à un point donné ou à une droite donnée
soit une ligne L. — 2° un point également distant de deux points ou de deux
droites donnés. — 3° un point dont les distances à deux points donnés fassent
un angle V.

II. — Trouver 1° un point dont les distances à deux points ou à deux
droites ou bien à un point et à une droite donnés soient égales aux lignes A et B.
— 2° un point également distant des points ou droites a et b et également distant
des points ou droites c et d.

III. — Trouver le point dont la somme des distances à trois points
donnés est la plus petite possible.

IV. — Trouver la bissectrice de l'angle de deux droites qu'on ne peut prolonger.

V. — Par un point donné, mener à une droite inaccessible 1° une perpendiculaire 2° une parallèle.

VI. — Par un point donné, tirer une droite qui divise en parties
égales la distance de deux points inaccessibles.

§. 2. — Construction des triangles, quadrilatères et polygones.

Proposition 1. — Problème. — Étant donnés deux angles U et V
d'un triangle, déterminer le troisième angle.

Au point quelconque o d'une droite indéfinie ab je fais
angle $aoc = $ angle U, et, au même point o de la droite oc, angle cod
$= $ angle V, l'angle dob est celui cherché, car on a angle $aoc + $ an-

gle cod + angle dob = 2ᴰ et par suite angle u + angle v + angle dob = 2ᴰ._ ce problème serait impossible si l'on avait angle u + angle v = ou) 2ᴰ.

Scholie._ Ce problème comprend celui-ci : connaissant l'un des deux angles aigus d'un triangle rectangle, déterminer l'autre.

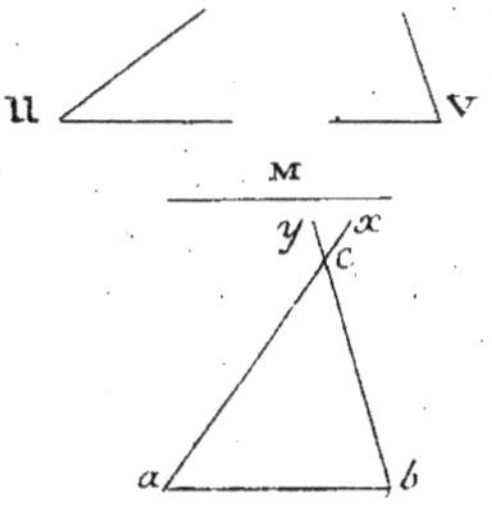

Prop. 2._ Problème._ Construire un triangle, connaissant un côté et deux angles.

La connaissance de deux angles entraînant celle du troisième, ce problème rentre toujours dans celui-ci : construire un triangle, connaissant un côté M et les deux angles adjacents u et v._ je tire une droite ab = M ; au point a je fais l'angle bax = angle u et au point b l'angle aby = angle v. le triangle abc est évidemment celui que l'on cherche._ si la somme angle u + angle v était égale ou supérieure à 2ᴰ, les droites ax, by seraient parallèles ou se couperaient au dessous de ab ; par suite, le problème serait impossible.

Scholie._ Ce problème comprend celui-ci : construire un triangle rectangle dont on connaît un côté quelconque et un angle aigu.

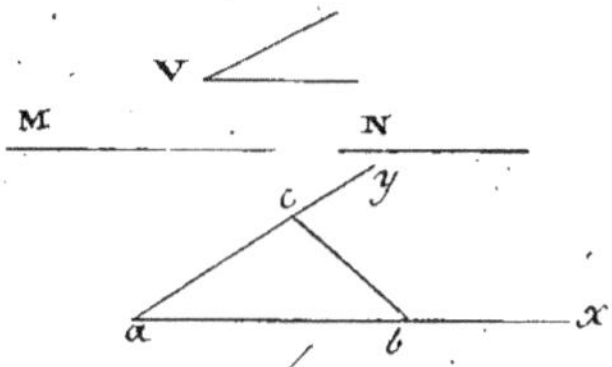

Prop. 3._ Problème._ Construire un triangle, connaissant deux côtés M et N et l'angle compris v.

Au point a d'une droite indéfinie ax je fais l'angle xay égal à l'angle v ; je prends ab = M, ac = N et je tire bc._ le triangle abc est évidemment celui demandé.

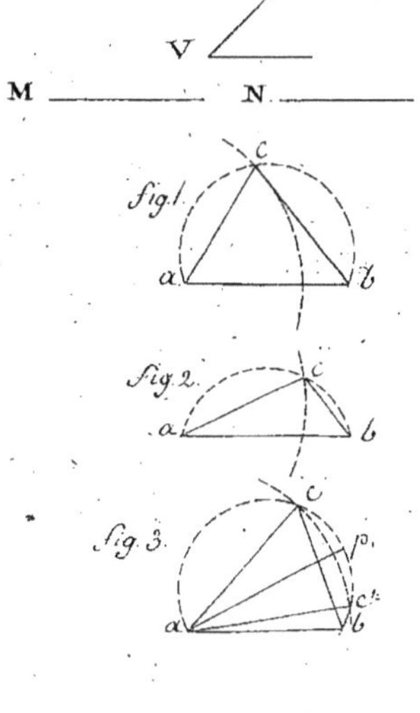

Prop. 4._ Problème._ Construire un triangle, connaissant deux côtés M et N et l'angle v opposé au côté M.

Sur une corde ab égale au côté M, je décris un arc acb capable de l'angle v ; du sommet a, avec un rayon égal à N, je décris une circonf. qui coupe cet arc au point c ; l'angle acb étant égal à l'angle v, le triangle abc est celui que l'on cherche._ lorsque l'angle v est aigu et que le côté N n'est pas plus grand que le côté M (fig.1), ou bien, lorsque l'angle v est droit ou obtus (fig.2), le problème n'a qu'une seule solution ; il est même impossible dans le second cas si N n'est pas (M._ mais (fig.3), lorsque l'angle v étant aigu, N est) M, la circonf. rencontre l'arc acb en deux points c, c' et chacun des triangles abc, abc' répond à la question._ toutefois, il n'y a qu'une solution si le côté N est égal au diamètre ap et, s'il est plus grand, le problème est impossible.

Scholie._ Ce problème comprend celui-ci : construire un triangle rectangle, connaissant l'hypoténuse et un côté de l'angle droit.

Prop. 5. — Problème. — Construire un triangle, connaissant ses trois côtés L, M, N.

Je tire une droite ab égale à L; des centres a et b, avec des rayons respectivement égaux à M et à N, je décris deux arcs et j'unis leur point d'intersection c aux extrémités a et b par les droites ac et bc; le triangle abc satisfait évidemment à l'énoncé. — Pour que ce problème soit possible, il faut que les deux arcs se coupent, ce qui exige que L soit $< $ M+N et $>$ M-N, ou, plus simplement que le plus grand des trois côtés L, M, N soit plus petit que la somme des deux autres.

Prop. 6. — Problème. — Construire un parallélogramme, connaissant deux côtés adjacens M, N et l'angle compris V.

Au point a d'une droite indéfinie ax je fais l'angle xay égal à l'angle V; je prends $ab = $ M et $ac = $ N; puis des centres b et c, avec des rayons respectivement égaux à N et à M, je décris deux arcs qui se coupent en d. — Le quadrilatère $abdc$ est un parallélogramme, parce que, par construction, côté $ab = $ côté cd, côté $ac = $ côté bd. — Ce parallélogramme remplit d'ailleurs les trois conditions de l'énoncé.

Scholie. — On peut, à l'aide de la même construction, faire : 1°. Un losange dont on connait un côté et un angle; 2°. Un rectangle dont on connait deux côtés adjacens; 3°. Un quarré dont on connait le côté.

Prop. 7. — Problème. — Construire un trapèze, connaissant ses quatre côtés.

Soient M, N les côtés parallèles et P, Q les deux autres côtés. — Sur une droite indéfinie ax, je prends $ab = $ M, $ak = $ N et je construis le triangle kbc ayant pour côtés 1°. la différence kb des lignes M et N; 2°. $kc = $ P; 3°. $bc = $ Q; par les points a et c, je mène des parallèles ad, cd aux droites kc et ab et j'ai le trapèze cherché $abcd$. — En effet, par construction, $ab = $ M, $cb = $ Q, et, parceque les parallèles comprises entre parallèles sont égales, $cd = ak = $ N, $ad = ck = $ P. — Ce problème n'est possible que lorsque le triangle kbc existe, ce qui exige que kb soit $< (kc + cb)$ et $> kc - cb$, c'est-à-dire que l'on ait M-N $< (P+Q)$ et $>$ P-Q.

Prop. 8. — Problème. — Construire un polygone égal à un polygone donné $abcde$.

Je tire toutes les diagonales ac, ad qui aboutissent au sommet a; puis, je construis successivement les triangles $a'b'c'$, $a'c'd'$, $a'd'e'$ respectivement égaux aux triangles abc, acd, ade; le polygone $a'b'c'd'e'$, ainsi obtenu, est égal au polygone $abcde$, car il est visible que ces polygones sont superposables.

Scholie. — De là suit que deux polygones sont égaux lorsqu'ils sont équilatéraux entr'eux et que toutes leurs diagonales, issues de deux sommets homologues, sont respectivement égales.

Problèmes (à résoudre). — I. — Construire un triangle, connaissant: 1° un côté, l'angle opposé et la distance du milieu de ce côté au sommet de l'angle. — 2° un côté, l'angle opposé et la distance de ce côté au sommet de l'angle. — 3° un côté, l'angle opposé et la bissectrice de cet angle.

II. — Construire un triangle, connaissant: 1° deux côtés et la distance du milieu du troisième côté au sommet opposé. — 2° deux côtés et la distance du troisième côté au sommet opposé. — 3° deux côtés et la bissectrice de l'angle qu'ils comprennent.

III. — Construire un triangle, connaissant: 1° les trois distances des sommets aux milieux des côtés opposés. — 2° les trois distances des sommets aux côtés opposés. — 3° les bissectrices des trois angles.

IV. — Construire un triangle, connaissant: 1° les milieux des trois côtés. — 2° les projections des trois sommets sur les côtés opposés. — 3° les pieds des trois bissectrices des angles intérieurs.

V. — Construire un triangle, connaissant un angle, le côté opposé et la somme ou la différence des deux autres côtés.

VI. — Construire un quadrilatère connaissant les quatre côtés et un angle.

VII. — Construire un quadrilatère inscriptible à la circonf., connaissant les quatre côtés.

VIII. — Construire un quarré, connaissant la différence entre la diagonale et le côté.

§ 3. Tangentes à la circonférence.

Proposition 1. — Problème. — Menez une tangente à la circonf.: 1° par un point donné sur cette courbe. — 2° par un point quelconque. — 3° parallèlement à une droite donnée.

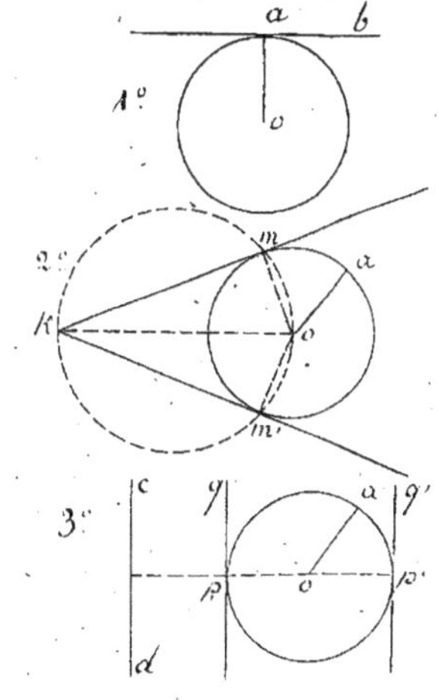

1° On a la tangente du point a décr. oa en élevant une perpendiculaire ab à l'extrémité du rayon oa. — 2° pour obtenir les tangentes de cir. oa qui passent par le point k, on joint ce point au centre o et sur le diamètre ok on décrit une circonf. qui coupe cir. oa en m et m'; les droites km, km' sont les tangentes demandées. — en effet, si l'on tire om et om', les angles m et m', inscrits dans les demi-circonf. kmo, km'o, sont droits et par suite les droites km, km' sont perpendicul. aux extrémités des rayons om et om'. — si le point k était intérieur à cir. oa, les deux circonf. seraient intérieures l'une à l'autre et le problème serait impossible. — 3° on détermine les tangentes de cir. oa parallèles à la droite donnée cd, en tirant le diamètre pp' perpendicul. à cette ligne et ensuite les droites pq et p'q' perpendicul. à ce diamètre. — les droites pq, p'q' touchent évidemment la circonf. et de plus, étant perpendicul. sur pp', elles sont parallèles à la droite cd.

Prop. 2. — **Problème.** — Par un point donné K tirer une droite sur laquelle cir. oa intercepte une corde assignée L.

D'un point quelconque a de cir. oa, avec un rayon L, je décris un arc qui la coupe en b et j'ai corde ab = L. — Du centre o, avec un rayon égal à la distance op de ce point à la corde ab, je trace une circonf. à laquelle je mène deux tangentes Km, Km' par le point K. — ce sont les droites cherchées, car les trois cordes mn, m'n', ab, étant équi-distantes du centre, sont égales entre elles et à L. — quand le point K est extérieur à cir. oa, le problème est toujours possible tant que la longueur L ne surpasse pas le diamètre. — quand le point K est intérieur, il faut en outre que la ligne L ne soit pas moindre que la plus petite des cordes issues de ce point.

Scholie. — Tirer une parallèle à une droite donnée sur laquelle cir. oa intercepte une corde L. — Ce problème se réduit évidemment à construire les tangentes de cir. op parallèles à la droite donnée.

Prop. 3. — **Problème.** — Construire les tangentes communes à deux cir. données.

Je tire à volonté le rayon oa de la première circonf. et le diamètre parallèle a'a" de la seconde; je tire ensuite les droites aa', aa" qui coupent la ligne des centres oo' aux centres c et c' de similitude directe et inverse. — les tangentes de cir. oa, issues des points c et c', touchent aussi cir. o'a'. — ce sont les tangentes cherchées. — selon les positions relatives des deux circonf., il peut y avoir une, deux, trois ou quatre solutions. — le problème peut aussi être impossible.

Prop. 4. — **Problème.** — Tirer une droite sur laquelle cir. oa et cir. o'a' interceptent deux cordes données L et L'.

Je construis corde ab = L, corde a'b' = L'. — Des centres o et o', avec des rayons égaux aux distances op et o'p', je décris deux circonf.; leurs tangentes communes sont évidemment les droites cherchées. — il y a au plus quatre solutions.

Problèmes (à résoudre). — I. — Par un point donné tirer une droite sur laquelle deux circonf. données interceptent des cordes égales ou qui diffèrent d'une ligne L.

II. — Insérer entre un arc et sa corde une droite, d'une longueur L, dont la direction passe par l'extrémité du diamètre perpendicul. à cette corde.

III. — Par l'un des points d'intersection de deux circonf. qui se coupent tirer une droite qui, limitée à ces deux courbes, ait une longueur L.

IV. — Inscrire ou circonscrire à un triangle donné 1°: un triangle égal à un triangle proposé. — 2°: un triangle dont le périmètre soit le moindre possible.

§ 4. — Les lignes proportionnelles.

Proposition 1. — Problème. — Diviser une droite en un certain nombre de parties égales.

Soit à diviser la droite af en cinq parties égales. — par l'extrémité a, je tire, sous un angle quelconque, la droite ax, sur laquelle je prends à volonté cinq parties égales ab', $b'c'$, $c'd'$, $d'e'$, $e'f'$; je mène la droite ff' et ses parallèles $b'b$, $c'c$, $d'd$, $e'e$ des points b', c', d', e'. — les points b, c, d, e sont ceux que l'on cherche, car on a (page 49) $ab : ab' :: bc : b'c' :: cd : c'd' :: de : d'e' :: ef : e'f'$; or, par construction $ab' = b'c' = c'd' = \ldots$; donc aussi $ab = bc = cd = \ldots$.

Prop. 2. — Problème. — Diviser une droite en parties proportionnelles à des droites données.

Soit à diviser la droite ad en trois parties proportionnelles aux lignes L, M, N. — sur une droite indéfinie $a'x$ parallèle à ad, je prends $a'b' = L$, $b'c' = M$, $c'd' = N$; je tire les droites aa', dd' et j'unis leur point de concours o aux points b' et c'. — on a (page 50) $ab : a'b' :: bc : b'c' :: cd : c'd'$ ou bien $ab : L :: bc : M :: cd : N$.

Prop. 3. — Problème. — Partager la droite ab en parties additives ou soustractives proportionnelles aux droites M et N.

Par l'extrémité a je tire à volonté une droite ap égale à M et je lui mène, par l'extrémité b, une parallèle, sur laquelle je prends $bq = bq' = N$. — je tire ensuite les droites pq et pq'; les points c et c' sont ceux demandés, car on a (page 50) $ac : bc :: ap : bq$, $ac' : bc' :: ap : bq'$ ou bien $ac : bc :: M : N$, $ac' : bc' :: M : N$. — lorsque $M = N$, $ap = bq = bq'$; le point c se trouve au milieu de ab et le point c' passe à l'infini.

Prop. 4. — Problème. — Diviser, entre les côtés ox, oy d'un angle xoy, une droite qui soit divisée par le point k en parties proportionnelles aux lignes M et N.

Après avoir mené kc parallèle à ox et avoir pris, sur le prolongement de ce côté, $op = M$ et $pq = N$, je tire pc et la parallèle qb du point q; la ligne ab, qui unit les points k et b, est la droite demandée. — parceque ck est parallèle à ox, on a $ka : kb :: oc : cb$ et, parceque cp est parallèle à qb, $oc : cb :: op : pq$; donc $ka : kb :: op : pq$ ou bien $:: M : N$. — lorsque $M = N$, il vient $bc = oc$.

Prop. 5. — Problème. — Trouver une quatrième proportionnelle à trois droites données.

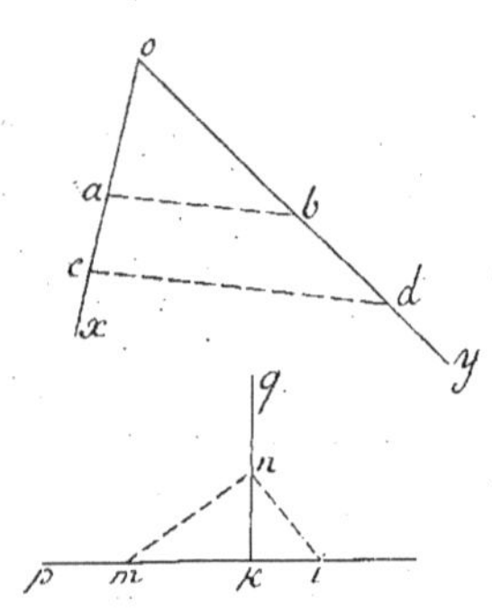

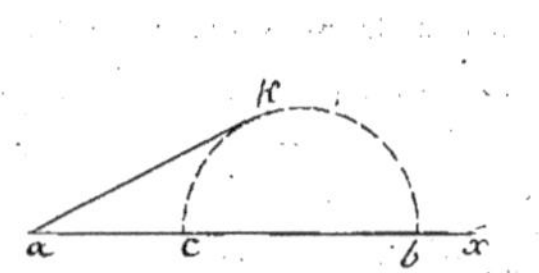

je tire, sous un angle quelconque, deux lignes ox, oy, sur les quelles je prends $oa =$ la 1re droite, $ob =$ la 2me et $ac =$ la 3me. — je tire ab et sa parallèle cd du point c; la droite bd est la 4me proportionnelle cherchée, car l'on a $oa : ob :: ac : bd$.

Corol. — Pour déterminer une troisième proportionnelle aux droites A et B, on cherche une 4me proportionnelle aux trois lignes A, B et B.

Autre solution. — sur les côtés d'un angle droit pkq, on prend $km = A$, $kn = B$; on tire la droite mn et sa perpendiculaire ni au point n. — il vient, parceque le triangle mni est rectangle, $km : kn :: kn : ki$ ou $A : B :: B : ki$.

Prop. 6. — Problème. — Trouver une moyenne proportionnelle entre deux droites données.

1re Solution. — Je prends, sur une droite indéfinie rx, les distances ab et bc respectivement égales aux deux droites données; j'élève en b, sur ax, une perpendicul. bd, que je prolonge jusqu'au point d de la demi-circonf. décrite sur le diamètre ac. — c'est la moyenne proportionnelle cherchée, car (page 78) on a $ab : bd :: bd : bc$.

2e Solution. — Je prends, sur une droite indéfinie ax, les distances ab, ac égales aux deux droites données; du point c j'élève sur ax une perpendicul. cd, qui coupe en d la demi-circonf. décrite sur le diamètre ab; la corde ad est la moyenne proport.lle cherchée, car il vient (page 78) $ab : ad :: ad : ac$.

3e Solution. — Après avoir pris, sur la droite ax, les distances ab, ac égales aux droites données; sur le diamètre bc je décris une demi-circonf., à laquelle je mène par le point a la tangente ak. — c'est la moyenne proportionnelle que l'on cherche, car (page 79) $ab : ak :: ak : ac$.

Prop. 7. — Problème. — Trouver en lignes le rapport de deux produits composés d'un même nombre de facteurs linéaires.

Soit, pour fixer les idées, à trouver en lignes le rapport $A \times B \times C \times D : A' \times B' \times C' \times D'$. — je cherche : 1°. une 4me proportionnelle L aux trois droites A', A et B; 2°. une 4me prop.lle M aux trois droites B', L et C; 3°. une 4e prop.lle N aux trois droites C', M et D. — j'ai $A' : A :: B : L$, $B' : L :: C : M$, $C' : M :: D : N$, d'où $\dfrac{A \times B}{A'} = L$, $\dfrac{L \times C}{B'} = M$, $\dfrac{M \times D}{C'} = N$; multipliant ces égalités entr'elles, puis, divisant par $L \times M \times D'$, il vient $\dfrac{A \times B \times C \times D}{A' \times B' \times C' \times D'} = \dfrac{N}{D'}$.

Scholie. — On peut, à l'aide de ce procédé, déterminer en lignes les rapports $A^2 : B^2$, $A^3 : B^3$, $A^4 : B^4$, &c &c.

Prop. 8. — Problème. — Trouver un point dont les distances à trois points

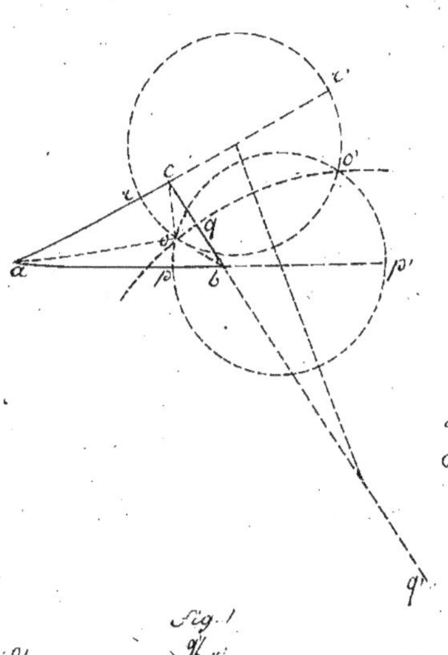

données a,b,c soient proportionnelles aux lignes L, M, N.

Je divise la droite ab aux points p, p' et la droite bc aux points q, q' de manière que l'on ait $ap : bp :: ap' : bp' :: L : M$ et $bq : cq :: bq' : cq' :: M : N$; sur les diamètres pp', qq' je décris deux circonf., qui se coupent aux points cherchés o et o'. — en effet, parceque le point o appartient à la première circonf., il vient (pag. 80) $oa : ob :: L : M$ et, parcequ'il appartient aussi à la seconde, $ob : oc :: M : N$; donc $oa : ob : oc :: L : M : N$. — on prouverait de même que $o'a : o'b : o'c :: L : M : N$. — il n'y a qu'une solution quand les circonf. se touchent et le problème est impossible quand elles n'ont aucun point commun.

Scholies. I. — Si l'on divise la droite ac aux points r, r' de manière que l'on ait $ar : cr :: ar' : cr' :: L : N$, la circonf., décrite sur le diamètre rr', passe par les points o et o'.

II. — Les trois circonf., ayant une corde commune oo', les trois centres, c'est-à-dire, les milieux des trois droites pp', qq', rr' sont situés en ligne droite.

Prop. 9. — Problème. — Trouver un point dont les distances à trois droites données ab, bc, ca soient proportionnelles aux lignes L, M, N.

Remarquons d'abord (fig. 2) que, dans un parallélogramme $abcd$, les distances zx, zy d'un point quelconque z d'une diagonale ac aux côtés contigus ab, ad sont inversement proportionnelles aux mêmes côtés. — en effet, si l'on tire les perpendicul. cp et cq, les quadrilatères $axzy$ et $apcq$, composés des triangles axz, azy et apc, acq semblables chacun à chacun, sont semblables et par suite $zx : zy :: cp : cq$; mais de ce que les angles cbp, cdq ont leurs côtés respectivement parallèles, il résulte que les triangles rectangles pbc, qdc sont aussi semblables et que $cp : cq :: bc : cd$ ou $:: ad : ab$; il vient donc, à cause du rapport commun, $zx : zy :: ad : ab$.

Cela posé, prenons (fig. 1) $be = M$, $bd = bd' = L$, $ch = M$, $cg = cg' = N$; construisons les parallélogrammes $befd, bef'd', chkg, chk'g'$; les diagonales bf, bf' coupent évidemment les diagonales ck, ck' aux points cherchés o, o', o'', o'''. ainsi, il y a toujours quatre solutions.

Scholies. I. — Les diagonales ar, ar' des parallélog. $aprq, apr'q'$ construits sur $ap = L$ et $aq = aq' = N$, passent la première par les points o et o''' et la seconde par les points o' et o''.

II. — Les quatre droites, issues de chacun des points a, b, c, forment un faisceau harmonique.

Prop. 10. — Problème. — Placer, entre les côtés d'un angle xoy, une droite qui soit divisée par le point K en deux parties dont le produit soit égal au quarré de la ligne L.

Sur le prolongement de ka, perpendicul. à ox, je prends la distance kp égale à la 3ᵐᵉ proport⁽ˡˡᵉ⁾ aux lignes ak et L. — sur le diamètre kp je décris une circonf. qui coupe oy en m et m'; les droites mkn, m'kn' satisfont à l'énoncé. — tirant mp, les triangles rectangles kan, kmp sont semblables et partant ak : km :: kn : kp; mais, par construction, ak : L :: L : kp; donc km : L :: L : kn ou bien km × kn = L². — on prouverait de même que km' × kn' = L². — Ce problème n'aurait qu'une seule solution ou serait impossible si la circonf. touchait ou n'atteignait pas la droite oy.

Scholie. — Le produit km × kn, étant égal à ak × kp, est proportionnel au diamètre kp, lorsque le point m varie sur oy; ainsi, sa moindre valeur a lieu quand la circonf. touche ce côté. — or, si l'on tire la tangente kt, il vient tm = tk et par suite om = on. — Donc alors la droite mn est perpendicul. sur la bissectrice de l'angle xoy.

Prop. 11. — Problème. — Trouver l'harmonique conjugué du point c par rapport aux points donnés a, b.

Je tire arbitrairement par le point c la droite cx et par le point a les droites am, an; je tire ensuite les droites bm, bn, puis la droite pq qui coupe ab au point cherché d. — en effet, dans le quadrilatère mpnq, la diagonale ab est divisée harmoniquement par les deux autres diagonales mn et pq.

Autre solution. — Je décris sur le diamètre ab une circonf. — si le point c est situé entre a et b, j'élève ck perpendicul. sur ab et je mène la tangente kd du point k; le point d est celui demandé. — si le point c est extérieur à ab, je tire la tangente ck et la perpendicul. kd; le pied d est le point cherché (page 80).

Corol. — Trouver l'harmonique conjuguée de la droite oz par rapport aux droites ox et oy. — On tire à volonté une droite mn et on détermine l'harmonique conjugué d du point c relativement aux points a et b; la droite od est la quatrième harmonique cherchée. — autrement, par un point quelconque i de oz on tire la droite pq, telle que ip = iq; la parallèle ou à pq est la ligne demandée.

Prop. 12. — Problème. — Trouver le centre des moyennes distances des points donnés a, b, c, d, e.

On tire arbitrairement une droite xy et ses perpendicul. aa', bb', cc', dd', ee' des cinq points donnés a, b, c, d, e; on fait la somme algébrique de ces lignes et on la divise en cinq parties égales; en un point quelconque m de la droite xy, on élève une perpendicul. mn égale à l'une des parties et par l'extrémité n on mène zu parallèlement à xy; c'est un axe des moyennes distances. — on obtient un autre axe et par une construction semblable. — Le point o, où les axes se coupent, est le centre des moyennes distances demandé.

Prop. 13. — Problème. — Par un point k tirer une droite, dont la somme algébrique des distances aux points a,b,c,d,e soit égale à une ligne L.

Je détermine le centre o des moyennes distances des cinq points a,b,c,d,e; Du centre o, avec un rayon égal à $\frac{L}{5}$, je décris une circonférence, à laquelle je mène, par le point k, les tangentes km et kn. — Ce sont les droites cherchées. — En effet, parce que le point o est le centre des moyennes distances des points a,b,c,d,e, il vient $\frac{aa'+bb'+cc'-dd'-ee'}{5} = om$, $\frac{aa''-bb''-cc''+dd''+ee''}{5} = on$, d'où résulte, à cause de $om=on=\frac{L}{5}$, $aa'+bb'+cc'-dd'-ee'=L$, $aa''-bb''-cc''+dd''+ee''=L$.

Problèmes (à résoudre). — I. — Trouver, sur une droite ax, un point dont les distances aux quatre points donnés a,b,c,d soient en proportion.

II. — Tirer une droite mn parallèle au côté ab d'un triangle abc, de manière que l'on ait la proportion $ab : an :: an : mn$.

III. — Par un point k, extérieur à cir. oa, tirer une droite np, de manière que l'on ait la proportion $kp : pq :: pq : kq$.

IV. — Inscrire un quarré $mnpq$ dans un triangle abc.

V. — Par un point o tirer une droite qui passe par le point de concours des droites ab, cd qu'on ne peut prolonger.

§. 5. — Détermination d'une circonf. d'après trois conditions.

Proposition 1. — Problème. — Faire passer une circonférence par trois points donnés a,b,c.

Je tire les droites ab, bc et sur leurs milieux les perpendicul. mp, nq, qui se rencontrent essentiellement en o si les lignes ab, bc forment un angle; c'est-à-dire, si les trois points a,b,c ne sont pas en ligne droite. — Il vient obl. $oa=$ obl. ob, parce que $ma=mb$, et obl. $ob=$ obl. oc, parce que $nb=nc$; ainsi les trois distances oa, ob, oc sont égales; donc si du centre o, avec un rayon oa, on décrit une circonf., elle passera par les trois points a,b,c. — Si les trois points a,b,c se trouvaient en ligne droite, les perpendicul. mp, nq seraient parallèles et le problème serait impossible.

Scholie. — Pour circonscrire une circonf. à un triangle, il suffit de faire passer une circonf. par ses trois sommets.

Prop. 2. — **Problème.** — Par deux points donnés a,b faire passer une circonf^{nce} tangente à une droite donnée xy.

Je tire la droite ab qui coupe la ligne xy en o; je cherche la moyenne proportionnelle entre oa et ob que je porte en ok et ok'; les circonf. qui passent par les trois points a, b, k et par les trois points a, b, k', répondent l'une et l'autre à la question. — Lorsque la droite ab est parallèle à xy ou lorsque l'un des points a, b appartient à cette dernière ligne, ce procédé n'est plus applicable; mais alors le problème n'a plus qu'une seule solution et n'offre aucune difficulté. — Il est évidemment impossible quand les points a, b sont situés de différens côtés de la droite xy.

Scholie. — Parmi tous les angles qui ont leurs sommets sur la droite xy et dont les côtés passent par les points a et b, le plus grand, à la droite du point o, est l'angle akb; le plus grand, à sa gauche, est l'angle ak'b. — Car l'un quelconque amb de ces angles a pour mesure $\frac{1}{2}$ (apb − st), tandis que celle de l'angle akb est $\frac{1}{2}$ apb. — On peut remarquer que l'angle qui a pour sommet le point o, est nul.

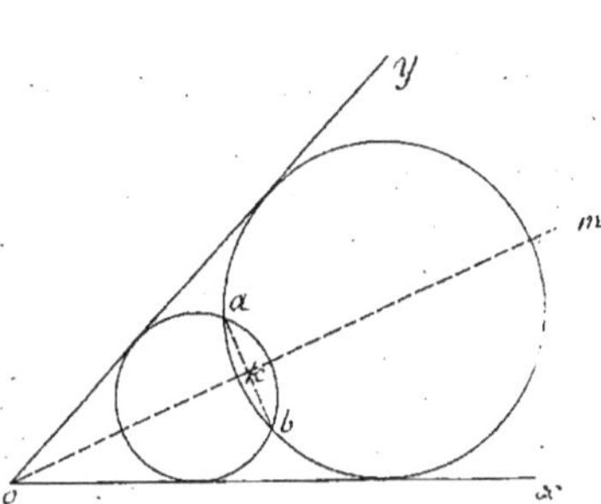

Prop. 3. — **Problème.** — Par un point donné a faire passer une circonférence qui touche deux droites données ox, oy.

Du point a j'abaisse, sur la bissectrice om de l'angle xoy, la perpendiculaire ak que je prolonge de bk = ak; par les points a, b je fais passer les deux circonf. tangentes à la droite ox; elles touchent aussi la droite oy, parce que leurs centres, appartenant à la bissectrice om, sont également distans des deux côtés ox, oy de l'angle xoy.

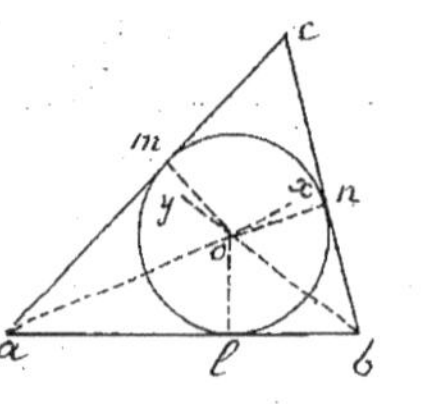

Prop. 4. — **Problème.** — Inscrire une circonf. dans un triangle abc.

Je tire les bissectrices ax et by des angles bac et abc, lesquelles se rencontrent en un certain point o; car la somme des angles bax et aby, étant moindre que celle des angles bac et abc, est inférieure à 2°; du point o j'abaisse sur les trois côtés du triangle abc les perpendicul. ol, om, on; parce que ce point appartient à la bissectrice ax, il vient ol = om et ol = on, parce qu'il appartient aussi à la bissectrice by; ainsi ol = om = on; donc la circonf. décrite du centre o avec le rayon ol, passe par les trois points l, m, n; elle est en outre inscrite dans le triangle abc, car les côtés ab, ac, bc perpendicul. aux extrémités des rayons ol, om, on, sont des tangentes.

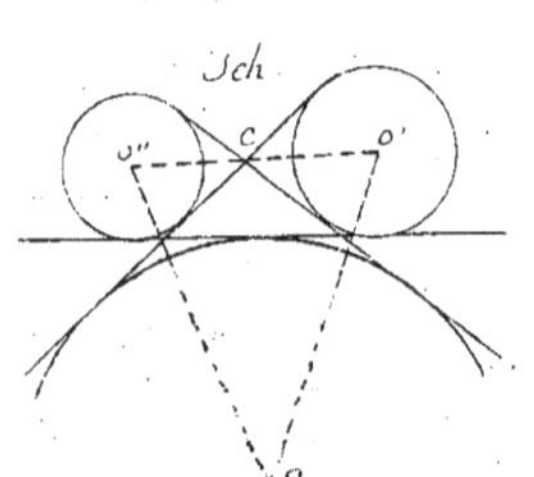

Scholie. — Si l'on proposait de décrire une circonf. tangente à trois droites données ab, ac, bc, indépendamment de la circonf. inscrite dans le triangle abc, il y aurait trois autres circonf. ex-inscrites à ce triangle, qui répondraient à l'énoncé. — Leurs centres se trouvent aux trois sommets du triangle

$o'o''o'''$ dont les côtés $o'o''$, $o'o'''$, $o''o'''$ sont les bissectrices des angles extérieurs du triangle abc.

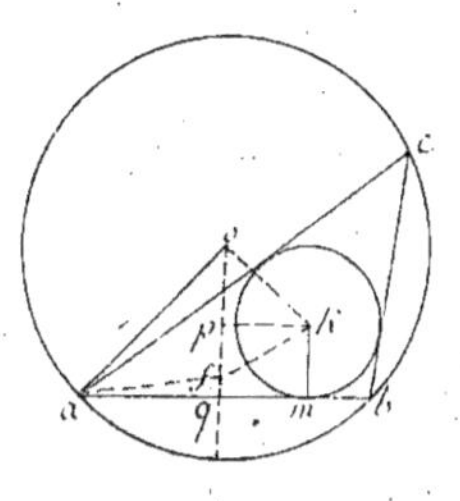

Prop. 5. — *Problème.* — Construire un triangle inscrit dans cir. oa et circonscrit à cir. km.

En vertu de la prop. 6 page 84, ce problème n'est possible que dans le cas où il existe entre la distance ok des centres et les rayons oa, km la relation $ok^2 = oa\,(oa - 2km)$ ou bien $oa^2 - ok^2 = 2oa \times km$. — quand cette relation a lieu, le problème est indéterminé; pour le faire voir, je circonscris arbitrairement à cir. km le triangle abc, de manière pourtant que les sommets a, b soient situés sur cir. oa; je dis que le troisième sommet c appartient aussi à la même circonf., s'il n'en est pas ainsi, soit f le centre de la circonf. circonscrite au triangle abc; la ligne of sera perpendicul. sur le milieu de ab et on aura, à cause du théorème cité, $fa^2 - fk^2 = 2fa \times km$; or, si l'on tire la perpendicul. kp sur of, les triangles aof, kof fournissent $oa^2 = of^2 + fa^2 + 2\,of \times fq$, $ok^2 = of^2 + fk^2 - 2\,of \times fp$; retranchant la seconde égalité de la première, en ayant égard aux relations qui précèdent et en observant que $fq + fp = km$, il vient $2oa \times km = 2fa \times km + 2of \times km$ ou $oa = fa + of$; ce qui est absurde. — donc le point c appartient à cir. oa.

Scholie. — Ce problème est encore possible et indéterminé lorsque l'on a $ok^2 = oa\,(oa + 2km)$; mais alors tous les triangles sont ex-inscrits à cir. km.

Prop. 6. — *Problème.* — Déterminer un point tel que ses projections sur quatre droites données ab, bc, cd, da, soient situées en ligne droite.

Je décris les circonf. circonscrites aux triangles bce et cfd, le premier formé par les droites ab, bc, cd et le second par les droites bc, cd, da; leur point d'intersection o est le point cherché. — Soient p, q, r, s les projections du point o sur les quatre droites ab, bc, cd, da; parce que ce point appartient à la première circonf., les trois points p, q, r sont situés en ligne droite (page 83), et, parce qu'il appartient aussi à la seconde, les points q, r, s se trouvent dans le même cas. — Donc les quatre points p, q, r et s sont en ligne droite.

Scholie. — Les quatre circonf. circonscrites aux triangles bce, cfd, ade, abf, que forment quatre droites ab, bc, cd, da considérées trois à trois, passent par le même point o.

Problèmes (à résoudre). — 1. — Par deux points donnés faire passer une circonf. tangente à une circonf. donnée.

II. — Par un point donné faire passer une circonf. tangente à deux circonf. ou bien à une circonf. et à une droite donnée.

III. — Décrire une circonf. d'un rayon donné qui touche deux circonf. ou deux droites ou bien une circonf. et une droite données.

IV. — Décrire une circonf. qui interceptent sur trois droites données 1° des cordes égales à la ligne L; 2° des cordes respectivement égales aux lignes L', L", L".

V. Décrire trois circonf. qui se touchent deux à deux et qui aient pour centres trois points donnés.

VI. — Construire trois angles égaux de même sommet et circonscrits à trois circonf. données.

§. 6. Construction des figures semblables.

Proposition 1. — **Problème**. — Construire un triangle semblable au triangle abc sur le côté $a'b'$ homologue à ab.

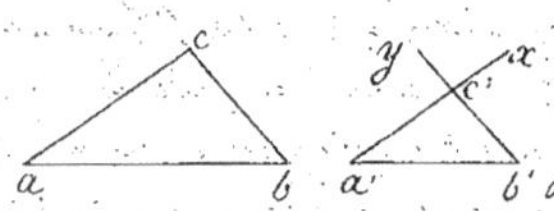

— Aux points a' et b' je fais angle $b'a'x$ = angle a et angle $a'b'y$ = angle b; le triangle $a'b'c'$ est semblable au triangle abc, car ces triangles ont deux angles égaux chacun à chacun.

Prop. 2. — **Problème**. — Construire un polygone semblable au polygone $abcde$ sur le côté $a'b'$ homologue à ab.

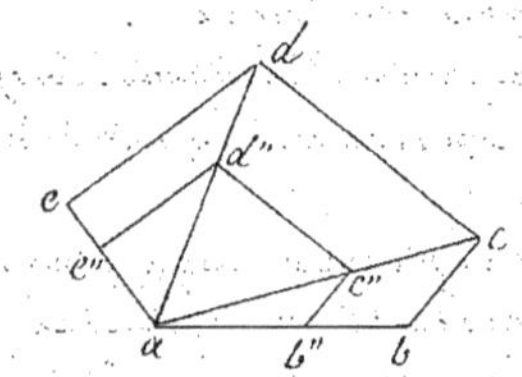

Je tire les diagonales ac, ad; puis, je fais, sur $a'b'$ homologue à ab, le triangle $a'b'c'$ semblable au triangle abc; sur le côté $a'c'$, homologue à ac, le triangle $a'c'd'$ semblable au triangle acd; enfin, sur le côté $a'd'$, homologue à ad, le triangle $a'd'e'$ semblable au triangle ade. — les polygones $abcde$, $a'b'c'd'e'$, composés d'un même nombre de triangles semblables chacun à chacun &c, sont évidemment semblables.

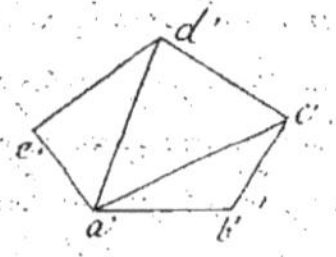

Pour abréger, on peut prendre $ab'' = a'b'$; par b'' mener $b''c''$ parallèle à bc; par c'', la droite $c''d''$ parallèle à cd; enfin par d'' la droite $d''e''$ parallèle à de. — le polygone $ab''c''d''e''$ est celui que l'on cherche, car deux polygones sont semblables quand ils sont composés d'un même nombre de triangles semblables chacun à chacun &c &c.

Prop. 3. — **Problème**. — Déterminer le centre de similitude de deux polygones semblables.

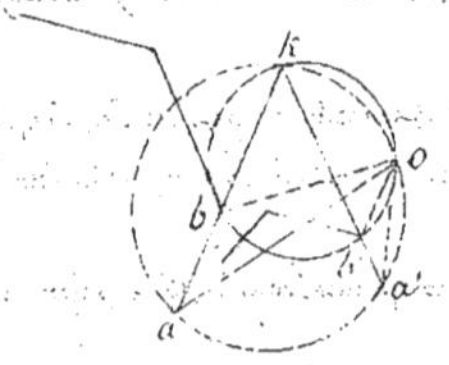

Soient ab, $a'b'$ deux côtés homologues quelconques dans les deux polygones et k leur point de concours. — par les points k, a, a' et par les points k, b, b' je fais passer deux circonf.; leur intersection o est le centre de similitude cherché. — en effet, les angles a, a' sont égaux comme étant inscrits dans le même arc $kaa'o$; les angles $kbo, kb'o$, inscrits dans l'arc $kbb'o$, sont aussi égaux ainsi que leurs suppléments abc, $a'b'o$. — conséquemment, les triangles oab, $oa'b'$ sont semblables et pareillement disposés par rapport aux deux polygones; donc le point o est leur centre de similitude.

Si les côtés homologues ab, $a'b'$ étaient parallèles, de même sens ou de sens contraires, on joindrait les sommets homologues a, a' et b, b'; le point de concours o des droites aa', bb' serait le centre demandé.

Problèmes *(à résoudre)*. — I. — Construire un polygone semblable à un polygone donné et dont le périmètre soit égal à une ligne L.

II. — Construire un triangle semblable à un triangle donné et tel que deux de ses sommets se trouvent sur les côtés d'un angle et le troisième en un point donné.

III. — Inscrire ou circonscrire à une circonf. un triangle semblable à un triangle donné.

§. 7. — Inscription et circonscription des polygones réguliers à la circonférence.

Une droite ab est divisée en moyenne et extrème raison au point c, lorsque le plus grand segment ac est moyen proportionnel entre la ligne ab et le plus petit segment cb; c'est-à-dire, lorsque l'on a $ab : ac :: ac : cb$.

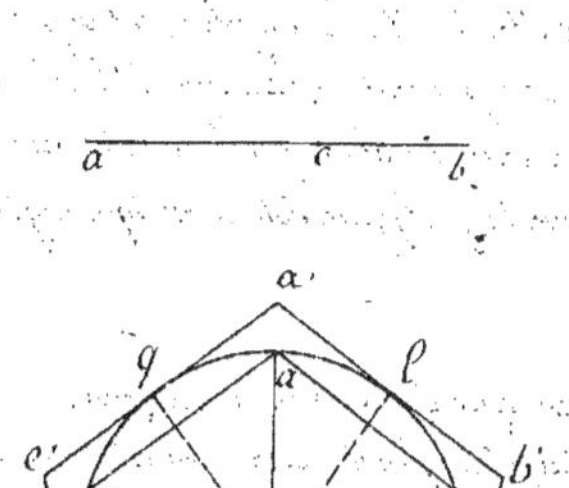

Proposition 1. — Problème. — Étant donné un polygone régulier inscrit $abcde$; circonscrire à cir. oa un polygone régul. d'un même nombre de côtés.

Je tire les rayons oi, om, on,.... perpendicul. sur les côtés ab, bc, cd,.... et les tangentes $a'b'$, $b'c'$, $c'd'$,.... des extrémités l, m, n,....; le polygone circonscrit $a'b'c'd'e'$ est celui qu'on cherche. — en effet, parceque deux angles sont égaux lorsque leurs côtés sont parallèles et de même sens, on a angle $a' =$ angle a, angle $b' =$ angle b, angle $c' =$ angle c,....; mais, par hypothèse, les angles a, b, c,.... sont égaux; donc les angles a', b', c'.... le sont aussi et le polygone équiangle circonscrit $a'b'c'd'e'$ est régulier (pop. 16, pag. 88).

— **Autre solution.** — Je tire les tangentes lm, mn, np.... des sommets a, b, c,....; le polygone circonscrit $lmnpq$ est régulier. — car les arcs ab, bc, cd,...., étant sous-tendus par des cordes égales, sont égaux; donc les angles m, n, p,.... circonscrits à ces arcs, sont aussi égaux.

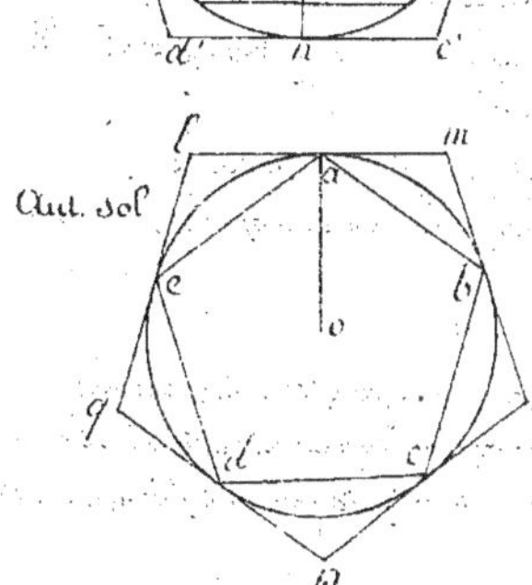

Prop. 2. — Problème. — Étant donné un polyg·ne régul. circonscrit $abcde$, inscrire dans cir. o un polygone régul. d'un même nombre de côtés.

Je joins le centre o aux sommets a, b, c,.... et je tire les cordes $a'b'$, $b'c'$, $c'd'$,....;

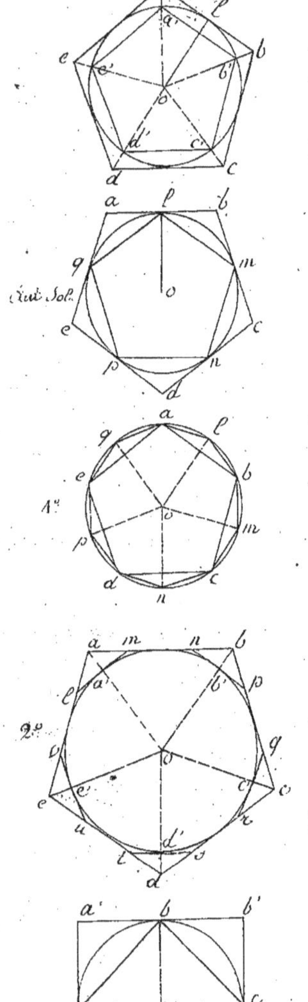

Le polygone inscrit $a'b'c'd'e'$ est celui cherché. — parceque les angles au centre $aob, boc, cod, ...$ sont égaux, les arcs $a'b', b'c', c'd'....$ le sont aussi; donc, les cordes de ces arcs étant égales, le polygone inscrit $a'b'c'd'e'$ est équilatéral et par suite régulier (page 88).

Autre solution. — Je tire les cordes de contact $lm, mn, np, ...$; le polygone inscrit $lmnpq$ est régulier, car les angles égaux : $a, b, c, ...$ sont circonscrits à des arcs égaux $ql, lm, mn, ...$ et partant les cordes de ces arcs sont égales.

Prop. 3. — Problème. — Un polygone régulier étant inscrit ou circonscrit à une circonf., inscrire ou circonscrire un polygone régul. d'un nombre double de côtés.

1°. J'abaisse sur les côtés du polygone régulier inscrit $abcde$, les rayons perpendicul. $ol, om, on, ...$, et j'ai, en tirant les cordes $al, lb, bm, mc, ...$ un polygone inscrit $albmcndpeq$ d'un nombre double de côtés. — De plus, parceque les arcs $al, lb, bm, ...$ sont égaux, le polygone est équilatéral et par suite régulier.

2°. J'unis le centre o aux sommets du polygone régul. circonscrit $abcde$, et en tirant les tangentes $lm, np, qr, ...$ des points $a'b'c', ...$ j'obtiens un polygone circonscrit $lmnpqrstus$ d'un nombre double de côtés. — De plus, les angles $alm, aml, bnp, bpn, ...$, étant chacun le complément de la moitié de l'un des angles du polygone $abcde$, sont égaux entr'eux ainsi que les angles supplémentaires $vlm, lmn, mnp, npq, ...$; donc le polygone obtenu est équiangle et par suite régulier.

Prop. 4. — Problème. — Inscrire un quarré dans une circonférence.

Je tire à volonté deux diamètres ac, bd perpendiculaires l'un à l'autre et j'unis leurs extrémités par les cordes ab, bc, cd, da; le quadrilatère $abcd$ est le quarré inscrit: d'abord, les quatre côtés ab, bc, cd, da sont égaux parcequ'ils sous-tendent des quadrans; en second lieu, chacun des quatre angles dab, abc, bcd, cda est droit parcequ'il est inscrit dans une demi-circonf.

Corol. 1. — Le côté ab du quarré inscrit est égal au rayon oa multiplié par $\sqrt{2}$. — Le triangle rectangle aob donne $ab^2 = oa^2 + ob^2$ ou $ab^2 = 2oa^2$, d'où $ab = oa\sqrt{2}$.

Corol. 2. — Le côté $a'b'$ du quarré circonscrit est égal au diamètre ac.

Scholie. — On peut inscrire et circonscrire à la circonf. les polygones réguliers de 4, 8, 16, 32, ... côtés.

Prop. 5. — Problème. — Inscrire un hexagone régulier dans une circonf.

Je suppose le problème résolu et je représente par ab le côté de l'hexagone cherché; l'angle au centre aob vaut $4^d: 6$ ou $\frac{2}{3}$ d'angle droit; donc, à cause

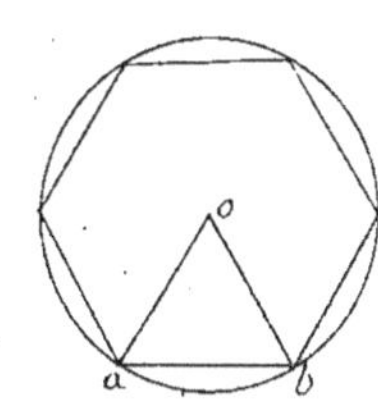

du triangle aob, angle $bao +$ angle $abo = 2 - \frac{2}{3} = \frac{4^D}{3}$, et, comme angle $bao =$ angle abo parceque $oa = ob$, il vient angle $bao =$ angle $abo = \frac{2}{3}$; conséquemment, le triangle aob est équiangle et par suite équilatéral. ainsi, le côté ab de l'hexagone régulier inscrit est égal au rayon oa et on obtiendra cet hexagone en portant le rayon six fois sur la circonf.

Prop. 6. — Problème. — Inscrire un triangle équilatéral dans une circonf.

J'inscris d'abord un hexagone régulier $abcdef$, puis je joins alternative-ment les sommets par les trois cordes ac, ce, ea. — les arcs $ab, bc, cd, \ldots$ étant égaux, les arcs doubles abc, cde, efa le sont aussi ; donc $ac = ce = ea$.

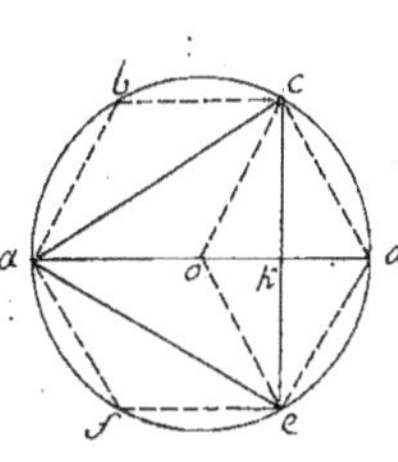

Je remarque que $oc = dc, oe = de$ et que par suite le côté ce est perpen-dicul. sur le milieu du rayon od. — donc, pour inscrire un triangle équilatéral dans une circonf., on peut élever, sur le milieu d'un rayon od, une corde per-pendicul. ce et joindre ses extrémités c et e à l'extrémité a du rayon opposé oa.

Corol. 1. — Le rayon od d'un triangle équilatéral ace est double de son apothème ok.

Corol. 2. — Le côté ac du triangle équilatéral inscrit est égal au rayon oa multiplié par $\sqrt{3}$. — la corde ac étant moyenne proportionnelle entre le diamètre $ad = 2oa$ et le segment $ak = \frac{3}{2} oa$, il vient $ac^2 = 2oa \times \frac{3}{2} oa$ ou $ac^2 = 3oa^2$, d'où $ac = oa\sqrt{3}$.

Scholie. — On peut inscrire et circonscrire à la circonf. les polygones réguliers de $3, 6, 12, 24, \ldots$ côtés.

Prop. 7. — Problème. — Diviser la droite ab en moyenne et extrême raison.

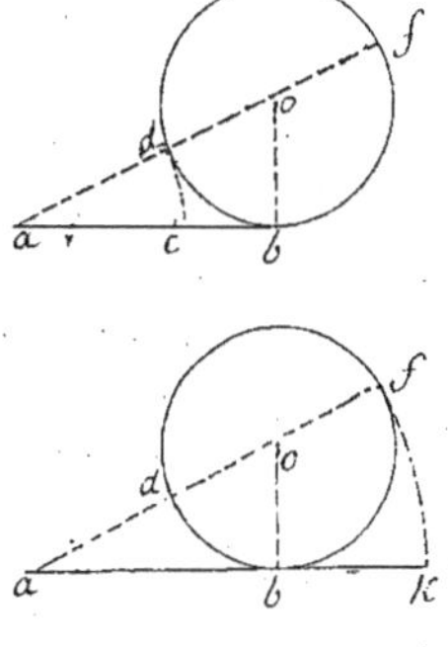

À l'extrémité b de la droite ab je tire une perpendicul. bo égale à $\frac{ab}{2}$; je tire la droite oa qui coupe aux points d et f la circonf. décrite du centre o avec le rayon ob ; enfin, je rabats ad en ac au moyen de l'arc dc ; le point c est celui demandé. — en effet, à cause de la tangente ab, on a $ad : ab :: ab : af$, d'où l'on déduit $ab - ad : ad :: af - ab : ab$; mais $ad = ac, ab - ad = bc$ et, parceque $ab = 2ob = df, af - ab = ad = ac$; donc $bc : ac :: ac : ab$.

Scholie. — Parceque $ob = \frac{ab}{2}$, on a $ac = ao - \frac{ab}{2}$; mais le triangle rectangle aob fournit $ao^2 = ab^2 + \frac{ab^2}{4} = \frac{5}{4} ab^2$, d'où $ao = \frac{ab}{2}\sqrt{5}$; donc $ac = \frac{\sqrt{5}-1}{2} \cdot ab$.

Réciproque. — Étant donné le plus grand segment ab d'une droite divisée en moyenne et extrême raison, retrouver cette droite.

On fait les mêmes constructions que précédemment et on rabat af en ak à l'ai-de de l'arc fk. — la droite ak est celle demandée. — en effet, on a $ad : ab :: ab : af$; mais $ad = af - df = ak - ab = bk$; donc $bk : ab :: ab : ak$.

Scholie. — On a $ak = ao + \frac{ab}{2}$ ou $ak = \frac{\sqrt{5}+1}{2} \cdot ab$.

Prop. 8. — Problème. — Inscrire un décagone régulier dans une circonf.

Je suppose le problème résolu et je représente par ab le côté du décagone cherché. — L'angle au centre aob vaut $4^D : 10$, c'est-à-dire, $\frac{4}{10}$ ou $\frac{2}{5}$ d'angle droit; il s'ensuit, à cause du triangle abo, angle bao + angle $abo = 2 - \frac{2}{5} = \frac{8^D}{5}$; et, comme angle bao = angle abo parce que $oa = ob$, il vient angle bao = angle abo = $\frac{4}{5}$, en sorte que chacun des angles à la base ab du triangle aob est double de l'angle au sommet o. — conséquemment, si l'on tire la bissectrice bk de l'angle abo, on a angle kbo = angle o d'où résulte $ok = bk$, et, parce que l'angle akb est extérieur au triangle okb, angle $akb = \frac{2}{5} + \frac{2}{5} = \frac{4}{5}$ = angle bao, d'où suit $bk = ab$; donc aussi $ok = ab$. — actuellement, à raison de la bissectrice bk, on a $ak : ok :: ab : ob$ ou bien $ak : ok :: ok : oa$. — ainsi, le côté ab du décagone régulier inscrit est égal au plus grand segment ok du rayon oa divisé en moyenne et extrême raison. — pour décrire ce décagone, il faudra donc porter ce plus grand segment dix fois sur la circonf.

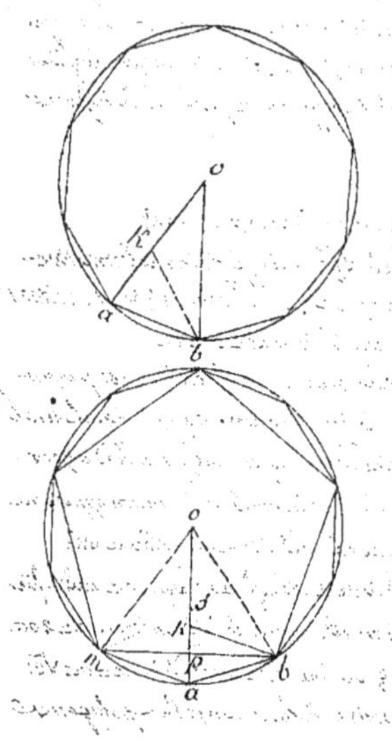

Corol. 1. — Pour inscrire un pentagone régulier dans une circonf, on y inscrit d'abord un décagone régulier et on joint ensuite les sommets alternativement.

Corol. 2. — La différence des quarrés des côtés bm et ab des pentagone et décagone régul. inscrits dans une même circonf, est égale au quarré du rayon oa. — soit s le milieu du rayon oa; il vient $sa = \frac{ok + ka}{2} = \frac{ab}{2} + pa$ et par suite $sp = \frac{ab}{2}$; or, en vertu de la prop. 7 page 61, le quadrilatère $omab$ fournit $2\,ob^2 + 2\,ab^2 = bm^2 + oa^2 + 4 \cdot \frac{ab^2}{4}$, égalité qui se réduit à $oa^2 + ab^2 = bm^2$ ou bien à $bm^2 - ab^2 = oa^2$.

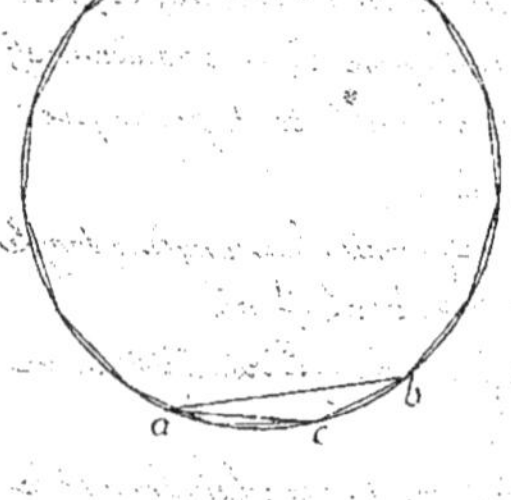

Scholie. — On peut inscrire et circonscrire à la circonf. les polygones réguliers de $5, 10, 20, 40, \ldots$ côtés.

Prop. 9. — Problème. — Inscrire un pentédécagone régul. dans une circonf.

Soient ab et ac les côtés des hexagone et décagone réguliers inscrits. — on a arc bc = arc ab - arc ac = $\frac{cir}{6} - \frac{cir}{10} = \frac{5\,cir - 3\,cir}{30} = \frac{cir}{15}$. — Donc la corde bc est le côté du pentédécagone cherché; et, pour le construire, il faut porter cette corde quinze fois sur la circonf.

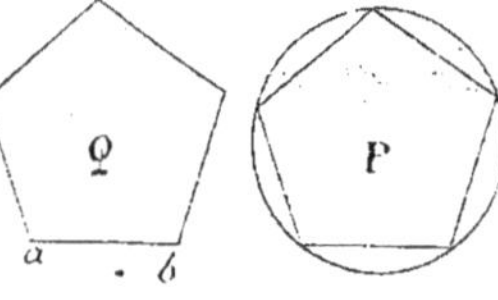

Scholie. — On peut inscrire et circonscrire à la circonf. les polygones réguliers de $15, 30, 60, 120, \ldots$ côtés.

Prop. 10. — Problème. — Construire, sur le côté ab, un polygone régul. d'une espèce donnée.

On inscrit dans une circonf. quelconque un polygone régul. P de l'espèce donnée; on construit ensuite, sur le côté ab, un polygone Q semblable à P.

Scholie. — L'inscription dont il s'agit ne peut se faire rigoureusement que dans le cas où le nombre des côtés du polygone est égal à l'un des nombres $1, 3, 5, 15$ multiplié par une puissance de 2.

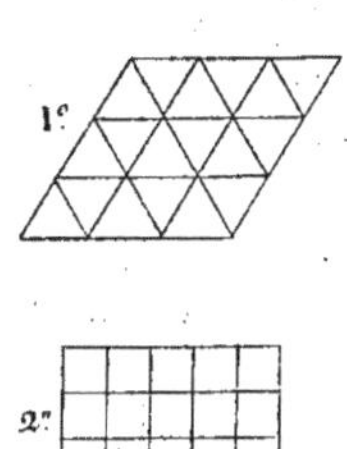

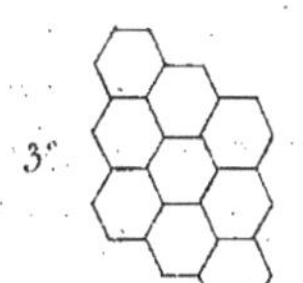

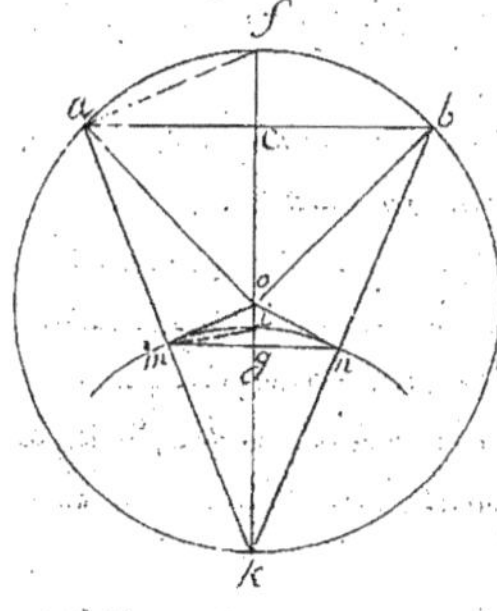

Prop. 11. — Problème. — Recouvrir un plan avec des polygones régul. égaux.

Supposons que l'on puisse assembler exactement, autour d'un point sur un plan, m polygones régul. égaux de n côtés ; l'angle de chaque polygone valant $2\left(\frac{n-2}{n}\right)$, on a $\frac{2(n-2)}{n} m = 4^D$, d'où $m = \frac{2n}{n-2}$ et $m = 2 + \frac{4}{n-2}$; comme m est un nombre entier, il faut que le dénominateur $n-2$ soit égal à l'un des diviseurs 1, 2, 4 du numérateur 4 ; il vient donc $n-2 = 1$, $n-2 = 2$ ou $n-2 = 4$, d'où l'on déduit $n = 3$, $n = 4$, $n = 6$; les valeurs correspondantes de m sont $m = 6$, $m = 4$, $m = 3$. — ainsi, on ne peut recouvrir un plan avec des polygones régul. égaux que de trois manières ; savoir, en assemblant autour d'un point : 1°. 6 triangles équilatéraux ; 2°. 4 quarrés ; 3°. 3 hexagones réguliers.

Scholie. — On peut encore recouvrir un plan en assemblant autour d'un point : un triangle équilatéral et deux dodécagones réguliers ; un quarré et deux octogones régul., un décagone et deux pentagones réguliers ; un triangle équilatéral, un décagone et un pentédécagone réguliers ; &c.

§. 8. — Détermination du rapport de la circonf. au diamètre.

Deux figures quelconques sont dites isopérimètres lorsqu'elles ont le même contour.

Proposition 1. — Problème. — étant donné l'apothême oc et le rayon oa d'un polygone régulier, déterminer l'apothême et le rayon d'un polygone régul. d'un nombre double de côtés.

Je prolonge l'apothême oc jusqu'au point k de cir. oa, j'abaisse les perpendicul. om, on sur les cordes ka, kb et je tire mn. — parceque $km = \frac{ka}{2}$, $kn = \frac{kb}{2}$, la droite mn est parallèle à ab et par suite $mn = \frac{ab}{2}$; Donc mn est le côté du second polygone. — l'angle au centre aob, mesuré par l'arc afb, est double de l'angle inscrit akb, mesuré par $\frac{1}{2}\,afb$; et, comme l'angle aob est égal à 4^D divisés par le nombre des côtés du polygone donné ; l'angle mkn est contenu dans 4^D autant de fois que le second polygone a de côtés ; conséquemment ky et km sont l'apothême et le rayon de ce dernier polygone. — maintenant à cause que mn est parallèle à ab, $kg = \frac{kc}{2}$ ou $kg = \frac{oc+oa}{2}$, et, à cause que le triangle kmo est rectangle en m, $ky : km :: km : ko$ ou oa, d'où $km = \sqrt{oa \times kg}$.

Corol. 1. — Parceque $kg = gc$, il vient apot. $ky >$ apot. oc, et, parceque perp. km est $<$ obl. ko, rayon $km <$ rayon oa.

Corol. 2. — La différence $km - kg$ du rayon et de l'apothême d'un poly. régul. est moindre que le quart de la différence $oa - oc$ du rayon et de l'apothême du poly. régu. isopérimètre d'un nombre sous-double de côtés. — Les angles imn, imo, ayant pour mesures $\frac{1}{2}$ arc in et $\frac{1}{2}$ arc im, sont égaux et y ayant $ig : io :: mg : mo$; or, perp. mg

est $<$ obl. mo; donc ig est $<$ io et parconséquent ig est $< \frac{oq}{2}$. — mais, parceque og et fc sont des lignes homologues par rapport aux triangles semblables omk, fak; il vient $og = \frac{fc}{2}$; donc on a $ig < \frac{fc}{2}$ ou bien $km - kg < \frac{1}{2}(oa - oc)$.

Prop. 2. — *Problème.* Trouver le rapport de la circonf. au diamètre.

Soient r' et R' l'apothème et le rayon du quarré dont le côté $= 1$ et dont le périmètre est 4; r'' et R'', r''' et R''', r^{IV} et R^{IV}.... les apothèmes et les rayons des polygones régul. isopérimètres de 8, 16, 32, ... côtés. — on a la suite

$$r'=\tfrac{1}{2},\quad R'=\sqrt{\tfrac{1}{4}+\tfrac{1}{4}}=\sqrt{\tfrac{1}{2}},\quad r''=\tfrac{r'+R'}{2},\quad R''=\sqrt{R'r''},\quad r'''=\tfrac{r''+R''}{2},\quad R'''=\sqrt{R''r'''},\ \ldots\ (1)$$

et le tableau ci-contre où les calculs ont été poussés jusqu'à la sixième décimale. — les différences $R'-r'$, $R''-r''$, $R'''-r'''$, ..., étant chacune moindre que le quart de la précédente, décroissent plus rapidement que les termes de la progression géométrique qui a pour premier terme $\frac{1}{2} - \sqrt{\tfrac{1}{2}}$ et pour raison $\frac{1}{4}$; de sorte qu'en prolongeant la suite (1), ces différences deviennent aussi petites qu'on le veut.

En désignant généralement par r et R l'apothème et le rayon de l'un des polygones dont il s'agit, les circonf. inscrite et circonscrite sont exprimées par $2\pi r$ et $2\pi R$, et, comme elles sont l'une intérieure et l'autre extérieure au polygone, on a $2\pi r < 4$ et $2\pi R > 4$, d'où résulte $\pi < \frac{2}{r}$ et $\pi > \frac{2}{R}$; conséq.^{t} si l'on représente par e l'erreur commise lorsqu'on pose $\pi=\frac{2}{r}$ ou $\frac{2}{R}$, il vient $e < \frac{2}{r} - \frac{2}{R}$ ou bien $< \frac{2(R-r)}{Rr}$; mais, parceque R est $> r$ et $r > \frac{1}{2}$, Rr est $> \frac{1}{4}$ et par suite $e < 8(R-r)$. — on voit que, si la différence $R-r$ est moindre qu'une unité décimale du $m+1^{ième}$ ordre, la valeur de π, ainsi trouvée, sera exacte jusqu'à la $m^{ième}$ décimale. — pour le polygone de 2048 côtés par exemple, $R-r$ étant $< 0{,}000001$, il vient, à $0{,}00001$ près,

$$\pi = \frac{2}{0{,}636619} = 3{,}14159\ldots$$

En remarquant que $\frac{1}{2}$ est moyen arithmétique entre 0 et 1 et que $\sqrt{\tfrac{1}{2}}$ est moyen proportionnel entre 1 et $\frac{1}{2}$, on a donc la règle qui suit:

Pour calculer le rapport π jusqu'à la $m^{ième}$ décimale, former une suite de nombres commençant par 0 et 1 et tel que chacun, à partir du troisième, soit alternativement moyen arithmétique et moyen proportionnel entre les deux précédens; prolonger cette suite jusqu'à ce que vous obteniez deux termes consécutifs qui s'accordent dans les $m+1$ premières décimales; divisez le nombre 2 par l'un de ces termes et poussez le quotient jusqu'à la $m^{ième}$ décimale; ce quotient sera le rapport cherché.

Scholie. 1. — Les termes de la suite (1) convergent vers le rayon x de la circonf. égale à 4. — Parceque $2\pi x = 4$, il vient $2\pi x > 2\pi r$ et $2\pi x < 2\pi R$ ou bien $x > r$ et $x < R$; ainsi, le rayon x est compris entre r et R, et, comme la différence $R-r$ tend vers 0 à mesure que le nombre des côtés augmente, les nombres croissans r', r'', r'''... convergent vers x ainsi que les nombres décroissans R', R'', R'''..... — en appelant r et R, les termes qui suivent r et R, on a $x > r$, et $x < R$, ou bien $x > \frac{r+R}{2}$ et $x < \sqrt{Rr}$; on

Périmètre = 4.		
Nombre des côtés	Valeur de r	Valeur de R
4	0,500000	0,707106
8	0,603553	0,653281
16	0,628417	0,640728
32	0,634573	0,637643
64	0,636108	0,636875
128	0,636491	0,636683
256	0,636587	0,636635
512	0,636611	0,636623
1024	0,636617	0,636620
2048	0,636619	0,636619

déduit de la première égalité $x-r > R-x$ et de la seconde $\frac{x}{r_1} < \frac{R}{x}$ ou $\frac{x-r_1}{r_1} < \frac{R-x}{x}$ ou bien, parce que r_1 est $< x$, $x-r_1 < R-x$; on voit que les différences entre le rayon x et les termes de la suite (1) sont numériquement de plus en plus petites.

Scholie 2. — La somme des côtés du triangle équilatéral et du quarré inscrits dans un cercle est sensiblement égale à la moitié de la circonférence. — Soient a et b ces côtés et R le rayon; on a $a = R\sqrt{3}$, $b = R\sqrt{2}$ et $a+b = (\sqrt{3}+\sqrt{2})R$; mais $\sqrt{3}+\sqrt{2} = 3,146\ldots$; donc, à un $\frac{1}{9}$ ou $\frac{1}{10}$ de R près, $a+b = \pi R$.

§. 9. — Circonf. tangente à trois circonférences données.

Proposition 1. — Problème. — Trouver par rapport à une circonf.: 1° la polaire d'un point donné. — 2° le pôle d'une droite donnée.

1° Par le point donné o je tire arbitrairement deux droites ab, cd; puis, les cordes ac et bd, bc et ad que je prolonge jusqu'aux points p et q; la droite pq est la polaire cherchée (page 81). — quand le point o est extérieur, on obtient plus simplement sa polaire en construisant la corde de contact mn des tangentes om, on issues de ce point.

2° Pour déterminer le pôle d'une droite xy, on cherche le point de concours o des polaires ab, cd de deux points quelconques s et t de cette droite. — lorsque la ligne xy est sécante il est plus simple de mener les tangentes mq, no des points d'intersection m, n, lesquelles se coupent au point cherché o.

Prop. 2. — Problème. — Trouver l'axe radical de deux circonf.

Si les circonf. sont tangentes ou sécantes, la tangente ou la corde commune est l'axe radical cherché. — si elles sont extérieures, on obtient cet axe en unissant les milieux de deux tang. com. — enfin, si elles sont intérieures, on décrit à volonté une circonf. qui les coupe l'une et l'autre et du point de concours des deux cordes communes on abaisse sur la ligne des centres une perpendicul., c'est l'axe demandé.

Scholie. — Pour déterminer le centre radical de trois circonf. c, c', c'', on cherche le point où se coupent les axes radicaux des circonf. c et c' et des circonf. c et c''.

Prop. 3. — Problème. — Trouver les axes de similitude de trois circonf.

Je tire à volonté trois diamètres parallèles aa', bb', cc'; je tire ensuite les droites ab et $a'b'$, ab' et $a'b$, ac et $a'c'$, ac' et $a'c$ qui se coupent, deux à deux, en m, m', n et n'. — la droite mn est l'axe de similitude directe des trois circonf., les droites $m'n'$, mn' et $m'n$ sont les trois axes de similitude inverse.

Prop. 4. — Problème. — Décrire une circonf. tangente à trois circonf. données $a a' a''$, $b b' b''$, $c c' c''$.

Ce problème est susceptible de huit solutions : les circonf. données peuvent être touchées toutes trois extérieurement ou toutes trois intérieurement; chacune aussi peut être touchée extér. et les deux autres intér. ou bien être touchée intérieurement et les deux autres extér. — on désignera sous le nom de circonf. conjuguées celles qui déterminent sur chacune des trois circonf. données un contact extér. et un contact intér.; les huit circonf. sont évidemment conjuguées deux-à-deux.

Considérons les deux circonf. conjuguées abc, $a'b'c'$ qui touchent les trois circonf. $aa'a''$, $bb'b''$, $cc'c''$ l'une extér. en a, b, c et l'autre intérieur. en a', b', c'. — les points de contact a et a', étant le centre de similitude inverse de $aa'a''$, abc et le centre de similitude dir. de $aa'a''$, $a'b'c'$, la droite aa' doit passer par le centre de similitude inv. de abc, $a'b'c'$; par des raisons semblables, les droites bb', cc' doivent aboutir au même point. — prolongeant aa' en s et bb' en t, les droites os et va', ot et ob' sont des rayons homologues de simili. inv. par rapport à abc, $a'b'c'$; on a donc $os: va :: ot: ob'$; mais, parceque as, bt sont deux cordes de abc, on a aussi $os: ob :: ot: oa$ et par suite $oa:ob :: ob':va$ ou $oa \times va = ob \times ob'$. — on prouverait de même que $ob \times ob' = oc \times oc'$. — delà résulte que les trois cordes de contact aa', bb', cc' concourent au centre radical des trois circonf. données $aa'a''$, $bb'b''$, $cc'c''$.

La droite ab, passant par les centres a, b de simil. inv. de $aa'a''$, abc et de $bb'b''$, abc, contient le centre de simil. dir. de $aa'a''$, $bb'b''$; la droite $a'b'$ jouit de la même propriété. — Donc ce dernier centre est le point m. — pareillement, m', m'' sont les centres de simil. dir. de $bb'b''$, $cc'c''$ et de $cc'c''$, $aa'a''$. — en conséquence, la droite $m'mm''$ est l'axe de simil. dir. des trois circonf. $aa'a''$, $bb'b''$, $cc'c''$. — cette même droite est aussi l'axe radical des circonf. conj. abc, $a'b'c'$. — les quatre points a, a', b, b', en vertu de la relation $oa \times va = ob \times ob'$, appartenant à une même circonf., on a en effet $ma \times mb = ma' \times mb'$ et on établirait de même que $m'b \times m'c = m'b' \times m'c'$ et $m''c \times m''a = m''c' \times m''a'$. — enfin, parceque les tangentes des points a et a' sont les axes radicaux de $aa'a''$ combinée avec abc et $a'b'c'$, elles doivent se couper en un point x de $m'mm''$; le pôle p de $m'mm''$, par rapport à $aa'a''$, est parconséquent situé sur la polaire aa' de ce point; les pôles p', p'' de la même droite, par rapport à $bb'b''$ et $cc'c''$ se trouvent également situés sur les droites bb' et cc'. — on peut donc conclure que les pôles p, p', p'' de l'axe $m'mm''$ de simil. directe des trois circonf. $aa'a''$, $bb'b''$, $cc'c''$, par rapport à chacune d'elles, sont placés respectivement sur les trois cordes aa', bb', cc'.

Ainsi, pour déterminer les circonf. conj. abc, $a'b'c'$ ou ce qui revient au même, les six points de contact a, b, c, et a', b', c', il faut: 1º construire l'axe $m'mm''$ de simil. dir. des trois circonf. données $aa'a''$, $bb'b''$, $cc'c''$; 2º chercher les pôles p, p', p'' de cet axe par rapport à chacune d'elles; 3º joindre ces trois pôles au centre radical o des mêmes circonf. par les droites op, op', op''. — En substituant à l'axe de simil. dir. tour à tour, chacun des trois axes de simil. inv., on obtiendra les trois autres couples de circonf. conjuguées.

Scholie. — Les lignes des centres, dans les quatre couples de circonf. conjuguées, concourent au centre radical des trois circonf. données.

3ᵉ SECTION.

Les Surfaces planes.

§ 1. — Mesure des aires planes.

I. — Mesurer une surface, c'est l'exprimer numériquement en la comparant à une autre surface prise arbitrairement pour unité.

Le rapport d'une surface à l'unité de superficie s'appelle aire.

II. On prend généralement pour unité superficielle le quarré qui a pour côté l'unité de longueur. — Ainsi, selon que l'unité linéaire est le mètre, la toise, &c., l'unité de superficie est le mètre quarré, la toise quarrée, &c.

Les sub-divisions du mètre quarré sont le décimètre quarré, le centimètre quarré, le millimètre quarré,...... le mètre quarré vaut 100 décimètres quarrés; car, si après avoir divisé deux côtés adjacens chacun en 10 parties égales ou décimètres, on mène par les points de division du premier des parallèles au second et par les points de division du second des parallèles au premier, le mètre quarré se trouve décomposé en 10×10 ou 100 petits quarrés d'un décimètre de côté. — On prouve de même que le décimètre quarré vaut 100 centimètres quarrés, que le centimètre quarré vaut 100 millimètres quarrés, &c.

De là résulte que 1 déc. q = $0^{m,q}01$, 1 cmt. q. = $0^{m,q}0001$, &c; il faut donc bien se garder de confondre $1^{d,q}$ avec $0^{m,q}1$, $1^{c,q}$ avec $0^{m,q}01$, &c.

Les sub-divisions de la toise quarrée sont le pied quarré, le pouce quarré, la ligne quarrée,....; par un raisonnement semblable au précédent, on fait voir que $1^{t,q} = 36^{p,q}$, $1^{p,q} = 144^{p,q}$, $1^{p_o} = 144^{l,q}$, &c.

III. Deux figures sont équivalentes lorsqu'elles ont la même aire. — Deux figures égales sont toujours équivalentes, mais deux figures équivalentes ne sont pas généralement égales. — Un triangle, par exemple, ne saurait être égal à un quarré, mais il peut lui être équivalent.

IV. La hauteur d'un parallélog. abcd est la distance mn de deux côtés parallèles ab, cd pris pour bases. — Les côtés adjacens pq, ps d'un rectangle pqrs, c'est-à-dire, sa base et sa hauteur prennent le nom de dimensions.

V. La hauteur d'un triangle abc est la perpendicul. cd abaissée de l'un des sommets c sur le côté opposé ab ou sur son prolongement. — Le côté ab s'appelle alors base.

VI. La hauteur d'un trapèze abcd est la distance mn des deux côtés

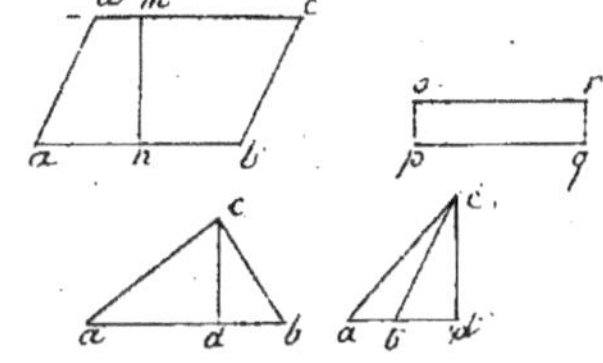

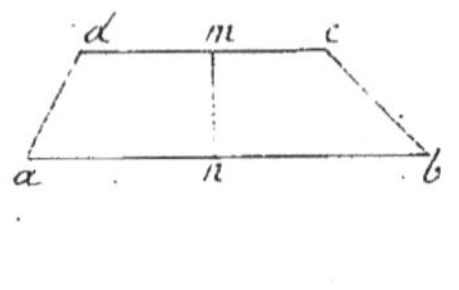

parallèles ou bases ab, cd.

(Proposition 1. — Théorème. — Deux rectangles bd et cd, de même base ad sont entr'eux comme leurs hauteurs ab et ac.

1° Si les hauteurs ab, ac sont commensurables, supposons que leur p.g.c. mesure soit contenue 5 fois dans ab et 3 fois dans ac, de manière que l'on ait ab : ac :: 5 : 3. — les perpendicul. tirées des points de division sur ab, étant parallèles et égales à la base ad, décomposent le rectangle bd en 5 petits rectangles égaux entr'eux; et, comme le rectangle cd en contient trois, il vient rect. bd : rect. cd :: 5 : 3. — Donc, à cause du rapport commun, rectangle bd : rect. cd :: ab : ac.

2° Si les hauteurs ab, ac sont incommensurables, on a encore rectangle bd : rect. cd :: ab : ac. — Supposons qu'il n'en soit pas ainsi et que l'on ait rect. bd : rect. cd :: ab : am; divisons ab en parties égales moindres chacune que cm, en sorte qu'il tombe au moins un point de division k entre c et m; puis tirons kp parallèle à ad; parceque les hauteurs ab, ak sont commensurables, il vient rect. bd : rect. kd : ab : ak; or, de ce que cette proportion et la précédente ont les mêmes antécédens, il résulte celle-ci : rectang. cd : rect. kd :: am : ak, laquelle est fausse puisque rect. cd est ⟨ rect. kd tandis que am est ⟩ ak. — donc la proportion rect. bd : rect. cd :: ab : ac est exacte.

Scholie. — Deux rectangles bd et cd, de même hauteur ad, sont entr'eux comme les bases ab et ac.

Prop. 2. — Théorème. — Deux rectangles quelconques R et R' sont entr'eux comme les produits $b \times h$, $b' \times h'$ des bases par les hauteurs.

Si l'on construit un troisième rectangle R" de même hauteur h que le rect. R et de même base b' que le rect. R', on a R : R" :: b : b', R" : R' :: h : h' et, en multipliant ces proportions, $R \times R" : R" \times R' :: b \times h : b' \times h'$; divisant les deux premiers termes par R", il vient R : R' :: $b \times h : b' \times h'$.

Prop. 3. — Théorème. — L'aire d'un rectangle R est égale au produit $b \times h$ de sa base par sa hauteur.

En comparant le rect. R au quarré Q construit sur le côté k, on a R : Q :: $b \times h : k \times k$ d'où $\frac{R}{Q} = \frac{b}{k} \times \frac{h}{k}$. — maintenant, si l'on suppose que le côté k soit égal à l'unité linéaire et si l'on convient de prendre pour unité superficielle le quarré Q, le rapport $\frac{R}{Q}$ exprime l'aire du rect. R et les rapports $\frac{b}{k}$, $\frac{h}{k}$ ne sont autre chose que la base b et la hauteur h considérées comme deux nombres abstraits. — conséquemment aire R = $b \times h$.

Scholies. 1. — Soient $b = 5^m,4$, $h = 3^m,21$. — on a $R = 5,4 \times 3,21 = 17^{mq}334$.

11. — L'aire du quarré construit sur le côté c est exprimée par $c \times c$ ou par c^2, c'est-à-dire, par la deuxième puissance du côté. — voilà pourquoi on donne à la deuxième puissance d'une quantité le nom de quarré.

111. — Le côté x du quarré équivalent à une figure donnée est égal à la racine quarrée de l'aire A de cette figure. — car on a $x^2 = A$ d'où $x = \sqrt{A}$.

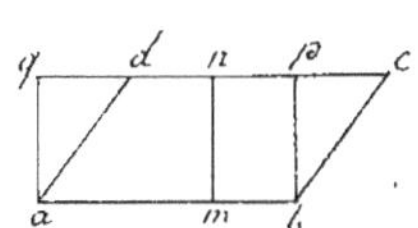

Prop. 4. — Théorème. — L'aire d'un parallélogramme $abcd$ est égale au produit $ab \times mn$ de sa base par sa hauteur.

Soit construit un rect. $abpq$ sur la base ab et la hauteur mn. — on a paral. $abcd$ = trap. $abcq$ − triang. adq et rect. $abpq$ = trap. $abcq$ − triang. bcp; mais triang. adq = triang. bcp, parce que hyp. ad = hyp. bc et $aq = bp$; donc paral. $abcd$ = rect. $abpq$. — et comme rect. $abpq$ = $ab \times mn$, il vient aussi paral. $abcd$ = $ab \times mn$.

Corol. — 1re. — Deux parallélog. sont équivalens lorsqu'ils ont même base et même hauteur et plus généralement lorsque les produits des bases par les hauteurs sont égaux.

2°. — Deux parallélog. sont entr'eux comme les produits des bases par les hauteurs.

3°. — Deux parallélog., de même base, sont entr'eux comme les hauteurs.

4°. — Deux parallélog., de même hauteur, sont entr'eux comme les bases.

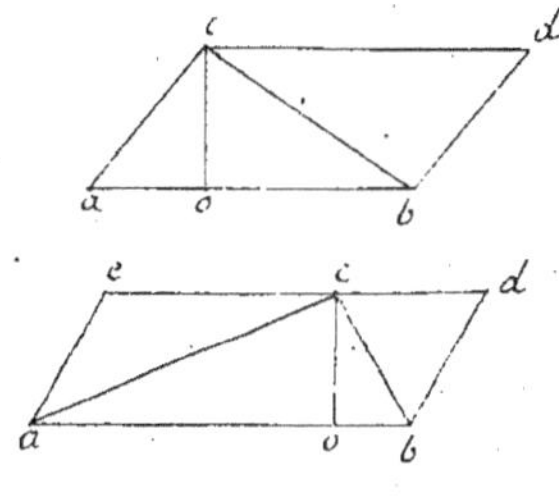

Prop. 5. — Théorème. — L'aire d'un triangle abc est égale à la moitié du produit de sa base ab par sa hauteur co.

Soit construit, sur les côtés ab et ac, le parallélog. $abdc$. — parce que bc est commun et que $ab = cd$ et $ac = bd$, il vient triang. abc = triang. cbd et partant triang. $abc = \frac{1}{2}$ par. $abdc$; mais par. $abdc = ab \times co$; donc triang. $abc = \frac{ab \times co}{2}$.

Corol. 1. — Tout triangle abc est la moitié du parallélog. $abdc$, de même base ab et de même hauteur co. — car triang. $abc = \frac{ab \times co}{2}$, tandis que paral. $abdc = ab \times co$.

Corol. 2. — 1° Deux triangles sont équivalens lorsque les produits des bases par les hauteurs sont égaux.

2°. Deux triangles sont entr'eux comme les produits des bases par les hauteurs.

3°. Deux triangles, de même base, sont entr'eux comme les hauteurs.

4°. Deux triangles, de même hauteur, sont entr'eux comme les bases.

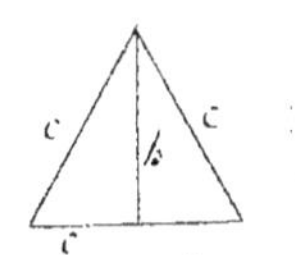

Scholie. — Soient A et h l'aire et la hauteur du triangle équila-téral construit sur le côté c. — on a $h^2 = c^2 - \frac{c^2}{4} = \frac{3}{4} c^2$, d'où $h = \frac{c}{2} \sqrt{3}$; ainsi $A = \frac{1}{2} c \times \frac{c}{2} \sqrt{3} = \frac{c^2}{4} \sqrt{3}$.

Prop. 6. — Théorème. — Deux triangles abc, $ab'c'$, qui ont un angle égal a, sont entr'eux comme les produits $ab \times ac$, $ab' \times ac'$ des côtés qui le comprennent.

Parceque les triangles abc, acb' ont pour hauteur commune la distance du point c à la ligne ab, on a $abc : acb' :: ab : ab'$. — parceque les triangles acb', $ab'c'$ ont pour hauteur commune la perpendicul. abaissée du sommet b' sur ac, il vient aussi $acb' : ab'c' :: ac : ac'$. — multipliant ces proportions et divisant ensuite les deux premiers termes par acb', on trouve $abc : ab'c' :: ab \times ac : ab' \times ac'$.

Scholie. — Cette proportionnalité existe encore quand les angles au sommet a des triangles abc, $ab'c'$ sont supplémentaires.

Prop. 7. — Théorème. — L'aire d'un trapèze $abcd$ est égale à la demi somme de ses bases parallèles ab, cd multipliée par sa hauteur mn.

Car, si l'on tère la diagonale bd, on a triangle $dab = \frac{ab}{2} \times mn$, triang. $bcd = \frac{cd}{2} \times mn$ et, en ajoutant, trap. $abcd = \frac{ab+cd}{2} \times mn$.

Corol. — L'aire du trapèze $abcd$ est aussi égale à sa hauteur mn multipliée par la droite pq qui joint les milieux p, q des côtés convoirans ad, bc. — on a, page 84, $\frac{ab+cd}{2} = pq$; conséquemment, trap. $abcd = pq \times mn$.

Prop. — 8. — Théorème. — L'aire d'un polygone régulier et en général celle de tout polygone circonscriptible est égale à son périmètre multiplié par la moitié du rayon de la circonf. inscrite.

Tirant les rayons ol, om, on, …. des points de contact $l, m, n,$ … et les droites oa, ob, oc, …, on a triangle $oab = ab \times \frac{ol}{2}$, triang. $obc = bc \times \frac{om}{2}$, triang. $ocd = cd \times \frac{on}{2}$, …. et, en ajoutant toutes ces égalités, poly. $abcde = (ab + bc + cd + …) \times \frac{ol}{2}$ ou bien poly. $abcde = $ périmèt. $abcde \times \frac{ol}{2}$.

Scholie. 1. — Si la circonf. était ex-inscrite au polygone $abcde$, on ajouterait les deux premières égalités et on retrancherait ensuite la somme des trois autres. — on trouverait ainsi poly. $abcde = (ab + bc - cd - do - ea) \times \frac{ol}{2}$.

Scholies 1. — L'hexagone régul. construit sur le côté c, étant la somme de 6 triangles équilatéraux de même côté c, vaut $6 \times \frac{c^2}{4}\sqrt{3}$ ou $\frac{3}{2} c^2 \sqrt{3}$.

11. Le dodécagone régulier, inscrit dans cir. R, pouvant se décomposer en 12 triang. qui ont pour base R et pour hauteur $\frac{R}{2}$, est égal à $12\, R \times \frac{R}{4}$ ou bien à $3.R^2$.

Corol. — La somme des perpend. kp, kq, kr, …., abaissées d'un point intérieur k sur les côtés d'un polygone régul. $abcde$, est égale à l'apothème oi multiplié par le nombre des côtés. — les aires des triangles kab, kbc, kcd, …. étant

$$\frac{ab \times kp}{2},\ \frac{bc \times kq}{2},\ \frac{cd \times kr}{2}, \ldots,$$ l'aire du polyg. abcde est exprimée par $\frac{ab}{2}(kp+kq+kr+\ldots)$; mais cette aire vaut aussi $\frac{5.\,ab \times oi}{2}$; il faut donc que l'on ait $kp + kq + kr + \ldots = 5.\,oi.$

N.B. — Cette propriété curieuse subsiste encore quand le point k est extérieur au polyg., mais alors il faut prendre avec le signe moins les perpend. dirigées de dehors en dedans.

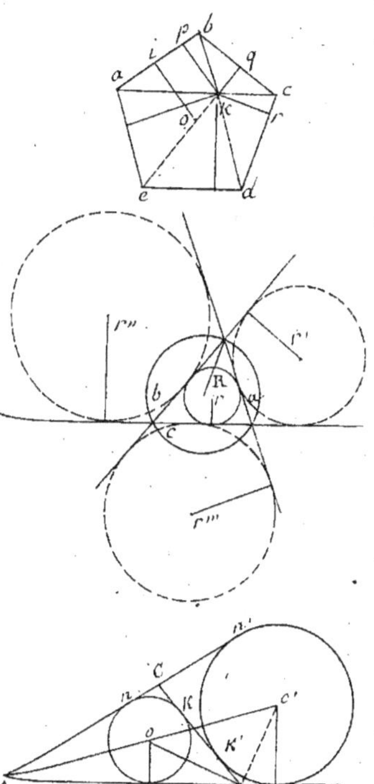

Prop. 9. — Problème. — Trouver en fonction des côtés : 1° l'aire T d'un triangle ; 2° les rayons r, r', r'', r''' des circonf. inscrite et ex-inscrites ; 3° le rayon R de la circonf. circonscrite.

1° Soient $BC = a, AC = b, AB = c.$ — on a, en vertu de la prop. qui précède et du scholie 1,
$$T = \tfrac{1}{2}(a+b+c)r,\quad T = \tfrac{1}{2}(b+c-a)r',\quad T = \tfrac{1}{2}(a+c-b)r'',\quad T = \tfrac{1}{2}(a+b-c)r''';$$
posant $a+b+c = 2p$, d'où, en retranchant successivement $2a, 2b$ et $2c$, $b+c-a = 2(p-a)$, $a+c-b = 2(p-b)$, $a+b-c = 2(p-c)$; il vient :

$$T = pr,\quad T = (p-a)r',\quad T = (p-b)r'',\quad T = (p-c)r'''. \quad (1)$$

Maintenant, parce que les bissectrices Bo, Bo' des angles ABC et CBX sont rectangulaires, l'angle oBm, complémentaire de l'angle $o'Bm'$, est égal à l'angle $Bo'm'$; donc les triangles rect. $Bom, Bo'm'$ sont semblables et partant $om : Bm' :: Bm : o'm'$ d'où $om \times o'm' = Bm \times Bm'.$ — or, $om = r, o'm' = r'$; de plus, à cause que $Am = An, Bm = Bk$ et $Cn = Ck$, $p = AC + Bm$ ou $Bm = p-b$; pareillement, $2p = AB + Bk' + AC + Ck' = Am' + An'$ ou $p = Am'$ et par suite $Bm' = p-c.$ — conséquemment $rr' = (p-b)(p-c).$ — multipliant les deux premières égalités (1), remplaçant rr par la valeur trouvée et extrayant la racine quarrée, il vient $T = \sqrt{p(p-a)(p-b)(p-c)}.$ — ainsi, l'aire d'un triangle est égale à la racine quarrée du produit de son demi-périmètre p par les excès $p-a, p-b, p-c$ de ce demi périmètre sur chacun des trois côtés.

2° Tirant les valeurs de r, r', r'', r''' dans les égalités (1) et substituant à T sa valeur, on trouve :
$$r = \sqrt{\frac{(p-a)(p-b)(p-c)}{p}},\quad r' = \sqrt{\frac{p(p-b)(p-c)}{p-a}},\quad r'' = \sqrt{\frac{p(p-a)(p-c)}{p-b}},\quad r''' = \sqrt{\frac{p(p-a)(p-b)}{p-c}}.$$

3° En désignant par h la hauteur relative au côté a, on a, page 83, $h \times 2R = b \times c$; multipliant par a et remplaçant $a \times h$ par $2T$, il vient $4\,T \times R = a \times b \times c$, d'où
$$R = \frac{abc}{4\sqrt{p(p-a)(p-b)(p-c)}}.$$

Corol. — L'aire d'un triangle est égale à la racine quarrée du produit des quatre rayons des circonf. inscrite et ex-inscrites. — en multipliant les quatre équations (1) et en observant que $T^2 = p(p-a)(p-b)(p-c)$, il vient $T^4 = r r' r'' r'''$ d'où $T = \sqrt{r r' r'' r'''}.$

Prop. 10. — Problème. — Trouver l'aire d'un polygone donné. — En tirant toutes les diagonales qui aboutissent à un même sommet, on décompose le polygone en autant de triangles qu'il a de côtés moins deux. — la

somme des aires de tous les triangles est l'aire demandée — ainsi:
$$\text{aire } abcde = \frac{ac \times bf}{2} + \frac{ad \times eg}{2} + \frac{ac \times dh}{2}.$$

Dans la pratique, il est plus avantageux de décomposer le polygone en triangles, trapèzes et rectangles, en abaissant des sommets b, c, e, f, ... des perpendicul. sur la plus grande diagonale ad. — en ajoutant les aires de toutes ces figures, on a celle du polygone.

S'il n'est point permis d'entrer dans le polygone, on construit un rect. pqrs qui l'enveloppe de toutes parts. — on détermine l'aire comprise entr'eux, en la divisant en trapèzes et rectangles; on retranche cette aire de celle du rect. pqrs; la différence est évidemment l'aire cherchée.

Prop. 11. — Théorème. — L'aire d'un cercle est égale à sa circonf. multipliée par la moitié du rayon.

Un cercle peut être considéré comme un polygone régul. d'un nombre infini de côtés infiniment petits, de manière que l'apothème et le rayon se confondent. — or, l'aire d'un polygone régul. est égale à son périmètre multiplié par la moitié de l'apothème; donc aussi celle d'un cercle est égale à sa circonf. multipliée par la moitié du rayon. — ainsi, cercle $R = \text{cir. } R \times \frac{R}{2}$.

Corol. — L'aire d'un cercle est égale au rapport de la circonf. au diamètre multiplié par le quarré du rayon. — parceque cir. $R = 2\pi R$, on a cercle $R = 2\pi R \times \frac{R}{2}$ ou cercle $R = \pi R^2$.

Scholies. — 1. — La formule cercle $R = \pi R^2$ sert à calculer l'aire d'un cercle dont le rayon est donné. — on en déduit, pour déterminer le rayon d'un cercle dont on connait l'aire, $R = \sqrt{\frac{\text{cercle } R}{\pi}}$. — ces deux problèmes ne peuvent être résolus qu'approximativement.

11. — On trouve aussi, par le calcul, cercle $R = \left(\frac{\text{cir } R}{2\pi}\right)^2$ et cir $R = 2\sqrt{\pi \text{ cercle } R}$. — la première formule donne le cercle en fonction de la circonf. et la seconde la circonf. en fonction du cercle.

Prop. 12. — Théorème. — L'aire d'un secteur est égale à son arc multiplié par la moitié du rayon.

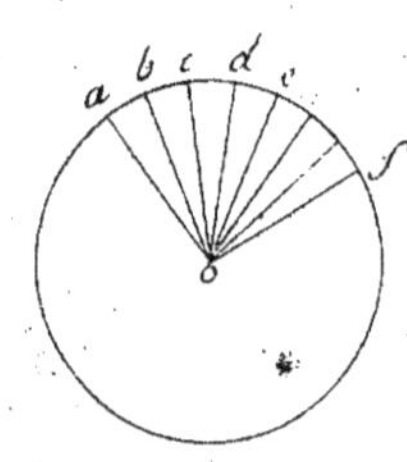

Tout secteur aof peut être décomposé en secteurs aob, boc, cod, ... assez petits pour être regardés comme des triangles ayant pour base les élémens ab, bc, cd, ... de l'arc af et pour hauteur le rayon oa. — donc, l'aire d'un triangle étant égale au produit de sa base par la moitié de sa hauteur, l'aire du secteur aof sera exprimée par la somme des bases ab, bc, cd, ... multipliée par $\frac{oa}{2}$, c'est-à-dire, par arc $af \times \frac{oa}{2}$.

Corol. — Les secteurs d'un même cercle sont entr'eux comme leurs arcs. — on a, sect. $aof = af \times \frac{oa}{2}$, sect. $poq = pq \times \frac{oa}{2}$ et, en divisant, sect. aof : sect. poq :: af : pq.

Scholie. — Soient A et R l'aire et le rayon d'un secteur et m le nombre des grades de son arc. — on a A : cercle R :: m : 400, d'où $A = \frac{\pi R^2 m}{400}$.

Prop. 13. — Problème. — Trouver l'aire d'un segment.

On a seg. $acb = $ sect. $oacb - $ triang. $oab = acb \times \frac{oa}{2} - bk \times \frac{aq}{2}$, bk étant la perpend. abaissée du point b sur oa. — mettant $\frac{oa}{2}$ en facteur, il vient segment $acb = (acb - bk) \times \frac{oa}{2}$. — on démontrerait de même que seg. $ac'b = (ac'b + bk) \times \frac{oa}{2}$.

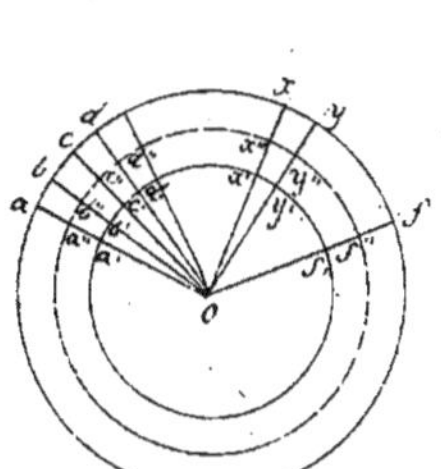

Prop. 14. — Théorème. — L'aire d'un fragment de couronne $aff'a'$ est égale à son épaisseur aa' multipliée par la demi-somme des arcs extrêmes af, $a'f'$ ou par l'arc moyen $a''f''$.

Si l'on décompose le fragment $aff'a'$ en fragmens infiniment petits $abb'a'$, $bcc'b'$, $cdd'c'$, …. en tirant les rayons très voisins ob, oc, od, …. chacun d'eux, par ex. le fragment $xyy'x'$ peut être regardé comme un trapèze ayant pour bases parallèles les petits arcs xy, $x'y'$ et pour hauteur xx' ou aa'; on a conséquemment $xyy'x' = \frac{xy + x'y'}{2} \times aa'$ ou $xyy'x' = x''y'' \times aa'$. — faisant la somme de toutes les expressions semblables et observant que $ab + bc + cd + \cdots = af$, $a'b' + b'c' + c'd' + \cdots = a'f'$, $a''b'' + b''c'' + c''d'' + \cdots = a''f''$, on trouve frag $aff'a' = \frac{af + a'f'}{2} \times aa' = a''f'' \times aa'$.

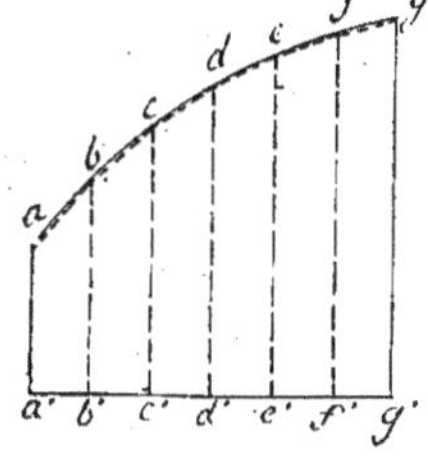

Corol. — L'aire d'une couronne est égale à son épaisseur multipliée par la demi-somme des circonf. limites ou par la circonf. moyenne. — car un fragment se change en couronne quand les arcs extrêmes deviennent des circonf. complètes.

Prop. 15. — Problème. — Trouver l'aire d'une figure $agg'a'$ comprise entre une courbe quelconque ag, une base rectiligne $a'g'$ et deux perpendicul. aa', gg' à cette base.

Divisons la base $a'g'$ en parties égales très petites $a'b'$, $b'c'$, $c'd'$, …. et élevons aux points de division les perpendicul. $b'b$, $c'c$, $d'd$, ….; la figure $agg'a'$ est décomposée en tranches minces qui diffèrent d'autant moins des petits trapèzes $abb'a'$, $bcc'b'$, $cdd'c'$ …. que les points $a, b, c, ….$ sont plus rapprochés. — en faisant la somme de tous ces trapèzes on aura donc par approximation l'aire cherchée. — Supposons, pour fixer les idées, que la base $a'g'$ contienne 6 parties égales. — les aires des 6 trapèzes seront:

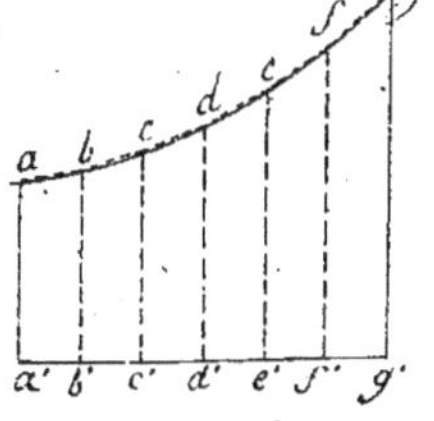

1° $\frac{aa' + bb'}{2} \times \frac{a'g'}{6}$; 2° $\frac{bb' + cc'}{2} \times \frac{a'g'}{6}$; 3° $\frac{cc' + dd'}{2} \times \frac{a'g'}{6}$; 4° $\frac{dd' + ee'}{2} \times \frac{a'g'}{6}$; 5° $\frac{ee' + ff'}{2} \times \frac{a'g'}{6}$; 6° $\frac{ff' + gg'}{2} \times \frac{a'g'}{6}$;

et on aura, $agg'a' = \left[\frac{aa' + gg'}{2} + bb' + cc' + dd' + ee' + ff' \right] \times \frac{a'g'}{6}$. — on voit qu'en général il faut prendre la demi-somme des perpendicul. extrêmes, y joindre la somme de toutes les perpendicul. intermédiaires, multiplier le tout par la base et diviser par le nombre des parties. — L'aire obtenue péchera par défaut ou par excès, selon que la concavité ou la convexité de la courbe sera tournée vers la base.

Autre solution. — Pour obtenir une valeur plus approchée, considérons trois points l, m, n très voisins de la courbe, dont les projections l', m', n' sur la base soient équidistantes; prolongeons mm' de $mx' = mx$ et divisons xx' en un nombre pair de parties égales, par exemple, en six; tirons 1° les droites lx', nx' et par le point y la droite pp' parallèle à ln; 2° les droites $py, p'y'$ et par le point z la droite qq' parallèle à pp'; 3° les droites $qz, q'z'$ et par le point n la droite rr' parallèle à qq'; nous formerons ainsi une ligne brisée $lpqrr'q'p'n$ qui passera par les points l, m, n et dans laquelle on aura, à cause que $xl = xn$, $yp = yp'$; puis $zq = zq'$ et $mr = mr'$. — Lorsque les divisions de xx' sont très nombreuses, les côtés $lp, pq, qr, \dots$ deviennent très petits et la ligne brisée se transforme en une courbe que l'on peut regarder comme se confondant avec la courbe donnée. — Dans cette hypothèse, on peut substituer aux trapèzes $lxyp, pyzq, \dots$ les parallélog. $sxyp, tyzq, \dots$ et, parce que ces parallélog. sont respectivement doubles des triangles $pxy, qyz, \dots$ qui ont même base et même hauteur, il s'ensuit que $lpqrmx = 2\, pqrmx'$ $= \frac{2}{3}$ triang. $lxx' = \frac{2}{3} . mx \times l'm'$, et partant que $lpqrr'q'p'n = \frac{4}{3} . mx \times l'm'$. en observant que trap. $ll'n'n = m'x \times 2\, l'm'$, on a donc $ll'mnn' = [6m'x + 4mx] . \frac{l'm'}{3}$ mais $4m'x + 4mx = 4mm'$, $2m'x = ll' + nn'$; conséquemment $ll'mnn' = [ll' + nn' + 4mm'] . \frac{l'm'}{3}$.

Présentement, on a $aa'c'c = [aa' + cc' + 4bb'] . \frac{a'b'}{3}$, $cc'e'e = [cc' + ee' + 4dd'] . \frac{a'b'}{3}$, $ee'g'g = [ee' + gg' + 4ff'] . \frac{a'b'}{3}$; ajoutant et remarquant que $\frac{a'b'}{3} = \frac{a'g'}{3.6}$, il vient enfin $agg'a' = [aa' + gg' + 2(cc' + ee') + 4(bb' + dd' + ff')] . \frac{a'g'}{3.6}$.

De là cette règle: divisez la base en un nombre pair de parties égales; à la somme des perpendicul. extrêmes, ajoutez le double de la somme des autres perpendicul. de rangs impairs et le quadruple de celle des perpendicul. de rangs pairs; multipliez le tout par la base et divisez par trois fois le nombre de ses parties égales.

§ 2. — Transformation des surfaces.

Proposition. — *Problème.* — Construire un triangle équivalent à un polygone donné $abcde$.

Par le sommet c je mène à la diagonale bd la parallèle cf, qui coupe en f le prolongement du côté ab, et je tire df. — les triangles cbd, fbd, ayant même base bd et pour hauteur commune la distance des parallèles bd et cf, sont équivalens; en ajoutant à chacun d'eux le quadrilatère $abde$, on a pentag. $abcde =$ quad. $afde$. — ainsi, tout polygone peut être transformé en un polygone équi-

valent ayant un côté de moins. — Si donc on répète la construction qui précède autant de fois que le polygone donné a de côtés moins trois, on
y arrivera à le réduire en triangle. — Dans le cas de la figure, il faut
par le sommet d mener dg parallèlement à la diagonale ef et tirer
eg; le triangle eag répond à l'énoncé.

Prop. 2. — Problème. — Trouver le quarré équivalent à un triangle, à un
parallélogramme ou à un trapèze donné.

1° Je détermine la moyenne proportionnelle x entre la base b et la moitié
de la hauteur h du triangle donné; c'est le côté du quarré demandé. — car, de
la proportion $b:x :: x:\frac{h}{2}$ on déduit $x^2 = b \times \frac{h}{2}$.

2° Soit x la moyenne proportion^{elle} entre la base b et la hauteur h du parallélog. donné; on a $b:x :: x:h$, d'où $x^2 = b \times h$; donc le quarré, construit sur
le côté x, est celui cherché.

3° Soit x une moyenne proport^{elle} entre la hauteur h d'un trapèze
et la droite b qui joint les milieux des côtés concourans. — on a $h:x :: x:b$ ou
$x^2 = b \times h$; conséquemment le quarré x^2 est équivalent à ce trapèze.

Prop. 3. — Problème. — Trouver le quarré équivalent à un polygone donné.

On transforme d'abord le polygone en triangle; puis, on trouve le
quarré équivalent à ce triangle; c'est évidemment le quarré cherché.

Scholie. — Quand le polygone donné est régulier, le côté x du quarré
équivalent est égal à la moyenne proportionnelle entre le périmètre p et la
moitié de son apothême r. — car, de la proportion $p:x :: x:\frac{r}{2}$ on tire $x^2 = p \times \frac{r}{2}$.

Prop. 4. — Problème. — Sur une base donnée à construire un rectangle
équivalent au rectangle dont les dimensions sont b et h.

Soit x la hauteur inconnue; on a $a \times x = b \times h$ ou $a:b :: h:x$; ainsi, cette
hauteur est une 4ième proportionnelle à la base donnée a et aux dimensions b et h.

Prop. 5. — Problème. — Construire un rectangle équivalent à un quarré k^2,
dont la somme des dimensions soit une droite ab.

Après avoir décrit, sur le diamètre ab, une demi-circonf., je prends,
sur la tangente du point a, ac = k et par le point c je tire cx parallèle à ab;
les droites cp, cq sont les dimensions cherchées. — d'abord, on a $cp:ca :: ca:cq$
d'où $cp \times cq = ca^2 = k^2$; en second lieu, parceque la projection m du centre o sur
pq est le milieu de cette corde, il vient, page 8, $cp + cq = 2cm = 2oa = ab$; donc
le rectangle construit sur cp et cq est celui que l'on cherche. — lorsque le

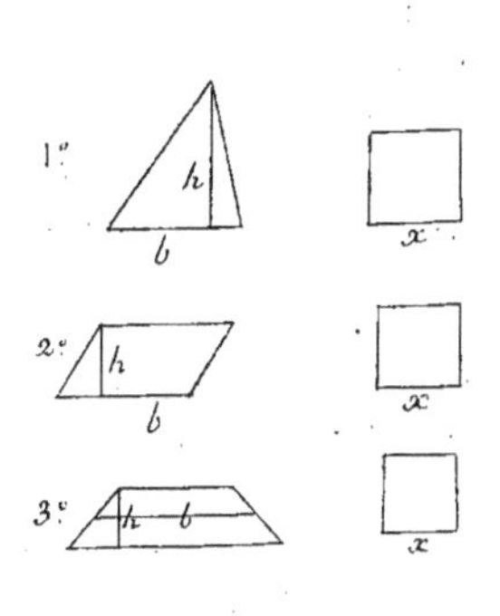

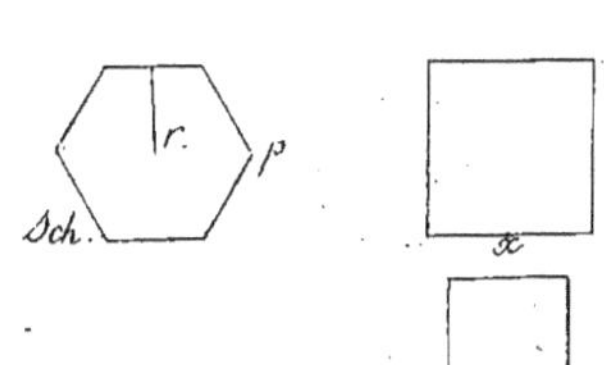

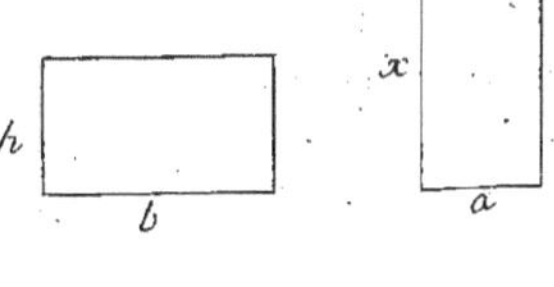

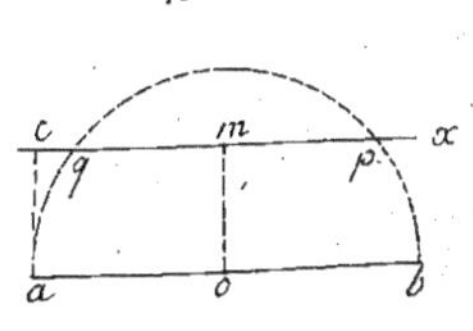

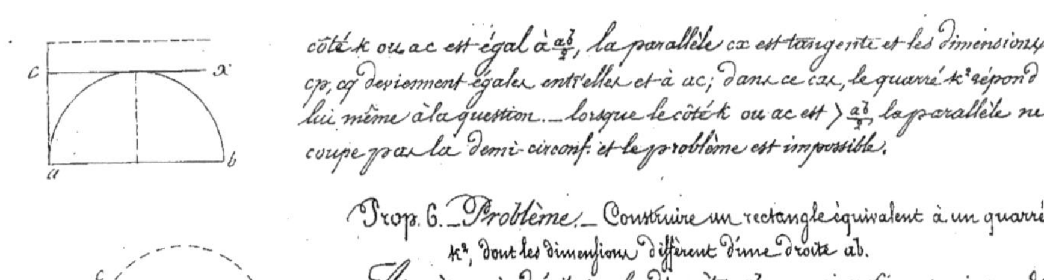

côté k ou ac est égal à $\frac{ab}{2}$, la parallèle cx est tangente et les dimensions cp, cq deviennent égales entr'elles et à ac; dans ce cas, le quarré k^2 répond lui même à la question. — lorsque le côté k ou ac est $> \frac{ab}{2}$, la parallèle ne coupe pas la demi-circonf. et le problème est impossible.

Prop. 6. — Problème. — Construire un rectangle équivalent à un quarré k^2, dont les dimensions diffèrent d'une droite ab.

Après avoir décrit, sur le diamètre ab, une circonférence, je prends, sur la tangente du point a, $ac = k$ et je tire le diamètre pq qui passe par le point c. — les droites cp, cq sont les côtés cherchés. — en effet, on a $cp : ac :: ac : cq$ d'où $cp \times cq = ac^2 = k^2$; de plus $cp - cq = pq = ab$. — ce problème est toujours possible.

Prop. 7. — Problème. — Trouver le quarré équivalent à un cercle donné.

Puisque cercle $R = cir. R \times \frac{R}{2}$, tout cercle est équivalent à un triangle, qui a pour base la circonf. rectifiée et pour hauteur le rayon, ou à un quarré, dont le côté est moyen proportionnel entre la circonf. rectifiée et la moitié du rayon; ainsi, le fameux problème de la quadrature du cercle n'offrirait aucune difficulté si l'on savait rectifier rigoureusement la circonf.; mais, parceque cir. $R = 2\pi R$, cette opération dépend du rapport π et ne peut être faite qu'approximativement.

Scholie. — Soit c le côté d'un quarré équivalent à cercle R; on a $c^2 = \pi R^2$ d'où $c = R\sqrt{\pi}$ et $R = \frac{c}{\sqrt{\pi}}$. — ces formules servent à déterminer par approximation le côté d'un quarré équivalent à un cercle et le rayon d'un cercle équivalent à un quarré.

Prop. 8. — Problème. — Trouver un cercle équivalent à une couronne.

Le cercle cherché a pour diamètre la corde ab de cir. oa tangente à cir. ok. — en effet, le triangle rect. oak fournit $ka^2 = oa^2 - ok^2$ et par suite $\pi . ka^2 = \pi . oa^2 - \pi . ok^2$, c'est-à-dire, cercle ka = cercle oa — cercle ok = couronne.

§. 3. — Rapport entre les aires des figures semblables.

Proposition 1. — Théorème. — Les triangles semblables abc, $a'b'c'$ sont entr'eux comme les quarrés des côtés homologues ab, $a'b'$.

On a, à cause de la similitude des deux triangles, $ac : a'c' :: ab : a'b'$. tirant les hauteurs bk, $b'k'$, les triangles rect. abk, $a'b'k'$ sont aussi semblables, parceque angle a = angle a', et par suite $bk : b'k' :: ab : a'b'$. — multipliant

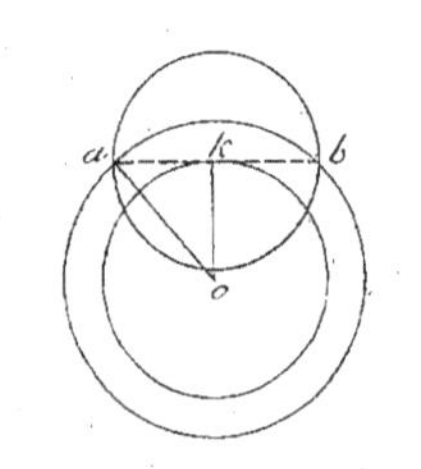

ces proportions et divisant par 2 les deux premiers termes, il vient

$$\frac{ac \times bk}{2} : \frac{a'c' \times b'k'}{2} :: a\bar{b}^2 : a'b'^2 \text{ ou bien triang. } abc : \text{triang. } a'b'c' :: ab^2 : a'b'^2.$$

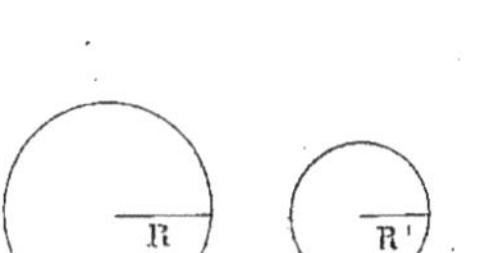

Prop. 2. — Théorème. — Deux polygones semblables $abcde$, $a'b'c'd'e'$ sont entr'eux comme les quarrés des côtés homologues ab, $a'b'$.

Ces polygones pouvant être décomposés en triangles abc, acd, ade et $a'b'c'$, $a'c'd'$, $a'd'e'$ semblables deux-à-deux, on a $abc : a'b'c' :: ac^2 : a'c'^2$, $acd : a'c'd' :: ac^2 : a'c'^2$, d'où résulte $abc : a'b'c' :: acd : a'c'd'$. — on prouverait de même que $acd : a'c'd' :: ade : a'd'e'$. — ainsi, $abc : a'b'c' :: acd : a'c'd' :: ade : a'd'e'$ et par suite $abc + acd + ade : a'b'c' + a'c'd' + a'd'e' :: ab : a'b'c'$ ou bien poly. $abcde :$ poly. $a'b'c'd'e' :: abc : a'b'c'$; mais $abc : a'b'c' :: ab^2 : a'b'^2$; donc poly. $abcde :$ polygone $a'b'c'd'e' :: ab^2 : a'b'^2$.

Corol. — Les polygones régul. d'un même nombre de côtés sont entr'eux comme les quarrés de leurs apothèmes ou de leurs rayons. — car les apothèmes et les rayons sont des lignes homologues.

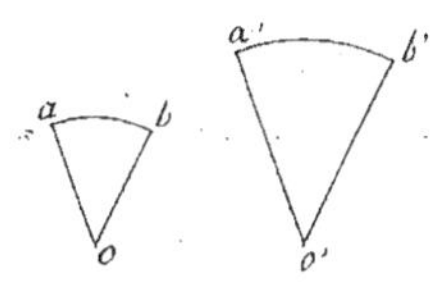

Prop. 3. — Théorème. — Les cercles sont entr'eux comme les quarrés de leurs rayons.

Soient R, R' les rayons de deux cercles. — on a cercle $R = \pi R^2$, cercle $R' = \pi R'^2$ et en divisant, $\dfrac{\text{cercle } R}{\text{cercle } R'} = \dfrac{\pi R^2}{\pi R'^2} = \dfrac{R^2}{R'^2}$, c'est-à-dire, cercle $R :$ cercle $R' :: R^2 : R'^2$.

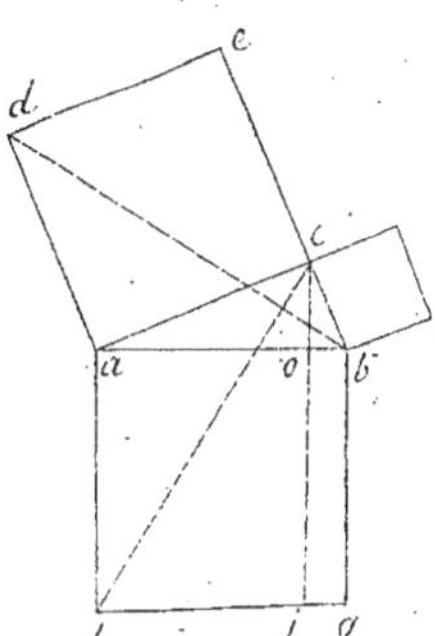

Prop. 4. — Théorème. — Les secteurs semblables oab, $oa'b'$ sont entre eux comme les quarrés de leurs rayons oa, oa'.

Il vient, parceque les arcs ab, $a'b'$ sont semblables, $ab : a'b' :: oa : oa'$; multipliant les antécédens par oa et les conséquens par oa'; puis, divisant les deux premiers termes par 2, on a $\dfrac{ab \times oa}{2} : \dfrac{a'b' \times oa'}{2} :: oa^2 : oa'^2$ ou bien sect. $oab :$ sect. $oa'b' :: oa^2 : oa'^2$.

Corol. — Les segmens semblables sont entr'eux comme les quarrés des rayons.

Prop. 5. — Théorème. — Si trois polygones semblables ont pour côtés homologues l'hypoténuse et les côtés de l'angle droit d'un triangle rectangle, le premier est égal à la somme des deux autres.

Lorsque les trois polygones sont des quarrés, on a $ab^2 = ac^2 + bc^2$ ou ce qui revient au même, quarré $ag =$ quarré $cd +$ quarré ck. — ce Théorème fondamental peut encore être démontré comme il suit. tirons les droites ch, bd et du sommet c, sur ab, la perpendicul. co, dont le prolongement rencontre hg en i. — le rectangle ai est double du triang. cah qui a même base ah et même hauteur ao. — pareillem. les perpendicul. cb, ce au côté ac étant en ligne droite, le quarré cd est double du triang. bad qui a même base ad et même hauteur ac. — mais les triangles cah, bad sont égaux, parceque ils ont un angle égal compris entre côtés égaux,

Savoir : 1° angle cah = angle bad, car chacun de ces angles est égal à un angle droit augmenté de l'angle cab ; 2° $ah = ab$ et 3° $ac = ad$, comme côtés d'un même quarré. — donc aussi rect. ai = quarré cd. — on prouverait semblablement que rectang. bi = quarré ck. — ajoutant ces égalités, il vient quarré ag = quarré cd + quarré ck.

Soient maintenant A, B, C trois polygones semblables ayant pour côté homologues l'hypoténuse a et les côtés b, c de l'angle droit d'un triangle rectangle : on a A : B :: a^2 : b^2 et B : C :: b^2 : c^2. d'où B + C : B :: $b^2 + c^2$: b^2 ; mais, parceque $a^2 = b^2 + c^2$, la première et la troisième proportions ont leurs trois derniers termes communs ; donc A = B + C.

Scholie I. — Les rect. ai et bi, ayant même hauteur vi, il vient rect. ai : rect. bi :: ao : bo ou bien quarré cd : quarré ck :: ao : bo. (voyez page 58.)

Scholie II. — Si trois cercles ont pour diamètres l'hypoténuse et les côtés de l'angle droit d'un triangle rectangle, le premier est égal à la somme des deux autres.

Scholie III. — Si le triangle rect. mpn est en même temps isocèle, on a demi-cercle mpd = sect. $omfp$, et, en retranchant de part et d'autre le segment mfp, lunule $mfpd$ = triang. mop ; ainsi, cette lunule est exactement quarrable.

§. 4. — Problèmes sur les figures semblables.

Proposition 1. — **Problème.** — Construire le quarré égal à la somme de plusieurs quarrés donnés a^2, b^2, c^2, d^2, ...

J'élève, sous un angle droit, les droites lo, lm respectivement égales aux côtés a, b et ensuite l'hypoténuse om ; j'ai $om^2 = lo^2 + lm^2 = a^2 + b^2$; donc on est le côté du quarré égal à la somme des deux quarrés a^2 et b^2. — Du sommet m j'élève, sur om, une perpendicul. mn égale au côté c et j'unis le point n au point o ; j'ai $on^2 = om^2 + mn^2 = a^2 + b^2 + c^2$; donc on est le côté du quarré égal à la somme des trois quarrés a^2, b^2 et c^2. — en tirant, sur on, une perpendicul. np = côté d, il vient pareillement $op^2 = a^2 + b^2 + c^2 + d^2$; &. &c.

Scholie. — Soit x le côté d'un quarré multiple d'un quarré donné, par exemple, quintuple du quarré a^2. — on a $x^2 = 5a^2$ d'où $a : x :: x : 5a$; ainsi, le côté x est moyen proportionnel entre a et $5a$.

Prop. 2. — **Problème.** — Construire le quarré égal à la différence de deux quarrés donnés a^2 et b^2.

Sur le côté oy d'un angle droit yox, je prends om = côté b et du centre m, avec le côté a pour rayon, je décris un arc qui coupe ox en n ; j'ai $on^2 = mn^2 - om^2 = a^2 - b^2$; donc on est le côté du quarré cherché.

Prop. 3. — *Problème.* — Deux polygones semblables P, Q étant donnés, construire un polygone semblable égal à leur somme ou à leur différence.

Je détermine le côté c du quarré égal à la somme a^2+b^2 ou à la différence a^2-b^2 des quarrés a^2 et b^2, construits sur deux côtés homologues a et b; je fais ensuite, sur le côté c homologue au côté a, un polygone R semblable au polygone P; c'est le polygone cherché. — en effet, on a P:Q :: a^2:b^2 d'où R±Q:P :: $a^2±b^2$:a^2 et R:P :: c^2:a^2; mais, par construction, $c^2 = a^2±b^2$; donc R = P±Q.

Scholie. — Soit x le rayon d'un cercle égal à la somme ou à la différence de cercle R et rcle R'; on a $\pi x^2 = \pi R^2 ± \pi R'^2$ ou $x^2 = R^2±R'^2$; on pourra donc construire le rayon x à l'aide des prop. 1 ou 2.

Prop. 4. — *Problème.* — Construire un quarré qui soit au quarré k^2 comme la droite m est à la droite n.

Je prends, sur une droite ax, $ab=m$, $bc=n$ et j'élève en b une perpendiculaire bf, qui coupe au point f la demi-circonf. décrite sur le diamètre ac; je tire les cordes indéfinies fa, fc et, après avoir pris fg = côté k, la droite gp parallèle à ac; le segment fp est le côté du quarré demandé. — le triangle fac est rectangle en f parceque l'angle afc est inscrit dans une demi-circonf; donc, à cause que fb est perpendicul. sur pq parallèle à ac, fp^2:fg^2 ou k^2 :: gp:gq; mais gp:gq :: ab:bc ou :: m:n; donc fp^2:k^2 :: m:n.

Prop. 5. — *Problème.* — Construire un polygone semblable au polygone Q et qui soit avec lui dans le rapport de m:n.

Je détermine le côté x du quarré qui est au quarré a^2 fait sur un côté quelconque a, comme m:n; sur le côté x, homologue au côté a, je construis un polygone P semblable à Q; c'est le polygone cherché. — en effet, on a P:Q :: x^2:a^2; mais, par construction, x^2:a^2 :: m:n; donc P:Q :: m:n.

Scholie. — Soit x le rayon d'un cercle qui soit à cercle R comme m:n; on a πx^2:πR^2 :: m:n ou x^2:R^2 :: m:n. — on trouvera donc le rayon x par la prop. 4.

Prop. 6. — *Problème.* — Construire un polygone semblable au polygone P et équivalent au polygone Q.

Supposons le problème résolu et soit x le côté homologue au côté a dans le polygone cherché X; on a P:X :: a^2:x^2, d'où, en extrayant la racine quarrée et observant que X=Q, $\sqrt{P}$:$\sqrt{Q}$ :: a:x; or, $\sqrt{P}$ et $\sqrt{Q}$ sont les côtés des quarrés équivalens aux polygones P et Q; on cherchera donc une quatrième proportionnelle x à ces deux côtés et au côté a; et sur x, homologue à a, on construira un polygone semblable à P; on aura le polygone demandé.

Scholie. — Construire un polygone régul. d'une espèce donnée équivalent au polygone Q. — on construit arbitrairement un polygone régul. P de l'espèce désignée et la question revient à faire un polygone semblable à P et équivalent à Q.

Prop. 7. — Problème. — Décomposer le polygone P en deux polygones qui lui soient semblables et dans le rapport $m:n$.

Je divise l'un des côtés ab au point o de manière que l'on ait $ao:bo::m:n$; puis j'élève en o la perpendicul. oc qui coupe au point c la demi-circonf. décrite sur le diamètre ab; je construis ensuite, sur les côtés ac, bc, homologues au côté ab, deux polygones P', P'' semblables à P; ce sont les polygones cherchés. — D'abord, parce que le triangle acb est rectangle en c, $P = P' + P''$; en second lieu, $P':P''::ac^2:bc^2$; mais $ac^2:bc^2::ao:bo$ ou $::m:n$, donc $P':P''::m:n$.

Prop. 8. — Problème. — Diviser, par une droite parallèle aux bases, le trapèze $abcd$ en parties proportionnelles aux droites m et n.

Je prolonge les côtés ab, cd jusqu'à leur rencontre o, et je décris, sur le diamètre oa, une demi-circonf; je prends corde $os = ob$ et j'abaisse sp perpendicul. à oa; je divise ensuite la distance pa au point q, de manière que l'on ait $pq:qa::m:n$; j'élève sur cette ligne la perpendicul. qt et je rabats la corde ot en ok; enfin par le point k je mène kl parallèle à ad; c'est la droite cherchée. — parce que les triangles obc, okl, oad sont semblables, on a la suite $obc:okl:oad::ob^2:ok^2:oa^2$ ou $obc:okl:oad::os^2:ot^2:oa^2$; mais $os^2:ot^2:oa^2::op:oq:oa$; donc $obc:okl:oad::op:oq:oa$; on tire delà $okl - obc:oad - okl::oq - op:oa - oq$, c'est-à-dire $bkle:kadl::pq:qa$; or, par construction, $pq:qa::m:n$; donc $bkle:kadl::m:n$.

Prop. 9. — Problème. — Par un point p, donné dans un angle xoy, tirer une droite telle que le triangle résultant soit équivalent à un quarré k^2.

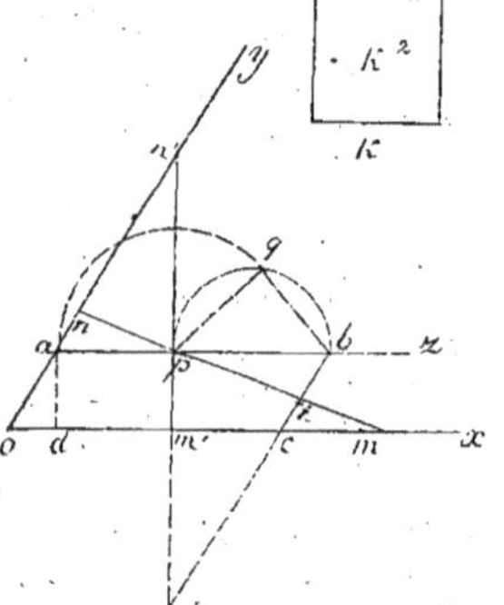

Par le point p je mène az parallèle à ox; je prends ab égale à la 3me proportionnelle à la perpendicul. ad sur ox et au côté k du quarré k^2; puis, j'achève le parallélog. $abco$, lequel est équivalent au quarré, car de la proportion $ad:k::k:ab$ on déduit $ab \times ad = k^2$; cela fait, je décris une demi-circonf. sur le diamètre pb; je prends corde $pq = pa$ et je tire la corde bq que je porte en cm et en cm'; les droites mn, $m'n$, qui unissent les points m, m' au point p, résolvent l'une et l'autre la question. — 1° les triangles semblables pbi, apn, cmi, ayant pour côtés homologues les droites pb, ap, cm, c'est-à-dire, les trois côtés du triangle rectangle pbq, on a $pbi = apn + cmi$; ajoutant pentag. $oapic$ aux deux membres, il vient paral. $abco$ = triang. onn; mais paral. $abco = k^2$; donc aussi triang. $omn = k^2$. — 2° on prouve, comme précédemment, que $pbt = pan + cm't$ ou $pbcm' = pan$; ajoutant de part et d'autre trap. $oapm'$,

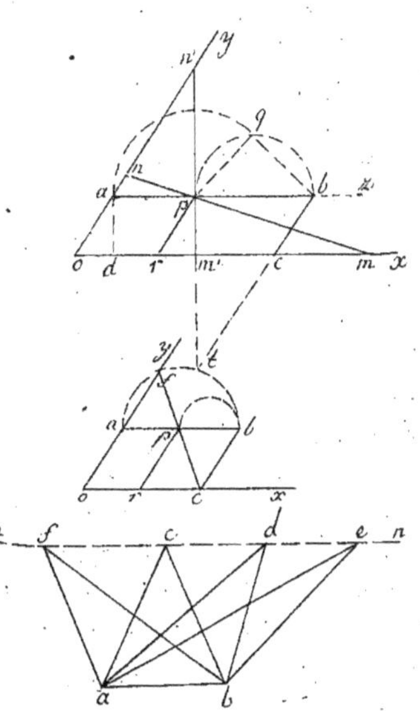

on trouve abco ou kc² = triangle om'n'.

Scholie. — Ce problème est impossible lorsque ap est $>$ pb, c'est-à-dire, lorsque paral. apro est $> \frac{1}{2}$ par. abco ou que $\frac{1}{2}$ k². — quand ap = pb la corde qb' devient nulle et la droite cpf résout seule la question; alors, les triangles pbc, paf sont égaux et il vient pc = pf. De là résulte que parmi toutes les lignes droites, menées par le point p entre les côtés d'un angle coy, celle qui intercepte le plus grand triangle est divisée par ce point en parties égales p. — ce plus grand triangle est d'ailleurs double du paral. apro.

§. 5. — Figures équivalentes. — Figures isopérimètres.

Proposition 1. — *Théorème.* — Parmi tous les triangles abd, abe,..., équivalens et de même base ab, celui abc, qui a le moindre périmètre, est isocèle.

Les triangles équivalens abc, abd, abe,..., ayant même base ab, ont aussi même hauteur et partant les sommets c, d, e,... sont tous situés sur une droite mn parallèle à ab, par conséquent, ang. acm = ang. cab et ang. bcn = ang. cba; donc aussi ang. acm = ang. bcn; de là résulte, prop. 16 pag. 101, que la somme ac + bc est moindre que chacune des sommes ad + bd, ae + be,...,

Prop. 2. — *Théorème.* — Parmi tous les polygones équivalens d'un même nombre de côtés, celui abcdef, qui a le moindre périmètre, est régulier.

Je dis d'abord que ab = bc. — car, si cela n'était pas, on pourrait construire, sur la base ac, un triangle isocèle ab'c équivalent au triangle abc, de manière que polyg. ab'cdef = polyg. abcdef; or, comme ab' + b'c est $<$ ab + bc, il viendrait périm. ab'cdef $<$ périm. abcdef, ce qui est contre l'hypothèse. — pareillement, bc = cd, cd = de,...; donc le polygone abcdef est équilatéral. — soit o le point de concours des côtés de, fa; je dis que oe = of; je suppose un instant que l'on ait oe $>$ of; comme oe est $<$ of + fe ou que oa, si je prends oe' = of, of' = oe, le point f' tombera entre f et a; parce que l'angle o est commun, les triang. oef', oe'f sont égaux, et, en les retranchant tour-à-tour du polyg. oabcd, il vient polyg. abcde'f' = polyg. abcdef; de plus, à cause que e'f = ef et oe - oe' = of - of' ou ee' = ff', périm. abcde'f' = périm. abcdef. — maintenant, si, sur la base df', on construit le triang. isocèle de'f' équivalent au triang. de'f', il vient polyg. abcde'f' = polyg. abcde'f' = polyg. abcdef, tandis que périm. abcde"f' est $<$ périm. abcde'f' ou que périm. abcdef, ce qui est contraire à la supposition; donc oe = of, d'où résulte ang. oef = ang. ofe et ang. def = ang. efa. — on prouverait de même que ang. efa = ang. fab, &c. — donc le polygone abcdef est régulier.

Scholie. — Si les côtés égaux de, fa étaient parallèles, le quadril. defa serait un quarré; s'il en était autrement, on aurait losange defa = rect. def'a et de + ef + fa $>$ de' + ef' + f'a, ce qui est contre l'hypothèse.

Corol. — Un polygone régul. s est plus grand que tout polygone isopérimètre s' d'un même nombre de côtés. — Soient P le périmètre commun de s et s' et P' le périmètre d'un polygone régul. s'' semblable à s et équivalent à s'. — parceque $s'' = s'$, P' est $< P$; il faut donc que s soit $> s''$ ou que s'.

Prop. 3. — Théorême. — De deux polygones régul. équivalens, celui, qui a le plus grand nombre de côtés, a le moindre périmètre.

Il suffit d'établir cette proposition dans le cas où l'un des polygones $abcdef$ a un côté de plus que l'autre $mnpqr$. — je joins le sommet p à un point quelconque g du côté mn; puis, sur pg, je construis le triang. isocèle pgh équivalent au triang. pgn, en sorte que polyg. $mghpqr$ = polyg. $mnpqr$ et que périm. $mghpqr$ est $<$ périm. $mnpqr$. — maintenant, parceque les polyg. équivalens $abcdef$, $mghpqr$ ont le même nombre de côtés et que le premier est régulier, il vient périm. $abcdef$ $<$ périm. $mghpqr$; donc aussi périm. $abcdef$ est $<$ périm. $mnpqr$.

Corol. — De deux polygones régul. isopérimètres s et s', le plus grand s est celui qui a le plus grand nombre de côtés. — Soient P le périmètre commun de s et s' et P' celui d'un polyg. régul. s'' semblable à s et équivalent à s'. — parceque $s'' = s'$, il vient $P' < P$ et partout s'' ou $s' < s$.

Scholie. — 1° Le cercle a un moindre contour que toute figure équivalente. — 2° le cercle a une plus grande surface que toute figure isopérimètre. — cela résulte de ce qu'un cercle peut être regardé comme un polyg. régul. d'une infinité de côtés.

§. 6. — Problèmes à résoudre.

I. — Diviser un triangle, par des droites tirées d'un point intérieur aux sommets, en trois triangles équivalens ou proportionnels aux lignes l, m, n.

II. — Diviser un triangle, par des perpendicul. tirées d'un point intérieur sur les côtés, en trois quadrilres équivalens ou proportionnels aux lignes l, m, n.

III. — Par un point donné tirer une droite qui décompose un triangle ou un quadrilatère en deux parties équivalentes ou proportionnelles aux lignes m et n.

IV. — Soient a, b, c, d les quatre côtés d'un quadrilatère inscriptible à la circonf., p son demi-périmètre et s son aire; on a $s = \sqrt{(p-a)(p-b)(p-c)(p-d)}$.

V. — Diviser une zône circulaire en trois zônes équivalentes ou proportionnelles aux lignes l, m, n.

GÉOMÉTRIE PLANE.

2ᵉ PARTIE.

1ʳᵉ SECTION.

Les Lignes courbes.

§. 1. — Notions générales sur les courbes.

I. — On appelle tangente toute droite qui unit deux points infiniment voisins d'une ligne courbe. — La distance de ces points étant inappréciable à l'œil, on les considère comme se confondant en un seul qui prend le nom de point de contact.

Une ligne courbe peut généralement être traversée par une de ses tangentes en un ou plusieurs points. — Toutefois cette circonstance ne saurait se présenter quand la ligne est convexe.

II. — On appelle normale la perpendiculaire tirée sur une tangente par le point de contact. — Tous les rayons d'une circonférence sont des normales.

III. — On désigne sous le nom d'ordonnées les perpendiculaires abaissées de divers points d'une courbe sur une droite à laquelle elle est rapportée. — Les plus grandes et les plus petites ordonnées correspondent évidemment aux points dont les tangentes sont parallèles à la droite.

IV. — On appelle sous-tangente et sous-normale les distances km et kn du pied k d'une ordonnée ak aux pieds m et n de la tangente am et de la normale an, tirées par son autre extrémité a.

V. — Une asymptote est une droite dont une courbe indéfinie s'approche de plus en plus et d'autant près qu'on le veut, sans cependant pouvoir jamais l'atteindre.

L'ordonnée d'un point variable sur une courbe rapportée à l'une de ses tangentes décroît et tend à s'anéantir à mesure que l'on s'avance vers le point de contact; cette propriété subsiste encore lorsque la courbe est illimitée et qu'il s'agit de la tangente dont le point de contact est situé à l'infini; cette droite, si d'ailleurs elle ne passe pas elle-même à l'infini, sera donc une asymptote.

VI. — On dit qu'une courbe tourne, en un point a, sa concavité ou sa convexité vers une droite xy, selon que l'ordonnée ak de ce point est plus grande ou plus petite que la demi-somme pk des ordonnées infiniment voisines et équi-distantes $a'k'$, $a''k''$.

VII. — Un point d'inflexion est celui où la concavité d'une courbe se change en convexité ou réciproquement. — de ce qu'une courbe est toujours convexe du côté de sa tangente, il résulte que la tangente en un point d'inflexion est aussi une sécante.

VIII. — Un point multiple est celui où viennent se croiser deux ou plusieurs branches d'une même courbe. — il y a généralement en un point de ce genre autant de tangentes que de branches.

IX. Un point de rebroussement est celui où deux branches d'une même courbe viennent se terminer brusquement. — la tangente de ce point est commune aux deux branches. — il y a rebroussement de 1re ou de 2me espèce, selon que les convexités des deux branches sont opposées ou tournées dans le même sens.

X. — On appelle axes et centre d'une courbe les droites et le point désignés jusqu'alors sous le nom d'axes et de centre de symétrie.

Un axe est transverse quand il rencontre la courbe en un ou plusieurs points; ces points s'appellent sommets. — un axe est non transverse quand il ne rencontre pas les courbes.

La perpendicul. ap, menée à un axe ax par le sommet a, est une tangente. — car, si cette droite coupait la courbe en un second point, le milieu de la corde obtenue devrait se trouver sur l'axe ax, ce qui est impossible.

Les tangentes, tirées aux extrémités d'une droite qui passe par le centre, sont parallèles. — car, si par le centre o on tire deux droites ab, $a'b'$ infiniment voisines, on a $oa = ob$, $oa' = ob'$ et par suite la figure $aa'bb'$ est un parallélog.; donc les tangentes aa', bb' sont parallèles.

§. 2. — Courbure, contact et osculation des courbes.

I. Lorsqu'on décompose une courbe en arcs très petits, les différences entre ces arcs et leurs cordes peuvent être négligées et il est permis de substituer à la courbe une ligne brisée composée d'un nombre infini de côtés infiniment petits. — les prolongemens de ces petits côtés ou élémens sont des tangentes.

II. — On appelle angle de contingence l'angle infiniment petit cdx formé par deux élémens consécutifs cd, de ou, ce qui revient au même, par deux tangentes infiniment voisines.

III. — Quand tous les élémens de la courbe sont égaux, la courbure est en un point déterminé; c'est-à-dire, l'écart de l'élément de ce point par rapport au précédent est naturellement mesuré par l'angle de contingence.

IV. — Une courbe est continue lorsque, tous ses angles de contingence étant infiniment petits, sa courbure ne croît ou ne décroît que par degrés insensibles; la loi de cette variation constitue la nature de la courbe. — il y a solution de continuité dès que l'angle de contingence acquiert une grandeur finie.

V. On sait que tous les angles extérieurs d'un polygone régul. sont égaux entr'eux; cette égalité subsiste encore quand le nombre des côtés devenant infini, le polygone se transforme en un cercle; il s'ensuit que la courbure d'une circonférence est partout uniforme.

VI. — Les courbures des circonf. sont inversement proportionnelles à leurs rayons. — Désignant par A et A' les angles extérieurs de deux polygones régul. de m et m' côtés, on a $m.A = 4^D$, $m'.A' = 4^D$ et partant $m.A = m'.A'$ ou bien $A:A' :: m':m$; supposant maintenant que les deux polygones ont un même côté c infiniment petit et que les nombres m, m' sont très grands, ces polygones se transforment en deux cercles de rayons R et R', tels que $mc = 2\pi R$, $m'c = 2\pi R'$; d'où résulte $m':m :: R':R$; donc, à cause du rapport commun, $A:A' :: R':R$. — on voit que la courbure d'une circonf. est d'autant plus considérable que le rayon est plus petit; qu'au contraire elle est presque nulle quand il devient très grand et qu'alors cette ligne tend à dégénérer en ligne droite.

VII. — Deux lignes ont un contact du 1er, 2me, 3me,.... ordre lorsqu'elles ont 1, 2, 3, ... éléments consécutifs communs. — l'ensemble de ces petits éléments, quel que soit leur nombre, forme un arc de grandeur insensible que l'on appelle élément de contact.

Quand deux courbes se touchent, elles ont au point de contact même tangente et même normale; elles ont aussi en ce point même courbure, pourvu que le contact soit d'un ordre supérieur au premier.

VIII. Supposons que deux lignes se coupent en deux ou plusieurs points et que ces points se rapprochent de manière que la distance des points extrêmes devienne infiniment petite et que les lignes passent à l'état de contact. — si les intersections communes sont en nombre pair, il y aura un simple attouchement; si elles sont en nombre impair, les lignes, sans cesser de se toucher, se couperont. — ainsi deux lignes qui ont un contact d'un ordre impair ne font que se toucher; mais, si le contact est d'un ordre pair, elles sont à la fois tangentes et sécantes.

IX. — Une ligne est dite osculatrice quand elle a avec une autre ligne, eu égard à sa nature, un contact d'un ordre aussi élevé que possible.

X. — Une ligne droite étant déterminée par deux points, toutes les tangentes d'une courbe sont des lignes osculatrices. — toutefois, en certains points singuliers, le contact peut être d'un ordre supérieur au premier; si l'ordre est pair, la droite coupe la courbe et il y a inflexion simple; s'il est impair, il y a seulement un attouchement plus intime que l'on appelle inflexion double.

XI. — Une circonf. étant déterminée par trois points, est osculatrice lorsqu'elle a avec une courbe un contact du second ordre. — il existe en un point d'une courbe une infinité de circonf. tangentes, lesquelles ont leurs centres sur la normale; mais on distingue aisément la circonf. osculatrice, parce qu'elle seule a la propriété d'être à la fois tangente et sécante.

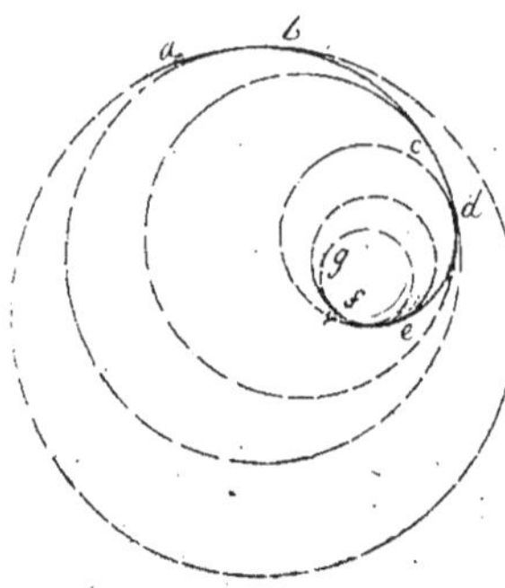

XII. Il suit de là que toute ligne courbe abcde.... peut être décomposée en petits arcs circulaires ab, bc, cd, de,...., dont chacun est touché extérieurement par celui qui précède et intérieurement par celui qui suit, ou réciproquement.

XIII. — Les courbures des divers élémens d'une courbe sont inversement proportionnelles aux rayons de leurs circonf. osculatrices. — car les courbures de ces élémens sont les mêmes que celles des circonf. dont elles font partie.

Voilà pourquoi les centres et les rayons des circonf. osculatrices ont reçu le nom de centres et de rayons de courbure.

XIV. — La courbure en un point d'inflexion simple ou double est nulle. — car, la circonf. osculatrice dégénérant en ligne droite, son centre et son rayon passent à l'infini.

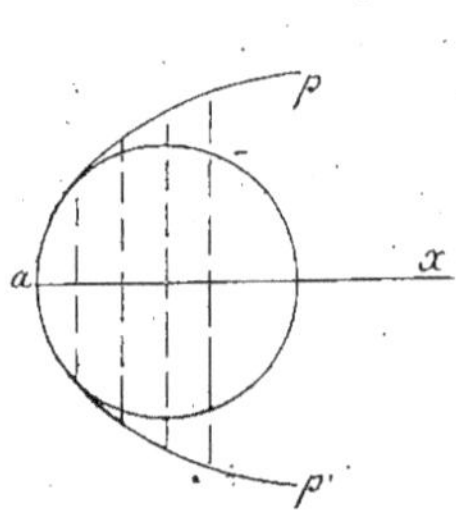

XV. — Le contact d'une courbe et d'une circonf. peut dans quelques cas particuliers, être d'un ordre supérieur au second; cette circonstance se présente notamment aux sommets. — en effet, la normale au sommet a d'une courbe pap' étant dirigée selon l'axe ax, le petit arc osculateur de ce point est précédé et suivi de petits arcs, symétriques, deux-à-deux, par rapport à cette droite; conséquemment, ce petit arc touche les petits arcs adjacens tous deux intérieurement ou tous deux extérieurement et par suite il a un simple attouchement avec la courbe; or, les choses ne peuvent se passer ainsi à moins que le contact ne soit du troisième ordre ou d'un ordre supérieur impair. — on peut aussi conclure de là que les sommets d'une courbe sont des points de plus grande et de plus petite courbure.

§. 3. — Développées et Développantes.

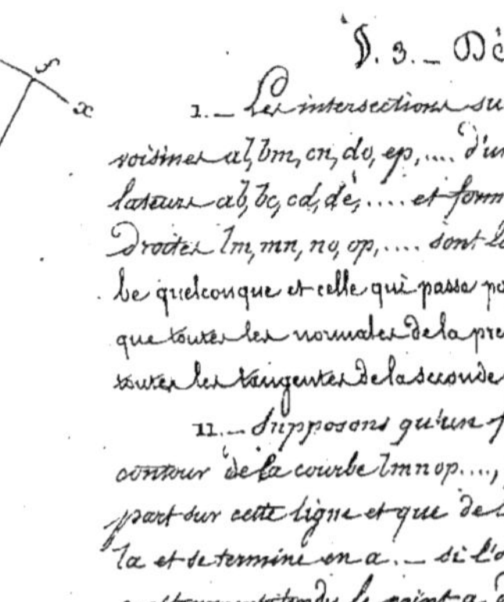

I. — Les intersections successives l, m, n, o, p,.... des normales infiniment voisines al, bm, cn, do, ep,.... d'une courbe ax sont les centres des petits arcs osculateurs ab, bc, cd, de,.... et forment une autre courbe lmnop.... dont les petites droites lm, mn, no, op,.... sont les élémens. ainsi, il existe entre une ligne courbe quelconque et celle qui passe par tous ses centres de courbure, une relation telle que toutes les normales de la première sont tangentes à la seconde et qu'à l'inverse toutes les tangentes de la seconde sont normales à la première.

II. — Supposons qu'un fil flexible et inextensible soit enroulé sur le contour de la courbe lmnop...., que l'une de ses extrémités soit fixée quelque part sur cette ligne et que de l'autre côté il prenne la direction de la tangente la et se termine en a. — si l'on déroule ce fil, en ayant soin de le maintenir constamment tendu, le point a décrira d'abord, autour du centre l, le petit arc ab; ensuite, autour du centre m, le petit arc bc; puis, autour du centre n, le petit arc cd; et ainsi de suite. — on voit que, pendant le développement du fil, le point a engendrera la courbe ax.

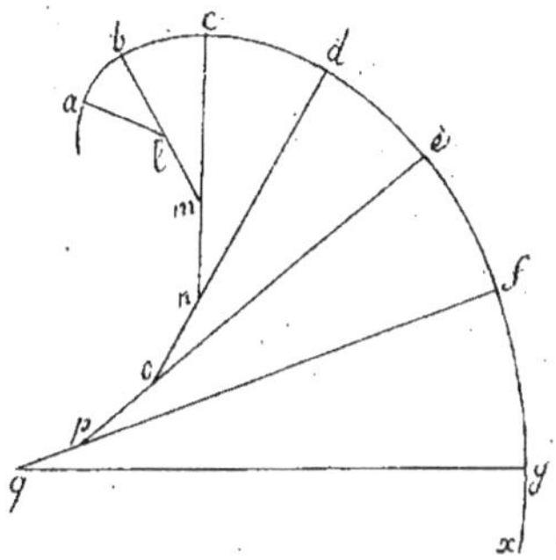

III. — La ligne lmnop.... est appelée, à raison de cette propriété remarquable, la développée de la courbe ax. — réciproquement, la courbe ax est dite la développante de la ligne lmnop....

IV. — Un arc lmnop de la développée est égal à la différence des rayons de courbure pf, la tangens à ses extrémités. — on a en effet $la + \text{arc } lmnop = pf$, d'où $\text{arc } lmnop = pf - la$.

V. — Une courbe n'a qu'une seule développée; mais cette ligne peut être composée de plusieurs branches distinctes; les sommets et les points d'inflexion simple ou double de la première produisent dans l'autre des points de rebroussement et des assymptotes. — on peut aussi remarquer que la ligne droite n'a pas de développée et que celle de la circonf. se réduit à son centre.

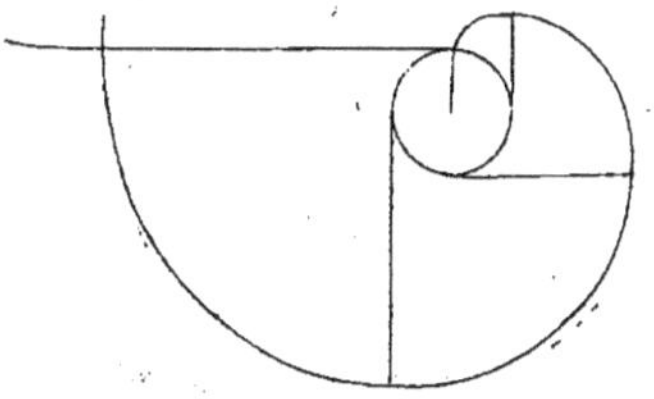

VI. Toute ligne courbe, pouvant être développée au moyen d'un fil à partir de l'un quelconque de ses points, a une infinité de développantes; ces lignes coupent toutes les tangentes orthogonalement, c'est-à-dire, à angle droit. — quand la courbe est fermée, les développantes forment autour d'elle une infinité de circonvolations nommées spires; telles sont en particulier celles de la circonférence.

VII. — Pour construire une développante de la courbe ax sans faire usage d'un fil, il suffit de la diviser en petits arcs égaux ab, bc, cd,..., de mener les tangentes des points de division et de prendre $bb' = ab$, $cc' = 2ab$, $dd' = 3ab$, &c; la ligne ab'c'd'.... est la développante cherchée. — la perpendicul. d'y à l'extrémité de dd' est la tangente du point d'; celle ax de l'origine a est normale au même point de la courbe ax.

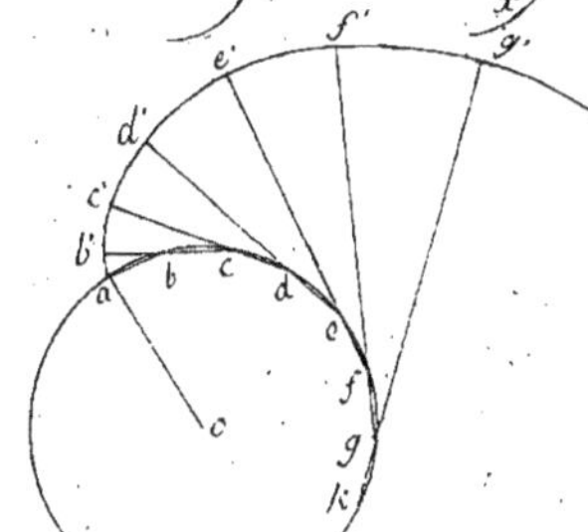

VIII. — Voici un procédé plus expéditif. — des centres b, c, d,...., avec des rayons égaux à ab, 2ab, 3ab,...., on décrit une série de petits arcs et on trace ensuite une courbe qui les touche tous successivement; c'est la développante demandée.

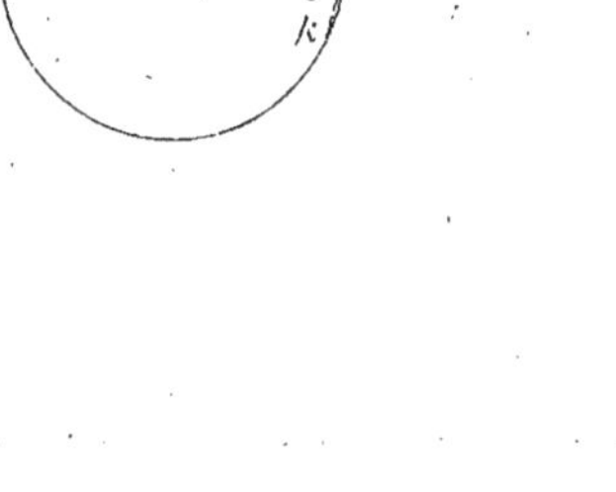

IX. — Soit développée cir. oa à partir du point a et proposons nous de déterminer la longueur de l'arc ag' de la développante relatif à l'arc adk. Divisons à cet effet ce dernier arc en un nombre impair de petites parties égales ab, bc, cd,.... et considérons les petites parties correspondantes ab', b'c', c'd',... de ag'. — l'angle b'cc' ayant pour mesure $\frac{b'c'}{cc'}$, comme angle au centre, et $\frac{bc}{2oa}$, comme angle ex-inscrit, on a $\frac{b'c'}{cc'} = \frac{bc}{2oa}$ ou bien, parceque $cc' = abc$, $b'c' = \frac{abc}{2oa} \cdot bc$; on prouverait de même que $c'f = \frac{adf}{2oa} \cdot ef$. — si les points c, f sont équi-distans des extrémités a, k, il vient $abc + adf = adk$ et partant $b'c' + ef = \frac{adk}{2oa} \cdot bc$. — ajoutant toutes les expressions semblablement formées, on obtient $\text{arc } ag' = \frac{adk}{2oa} \cdot \frac{adk}{2}$ ou bien $\text{arc } ag' = \frac{(adk)^2}{4oa}$. — ainsi la 1re spire de la développante vaut $\frac{(2\pi oa)^2}{4oa} = \pi^2 oa$ ou 9. oa environ; la 2ème est égale à $4\pi^2 . oa$, la 3ème à $9\pi^2 . oa$, &c.

§. 4. — Similitude des courbes.

I. — Deux lignes courbes sont semblables lorsque, ayant inscrit arbitrairement dans l'une un polygone, on peut toujours inscrire dans l'autre un polygone semblable.

II. — Soient prises, sur les distances oa, ob, oc, …. d'un point quelconque o aux divers points de la courbe $abcde$…. ou sur leurs prolongemens, des distances oa', ob', oc',…. qui leur soient proportionnelles; la ligne $a'b'c'd'$…. qui passe par les points a', b', c',…., est semblable à la première; car, si l'on inscrit à volonté dans l'une un polygone $abcd$…., le polygone inscrit $a'b'c'd'$…., qui correspond dans l'autre, lui est semblable.

III. — Le point o est le centre de similitude des deux courbes; la similitude est directe quand les rayons homologues oa et oa', ob et ob', oc et oc'…. sont dirigés dans le même sens et inverse quand ils sont dirigés dans des sens contraires.

IV. — Les tangentes des points homologues a et a' sont parallèles. — car les cordes homologues ab, $a'b'$ sont parallèles et il en est encore ainsi quand leurs extrémités a et b, a' et b' sont très voisines.

V. — Les périmètres des courbes semblables, les arcs semblables, les rayons de courbure homologues, &c, sont proportionnels aux dimensions homologues des deux courbes.

Les aires des courbes semblables sont proportionnelles aux quarrés des mêmes dimensions.

Cela résulte de ce que deux lignes semblables peuvent être considérées comme des polygones semblables composés d'une infinité de petits côtés.

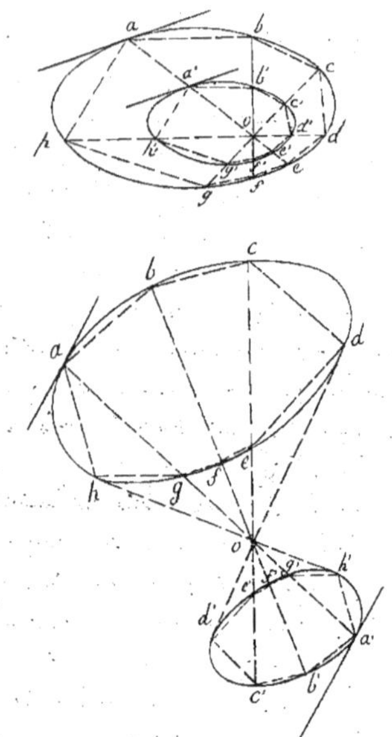

2ᵉ SECTION.

l'Ellipse — l'Hyperbole. — la Parabole.

§. 1. — L'Ellipse.

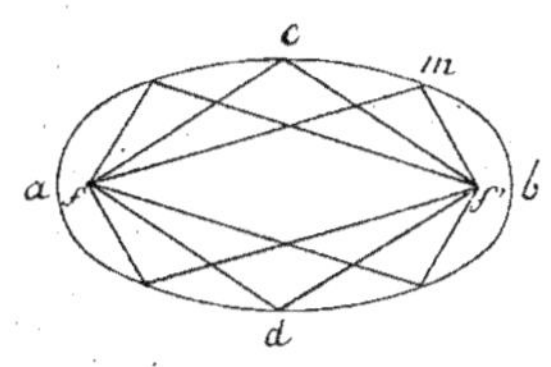

L'ellipse est le lieu acbd des points dont les distances à deux points fixes f et f, nommés foyers, font constamment une même somme.

Les distances mf, mf' sont dites les rayons vecteurs du point m.

Proposition 1. — Théorème. — L'ellipse a deux axes transverses rectangulaires.

Supposons que le plan de l'ellipse acbd fasse une demi-révolution, en tournant autour de la droite ab qui passe par les foyers f, f' ou bien autour de la droite cd, perpendicul. sur le milieu de ff, les foyers resteront fixes dans le premier cas et ne feront que changer de place dans le second; donc l'ellipse, après l'un ou l'autre déplacement, retombera exactement sur elle même; conséquemment, les droites ab, cd sont des axes.

Corol. — Les axes ab, cd se coupent mutuellement en parties égales et leur point d'intersection o est le centre de l'ellipse (prop. 5 page 41).

Scholies. — 1. Les droites ab et cd se nomment grand axe et petit axe.

2. — L'ellipse a quatre sommets a, b, c, d.

3. — La distance of du centre o à l'un des foyers s'appelle excentricité.

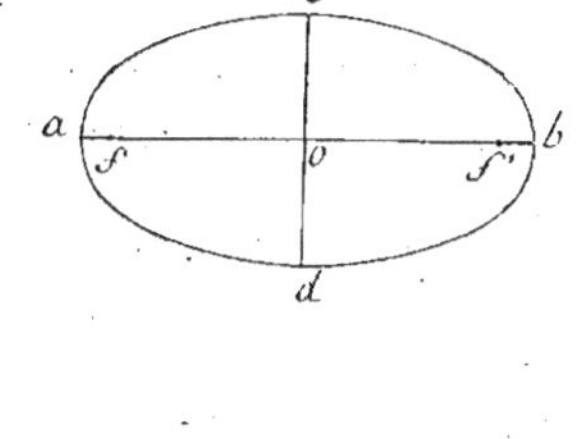

Prop. 2. — Théorème. — La somme des rayons vecteurs mf, mf' d'un point quelconque m de l'ellipse est égale au grand axe ab.

Parceque les rayons vecteurs du sommet a sont af et af', on a mf + mf' = af + af'; mais af + af' = 2oa = ab; donc mf + mf' = ab.

Corol. — 1. Les distances des sommets du petit axe aux foyers sont égales au demi-grand axe. — on a cf + cf' = 2oa; mais cf = cf', parceque of = of'; donc cf = cf' = oa.

Corol. 2. — Le grand axe est divisé par un foyer en deux segmens dont le produit est égal au quarré du demi-petit axe. — Soit construit sur of et oc le rect. foci; parceque oi = cf, le point i appartient à cir. oa; donc fa × fb = fi² = oc².

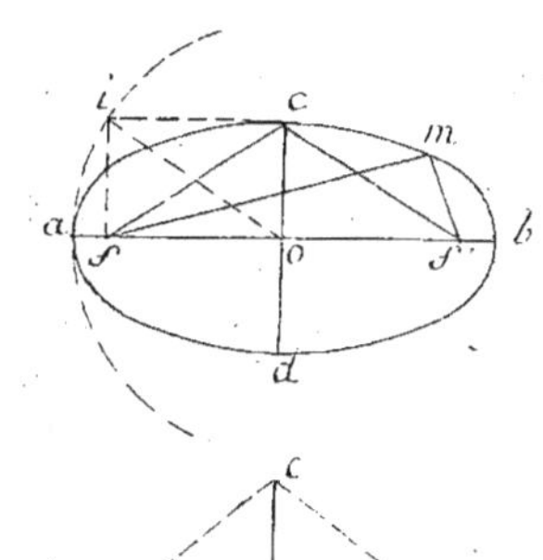

Prop. 3. — Problème. — Décrire par points ou par un mouvement continu une ellipse dont les axes ab, cd sont donnés.

1. Du sommet c du petit axe cd comme centre, avec le demi-grand axe oa pour rayon je décris un arc qui coupe la droite ab aux points f et f, ce sont

les deux foyers. — cela fait, je prends à volonté un point k sur la ligne ff'; des centres f et f', avec un rayon ak égal à la distance du sommet a au point k, je décris quatre arcs, dont deux au dessus de ab et deux au dessous; des mêmes centres, avec un rayon bk égal à la distance du sommet b au même point k, je décris quatre autres arcs qui coupent les premiers en m, m', m'', m'''. — ces quatre points appartiennent à l'ellipse, car, si l'on considère le point m par exemple, on a $fm + f'm = ak + bk = ab$. — il importe de remarquer que les huit arcs se couperont deux-à-deux, tant que le point k sera compris entre f et f'; en effet, parceque $ak + bk = ab$ et $ak - bk = 2ok$, il vient $ff' < ak + bk$ et $ff' > ak - bk$.

— maintenant, en marquant un autre point entre les foyers, on trouvera, par le même procédé, quatre autres points de la courbe; et en continuant, on en obtiendra autant que l'on voudra. — si ensuite on trace un trait continu qui passe par tous ces points et par les quatre sommets a, b, c, d, il ne pourra différer de l'ellipse cherchée qu'entre les points rigoureusement déterminés.

2°. Je fixe aux foyers f, f' les extrémités d'un fil inextensible d'une longueur égale au grand axe ab; puis, appliquant en k un style, je le fais glisser le long du fil de manière qu'il soit constamment tendu. — le style décrit évidemment l'ellipse demandée, car, dans chacune de ses positions, la somme de ses distances aux foyers est égale à la longueur du fil, c'est-à-dire au grand axe.

Scholie. — Si les axes ab, cd sont égaux, les foyers f, f' se confondent avec le centre o, en sorte que, le fil étant plié en double, le style engendre cir. oa.

Corol. — 1. — Deux ellipses sont égales lorsque leurs axes sont égaux deux à deux.

11. — Deux ellipses sont semblables lorsque leurs axes sont proportionnels.

Prop. 4. — Théorème. — La tangente pq fait avec les rayons vecteurs mf, mf' du point de contact m des angles égaux fmp, $f'mq$.

Soit mn un élément de l'ellipse. — on a $fn + f'n = fm + f'm$ ou bien $fn - fm = f'm - f'n$. — décrivant des centres f et f' les petits arcs ns et nt, il vient $fn - fm = ms$, $f'm - f'n = nt$; donc $ms = mt$ et partant les petits triang. rect. mns, mnt sont égaux; conséquemment, ang. $smg =$ angle $f'mg$; mais angle $smg =$ angle fmp; donc angle $fmp =$ angle $f'mg$.

Corol. 1. — La bissectrice mx de l'angle fmf' des rayons vecteurs mf, mf' est une normale. — car, si l'on ajoute les égalités $fmx = f'mx$, $fmp = f'mg$, il vient $pmx = qmx$.

Corol. 2. — Les courbures A et C aux sommets a et c sont proportionnelles aux cubes des demi-axes oa et oc. — parce que la normale pk est la bissectrice de l'angle fpf', on a $fk : f'k :: fp : f'p$; or, si le point p est très voisin du sommet a, $fp = fa$, $f'p = f'a$ et partant $fk : f'k :: fa : f'a$; donc, page 65, var. $ok = of'$ ou bien $oa (oa - ka) = fc^2 - oc^2$, d'où résulte, à cause que fc est égal à oa, $ka = \dfrac{oc^2}{oa}$. — la circonf. fcf', touchant l'ellipse au sommet c, la normale gl ou point très voisin g doit diviser l'angle $f g f'$ et par suite l'arc $f l f'$ en deux parties égales; on a donc $lc = \frac{fc^2}{oc}$ ou $lc = \frac{oa^2}{oc}$. — maintenant, il vient $A : C :: \frac{oa^2}{oc} : \frac{oc^2}{oa}$ ou bien $A : C :: oa^3 : oc^3$.

Prop. 5. — *Problème.* — Mener une tangente à l'ellipse : 1° par un point de cette ligne; 2° par un point extérieur; 3° parallèlement à une droite donnée.

1° On obtient la tangente du point m en tirant la bissectrice pq de l'angle $f'mx$ formé par $f'm$ et le prolongement mx, de fm. — cela résulte de ce que angle $f'mq$ = angle xmq = angle fmp.

2° Du point extérieur p, avec un rayon égal à sa distance pf au foyer f, je décris une circonf.; du foyer f', avec le grand axe ab pour rayon, je décris une autre circonf. qui coupe la première en q et q'; je tire les droites qf', $q'f'$ et je joins les points m, m', où elles rencontrent l'ellipse, au point p; les droites pm, pm' sont les tangentes cherchées. — en effet, par construction, $pf = pq$, $fm + mf' = f'q$ ou $mf' = mq$; donc la droite pm est perpendicul. sur le milieu de $f'q$ et, comme le triangle $f'mq$ est isocèle, cette droite est la bissectrice de l'angle $f'mq$. — on prouverait de même que pm' est la tangente du point m'.

3° Pour construire les tangentes parallèles à la droite xy, je cherche les points q, q' où la perpendicul. $f'z$, tirée du foyer f' sur xy, rencontre la circonf. décrite du centre f avec un rayon ab; les tangentes mp, $m'p'$ des points d'intersection m, m' de l'ellipse et des droites qf, $q'f$ sont celles que l'on cherche. — en effet, on a $fm + fm' = fq$ ou $mf' = mq$; donc, le triangle $mf'q$ étant isocèle, la bissectrice mp de l'angle $f'mq$ est perpendicul. sur $f'z$ et par suite qp parallèle à xy. — La démonstration est la même pour $m'p'$.

Prop. 6. — *Théorème.* — Les projections p, p' des foyers f, f' sur une tangente quelconque xy sont situées sur la circonf. qui a pour diamètre le grand axe ab.

Les triangles rectangles pmf, pmk sont égaux, parceque mp est commun et que angle pmf = angle pmk; donc $fp = pk$; et, comme $of = of'$, la droite op est parallèle à $f'k$ et vaut $\frac{f'k}{2}$, or $f'k = fm + fm = 2oa$; par conséquent $op = oa$ et le point p appartient à cir. oa. — la démonstration est la même pour le point p'.

Scholie. — Ainsi, lorsqu'un angle droit $p'' p p'$ se meut de manière que son sommet p décrive cir. oa et que le côté pp'' passe par un point intérieur f, l'autre côté pp' touche constamment l'ellipse $acbd$ dont le point f est l'un des foyers.

Corol. — Le produit des distances d'une tangente quelconque aux deux foyers est égal au quarré du demi-petit axe. — On a $fp \times fp' = fa \times fb = oc^2$; mais, parceque l'angle droit $p'' p p'$ est inscrit, la corde $p'' p'$ passe par le centre o; par suite, triang. fop'' = triang. fop' et $fp'' = fp'$; donc $fp \times fp' = oc^2$.

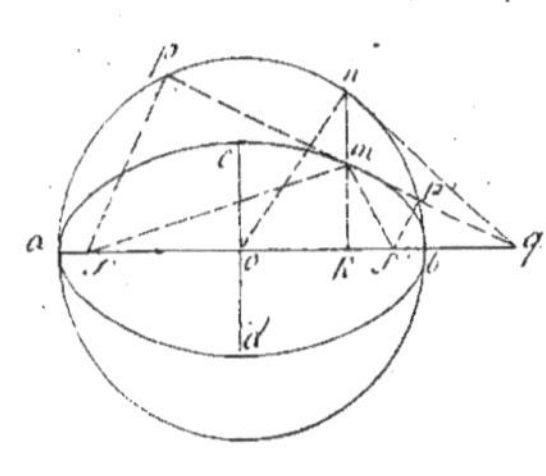

Prop. 7. — Théorème. — Les ordonnées mk, nk au grand axe ab, qui se correspondent dans l'ellipse et dans cir. oa, sont entr'elles comme $oc : oa$.

Si l'on tire la tangente mq, angle pmf = angle $p'nf'$ et les triang. rectang. fmp, $f'mp'$ sont semblables; delà suit $mp : mp' :: fp : f'p'$; mais $fp : f'p' :: pq : p'q$, donc $mp : mp' :: pq : p'q$; la corde pp' étant divisée en parties harmoniques aux points m, q, l'ordonnée mk est la polaire du point q et partant nq touche cir. oa en n. — maintenant, à cause de la similitude des triang. rect. kmq, fpq, $f'p'q$, il vient $mk : qk :: fp : pq$, $mk : qk :: f'p' : p'q$; multipliant et observant que $fp \times f'p' = oc^2$, $pq \times p'q = qn^2$, on trouve $mk^2 : qk^2 :: oc^2 : qn^2$ ou $mk : qk :: oc : qn$; mais, parceque les triang. rect. onk, knq sont semblables, $nk : qk :: on : qn$; donc $mk : nk :: oc : on$ ou oa.

Scholie. — Delà un nouveau procédé pour la description de l'ellipse. — on construit cir. oa et cir. oc; on tire ensuite arbitrairement un rayon on; puis par les points n, l les droites nk, lm perpendicul. et parallèle au grand axe ab; le point m appartient à l'ellipse, car on a $mk : nk :: el : on$ ou $:: oc : oa$.

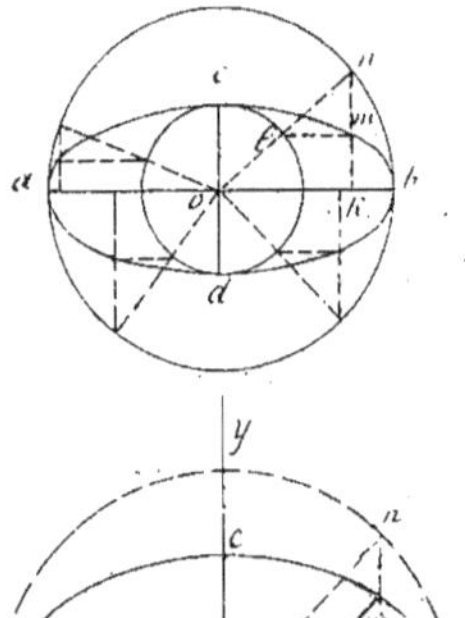

Prop. 8. — Théorème. — Lorsqu'une droite pq de longueur invariable, se meut de manière que ses extrémités p, q glissent sur deux droites rectang. xx', yy', l'un quelconque m de ses points engendre une ellipse $acbd$ dont les demi-axes sont égaux à mg et mp.

Du centre o, avec mg pour rayon je décris une circonf. et je tire le rayon on parallèle à mg; les droites on et mg étant égales et parallèles, la ligne mn est parallèle à yy' et par suite perpendicul. à xx'. — de plus, on a $mk : nk :: mp : on$ ou mg; donc le point m appartient à l'ellipse. — la démonstration serait la même si le point décrivant m était compris entre p et q. — Quand il se trouve au milieu de pq, l'ellipse dégénère en circonf.

Scholie. — Le compas à ellipse est basé sur cette proposition.

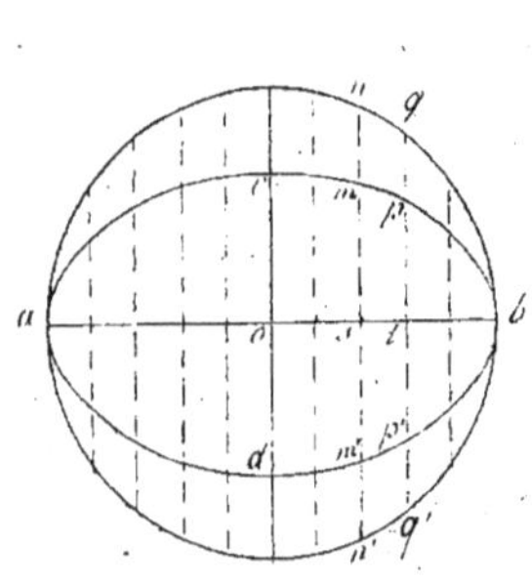

Prop. 9. — Théorème. — L'aire de l'ellipse est égale au rapport de la circonf. au diamètre multiplié par le produit de ses demi-axes.

Décomposons l'ellipse $acbd$ et cercle oa en tranches infiniment minces par des droites perpendicul. à l'axe ab. — parce que les petits trapèzes correspondans $mpp'm'$, $nqq'n'$ ont même hauteur st, on a $mpp'm' : nqq'n' :: ms + pt : ns + qt$; mais, de la prop^{on} $ms : ns :: pt : qt :: oc : oa$ on déduit $ms + pt : ns + qt :: oc : oa$; donc aussi $mpp'm' : nqq'n' :: oc : oa$. — or, les élémens correspondans de l'ellipse et du cercle étant dans le rapport constant de $oc : oa$, leurs aires totales sont aussi dans ce même rapport; on a donc ellipse $: \pi oa^2 :: oc : oa$ d'où ellipse $= \pi oa \times oc$.

Scholie. — L'ellipse est moyenne proportionnelle entre les cercles décrits sur les deux axes comme diamètres — car on a la proportion identique $\pi oa^2 : \pi oa \times oc :: \pi oa \times oc : \pi oc^2$.

§. 2.— L'Hyperbole.

L'Hyperbole est le lieu des points dont les rayons vecteurs, par rapport à deux points fixes ou foyers ff', ont constamment une même différence.— elle est composée de deux branches m a m', n b n' indéfinies dans les deux sens; les rayons vecteurs, issus du foyer f, sont inférieurs, dans la branche m a m', aux rayons vecteurs correspondans qui aboutissent à l'autre foyer f'; le contraire a lieu pour la branche n b n'.

— N.B.— Les propositions de ce paragraphe, qui sont seulement énoncées, s'établissent comme les prop. analogues du paragraphe précédent.

Proposition 1.— Théorème.— L'Hyperbole a deux axes rectangulaires.

Car, si l'on fait faire une demi-révolution au plan de cette courbe autour de la droite ab qui passe par les foyers ff' ou bien autour de la perpendicul cd sur le milieu de ff', les foyers restent fixes ou ne font que changer de place; donc etc.

Corol.— L'intersection o des axes est le centre de l'Hyperbole.

Scholies.—1.— L'axe ab est transverse et l'axe cd non transverse.

11.— les extrémités a, b sont les sommets de l'Hyperbole.

111.— La distance of du centre o à l'un des foyers f s'appelle excentricité.

Prop. 2.— Théorème.— La différence des rayons vecteurs mf, mf' d'un point m de l'Hyperbole est égale à l'axe transverse ab.

Puisque les rayons vecteurs du sommet b sont bf et bf', on a $mf - mf' = bf - bf'$; mais $bf - bf' = 2ob = ab$; donc $mf - mf' = ab$.

Prop. 3.— Problème.— Décrire par points ou par un mouvement continu une hyperbole dont l'axe transverse ab et les foyers ff' sont donnés.

1º Je prends à volonté, sur l'axe transverse, un point k non compris entre les foyers; des centres ff' avec un rayon ak, je décris quatre arcs, deux au dessus de ab et deux au dessous; des mêmes centres, avec un rayon bk, je décris quatre autres arcs qui coupent les premiers en m, m', m'', m'''; ce sont quatre points de l'Hyperbole; car, si l'on considère le point m par exemple, on a $mf - mf' = ak - bk = ab$.— les huit arcs tracés se coupent d'ailleurs deux-à-deux; parce que $ak + bk = 2ok$ et $ak - bk = ab$, il vient en effet $ff' < ak + bk$ et $ff' > ak - bk$.

2º Je fixe les extrémités d'un fil inextensible fm au foyer f' et au point m d'une règle pq, mobile autour du foyer f et telle que $mf - mf' = ab$.— je fais ensuite glisser un style m le long de la règle de manière que, pendant sa rotation autour du centre f, le fil s'y applique en partie et reste constamment tendu: l'arc mb, décrit par le style, appartient à l'Hyperbole cherchée; car, quelle que soit sa position, la différence de ses rayons vecteurs est égale à ab.

Corol. 1. — Deux hyperboles sont égales lorsqu'elles ont même axe transverse et même excentricité.

11. — Deux hyperboles sont semblables lorsque les axes transverses en sont proportionnels aux excentricités.

Prop. 4. — Théorème. — La tangente pq est la bissectrice de l'angle fmf' formé par les rayons vecteurs mf, mf' du point de contact m.

Soit mn un élément de l'hyperbole. — on a $fm - f'm = fn - f'n$ ou $fm - fn = f'm - f'n$; donc mn par suite les petits triang. rect. mns, mnt sont égaux et angle fmp = angle $f'mp$.

Corol. i. — La normale gg du point m fait avec ses rayons vecteurs des angles égaux fmg, $f'mg$.

11. — Les rayons de courbure des sommets ab sont égaux à $\dfrac{fa \times fb}{oa}$.

Prop. 5. — Problème. — Mener une tangente à l'hyperbole. 1° par un point de cette ligne;
2° par un point extérieur; 3° parallèlement à une droite donnée.

1° La tangente du point m est la bissectrice mp de l'angle fmf' que forment ses rayons vecteurs mf, mf'.

2° Du point extérieur p avec un rayon pf et du foyer f avec un rayon ab, je décris deux circonf. qui se coupent en q et q'; je tire les lignes qf, $q'f$ et j'unis les points m et m', où elles rencontrent l'hyperbole, au point p. — Les droites pm, pm' sont les tangentes cherchées.

3° Pour construire les tangentes parallèles à la droite xy, je détermine les points q, q', où la perpendicul. fz à xy, coupe la circonf. du centre f et du rayon ab; les points d'intersection m, m' de l'hyperbole et des droites qf, $q'f$ sont les points de contact cherchés. — Le problème serait impossible si la droite fz ne rencontrait pas la circonférence.

Prop. 6. — Théorème. — Les projections p, p' des foyers f, f' sur une tangente quelconque xy sont situées sur la circonf. qui a pour diamètre l'axe transverse ab.

Scholie. — Lorsqu'un angle droit $p''pp'$ se meut de manière que son sommet p décrive cir. oa et que le côté pp'' passe par un point extérieur f, l'autre côté pp' touche constamment une branche d'hyperbole dont le point f est l'un des foyers.

Corol. — Le produit des distances fp, $f'p'$ d'une tangente quelconque xy aux deux foyers est égal à $fa \times fb$.

Prop. 7. — Théorème. — L'hyperbole a deux assymptotes.

Soient fm, fm' les tangentes de cir. oa issues du foyer f'; les diamètres indéfinies xx', yy' touchent l'hyperbole, parceque les angles $f'm'x$, $f'n'y$ sont droits (prop. 6.); je dis en outre que les points de contact sont situés à l'infini; je suppose un instant que la droite xx', par exemple, ait pour point de contact le point g, de manière que $fg - f'g = ab$; je joins ce point au point p où fm est coupée par la droite $f'p$ parallèle à ox; parceque $of = o'f$, $f'p = 2\,om = ab$ et $fm = mp$, d'où résulte obl. $f'g =$ obl. pg; ainsi, on aurait $fg - pg = fp$, ce qui est impossible. — donc les droites xx', yy' sont des asymptotes.

Scholies. — I. Les axes ab, cd sont les bissectrices des angles formés par les asymptotes.

II. — L'hyperbole est dite équilatère quand les asymptotes se coupent à l'angle droit.

Corol. — Les angles des asymptotes sont égaux dans les hyperboles semblables. — car les triangle rect. $f'om$ et son homologue dans l'autre hyperbole sont semblables comme ayant l'hypoténuse et un côté proportionnels.

§. 3. — La Parabole.

La Parabole est le lieu nommé des points également éloignés d'un point fixe ou foyer f et d'une droite fixe yy' nommée Directrice. — cette courbe est illimitée dans les deux sens. — Le double de la distance fg du foyer à la Directrice prend le nom de Paramètre.

Proposition. Théorème. — La parabole a pour axe la perpendicul. gx, tirée du foyer f sur la directrice yy'.

Car, si l'on considère une corde quelconque aa' perpendicul. à gx, on a $fa = ab$; $fa' = a'b'$; or, $ab = a'b'$; donc $fa = fa'$ et par suite $ka = ka'$.

Corol. I. — Le sommet o est le milieu de la distance fg.

II. — L'ordonnée fp, issue du foyer, est égale à pq ou au demi-paramètre fg.

Prop. 2. — Théorème. — Toute parallèle z à l'axe ne coupe la parabole qu'en un seul point m.

Car, si elle rencontrait cette courbe en un second point m', on aurait $fm + m'l = mm' + ml = mm' + fm$, ce qui est impossible.

Corol. — La parabole n'a pas de centre. — Si elle en avait un, il serait le milieu de la corde indéfinie menée par ce point parallèlement à l'axe, ce qui est absurde.

Prop. 3. — Problème. — Décrire par points ou par un mouvement continu une parabole dont le foyer f et la directrice yy' sont donnés.

I. Je tire à volonté sur l'axe gx une perpendicul. aa'; du centre f, avec kg pour rayon, je décris une circonf. qui coupe cette droite aux points m, m'; ce sont deux points de la parabole, car, par construction, $fm = kg = mn$, $fm' = kg = mn'$.

2° Je fixe au foyer f et au sommet c d'une équerre abc les extrémités d'un fil égal au côté bc; je fais ensuite glisser l'équerre sur la directrice yy', en tendant le fil, au moyen d'un style k, le long de cb. — Pendant ce mouvement, le style engendre un arc parabolique; car, quelle que soit sa position, on a c'k + fk = ck + kb' ou fk = kb'.

Corol. 1. — Deux paraboles, de même paramètre, sont égales.

Corol. 2. — Toutes les paraboles sont des courbes semblables.

Prop. 4. — Théorème. — La tangente mp est également inclinée sur l'axe gx et le rayon vecteur mf du point de contact m.

Soit mn un élément de la parabole; on a fm = mm', fn = nn' et par suite fm – fn = mm' – nn'; tirant ns, nt perpendicul. à fm et mm', il vient fm – fn = ms, mm' – nn' = mt; donc ms = mt et par suite les petits triang. rect. mns, mnt sont égaux; ainsi, ang. fmp = ang. pmm'; mais ang. pmm' = ang. mpx; donc ang. fmp = ang. mpx.

Corol. — La normale mg est la bissectrice de l'angle fmk.

Prop. 5. — Problème. — Mener une tangente à la parabole: 1° par un point de cette ligne; 2° par un point extérieur; 3° parallèlement à une droite donnée.

1° La bissectrice mp de l'angle fmm', que forme le rayon vecteur fm avec la parallèle mm' à l'axe, est la tangente du point m.

2° Du point extérieur p, avec un rayon pf, je décris une circonf. qui coupe la directrice yy' aux points q, q'; puis je joins le point p aux points m, m', où les parallèles qk, q'k' à l'axe rencontrent la parabole, les droites pm, pm' sont les tangentes demandées. — En effet, pf = pq par construction et mf = mq, parce que le point m appartient à la parabole; donc la droite mp est perpendiculaire sur le milieu de la base fq du triangle isocèle mfq et partant elle est la bissectrice de l'angle fmq. — On prouverait de même que m'p est la tangente du point m'.

3° Pour construire la tangente parallèle à la droite ab, j'abaisse du foyer f une perpendicul. fz à cette droite; du point q, où elle coupe la directrice yy', je tire qm parallèle à l'axe; le point m est évidemment le point de contact cherché.

Prop. 6. — Théorème. — La projection p du foyer f sur une tangente quelconque ml est située sur la tangente du sommet.

Parce que le triangle fmq est isocèle, la droite ml est perpendicul. sur le milieu de fq; et, comme fo = oq, la droite po est parallèle à yy' et par suite perpendicul. à ox; donc elle touche la parabole au sommet o.

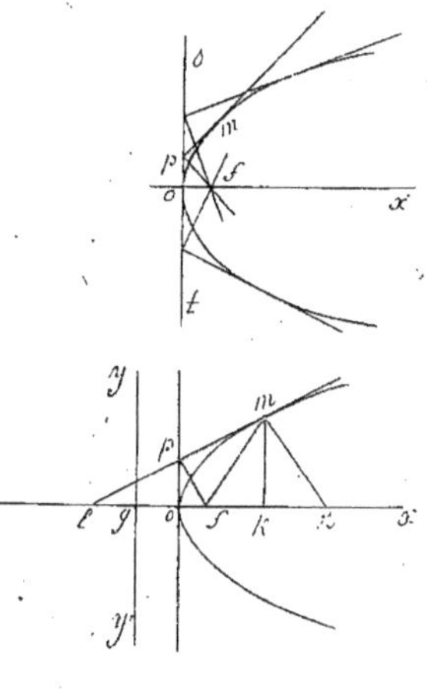

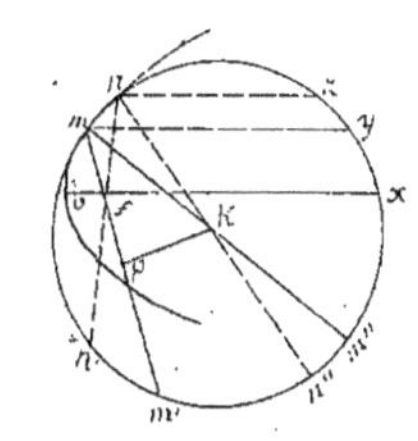

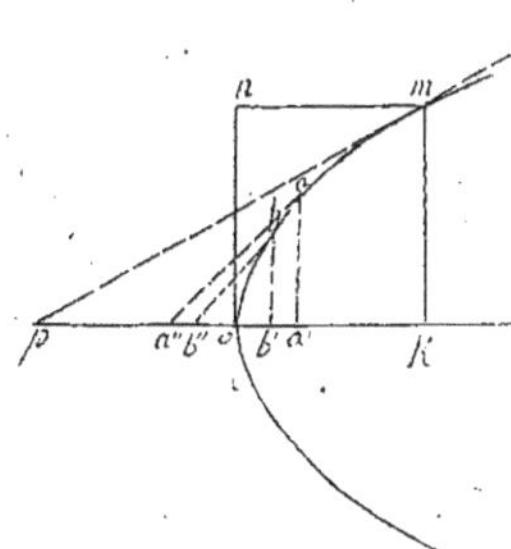

Scholies. — I. — Si un angle droit fpm se meut de manière que son sommet p reste sur la droite ox et que le côté fp passe par le point f, l'autre côté pm touchera constamment une parabole ayant pour foyer le point f.

II. — Si un triangle est circonscrit à une parabole, la circonf. circonscrite à ce triangle passe par le foyer. (prop 3, page 83.)

III. — Le point, dont les projections sur les quatre côtés d'un quadrilatère sont en ligne droite, est le foyer de la parabole inscrite dans ce quadrilatère. (Prop. 6. page 113)

Corol. 1. — Le sommet o est le milieu de la sous-tangente kl. — De ce que le triangle mfl est iso-angle, il résulte $fm = fl$ et partant $mp = pl$ et $ok = ol$.

Corol. 2. — La sous-normale kz est égale à la moitié fg du paramètre. — Parce que $lm = 2 lp$, il vient $mz = 2pf$; puis, $kz = 2fo = fg$.

Prop. 7. — Théorème. — Le foyer f est le milieu de la projection mp d'un rayon de courbure quelconque mk sur le rayon vecteur correspondant fm.

Soient my, nz deux parallèles à l'axe tirées par le point m et le point très voisin n. — on a ang. $nfo = $ ang. $fnz = 2$ ang. fnk et pareillement ang. $mfo = 2$ ang. fmk; en retranchant, il vient ang. $mfn = 2$ ang. $fnk - 2$ ang. fmk, d'où résulte $\frac{m''n' + mn}{2} = n'n'' \cdot m'm'' = m'n' - m''n''$, ou bien, parce que $m''n'' = mn$, $m'n' + mn = 2mn' - 2mn$ ou enfin $m'n' = 3mn$. Donc, à cause de la similitude des triang. $fm'n'$, fmn, on a aussi $fm' = 3fn$ ou $3fm$ et partant mm' ou $2mp = 4fm$; ainsi $mp = 2fm$ et $fp = fm$.

Scholie. — Cette proposit. donne un moyen fort élégant pour construire le rayon de courbure en un point assigné. — celui du sommet o est égal au $\frac{1}{2}$ param. $2fo$.

Prop. 8. — Théorème. — L'aire d'un segment parabolique omk est égal aux deux tiers du rect. $okmn$ de même base ok et de même hauteur km.

Si l'on prend $op = ok$, la droite mp est la tangente du point m. — pareillement, si l'on tire les ordonnées aa', bb' et les tangentes aa'', bb'' de deux points infiniment voisins a, b de l'arc om, il vient $oa' = oa''$, $ob' = ob''$ et par suite $a'b' = a''b''$; ainsi, le petit trapèze $abb'a'$ est double du petit triangle $aa''b''$; si donc l'on décompose le segment omk et la figure omp en élémens correspondans, on pourra conclure que segment $omk = 2$ fig. omp ou bien que seg. $omk = \frac{2}{3}$ triang. $omk = \frac{2}{3} ok \times km$.

§. 4. — Propriétés générales des coniques démontrées par la théorie des polaires réciproques.

On désignera, pour abréger, sous le nom de Coniques les trois courbes précédemment étudiées. — on verra plus loin la raison de cette dénomination.

Proposition 1. — Théorème. — Si deux courbes rapportées à une même circonf. directrice, sont telles que les points de l'une soient les pôles des tangentes de l'autre; réciproquement, les points de la seconde sont les pôles des tangentes de la première.

Cette proposit. découle de la prop. 5, page 81, quand on suppose que les deux polygones cités dans l'énoncé, ont des côtés infiniment petits.

Scholie 1. — Les deux courbes sont dites polaires réciproques l'une de l'autre.

Scholie 11. — Le nombre des intersections de l'une des courbes avec une droite quelconque est égal au nombre des tangentes que l'on peut mener à l'autre courbe par le pôle de cette droite.

Prop. 2. — Théorème. — La polaire réciproque d'une circonférence quelconque oa est une conique qui a pour foyer le centre c de la circonf. directrice.

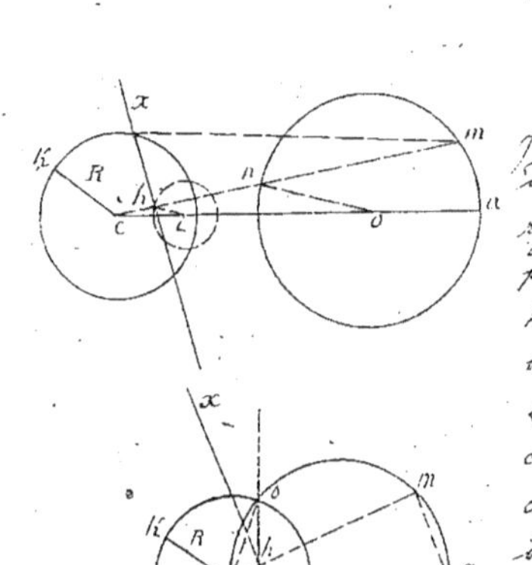

Soit hx la polaire d'un point quelconque m de cir. oa par rapport à cir. ck. — on a $\overline{ci} \cdot \overline{ch} = ck^2 = R^2$, et, en désignant par p^2 la puissance du centre c relative à cir. oa, $cm \times cn = p^2$; d'où, en divisant, $\frac{ci}{cn} = \frac{R^2}{p^2}$. — tirant hi parallèle au rayon on, il vient $\frac{ci}{cn} = \frac{ch}{cm}$, $\frac{ih}{on} = \frac{ch}{cm}$, et, en substituant, $ci = \frac{R^2}{p^2} \cdot co$, $ih = \frac{R^2}{p^2} \cdot on$. — ainsi, quand le point m varie sur cir. oa, le sommet h de l'angle droit chx décrit cir. ih et, comme le côté hc passe par le centre c, la polaire hx de ce point touche constamment une conique qui a le point c pour foyer. — selon que co est $>$ ou $<$ on, ci est $>$ ou $<$ ih; d'où il suit que la conique est une hyperbole, si le centre c est extérieur à cir. oa et une ellipse, s'il lui est intérieur. — il reste à examiner le cas où le centre c de la circonf. directrice est situé sur cir. oa. — soit h le point où l'axe radical st de ces deux lignes est coupé par la droite cm; parceque le quadril. hmsf est inscriptible à la circonf., il vient $cm \times ch = ca \times cf = cs^2 = R^2$; conséquemment, lorsque le point m varie sur cir. oa, son point réciproque h décrit l'axe st, et, comme le côté hc passe par le centre c, l'autre côté hx de l'angle droit chx, c'est-à-dire, la polaire du point m touche constamment une parabole dont c est le foyer.

Corol. — Toutes les coniques sont convexes. — car si une droite coupait une conique en trois points, on pourrait, par le pôle de cette droite, mener trois tangentes à une circonf., ce qui est impossible.

Prop. 3. — Théorème. — Dans tout hexagone abcdef, inscrit dans une conique, les trois points de concours l, m, n des côtés opposés ab et de, bc et ef, cd et fa sont situés en ligne droite.

Car, si l'on place le centre de la circonf. directrice à l'un des foyers, les polaires réciproques de la conique et de l'hexagone inscrit sont une circonf. et un hexagone circonscrit; or, dans ce dernier polygone, les trois diagonales concourent au même point; donc, dans le premier, les trois points de rencontre des côtés opposés sont situés en ligne droite.

Problème. — Faire passer une conique par cinq points donnés a, b, c, d, e. — pour le

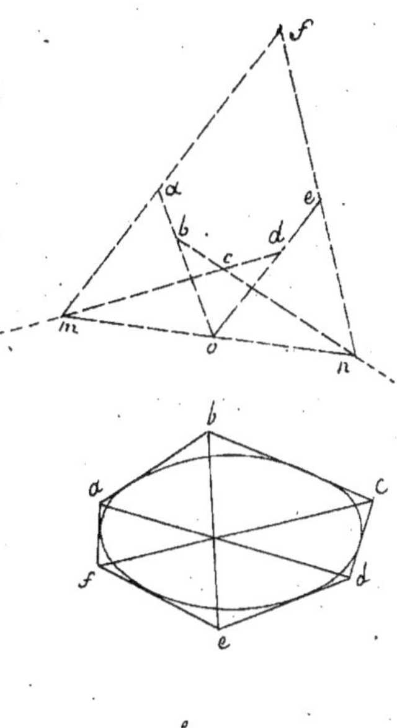

point de concours o des côtés ab, cd je mène arbitrairement une droite mn, qui coupe en
n et m les droites bc et cd ; je tire ensuite les droites ma et ne ; leur intersection f appar-
-tient à la conique, car, dans l'hexagone $abcdef$, les points de concours o, m, n des côtés opposés
sont en ligne droite ; on obtiendra ainsi autant de points que l'on voudra. — La conique pourra
d'ailleurs être une ellipse, une hyperbole ou une parabole.

Scholie. — Deux coniques ne peuvent se couper en plus de quatre points.

Prop. 4. — *Théorème.* — Dans tout hexagone $abcdef$, circonscrit à une conique, les trois diagonales ad, be, cf se coupent au même point.

Car, le centre de la circonf. directrice étant placé à l'un des foyers, les polaires réciproques
de la conique et de l'hexagone circonscrit sont une circonf. et un hexagone inscrit ; or, dans
ce dernier polygone, les trois points de concours des côtés opposés sont en ligne droite ; donc
les trois diagonales du premier concourent au même point.

Corol. — Dans tout pentagone $abcde$ circonscrit à une conique, la droite ak, tirée d'un
sommet a au point de contact k du côté opposé, et les deux diagonales bd, ce, qui unissent les quatre
autres sommets, concourent au même point. — Cela résulte de ce que le pentagone $abcde$ peut
être considéré comme un hexagone $abckde$ dont les six sommets sont a, b, c, k, d, e.

Problème. — Décrire une conique tangente à cinq droites données. — On détermine les
cinq points de contact au moyen du Corol. précédent et la question est ramenée à faire
passer une conique par ces cinq points.

Scholie. — Deux coniques ne peuvent avoir plus de quatre tangentes communes.

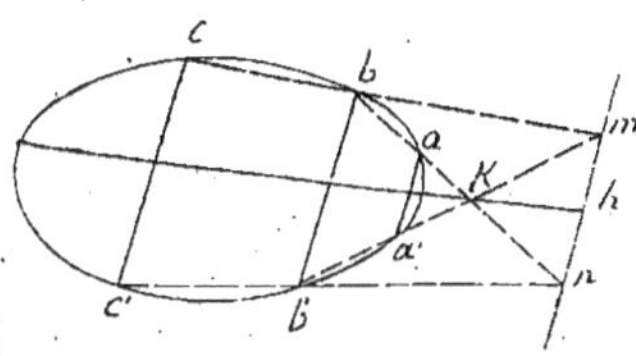

Prop. 5. — *Théorème.* — Dans toute conique, le lieu des milieux des cordes parallèles
à une droite quelconque est une ligne droite.

Soient aa', bb', cc' trois cordes parallèles quelconques. — Parceque la fig. $ab'c'ba$ est
un hexagone inscrit, les points de concours des côtés ba et $b'c'$, bc et $b'a'$, aa' et cc' sont situés en ligne droite ; donc, à cause de l'hypothèse, la droite mn est parallèle aux
trois cordes. — Conséquemment, la droite ktu, qui unit le point k au milieu h
de mn, contient les milieux de aa', bb' et par suite celui de cc'.

Scholies. — I. — On appelle diamètre d'une conique toute droite qui divise en
parties égales un système de cordes parallèles. — Il y a, dans toute conique, une infinité de
diamètres.

II. — Dans l'ellipse et dans l'hyperbole, les diamètres passent évidemment par le centre. — Ils
sont tous transverses dans l'ellipse ; ceux de l'hyperbole peuvent être transverses ou non
transverses. — Tous les diamètres de la parabole sont parallèles à l'axe.

III. — Dans l'ellipse et dans l'hyperbole, deux diamètres sont dits conjugués lorsque
chacun d'eux passe par les milieux des cordes parallèles à l'autre. — Tirons à volonté un diamètre transverse ab et joignons ses extrémités a, b à un point quelconque p

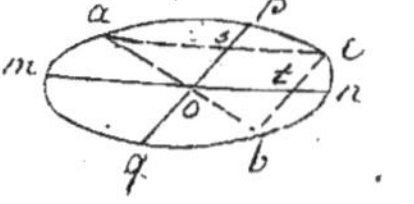

de la courbe; les diamètres mn, pq parallèles aux cordes ac, bc, sont conjugués; parceque $oa = ob$, on a en effet $sa = sc$ et $tc = tb$.

IV. Les axes forment évidemment un système de diamètres conjugués rectangulaires.

Corol. 1. — La tangente mx à l'extrémité m d'un diamètre mn est parallèle aux cordes
$fg, f'g'$, ... qu'il divise en parties égales. — S'il en était autrement, la conique intercep-
terait, sur la parallèle my à fg, une corde mm' ayant son milieu sur mn, ce qui est absurde.

Corol. 2. — La droite, qui unit le sommet d'un angle circonscrit au milieu de la
corde de contact, est un diamètre. — car, si les cordes aa', bb' sont infiniment voisines, les
droites $kab, ka'b'$ deviennent des tangentes.

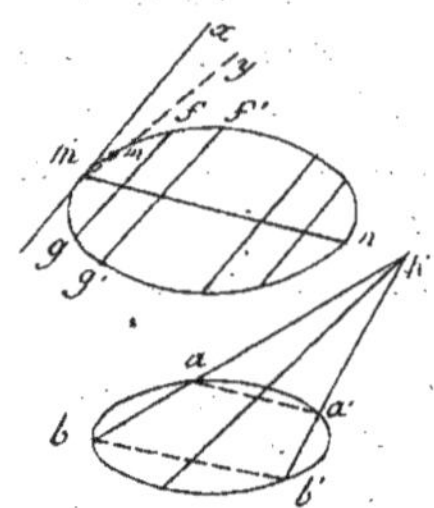

Prop. 6. — Théorème. — Lorsqu'une conique $acbd$ est coupée en quatre points par
une circonf. $mnpq$, les cordes mn, pq, qui unissent ces points deux-à-deux, sont
également inclinées sur chaque axe.

La circonf. $pqq'p'$, qui passe par les points p, q et dont le centre k est situé sur l'axe
cd, intercepte sur la conique une corde $p'q'$, telle que ang. $q's's = $ ang. qss; il s'agit donc
de prouver que mn est parallèle à $p'q'$. — S'il n'en est pas ainsi, soit mg cette parallèle; soient aussi x le point de concours de pp', qm et y celui de qq', pg; parce que
l'hexagone $mg pp'q'q$ est inscrit dans la conique (prop. 5), la droite xy est parallèle
aux cordes $p'q', mg$; conséquemment, l'angle yxp est le supplément de l'angle $xp'q$;
mais, le quadril. $pqq'p'$ étant inscrit à la circonf., ang. $xp'q = $ ang. pqy; donc les
angles yxp, pqy sont supplémentaires; partant, le quadril. $xyqp$ est aussi inscriptible
à la circonf. et ang. $yxq = $ ang. ypq; or, ang. $yxq = $ ang. xmg comme alternes-internes;
il s'ensuit que ang. $xmg = $ ang. ypq, que le quadril. $mgpq$ est encore inscriptible à la
circonf., enfin que le point g appartient à la circonf. $mnpq$, ce qui est faux; donc mn est parallèle à $p'q'$.

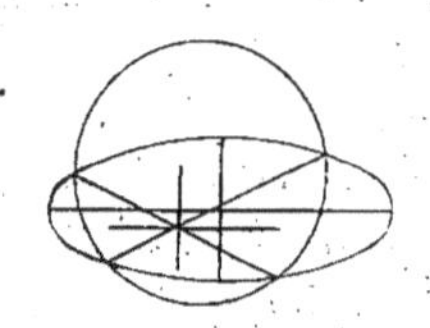

Corol. — Lorsqu'une conique est coupée en quatre points par une circonf. quelconque,
les bissectrices des angles, formés par les cordes qui joignent ces points deux-à-deux,
sont parallèles aux axes.

Prop. 7. — Problème. — Décrire la circonf. osculatrice au point m d'une conique.

Cette circonf., ayant avec la conique trois points communs infiniment voisins du
point m, doit couper cette ligne en un quatrième point n; la tangente mi du point
m et la corde mn, pouvant être considérées comme des cordes qui unissent ces
quatre points deux-à-deux, sont également inclinées sur l'axe ab. — De là cette
construction élégante: on mène la tangente mi du point m et l'ordonnée mp; on
prend $pq = pi$ et on tire mq qui coupe la conique en n; par les points m, n on fait
passer une circonf. tangente à mi; c'est la circonf. osculatrice demandée.

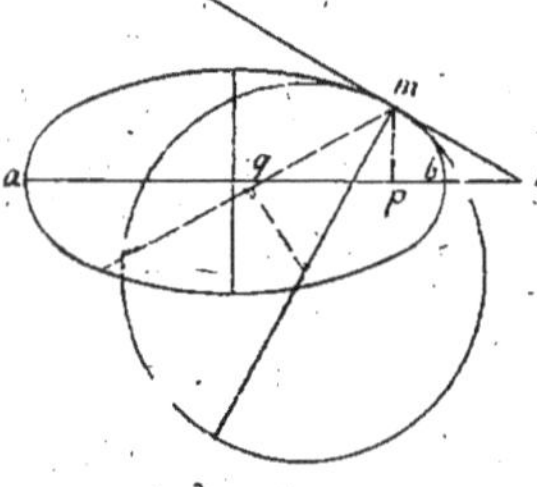

5ᵉ SECTION.

Courbes diverses.

§. 1. — L'ovale de Cassini.

On appelle ainsi le lieu des points dont les distances à deux points fixes f, f' font constamment un même produit.

La droite ab, qui passe par les points fixes f, f', et la droite cd, perpendicul. sur le milieu de ff', sont évidemment deux axes de cette courbe. — leur intersection o en est le centre.

Proposition 1. — Problème. — Décrire l'ovale de Cassini.

Je construis cir. $of', $ et par le sommet a je tire à volonté la sécante ag. — Des centres $f, f',$ avec ag pour rayon, je décris quatre arcs, deux au dessus de ab et deux au dessous; des mêmes centres, avec un rayon $ag',$ je décris quatre autres arcs qui coupent les premiers en $m, m', m'', m''';$ ce sont quatre points de l'ovale; car, si l'on considère le point m par exemple, on a $fm \times f'm = ag \times ag' = af \times af'.$

Comme ff' est $> qq'$ ou que $fg - f'g',$ il suffit, pour que les huit arcs se coupent deux-à-deux, que l'on ait $ff' < ag + ag'$ ou $of < ag,$ g étant la projection du centre o sur la sécante $ag.$ — cela posé : 1°. si of est $< $ tang. $ak,$ toute sécante ag produira quatre points de l'ovale et les rayons vecteurs des sommets c et d seront égaux à $ak.$ — 2°. si $of = ak,$ ces deux sommets se réuniront au centre o et la courbe prendra la forme du chiffre 8. — 3°. si of est $> ak,$ soit tirée une corde $ar,$ égale à of dans la circonf. décrite sur le diamètre $oa;$ il ne faudra se servir que des sécantes comprises entre ab et $ar.$ — la courbe se compose alors de deux branches fermées nommées ovoïdes.

Si l'on représente par D le diamètre de la circonf. qui passe par les points fixes f, f' et par un point quelconque x de la courbe et par h la distance de ce point à l'axe $ab,$ il vient $D \times h = fx \times f'x = ak^2;$ ainsi, la plus grande valeur de h correspond à la plus petite valeur de $D,$ laquelle est évidemment égale à $ff';$ il s'ensuit que cir. of coupe la courbe aux points les plus éloignés de l'axe $ab;$ pour que ces points existent, il faut que h ou $\dfrac{ak^2}{2 of}$ soit $< of,$ c'est-à-dire, que l'on ait $ak < of \sqrt{2}.$ — quand ak est en même temps $> of,$ la courbe a deux axes transverses et quatre points d'inflexion.

Prop. 2. — Problème. — Mener la tangente en un point de l'ovale de Cassini.

Soit mn un élément de cette courbe; rabattons fn en fs et $f'n$ en ft au moyen des

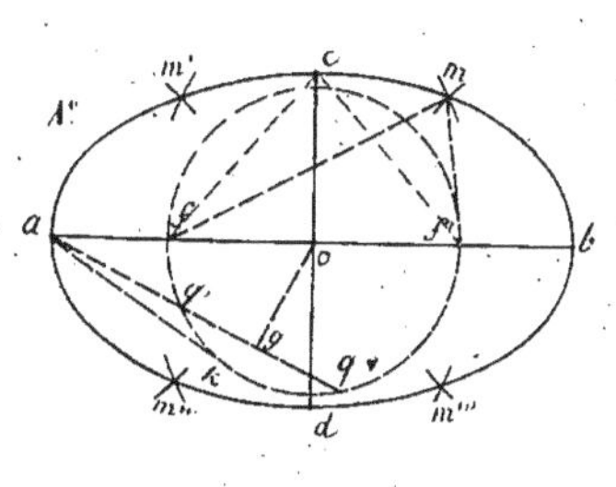

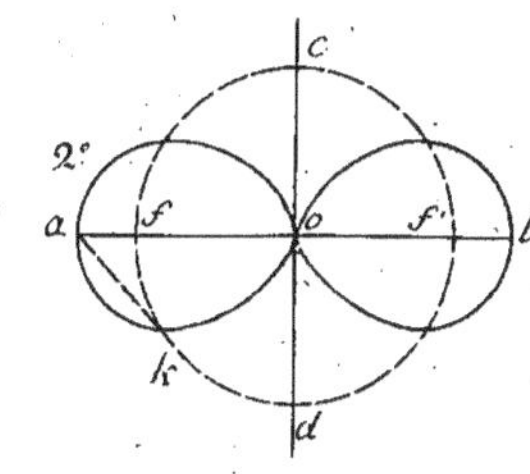

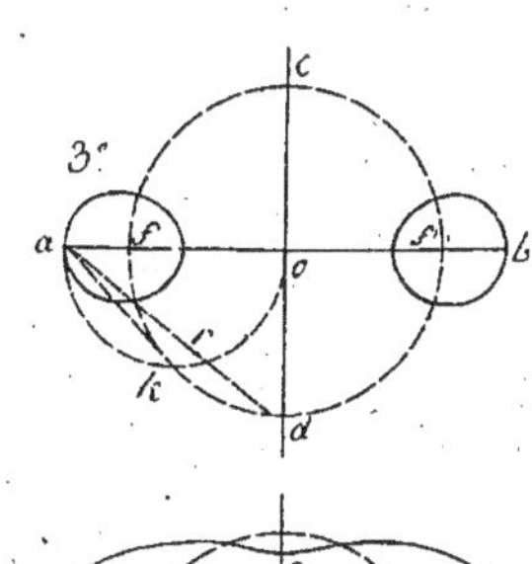

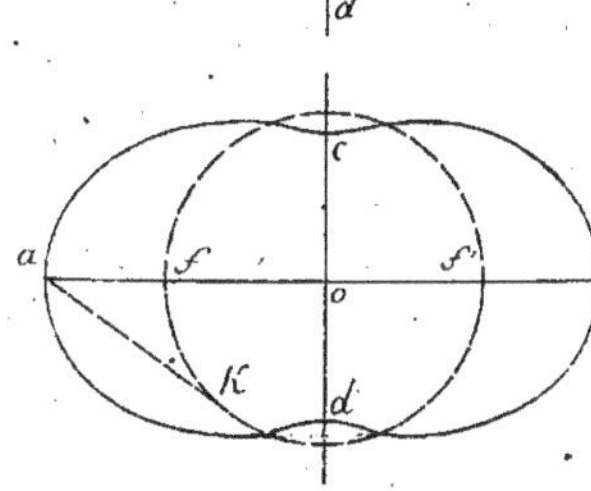

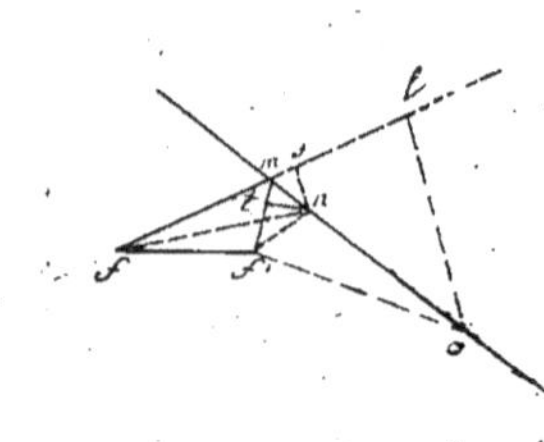

petits arcs ns et nt. — nous aurons $fn = fm + ms$, $fn = fm - mt$ et partant $(fm + mt)$ $(fm - mt) = fm \times f'm$; effectuant les calculs, supprimant le terme $fm \times fm$ commun aux deux membres et négligeant le terme $ms \times mt$ qui est infiniment petit par rapport à ceux qui restent, on trouve $fm \times mt - f'm \times ms = 0$ ou $fm : f'm :: ms : mt$. — Or maintenant $f'o$ perpendicul. à fm et ol perpendicul. à $f'm$; les quadril. $mfol$, $mfms$ sont visiblement semblables et partant $ml : fm :: ms : nt$, donc $ml = fm$. conséquemment, pour déterminer la tangente du point m, on prolongera fm d'une quantité égale ml; aux extrémités f et l de mf et ml on élèvera des perpendicul. $f'o$ et lo, la droite mo sera la ligne cherchée.

§. 2. — La spirale d'Archimède.

Cette ligne est le lieu des points dont les distances à un point fixe, nommé pôle, sont proportionnelles aux angles qu'elles forment avec une droite fixe.

Proposition 1. — Problème. — Décrire la spirale d'Archimède.

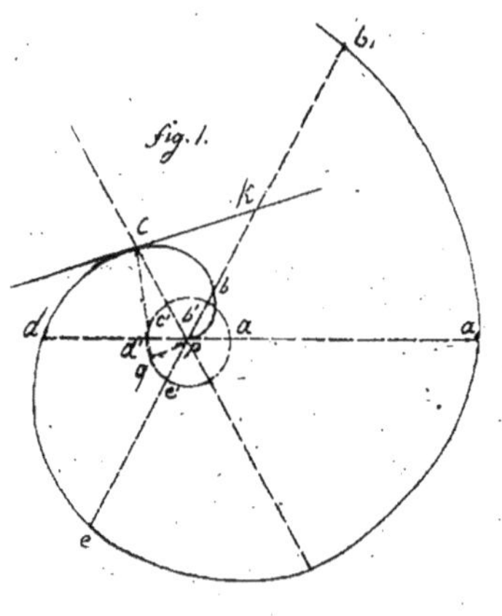

Je divise cir. pa en petites parties égales ab', $b'c'$, $c'd'$, ...; puis, sur les rayons pb, pc, pd, ... des points de division je prends $pb = $ arc ab', $pc = $ arc ac' $= 2$ arc ab', $pd = $ arc $ad' = 3$ arc ab', ...; la ligne $pbcde$ .... est la spirale cherchée, car, les distances pb, pc, pd, ... sont égales aux arcs ab', ac', ad', ... et par suite proportionnelles aux angles apb, apc, apd, ... — Lorsqu'on est parvenu au point a, pour lequel $pa = $ cir. pa, on prend $pb = $ cir. $pa + ab'$&c&c, de manière que la spirale fait autour du pôle p une infinité de circonvolutions.

Scholie. — Le rayon pa est dit le paramètre de la spirale.

Prop. 2. — Théorème. — La sous-normale pq, estimée sur le rayon px perpendicul. à la distance pc, est égale au paramètre pa. (fig. 1 et 2).

Soit cm un petit élément de la courbe. — rabattons pc en pg au moyen du petit arc cg, en sorte que $mg = pc - pm = $ arc $ac' - $ arc $am = $ arc mc': parce que les angles droits pcg, gck ont une partie commune pck, ang. $mcg = $ ang. pcg, donc les triangles rect. gmc, pcq sont semblables et partant $cg : mg :: pc : pq$; mais $cg : mc' :: pc : pc'$; donc $pq = pc' = pa$.

Corol. — Ainsi, pour déterminer la tangente du point c à la spirale de la fig. 1, on tire pq perpendicul. sur la distance pc, puis cq et enfin ck perpendicul. à cq.

§. 3. — La spirale hyperbolique.

On appelle ainsi le lieu des points dont les distances à un point fixe

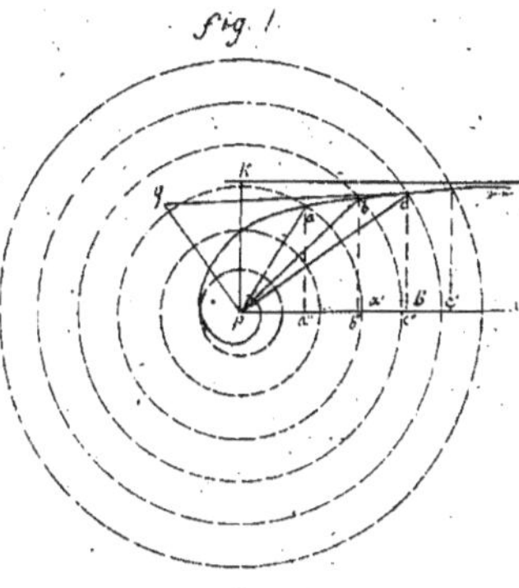

ou pôle sont inversement proportionnelles aux angles qu'elles forment avec une droite fixe.

Proposition 1. Problème. — Décrire la spirale hyperbolique.

Je décris une série de circonf. concentriques au pôle p et je prends arbitrairement, à partir du rayon px, des arcs aa', bb', cc', dd'.... égaux entre eux; la ligne abcd.... est la spirale cherchée. — en effet, si l'on considère deux points quelconques a et b, on a ang. bpx : ang. apx :: $\frac{bb'}{pb} : \frac{aa'}{pa}$ ou bien, parceque $aa' = bb'$, pa : pb :: ang. bpx : ang. apx. — cette spirale s'étend indéfiniment dans les deux sens; d'une part, elle fait une infinité de circonvolutions autour du pôle p sans pouvoir l'atteindre; de l'autre, les ordonnées croissantes aa'', bb'', cc''.... ne pouvant devenir plus grandes que les arcs aa', bb', cc'...., la spirale a pour asymptote la droite ky parallèle à px et distante du pôle p de la ligne pk égale à l'arc aa' rectifié.

Scholie. — La distance pk est le paramètre de la spirale.

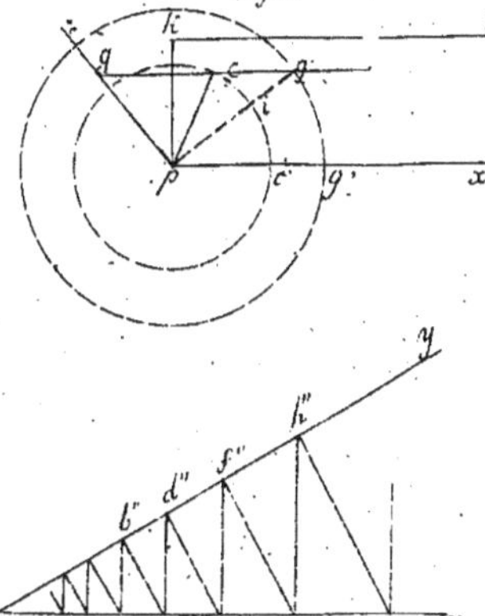

Prop. 2. — Théorème. — La sous-tangente pq, estimée sur le rayon pz perpendicul. à la distance pc, est égale au paramètre pk. (fig. 1 et 2).

Si cg est un petit élément de la spirale, on a $cc' = gg'$; or, $gg' : ic :: pg : pi$, d'où $gg' - ic :: pg - pi :: gg' : pg$ ou bien $ci : gi :: cc' : pg$; on a aussi $ci : gi :: pq : pg$; donc $pq = cc' = pk$.

Corol. — Ainsi, pour obtenir la tangente du point c (fig.1), il faut élever, sur la distance pc, une perpendicul. pq égale à pk et tirer cq.

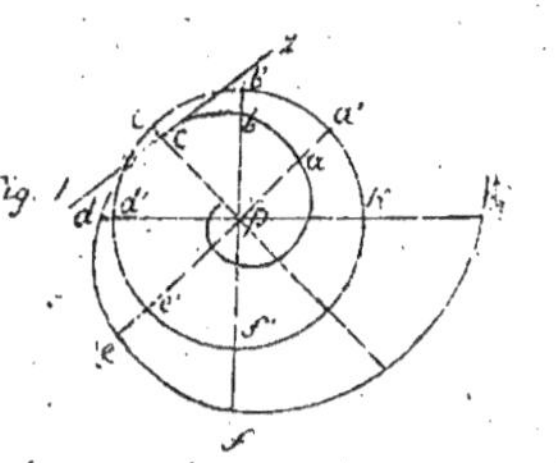

§.4. — La Spirale Logarithmique.

Cette ligne est le lieu des points dont les distances à un pôle fixe croissent en progression géométrique, lorsque les angles qu'elles forment avec une droite fixe croissent en progression arithmétique.

Proposition 1. — Problème. — Décrire la spirale Logarithmique.

Sur le côté ox d'un angle quelconque xoy je tire à volonté une perpendicul. $a''b''$; je tire ensuite $b''c''$ perpendicul. à oy; puis, $c''d''$ perpendicul. à ox, $d''e''$ à oy, &&; parceque les triangles $ob''c''$, $oc''d''$, $od''e''$.... sont rectangles, on a $oa'' : ob'' :: ob'' : oc''$, $ob'' : oc'' :: oc'' : od''$, $oc'' : od'' :: od'' : oe''$,...., d'où résulte la progression géométrique $\div oa'' : ob'' : oc'' : od'' : oe''$.... — Cela fait, je divise cir. pk en parties égales ka', $a'b'$, $b'c'$, $c'd'$,...., et, sur les rayons pa', pb', pc', pd',...., je prends $pa = oa''$, $pb = ob''$, $pc = oc''$, $pd = od''$,...; la ligne abcde.... est évidemment la spirale cherchée; elle s'étend dans les deux sens et fait autour du pôle p, sans pouvoir l'atteindre, une infinité de circonvolutions.

Prop. 2. — Théorème. — Toutes les tangentes sont également inclinées sur les rayons des points de contact.

Il suffit d'établir cette propriété pour deux tangentes infiniment voisines. — Soient donc ab, bc deux élémens consécutifs de la spirale, correspondans aux petits angles égaux apb, bpc. — parceque $pa : pb :: pb : pc$, les triang. apb, bpc sont semblables; donc ang. abp = ang. bcp.

Scholie. — L'inclinaison constante des tangentes sur les rayons de leurs points de contact est le paramètre de la spirale.

Corol. 1. — On obtient la tangente du point c (fig. 1) en tirant la droite cx sous un angle pcx égal au paramètre angulaire de la spirale.

Corol. 2. — Toutes les normales sont également inclinées sur les rayons qui leur correspondent. — car chacune de ces inclinaisons est le complément du paramètre angulaire.

Prop. 3. — Théorème. — Le pôle de la spirale logarithmique est la projection d'un centre de courbure quelconque sur le rayon correspondant p.

Soient pa, pb, aa', ba' les rayons et les normales de deux points a, b infiniment voisins. — parceque ang. paa' = ang. pba', les quatre points p, a, b, a' appartiennent à une même circonf., et, comme l'angle aba' est droit, la droite $a'p$ est la perpendicul. abaissée du centre de courbure a' sur le rayon pa.

Corol. — La développée $a'b'c'$...d'une spirale logarith. $abcd$... est une spirale logarith. égale. — car l'inclinaison $aa'p$ de la tangente aa' sur le rayon pa' est complémentaire de l'angle paa' et par suite elle est égale au paramètre angulaire pax.

Scholie. — Ainsi, quoique la spirale $a'k$ fasse une infinité de révolutions autour du pôle p, l'arc, compris entre ce point et l'extrémité a', est égal au rayon de courbure $a'a$.

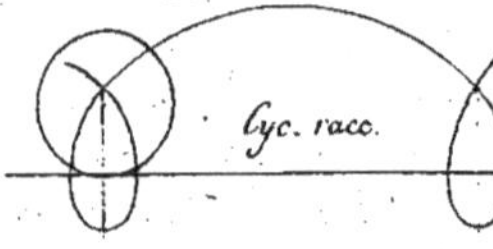

§. 5. — Cycloïde ordinaire, rallongée et raccourcie.

On appelle cycloïde la courbe décrite par un point du plan d'un cercle qui roule, sans glisser, sur l'une de ses tangentes. — La cycloïde est ordinaire si le point décrivant est situé sur la circonf. génératrice; elle est rallongée si ce point lui est intérieur et raccourcie s'il est extérieur. — La tangente fixe prend le nom de directrice.

Proposition 1. — Problème. — Décrire une cycloïde ordinaire, rallongée ou raccourcie.

Supposons que cir. oa, roulant sans glisser le long de la tangente xy, entraîne avec elle le rayon oa et proposons-nous de construire les cycloïdes ordinaire, rallongée et raccourcie engendrées par les trois points a, b, c. — pendant ce mouvement, les élémens de cir. oa s'appliquent successivement sur la directrice xy, de manière que l'arc, limité d'une part au point décrivant et de l'autre au point de contact, est constamment égal à la portion de la directrice comprise entre ce dernier point et l'origine α; lors donc que cir. oa. est devenue cir: o'm, le point décrivant α se trouve en a', tel que arc a'm = αm; le rayon oa, occupant la position o'a', on obtient un point de la cycloïde rallongée en prenant o'b' = ob et un point de la cycloïde raccourcie en prenant o'c' = oc. — après une révolution complète de cir. oa, le point décrivant α se retrouve sur la directrice xy en a₁, tel que a₁α = cir. oa, et les points b et c en b₁ et c₁; la droite aa₁ prend le nom de base. — après une demi révolution, la circonf. mobile touche la base aa₁ en son milieu k et le rayon oa est dirigé selon le prolongement de o'k; ce rayon est un axe commun aux trois courbes et les points a'', b'', c'' en sont les sommets. — comme cir. oa peut rouler indéfiniment, dans les deux sens, le long de xy, les trois cycloïdes sont composées d'une infinité de branches égales à celles que l'on vient de considérer; on voit que les points a, a₁ sont des points de rebroussement de la 1ʳᵉ espèce, que chaque branche de la cycloïde rallongée a deux points d'inflexion, enfin que la cycloïde raccourcie est bouclée.

Si par le point a' de la cycloïde ordinaire on tire a's parallèlement à xy, on a visiblement arc a'm = arc sa et corde a'm = corde sa. — cette remarque fournit un procédé plus expéditif pour décrire cette courbe. — on divise cir. oa en petits arcs égaux a1, 12, 23, ... que l'on porte sur xy en a1', 1'2', 2'3', ...; des centres 1', 2', 3', ..., avec les cordes a1, a2, a3, ... pour rayons, on décrit une série de petits arcs; les points b, c, d, ... où ils sont traversés par les droites 1b, 2c, 3d, ... parallèles à xy, appartiennent à la cycloïde. — il existe des procédés analogues pour les cycloïdes rallongée et raccourcie.

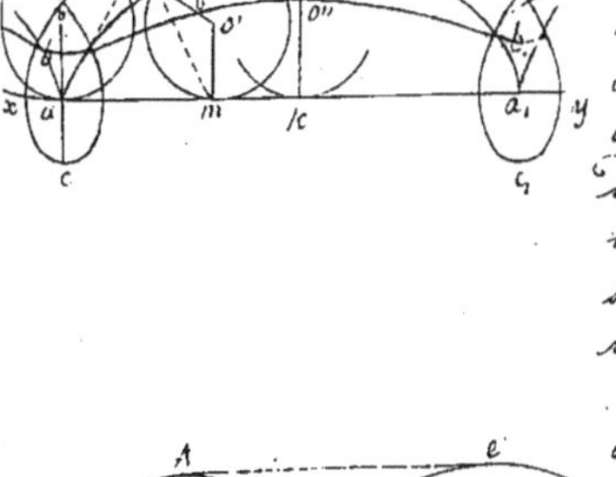

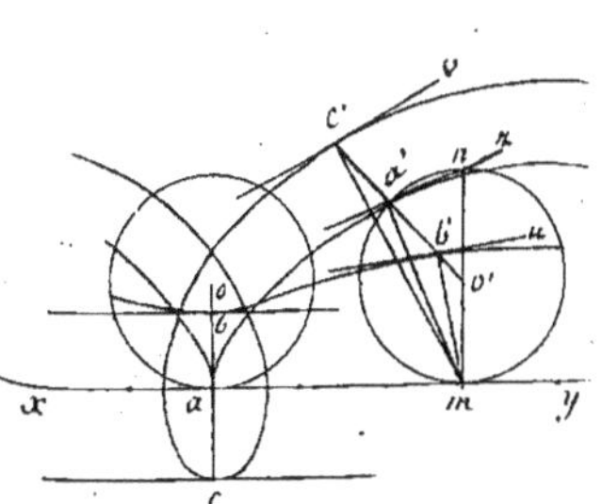

Prop. 2. — Problème. — Construire la tangente en un point d'une cycloïde.

Soient a', b', c' les points des cycloïdes ord, ral, et racc. qui correspondent au point de contact m. — si l'on fait rouler infiniment peu cir. o'm, le point m n'éprouve qu'un déplacement insensible et par suite les trois points a', b', c' décrivent, autour du centre m, trois petits arcs circulaires; mais ces petits arcs se confondent avec les élémens des trois courbes; donc les normales des points a', b', c' sont dirigées selon les rayons a'm, b'm, c'm et les perpendiculaires a'z, b'z, c'z, menées à leurs extrémités, sont les tangentes demandées. — l'angle ma'z étant droit la tangente a'z doit passer par l'extrémité n du diamètre mn.

Scholie. — La tangente du point a'' et celles des points b et c sont parallèles à xy.

Corol. — La normale en un point d'une cycloïde quelconque passe par le point de contact de la circonférence génératrice.

Prop. 3. — Théorème. — La développée d'une cycloïde ord.ᵉ est une cycloïde égale.

Soient ab la base et cf l'axe de la cycloïde engendrée par le point m de cir. ok. — je décris une circonf. sur le diamètre $ky = kp$, par le point q je mène $a'b'$ parallèle à ab, enfin je tire mkn, mp et nq. — parceque ang. $mkp = $ ang. nkq, les triang. rect. pkm, qkn sont égaux et il vient $mp = nq$ et arc $mp = $ arc nq; mais arc $mk + $ arc $mp = ak + kf$ et arc $mk = ak$; donc arc $mp = kf$ et partant arc $nq = qg$. — ainsi, le point n appartient à la cycloïde ga décrite par le point g de cir. vg roulant, de droite à gauche, sur $a'b'$; deplus, comme la droite mn passe par le point k, elle est à la fois normale au point m de la courbe acb et tangente au point n de la courbe ag; delà résulte que la développée de la première cycloïde est composée de deux demi-cycloïdes ga et gb.

Corol. 1. — La base ab divise en parties égales tous les rayons de courbure de la cycloïde acb. — car on a $km = kn$.

Corol. 2. — La cycloïde rectifiée est égale à quatre fois le diamètre de la circonf. génératrice. — supposons qu'un fil, fixé en g, soit tendu le long de l'arc ga et ensuite déroulé par son extrémité a; ce point décrira d'abord la demi-cycloïde ac; puis, l'autre moitié cb, si on enveloppe le fil gc sur l'arc gb. — conséquemment, $ag = cg = 2cf$ ou $acb = 4kp$.

Corol. 3. — L'aire de la cycloïde vaut trois fois celle du cercle générateur. — Soient st, st' deux normales très voisines; on a $st = 2sz$, $st' = 2sz'$ et par conséquent $st \times st' = 4 . sz \times sz'$; ainsi, à cause de l'angle commun tst', triang. $stt' = 4$ triang. szz' ou quadril. $tt'z'z = 3$ triang. szz'; il s'ensuit que cyol. $acb = 3$ fig. $gab = \frac{3}{2}$ gacb $= \frac{3}{2}$ rect. $abb'a'$. — mais rectang. $abb'a' = $ cir. $ok \times 2ok$; donc cyol. $acb = 3$ cir. $ok \times \frac{ok}{2} = 3$ cercle ok.

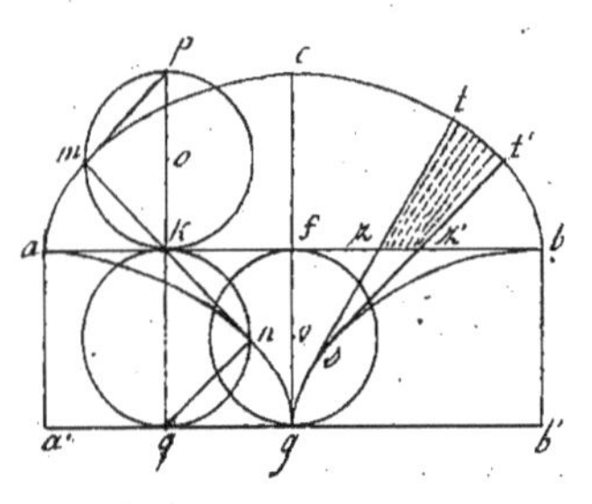

§. 6. — Les Épicycloïdes ordinaire, rallongée et raccourcie.

On appelle Épicycloïde la courbe décrite par un point du plan d'un cercle qui roule, sans glisser, sur un autre cercle fixe. — on dit que l'Épicycloïde est ordinaire, rallongée ou raccourcie selon que le point décrivant est situé sur la circonf. génératrice, au dedans ou au dehors. — on dit aussi que cette ligne est interne ou externe, suivant que le cercle fixe comprend ou ne comprend pas le cercle mobile.

Proposition 1. — Problème. — Décrire une Épicycloïde ordinaire, rallongée ou raccourcie.

Supposons que cir. oa, roulant sans glisser sur cir. ka, entraîne avec elle le rayon oa et proposons-nous de construire les Épicycloïdes ord., rallongée et racc. engendrées par les trois points a, b, c. — pendant ce mouvement, l'arc, compris entre le point décrivant et le point de contact, est constamment égal à l'arc limité à ce dernier point et à l'origine a; ainsi, lorsque cir. oa est devenue cir. $o'm$, le point

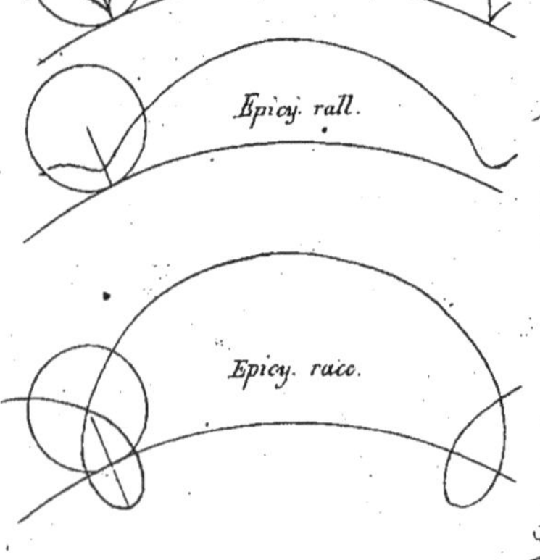

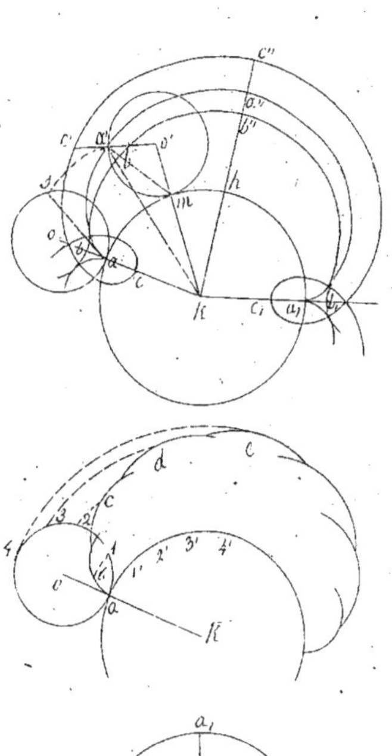

a se trouve que a' tel que arc ma' = arc ma; en prenant, sur le rayon oa', ob' = ob, oc' = oc, les points b', c' appartiennent l'un à l'épicycloïde rall. et l'autre à l'épicycloïde racc. — après une révolution complète de cir. oa, le point décrivant a se trouve sur cir. ka en α, tel que arc aα, = cir. oa et les points b'a c'a en b, et c; l'arc aa, prend le nom de base. — après une demi-révolution, cir. oa touche cette base en son milieu h; la droite kh est visiblement un axe commun aux trois courbes et les points a", b", c" en sont les sommets.

Soit décrit du centre k, avec un rayon ka', un arc a'o; on a arc a'm = arc ma et corde a'm = corde ma. — De là ce procédé plus rapide pour tracer l'épicycloïde ord. — on divise cir. oa en petits arcs égaux a 1, 12, 23, 34 ... que l'on porte sur cir. ka en a1, 1'2', 2'3', 3'4' ..., du centre k, avec k1, k2, k3, k4, ... pour rayons, on décrit une série d'arcs; des centres 1', 2', 3', 4', ..., avec des rayons égaux a a1, a2, a3, a4 ... on décrit une autre suite d'arcs; les points b, c, d, e, ... où les arcs de même rang se coupent, appartiennent à la courbe cherchée. — il existe des procédés analogues pour les épicycloïdes rall. et racc.

Scholie. — Lorsque cir. oa roule indéfiniment sur cir. ka, le nombre des branches épicycloïdales, décrites par le point a, est fini ou infini, selon que le point décrivant reprend ou ne reprend pas sa position initiale. — supposons que le premier cas arrive après que cir. oa a fait m révolutions autour de cir. ka et n tours sur son centre; on aura n. 2π. oa = m. 2π. ka ou bien n. oa = m. ka, d'où oa : ka = m : n. — conséquemment, le nombre des branches sera limité ou illimité, suivant que les rayons oa, ka seront commensurables ou incommensurables.

Prop. 2 — Théorème. — Quand un cercle roule intérieurement sur un cercle d'un rayon double, les épicycloïdes ord. sont des diamètres du cercle fixe et les épicyc. rall. et racc. sont des ellipses.

Soient oa le rayon du cercle mobile et ka celui du cercle fixe. — je dis que l'épicycloïde engendrée par le point a est le diamètre aa, — pour justifier cette assertion, il suffit de faire voir que, lorsque cir. oa est devenue cir. o'm, on a arc ma = arc ma'; l'angle akm, ayant son sommet au centre k de cir. ka, a pour mesure $\frac{ma}{ka}$; ce même angle, étant inscrit dans cir. o'm, a aussi pour mesure $\frac{ma}{2 o'm}$; donc $\frac{ma}{ka} = \frac{ma'}{2 o'm}$ et par suite ma = ma'. — quand cir. oa a fait une demi-révolution le point a se trouve évidemment en k et son point k en h; donc l'épicycloïde décrite par le point k est le diamètre kh, ; ainsi, pendant le mouvement de cette circonf., les extrémités a et k du diamètre ak glissent sur les droites rectangulaires aa, et kh, il s'ensuit qu'un point quelconque b de ce diamètre ou de son prolongement engendre une ellipse bb'b'"dont les demi-axes sont kb et kb, = ab.

Prop. 3 — Problème. — Construire la tangente en un point d'une épicycloïde.

Soient a, b, c les points des épicycloïdes ord. rall. ou racc. qui correspondent au point de contact m. — si l'on fait rouler infiniment peu cir. o'm, le déplacement du point m est insensible et partant les trois points a, b, c décrivent autour du centre m trois petits arcs circulaires;

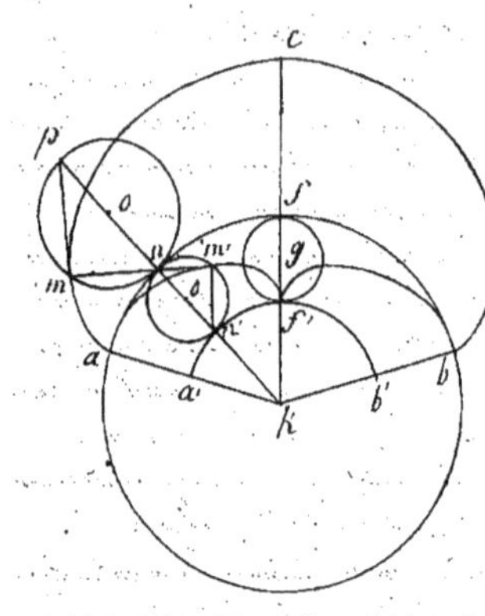

comme ces petits arcs se confondent avec les élémens des trois courbes, les normales de ces trois points sont $a'm$, $b'm$, $c'm$ et les perpendicul. $a'z$, $b'u$, $c'v$, menées à leurs extrémités, sont les tangentes cherchées. — l'angle $m\,a'z$ étant droit, la tangente $a'z$ doit passer par l'extrémité n du diamètre mn.

Prop. A. — Théorème. — La développée d'une épicycloïde acb est une épicycloïde semblable.

Soient ab la base et kc l'axe de l'épicycloïde engendrée par le point m de cir. on. Divisons nk au point n' de manière que l'on ait $kn : kn' :: np : nn'$; décrivons ensuite cir. $o'n$ et l'arc $a'b'$; tirons enfin les droites $mn\,m'$, $m'p$, $m'n'$. — parce que les arcs nf, $n'f$ sont semblables, on a $nf : n'f :: kn : kn'$ ou $:: np : nn'$; les angles inscrits égaux mnp, $m'nn'$ interceptant des arcs semblables mp et $m'n'$, on a aussi arc mp : arc $m'n' :: np : nn'$; conséquemment arc mp : arc $m'n' :: nf : n'f$. or, de ce que arc $mn = an$ il suit arc $mp = nf$; donc arc $m'n' = n'f$. ainsi, le point m' appartient à l'épicycloïde $f'a$ décrite par le point f de cir. gf roulant sur $a'b'$; de plus, la droite $m\,m'$ est tangente au point m' de cette courbe et normale au point m de la courbe acb; donc la première ligne est la développée de la seconde. Les épicycloïdes ac et af sont semblables en vertu de la proportion $kn : kn' :: np : nn'$ ou $:: on : o'n'$.

Corol. 1. — La base ab divise en parties proportionnelles ? tous les rayons de courbure de l'épicycloïde acb. — car on a $mn : m'n :: np : nn'$.

Corol. 2. — La droite cf est égale à l'arc af rectifié.

§. y. — Les trajectoires et les enveloppes. — le lemniscate et les conchoïdes.

1. On désigne sous le nom de trajectoires les lignes décrites par les sommets d'un triangle mobile sur un plan et sous celui d'enveloppes les courbes qui sont constamment touchées par les côtés. — on nomme quelquefois lemniscates les trajectoires des divers points d'une même droite.

11. Lorsque plusieurs droites pa, pb, pc,.... issues d'un même point p, sont coupées par une ligne abc... et que l'on prend, dans les deux sens, des distances égales aa', aa'', bb', bb'', cc', cc'',...., les points a', b', c',... et a'', b'', c'',... déterminent une courbe, composée de deux branches $a'b'c'$... et $a''b''c''$... que l'on appelle conchoïde. — le point p, la longueur constante aa' et la ligne abc... sont le pôle, le paramètre et la Directrice de la conchoïde.

Proposition 1. Théorème. — Tout mouvement d'un triangle sur un plan peut être produit par le roulement d'une certaine ligne sur une autre ligne fixe, le triangle étant invariablement lié à la première ligne.

On a vu, page 45, que, pour opérer la superposition de deux polygones égaux, situés sur le même plan, il suffit de faire tourner convenablement l'un deux autour d'un certain centre fixe. — cela posé, imaginons qu'un triangle pass. de la position abc à la position $a'b'c'$ en tournant autour du centre l; de la position $a'b'c'$ à la position $a''b''c''$ en tournant autour du centre m; de

la position $a'b'c'$ à la position $a''b''c''$ en tournant autour du centre n; &c. imaginons ensuite que le point m étant fixé au triangle $a'b'c'$, le point n au triang. $a''b''c'$, le point o au triang. $a''b''c''$, &c, on transporte tous ces triangles en abc; soient $m', n', o',\ldots$ les positions de ces points après le transport; enfin, construisons les deux polygones $lmnop\ldots$ et $lm'n'o'p'\ldots$ — maintenant supposons que le triangle abc entraine avec lui la ligne polygonale $lm'n'o'p'\ldots$ et examinons ce qu'elle devient aux diverses époques du mouvement. d'abord, le triangle abc tourne autour du centre l et quand il parvient en $a'b'c'$, le sommet m' se trouve en m; donc $lm'=lm$; lorsqu'il passe ensuite à la position $a''b''c'$, en tournant autour du centre m, le sommet n' arrive en n; donc $m'n'=mn$; &c. — réciproquement, si l'on fait rouler le polygone $lm'n'o'p'\ldots$ sur le polygone $lmnop\ldots$, le triangle abc sera entrainé et passera successivement par les positions $a'b'c'$, $a''b''c''$, &c; or, en supposant ces positions très voisines, les sommets $l,m,n,\ldots$ et $l,m',n',\ldots$ sont aussi très rapprochés et les deux polygones dégénèrent en deux lignes continues. — ce qui démontre le théorème annoncé.

Corollaires. — I. Les normales ao, bo, co des trajectoires des sommets a, b, c et celles $c'o$, $a'o$, $b'o$ des enveloppes des côtés ab, bc, ac concourent constamment au même point. — car, si l'on communique un petit mouvement au triangle abc, les sommets décrivent autour du centre de rotation o trois petits arcs circulaires et les côtés restent tangents à cir. oc', cir. oa' et cir. ob'.

II. Soient ab, cd les trajectoires des points p, q de la droite mn, tirons les normales po, qo de ces lignes; la normale de l'enveloppe décrite par le point k sera ko; la droite mn touchera son enveloppe au point h, projection du centre o sur cette ligne.

III. Supposons qu'un angle invariable xky se meuve de manière que ses côtés kx, ky touchent constamment les courbes pq, qt. — le point de concours o des normales ao, bo est le centre de rotation; la normale de la ligne engendrée par le sommet k est donc dirigée selon ko; la tangente kh à cette ligne touche évidemment la circonf. déterminée par le sommet k et les points de contact a, b. — quand l'angle xky est droit, la normale ko passe par le milieu de la corde de contact ab.

Lorsqu'un angle est circonscrit à une conique, on sait que la droite, tirée du sommet au milieu de la corde de contact, est un diamètre. — on en conclut sur le champ cet élégant Théorème; lorsqu'un angle droit se meut de manière que les côtés touchent constamment une même conique, son sommet décrit une circonf. si la conique a un centre et une droite si elle est parabolique.

IV. — Soient $a'b'$, $a''b''$ les branches d'une conchoïde ayant pour pôle le point p, pour directrice ab et pour paramètre $aa'=aa''$. — l'enveloppe du rayon mobile pm étant le pôle p, la normale pk de cette enveloppe est une droite pk perpendicul. à pm; si donc on tire la normale mk au point m de la directrice ab, le point k sera le centre de rotation; ainsi, les droites km', km'' sont les normales aux points m', m'' des branches conchoïdales.

Prop. 2. — Théorème. — Si un triangle abc se meut de manière que les côtés ab, ac touchent constamment cir. fl et cir. gm : 1° l'enveloppe du troisième côté bc est aussi une circonf. — 2° les centres des trois enveloppes déterminent une nouvelle circonf. qui contient tous les centres de rotation.

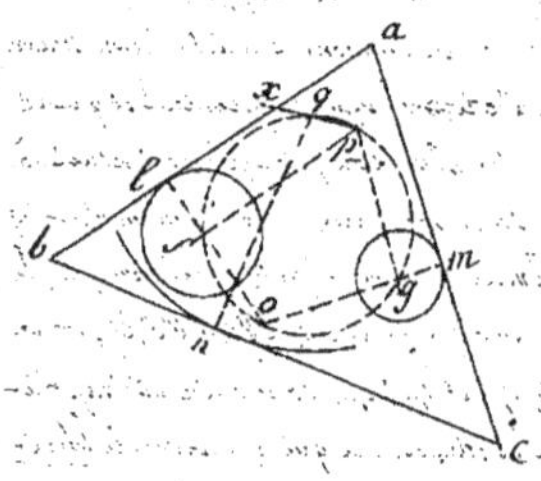

Soient tirées fp, gq, puis px parallèlement aux trois côtés ab, ac et bc, lorsque ces parallèles seront entraînées dans le mouvement du triangle abc, il est visible que la première ne cessera pas de passer par le point f, la deuxième par le point g et que, l'angle fpg étant constant, le sommet p décrira la circonf. fpg; parce que l'angle gpx est aussi constant, la parallèle mobile px glissera sur le point fixe g, et, comme la distance gp du point g au côté bc ne change pas, le côté bc, en se mouvant, demeurera tangent à cir. gm. — il est d'ailleurs évident que le point de concours o des normales lf, mg, c'est-à-dire, le centre de rotation appartient à cir. fpg et qu'il ne quitte pas cette ligne pendant ses déplacements successifs.

Corol. — De là résulte que les centres de courbure correspondants dans les enveloppes des côtés d'un triangle mobile sur un plan, appartiennent à une circonf. variable, qui passe constamment par le centre variable de rotation.

Prop. 3. — Problème. — Étant donnés les centres de courbure f, g aux points a, b des trajectoires décrites par les sommets a, b du triangle abc, déterminer le centre de courbure correspondant dans la trajectoire du troisième sommet c.

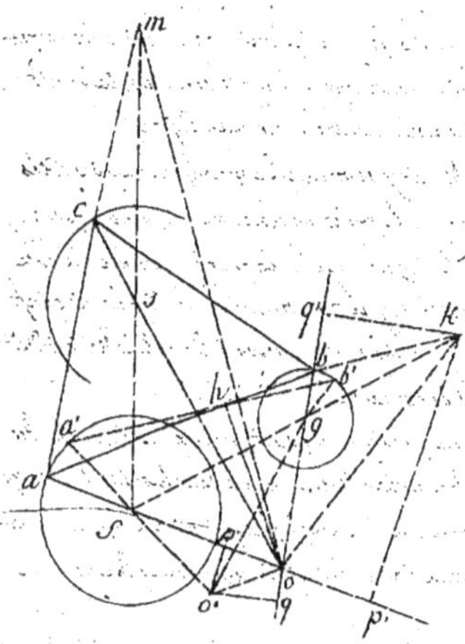

Quand on fait tourner le triangle abc autour du centre de rotation o, les petits arcs aa', bb' engendrés par les sommets a, b, sont semblables; on a donc aa': bb':: oa: ob; or plus l'intersection o' des nouvelles normales a'f, b'g est le centre de rotation suivant et la petite droite oo' est l'élément commun à la ligne roulante et à la ligne fixe (prop. 1). — décrivons les arcs o'p, o'q des centres f, g, il vient, parce que pf et of, qg et og diffèrent très peu, o'p: aa':: of: af, bb': o'q:: bg: og. — abaissant kp, kq, perpendiculairement sur oa, ob, ab, on trouve aisément kp: oh:: ak: oa, oh: kq:: ob: bk. — multipliant entre elles ces cinq proportions et simplifiant, il vient o'p × kp: o'q × kq:: of × bg × ak: og × af × bk; or, parce que le triangle oab est coupé par la transversale fk, on a of × bg × ak = og × af × bk; donc o'p × kp = o'q × kq ou bien o'p: o'q:: kq: kp; et par suite ang. o'op = ang. kob. — on prouvera de même que, si s est le centre de courbure de la trajectoire du sommet c, on a ang. o'op = ang. moc; conséquemment ang. moc = ang. kob. — de là cette construction : on fait ang. moc = ang. kob, on tire mf et le point de concours s de co et mf est le centre cherché.

Scholie. — Ce paragraphe est extrait d'un mémoire sur les lois géométriques du mouvement que nous nous proposons de publier incessamment.

GÉOMÉTRIE DE L'ESPACE.

1re PARTIE.

1re SECTION.

Les Plans.

§. 1. _ Détermination d'un plan dans l'espace.

Proposition 1. _ Théorème. _ Une droite ne peut être située en partie dans un plan et en partie au dehors.

Toute droite, qui est en partie dans un plan, a au moins deux points communs avec lui; donc, en vertu de la définition du plan, elle y est située entièrement.

Scholie _ On ne peut affirmer qu'une surface est plane quand on y a couché, en certains sens, une ligne droite; pour que cette conclusion soit légitime, il faut que l'on puisse tirer sur la surface, en chacun de ses points, une infinité de lignes droites.

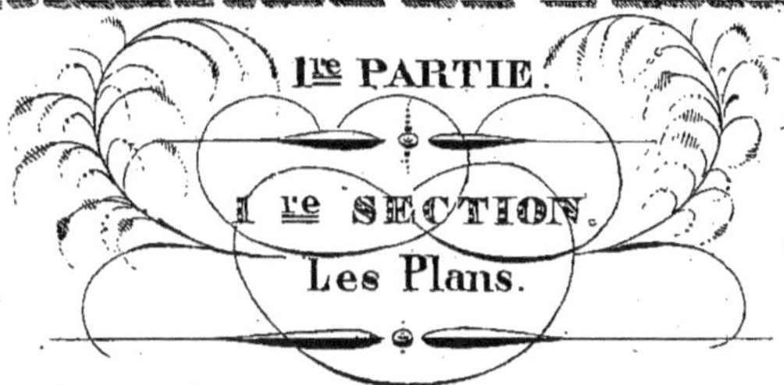

Prop. 2. _ Théorème. _ Une droite ab ne peut rencontrer un plan mn qu'en un seul point o.

Car, si elle le rencontrait en deux points, elle aurait deux points communs avec lui et par conséquent elle y serait située toute entière, ce qui est contre l'hypothèse.

Scholie. _ Deux droites, tirées arbitrairement dans l'espace, ne se rencontrent pas généralement _ on voit bien en effet que toutes les droites cd, ef, gh,.... que l'on peut mener dans le plan mn, hormi celles qui passent par le point o, ne rencontrent pas la droite ab. _ on ne peut dire d'ailleurs que les droites ab, cd, par exemple, sont parallèles, attendu qu'elles ne se trouvent pas dans un même plan;

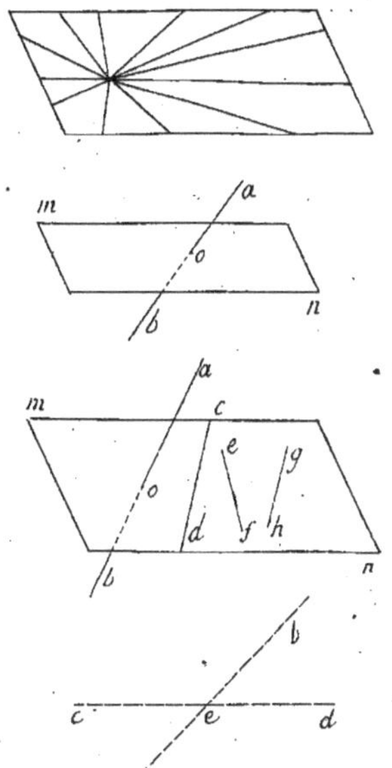

Prop. 3. _ Théorème. _ Deux plans, qui ont trois points communs a, b, c non situés en ligne droite, coïncident dans toute leur étendue.

La droite cd, qui joint le point c à un point quelconque d du premier plan, et la droite ab, étant situées toutes deux sur cette surface, se coupent en un certain point e; or, comme le point c et la droite ab ainsi que son point e appartiennent au second plan, la droite ce et par suite le point d en font aussi partie; ainsi, tout point de l'un des deux plans est commun à l'autre; donc ces deux plans coïncident.

Scholies. _ 1. _ Par trois points a, b, c, situés en ligne droite, on peut faire passer une infinité de plans. _ On peut en effet appliquer un plan sur ab et le faire tourner autour de cette droite.

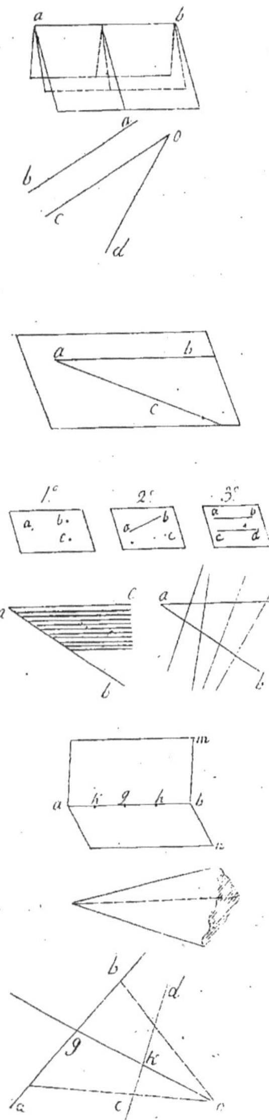

1. On peut tirer en chaque point d'une droite ab, une infinité de perpendiculaires: — car on peut en mener une dans chacun des plans qui passent par la droite ab.

Corol. — Par un point o de l'espace on ne peut tirer à une droite ab qu'une seule parallèle. — pour que l'on pût en tirer deux oc et od, il faudrait que le plan des parallèles ab, oc fût distinct du plan des parallèles ab, od; or, c'est ce qui ne peut être, parceque ces deux plans ont trois points communs a, b, c non situés en ligne droite.

Prop. 4. — Théorème. — La position d'un plan est déterminée par deux droites ab, ac qui se coupent.

Si on applique un plan sur ab et si on le fait tourner ensuite autour de cette droite, il prendra successivement une infinité de positions diverses; mais si on l'assujettit en outre à passer par un point quelconque c de ac et parconséquent à contenir cette droite qui a alors avec lui deux points communs a et c, la rotation deviendra impossible; donc la position du plan sera fixée. — D'ailleurs, il n'existe qu'un seul plan qui contienne les droites ab, ac; car, s'il y en avait deux, ils auraient trois points communs a, b, c non situés en ligne droite et par suite ils se confondraient.

Corol. — La position d'un plan est aussi déterminée: 1° par trois points a, b, c non situés en ligne droite; 2° par une droite ab et un point c; 3° par deux parallèles ab, cd.

Scholie. — Le plan d'un angle bac peut-être engendré par une droite indéfinie qui glisse sur le côté ab, en restant parallèle au côté ac, ou plus généralement par une droite qui s'appuie, d'une manière quelconque, sur les deux côtés ab, ac.

Prop. 5. — Théorème. — L'intersection ab de deux plans am, an, qui se coupent, est une droite.

Car, s'il y avait, sur l'intersection ab, trois points k, g, h qui ne fussent pas en ligne droite; les deux plans am, an, passant chacun par ces trois points, se confondraient, ce qui est contraire à la supposition.

Corol. — L'intersection commune de trois plans qui se coupent est un point. — Car, le point, où l'intersection de deux quelconques de ces plans rencontre le troisième, est le seul qui puisse appartenir à la fois aux trois plans.

Prop. 6. — Problème. — Tirer, par un point donné o, une droite qui rencontre deux droites ab, cd, non situées dans le même plan.

Par le point o et la droite ab je fais passer un plan oab qui coupe la droite cd en un point k; je tire la droite ok; c'est la ligne cherchée. — elle a, par sa construction, deux points communs o et k avec le plan oab; donc elle est située dans ce plan et partant elle doit rencontrer, en un certain point g, la droite ab, qui y est aussi située.

§. 2. — Théorie des perpendiculaires et des obliques à un plan.

I. Une droite ab est dite perpendiculaire à un plan mn lorsqu'elle est perpendicul. à toutes les droites $ac, ad, ae,\ldots$ menées par son pied a dans ce plan. — réciproquement, le plan mn est dit perpendiculaire à la droite ab.

II. Une droite ab est oblique à un plan mn lorsqu'elle rencontre ce plan sans lui être perpendiculaire. — réciproquement, le plan mn est oblique à la droite ab.

III. On appelle 1° projection d'un point a sur un plan mn le pied p de la perpendicul. ap tirée du point sur le plan : 2° projection d'une droite ab sur un plan mn la distance pq des projections p, q de ses extrémités a, b.

Proposition 1. — Théorème. — En un point o d'un plan mn on peut toujours mener à ce plan une perpendiculaire, mais on ne peut en mener qu'une.

Du point o j'abaisse, sur la droite ab tirée à volonté dans le plan mn, une perpendicul. oc; j'élève arbitrairement en c une autre perpendicul. cx à la droite ab; enfin dans le plan ocx, déterminé par co et cx, je mène la perpendicul. ok à l'extrémité o de oc; je dis que la ligne ok est perpendicul. à une droite quelconque op, issue de son pied o dans le plan mn, c'est-à-dire, qu'elle est perpendicul. à ce plan : — en effet, si l'on tire kp, les triangles kop, ocp, kox, rectangles les deux premiers en c et le troisième en o, fournissent $kp^2 = kc^2 + cp^2$, $oc^2 + cp^2 = op^2$, $kc^2 = ok^2 + oc^2$; ajoutant et supprimant les termes oc^2, cp^2, kc^2 communs aux deux membres, il vient $kp^2 = op^2 + ok^2$; donc l'angle kop est droit. — je dis en second lieu que toute autre droite ok, menée par le point o, est oblique au plan mn; car le plan kok déterminé par ok et oh, coupe le plan mn suivant une droite og, et comme angle kog est $<$ ang. droit kog, la droite oh est oblique sur og.

Prop. 2. — Théorème. — D'un point k, pris hors d'un plan mn, on peut toujours tirer sur ce plan une perpendicul., mais on ne peut en tirer qu'une.

Du point k j'abaisse une perpendicul. kc sur une droite ab tirée à volonté dans le plan mn; du pied c j'élève sur ab, dans le plan mn, une autre perpendicul. cx; enfin, par le point k je tire sur cx une perpendicul. ko; on démontrera, comme dans la proposition précédente, que la ligne ko est perpendicul. au plan mn. — en second lieu, toute autre droite kg, tirée du point k sur ce plan, est une oblique; car, si l'on joint les points o et g, le triangle kog est rectangle en o et par suite kg est oblique sur og.

Prop. 3. — Théorème. — Toute droite op, perpendicul. à deux droites ox, oy, issues de son pied o dans un plan mn, est perpendicul. à ce plan.

On va faire voir en effet que la droite op est perpendicul. à toute autre droite oz qui passe par son pied o dans le plan mn. — tirons à volonté dans ce plan une

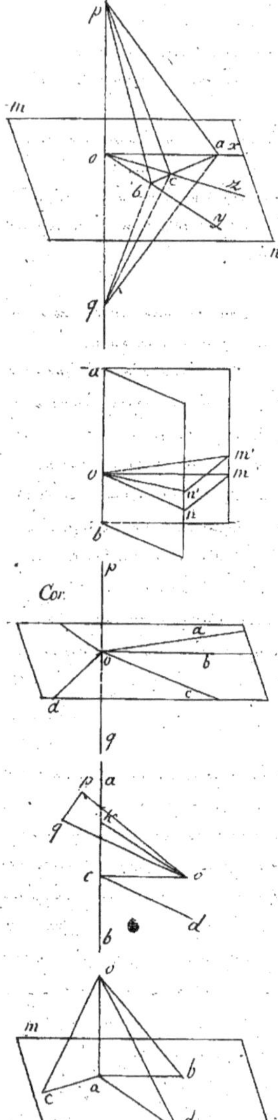

sécante qui traverse les trois droites ox, oy, oz aux points a, b, c; et, après avoir pris arbitrairement les distances égales op, oq, menons les six droites pa, pb, pc et qa, qb, qc. — Les
triangles pab, qab, sont égaux, parceque 1°. ab est commun; 2°. obl. pa = obl. qa, à cause
que proj. op = proj. oq; 3°. obl. pb = obl. qb, par la même raison; donc ang. pab = ang.
qab. — et, comme ac est commun et que pa = qa, les triangles pac, qac sont
aussi égaux et partant pc = qc. — Donc la droite ox, dont deux points c et o sont
équi-distans des extrémités p et q de la droite pq, est perpendicul. sur le milieu
de cette droite; et réciproquement, pq est perpendicul. sur oz.

Prop. 4. — Théorème. — En un point o d'une droite ab on peut toujours mener sur cette
ligne un plan perpendicul., mais on ne peut en mener qu'un.

Du point o j'élève sur ab, dans deux plans conduits à volonté suivant cette
droite, deux perpendicul. om et on; la droite ab est perpendicul. au plan mon, déterminé par ces deux lignes, et réciproquement le plan mon est perpendicul. à la
droite ab. — Je dis en second lieu que tout autre plan, mené par le point o, est
oblique à la droite ab; soient en effet om' et on' les intersections de ce plan avec
les plans aom et aon; on a ang. aom' < ang. droit aom et ang. aon' < ang. droit aon;
donc ab est une oblique par rapport au plan m'on' et réciproquement le plan
m'on' est oblique à cette droite.

Corol. — Le lieu des perpendicul. oa, ob, oc, od, …, menées au même point o d'une droite
pq, est un plan perpendicul. à cette droite. car, si trois de ces perpendicul. oa, ob, oc né-
taient pas dans le même plan, on pourrait du point o mener, sur la droite
pq, trois plans perpendicul. aob, aoc, boc, ce qui est impossible.

Prop. 5. — Théorème. — D'un point o, pris hors d'une droite ab, on peut toujours mener
à cette ligne un plan perpendicul., mais on ne peut en mener qu'un.

Du point o j'abaisse sur ab la perpendicul. oc; j'élève arbitrairement en c, sur la
même ligne, une autre perpendicul. oo; la droite ab est perpendicul. au plan ocd,
déterminé par oc et od, et réciproquement, le plan ocd est perpendicul. sur ab. — Tout
autre plan opq, mené par le point o, est oblique à cette droite; car, si l'on joint le
point o au point d'intersection k, l'angle cko du triang. rect. ock est aigu; par suite
la droite ab est oblique au plan opq et réciproqt. ce plan est oblique à la droite ab.

Prop. 6. — Théorème. — Si d'un point o, pris hors d'un plan mn, on abaisse sur ce plan une
perpendicul. oa et diverses obliques ob, oc, od, …: 1°. la perpendicul. oa est plus courte que
toute oblique ob. 2°. les obliques ob, oc, qui ont des projections égales ab, ac, sont égales;
3°. de deux obliques od, oc, celle oc, qui a la moindre projection, est la plus petite.

1°. On a oa < ob, parceque dans un plan oab la perpendicul. oa à une droite ab

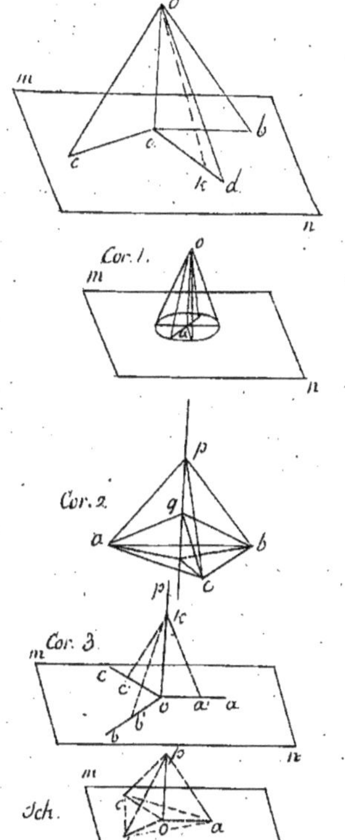

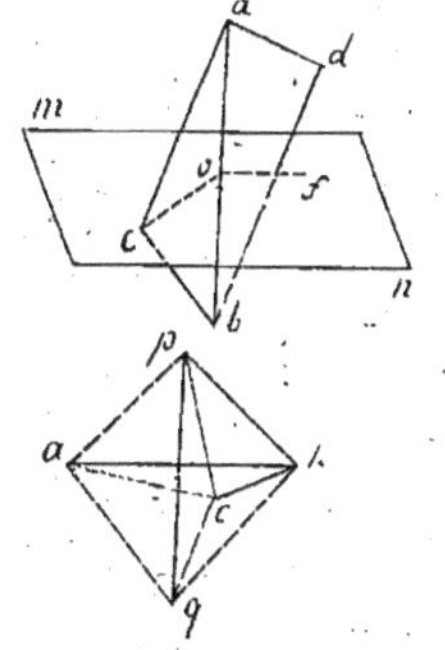

est plus courte que l'oblique ob. — 2° les triang. rect. oab, oac sont égaux, à cause que oa est commun et que ab = ac par hypothèse; donc ob = oc. — 3° prenons ak = ac et tirons ok; parce que la perpendicul. oa à ad et les deux obliques ok, od sont situées dans le même plan aod, on a ok < od; mais ok = oc; donc aussi oc est < od.

Corol. 1. — D'un point o, pris hors d'un plan mn, on peut abaisser sur ce plan une infinité d'obliques égales. — car, si l'on décrit, dans le plan mn, une circonf. d'un rayon quelconque et ayant son centre au pied a de la perpendicul. oa, toutes les obliques, tirées du point o aux divers points de cette circonf., ont des projections égales.

Corol. 2. — Toute droite pq, dont deux points p, q sont équidistans des trois sommets d'un triangle abc, est perpendicul. sur le plan de ce triangle. — les pieds des perpendicul. abaissées des points p, q sur le plan abc, étant l'un et l'autre équidistans des trois sommets a, b, c, se confondent entr'eux et avec le centre de la circonf. circonscrite au triangle abc; donc les deux perpendicul. se confondent aussi entr'elles et avec la droite pq.

Corol. 3. — Toute droite op, également inclinée sur trois droites oa, ob, oc qui passent par son pied o dans un plan mn, est perpendicul. à ce plan. — prenons à volonté les trois distances égales oa', ob', oc' et joignons les trois points a', b', c' à un point quelconque k de op; parce que ang. poa = ang. pob = ang. poc, il vient triang. koa' = triang. kob' = triang. koc' et par suite ka' = kb' = kc'; donc po est perpendicul. sur le plan mn,

Scholies. 1. — On mesure naturellement la distance d'un point p à un plan mn par la perpendicul. po tirée du point sur le plan. — cette ligne est en effet la plus courte parmi toutes celles qui unissent le point p aux divers points du plan mn.

2. — Pour abaisser une perpendicul. du point p sur le plan mn, on marque sur ce plan, à l'aide d'un cordeau, trois points a, b, c équi-distans du point p; le centre o de la circonf. circonscrite au triang. abc est le pied de la perpendicul. cherchée (corol. 2).

Prop. 7. — Théorème. — 1° Tout point c d'un plan mn, perpendicul. sur le milieu o d'une droite ab, est équi-distant des extrémités a, b de cette droite. — 2° tout point d, pris hors de ce plan, est inégalement distant des mêmes extrémités.

1° On a ca = cb parce que co est perpendicul. sur le milieu de ab. — 2° le plan dab, déterminé par le point d et la droite ab, coupe le plan mn, suivant une droite of, perpendicul. sur le milieu de ab; et, comme le point d est situé hors de cette droite, il vient da < db.

Corol. 1. — Le plan perpendicul. sur le milieu d'une droite est le lieu de tous les points également distans de ses extrémités.

2. — Le plan d'un triangle abc est perpendiculaire sur le milieu d'une droite pq, lorsque les trois sommets a, b, c sont chacun à égale distance des extrémités p, q de cette droite.

§. 3. — Du Parallélisme dans l'espace.

Deux plans ou bien un plan et une droite sont parallèles lorsqu'ils ne peuvent se rencontrer à quelque distance qu'on les prolonge.

Proposition 1. — Théorème. — Si deux plans parallèles mn, pq sont traversés par un troisième plan $abcd$, les intersections ab, cd sont parallèles.

Si les droites ab, cd n'étaient pas parallèles, elles se rencontreraient parcequ'elles sont situées dans le plan $abcd$, par suite, les plans mn, pq se rencontreraient aussi, ce qui est contre l'hypothèse.

Prop. 2. — Théorème. — Les parallèles ab, cd, comprises entre deux plans parallèles mn, pq, sont égales.

Les parallèles ab, cd déterminent un plan $acdb$ qui coupe les plans parallèles mn, pq selon deux droites parallèles ac, bd; or, les parallèles, comprises entre parallèles, sont égales ; donc $ab = cd$.

Prop. 3. — Théorème. — Trois plans parallèles mn, pq, st interceptent, sur deux droites quelconques ab, cd, des parties proportionnelles af, fb, cg et gd.

Par la droite ab et la droite ak, tirée du point a parallèlement à cd, je fais passer un plan, qui traverse les plans pq, st selon deux droites parallèles fh, hk; on a par conséquent $af : fb :: ah : hk$; mais $ah = cg$, $hk = gd$; donc $af : fb :: cg : gd$.

Prop. 4. — Théorème. — Deux plans mn, pq, perpendicul. à une même droite ab, sont parallèles.

Car, s'ils se rencontraient selon la droite xy, d'un point quelconque o de cette intersection, on pourrait mener deux plans perpendicul. mn, pq sur la droite ab, ce qui est impossible.

Prop. 5. — Théorème. — Toute droite ab, perpendicul. à un plan mn, est aussi perpendicul. au plan parallèle pq.

Le plan $abcd$, conduit arbitrairement selon la droite ab, rencontre les plans mn et pq suivant deux droites parallèles ad, bc; mais parceque ab est perpendicul. au plan mn, l'angle bad est droit; donc son supplément abc est aussi droit et par suite la droite ab est perpendicul. à toute droite bc, issue de son pied b dans le plan pq; donc elle est perpendicul. à ce plan;

Corol. — Par un point quelconque o on peut toujours faire passer un plan parallèle à un plan donné mn, mais on ne peut en faire passer qu'un. — D'abord, si l'on mène la perpendicul. oa sur le plan mn, puis le plan pq perpendicul. à l'extrémité de oa, les deux plans mn, pq seront parallèles entr'eux. — en second lieu, tout autre plan, conduit par le point o, ne peut être parallèle au plan mn,

...tion que la droite oa ne lui serait pas perpendiculaire.

Prop. 6. — Théorème. Tous les plans ad, af, ah,..., qui passent par une droite ab parallèle à un plan mn, rencontrent ce plan suivant des lignes cd, ef, gh,... parallèles entr'elles et à cette droite.

La droite ab est parallèle à chacune des intersections cd, ef, gh,... car elle ne pourrait rencontrer l'une d'elles sans rencontrer aussi le plan mn, ce qui est contraire à l'hypothèse. — De plus, toutes ces intersections sont parallèles entr'elles; car si, par exemple, les lignes cd, ef se coupaient, le point de concours, appartenant à la fois aux deux plans ad, af, serait situé sur l'intersection ab, ce qui est encore contre l'hypothèse.

Corol. 1. — Si un plan mn et une droite ab sont parallèles, toute parallèle cd à la droite, issue d'un point c du plan, est située dans ce plan. — S'il n'en était pas ainsi, le plan cab, conduit par le point c et la droite ab, couperait le plan mn suivant une droite ef aussi parallèle à ab, ce qui est impossible.

Corol. 2. — Une droite ab, parallèle à la fois à deux plans mn, pq qui se coupent, est parallèle à leur intersection cd. — car la parallèle à la droite ab, tirée par un point quelconque de cd, est située dans chacun des plans mn, pq; donc elle se confond avec leur intersection.

Prop. 7. — Théorème. — Toute droite ab, parallèle à une droite cd située dans un plan mn, est parallèle à ce plan.

Si la droite ab rencontrait le plan mn, le point d'intersection appartiendrait à la fois à ce plan et au plan abdc des deux parallèles ab, cd; par suite, il serait situé sur leur intersection cd, ce qui est contre la supposition.

Corol. 1. — Une droite ab et un plan mn, perpendicul. à une même droite po, sont parallèles. — car le plan aop coupe le plan mn suivant une droite po, perpendicul. à op et par suite parallèle à la droite ab.

Corol. 2. — Le lieu des parallèles menées à un plan mn par un point quelconque o, est un plan pq parallèle au premier. — Si l'une ou de ces lignes ne se trouvait pas dans le plan pq, tout plan aob passant par oa rencontrerait le plan mn suivant une droite bc parallèle à cette ligne et le plan pq suivant une droite cd parallèle à bc; il faudrait donc que bc fût parallèle à cd, ce qui est absurde.

Prop. 8. — Théorème. — Si deux plans af, ef qui se coupent passent par deux parallèles ab, cd, leur intersection ef est parallèle à ces droites.
La droite ab étant parallèle à cd, est aussi parallèle au plan ef; donc, prop. 6, la droite ab est parallèle à l'intersection ef; — on prouve de même que ef est parallèle à cd.

Prop. 9 — *Théorème.* — Deux angles xoy, x'o'y' ont des plans parallèles et sont égaux, lorsque leurs côtés ox et o'x', oy et o'y' sont parallèles et de même sens.

Remarquons d'abord que les plans xoy, x'o'y' passent par les deux parallèles ox, o'x' et en outre par les deux parallèles oy, o'y'; si donc ces plans se coupaient, leur intersection serait parallèle à la fois aux deux droites ox, oy, ce qui est impossible; donc ces plans sont parallèles. — Conduisons arbitrairement un plan abb'a' parallèle à la droite oo' et qui par conséquent coupe les plans xoo'x', yoo'y' selon les droites aa', bb' parallèles entre elles et à oo' (prop. 6); comme d'ailleurs ses intersections ab, a'b' avec les plans parallèles xoy, x'o'y' sont parallèles, les trois quadril. oo'a'a, oo'b'b, abb'a' sont des parallélogrammes et partant oa=o'a', ob=o'b', ab=a'b'; donc triang. oab=triang. o'a'b' et ang. xoy = ang. x'o'y'.

Prop. 10 — *Théorème.* — Si une droite ab est perpendicul. à un plan mn, sa parallèle cd est aussi perpendicul. à ce plan.

Si l'on tire à volonté dans le plan mn et par les pieds b et d, deux parallèles bg et dh, on a ang. cdh = ang. abg; mais l'ang. abg est droit par hypothèse; donc l'angle cdh est aussi droit et par suite la droite cd est perpendicul. au plan mn.

Prop. 11 — *Théorème.* — Deux droites ab, cd, perpendicul. à un même plan mn, sont paral.

S'il n'en était pas ainsi, la droite cf, menée par le point c parallèlement à la droite ab, serait perpendicul. au plan mn; du point c on pourrait donc élever sur ce plan deux perpendicul. cd et cf, ce qui est impossible.

Prop. 12 — *Théorème.* — Dans l'espace, deux droites a et b parallèles à une troisième c, sont parallèles entre elles.

Car, si l'on imagine un plan mn perpendicul. à la droite c, chacune des droites a et b sera aussi perpendicul. à ce plan et partant ces deux lignes seront parallèles.

Prop. 13 — *Théorème.* — Deux plans parallèles mn, pq sont partout à égale distance.

Car les perpendicul. aa', bb', cc',..., abaissées des divers points a, b, c,... du plan pq sur le plan mn, sont paral. entre elles; donc elles sont égales comme paral. comprises entre plans parallèles.

Prop. 14 — *Théorème.* — Une droite ab parallèle à un plan mn, en est partout également distante.

Car les perpendicul. cc', dd', abaissées de deux points quelconques c et d de la droite ab sur le plan mn, sont parallèles et leur plan c'cdd' coupe le plan mn selon une droite c'd' parallèle à ab.

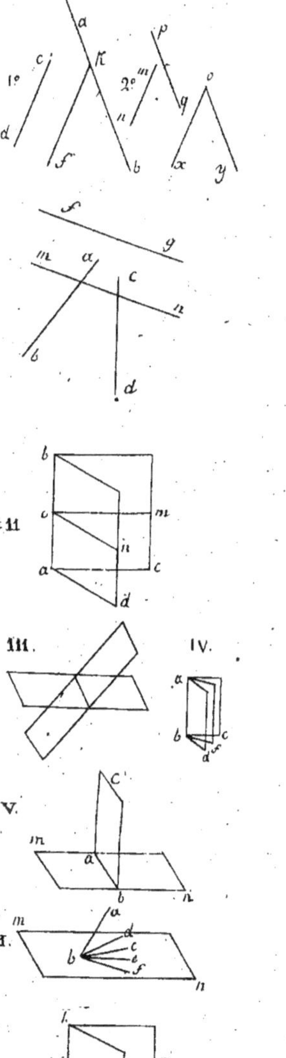

Prop. 15. — Problème. — 1° Par une droite ab, faire passer un plan parallèle à une autre droite cd. — 2° par un point o, faire passer un plan parallèle à deux droites mn, pq, non situées dans le même plan.

1° Par un point quelconque k de la droite ab je tire kf parallèle à cd; le plan bkf, déterminé par ab et kf, est parallèle à cd. — 2° par le point o je tire ox parallèle à mn et oy parallèle à pq; le plan xoy est parallèle aux deux droites mn et pq.

Prop. 16. — Problème. — Tirer une droite qui rencontre deux droites ab, cd, non situées dans le même plan et qui soit parallèle à une droite fg.

Par chacune des droites ab, cd je fais passer un plan parallèle à fg; l'intersection mn de ces plans est la ligne cherchée. — elle rencontre, par construction, les droites ab, cd et elle est parallèle à fg, en vertu de la prop. 8.

§ 4. — Angles de deux plans, d'une droite et d'un plan, de deux droites quelconques.

I. Un angle dièdre est la portion de l'espace comprise entre deux plans bac, bad qui se coupent. — les plans bac, bad prennent le nom de faces et leur intersection ab celui d'arête. — on énonce un dièdre au moyen de quatre lettres, celles de l'arête étant placées au milieu; ainsi, on dira: dièdre cbad.

II. On appelle angle rectiligne d'un dièdre cbad l'angle mon formé par deux perpendicul. om, on en un même point o de l'arête ab et situées respectivem.t dans les deux faces bac, bad.

III. Deux plans qui se coupent forment quatre dièdres qui sont, deux-à-deux, adjacents ou opposés par l'arête.

IV. On appelle Bisecteur d'un dièdre cbad le plan fab qui le divise en deux dièdres égaux fabc, fabd.

V. Un plan cab est perpendiculaire à un autre plan mn, lorsqu'il fait avec lui deux dièdres adjacents cabm, cabn égaux entr'eux. — on dit alors que les dièdres cabm, cabn sont droits.

VI. On appelle inclinaison d'une droite ab sur un plan mn le plus petit abc de tous les angles abd, abe, abf..., qu'elle forme avec les diverses droites bd, be, bf..., issues de son pied b dans ce plan.

Proposition 1. — Théorème. — L'angle rectiligne d'un dièdre cbad est invariable, quelle que soit la position de son sommet sur l'arête ab.

Soient mon et m'o'n' les angles rect. aux points o et o'; les droites om, o'm', perpendicul. à ab dans le même plan bac, sont parallèles; pareillement, on est parallèle à o'n'; donc ang. mon = ang. m'o'n'.

Scholie. — Le plan de l'angle rect. d'un dièdre est perpendicul. à son arête.

Prop. 2 — Théorème. — Deux dièdres égaux cbad, c'b'a'd' ont des angles rect. égaux mon, m'o'n' — et réciproquement.

Après avoir porté le dièdre c'b'a'd' sur son égal cbad de manière qu'ils coïncident parfaitement, je le fais glisser, en maintenant la coïncidence, jusqu'à ce que le point o'vienne se placer en o. — les côtés o'm', o'n'tomberont alors respectivement sur om, on, parce qu'on ne peut tirer qu'une seule perpendicul. au point o de la droite ab dans chacun des plans bac, bad; donc ang. m'o'n'= ang. mon.

Réciproque. — je transporte le dièdre c'b'a'd' de manière que l'angle rect. m'o'n' s'applique sur son égal mon; l'arête c'b' perpendicul. au plan m'o'n', tombera sur l'arête ab, perpendicul. au plan mon, sans quoi on pourrait tirer du point o deux perpendicul. à ce dernier plan; ainsi, le plan b'a'c' de l'angle b'o'm' coïncidera avec le plan bac de l'angle bom; par une raison semblable, les plans b'a'd', bad coïncideront aussi; donc dièdre c'b'a'd'= dièdre cbad.

Corol. — Si un dièdre droit cabd correspond un angle rect. droit mon et réciproquement. — parce que dièdre cabd = dièdre fabd, ang. mon = ang. lon; donc l'angle mon est droit. — réciproquem.; si l'angle mon est-droit, on a ang. mon = ang. lon et partant dièdre cabd = dièdre fabd; donc le dièdre cabd est droit.

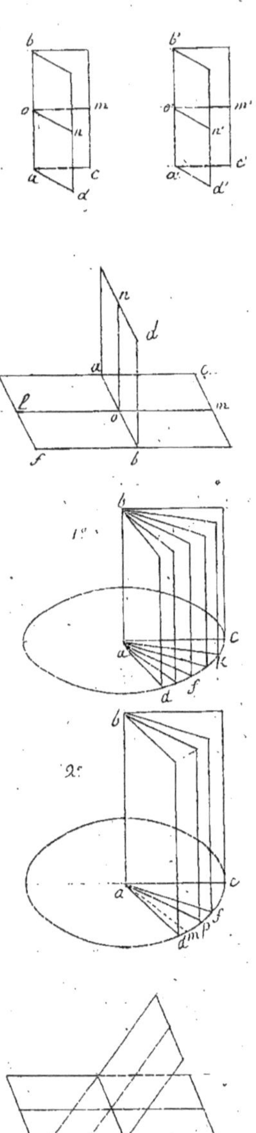

Prop. 3. — Théorème. — Deux dièdres cbad, cbaf sont entr'eux comme leurs angles rectilignes cad, caf.

1°. Supposons d'abord que les angles rect. cad, caf soient commensurables et que leur p.g.c mesure cak soit contenue 5 fois dans le premier et 3 fois dans le second, de manière que l'on ait : angle cad : ang. caf :: 5 : 3. — les plans, déterminés par l'arête ab et les lignes de division, partageront les dièdres cbad et cbaf en 5 et en 3 petits dièdres égaux entr'eux et au dièdre cbak; on aura conséquemment dièdre cbad : dièdre cbaf :: 5 : 3; donc, à cause du rapport commun, dièdre cbad : dièdre cbaf :: ang. cad : ang. caf.

2°. Si les angles cad, caf sont incommensurables, je dis que l'on a encore dièdre cbad : dièdre cbaf :: ang. cad : ang. caf. — admettons un instant que l'on ait dièdre cbad : dièdre cbaf :: ang. cad : ang. cam; divisons l'angle cad en parties égales plus petites que fam, en sorte qu'il tombe au moins une ligne ap de division entre af et am; les angles cad, cap étant commensurables, il vient dièdre cbad : dièdre cbap :: ang. cad : ang. cap; et parce que les antécédents sont communs, dièdre cbaf : dièdre cbap :: ang. cam : ang. cap; ce qui est faux, car dièdre cbaf est ⟨ dièdre cbap tandisque ang. cam est ⟩ ang. cap. — Donc la proposition énoncée est exacte.

Prop. 4. — Théorème. — Un dièdre quelque mesuré par son angle rectiligne.

Car le rapport d'un dièdre au dièdre droit est égal au rapport de son angle rectiligne à l'ang. droit. — Si par exemple, l'angle rect. vaut les $\frac{2}{3}$ d'un angle droit, le dièdre vaudra les $\frac{2}{3}$ d'un dièdre droit.

Corol. 1. Lorsque deux plans se coupent: 1° la somme des quatre dièdres résultans est égale à quatre dièdres droits. — 2° les dièdres adjacens sont supplémentaires. — 3° les dièdres, opposés par l'arête, sont égaux. — car les intersections de ces plans, avec un troisième plan perpendicul. à l'arête commune, forment quatre angles rectilignes qui mesurent les quatre dièdres dont il s'agit.

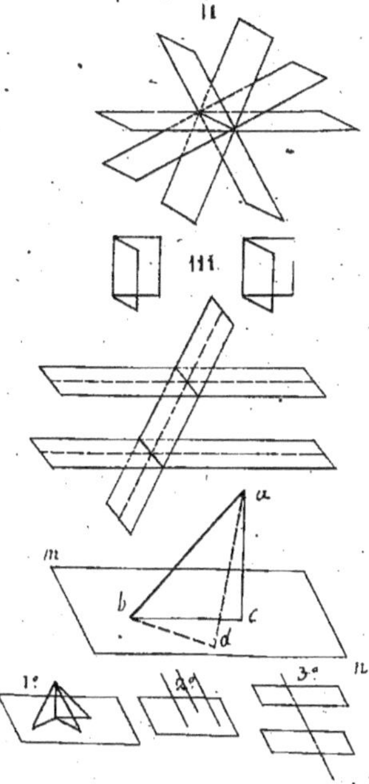

II. — Lorsque deux plans se coupent : 1° les bissecteurs des dièdres opposés se confondent. — 2° les bissecteurs des dièdres adjacens sont perpendiculaires. — (même démonstration).

III. — Deux dièdres sont égaux lorsque leurs faces sont parallèles et de même sens.

En général, les plans parallèles, traversés par un plan, jouissent des mêmes propriétés angulaires que les droites parallèles coupées par une sécante rectiligne. — toutes les réciproques ont lieu, pourvu que les dièdres que l'on considère aient des arêtes parallèles.

Prop. 5. — Théorème. — L'inclinaison d'une droite ab sur un plan mn, est mesurée par l'angle abc qu'elle forme avec sa projection bc sur ce plan.

Tirons par le pied b et dans le plan mn une droite quelconque bd égale à bc et unissons les points a, d. — parce que ab est commun, $bc = bd$ et perp. ac $<$ obl. ad, les triangles abc, abd fournissent ang. abc $<$ ang. abd. — donc l'angle abc est le plus petit de tous les angles formés par la droite ab et les diverses droites issues de son pied b dans le plan mn.

Scholie. — L'inclinaison abc est le complément de l'angle bac, formé par la droite ab et la perpendicul. ac tirée du point a sur le plan mn.

Corol. — 1° les obliques égales, tirées d'un même point sur un plan, sont également inclinées sur ce plan. — 2° les droites parallèles sont également inclinées sur un plan quelconque. — 3° les inclinaisons d'une droite quelconque sur des plans parallèles sont égales.

Prop. 6. — Théorème. — L'inclinaison de deux droites ab, cd, non situées dans le même plan, est mesurée par l'angle mon que forment deux lignes om, on, parallèles à ces droites et issues d'un même point o de l'espace.

Pour établir la légitimité de cette mesure, il faut faire voir qu'elle reste la même, quelque soit la position du sommet de l'angle. — par un point quelconque o' tirons $o'm'$ parallèle à ab et $o'n'$ parallèle à cd; les droites $om, o'm'$ parallèles à ab, sont parallèles entr'elles; par une raison semblable, on est parallèle à $o'n'$; donc ang. $mon =$ ang. $m'o'n'$.

Corol. — Deux droites quelconques ab, cd, l'une perpendicul. et l'autre parallèle au plan mn, sont rectangulaires. — si par le pied b on mène bf parallèle à cd, l'ang. abf mesure l'inclinaison des droites ab, cd; or, la droite bf étant située dans le plan mn (prop. 6 page 173), l'angle abf est droit; donc les droites ab, cd sont rectangulaires.

§. 5. — Plans perpendiculaires. — plus courte distance de deux droites. —
La plus courte distance de deux droites ab, cd, non situées dans le même plan

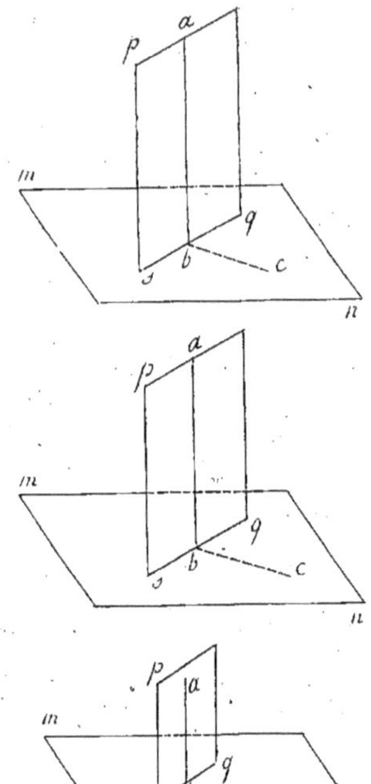

et la plus petite droite mn, entre toutes celles pq, rs,... que l'on peut tirer entre ces deux lignes.

Proposition 1. Théorème. Tout plan pq, conduit suivant une droite ab perpendicul. à un plan mn, est aussi perpendiculaire à ce plan.

D'abord, la droite ab est perpendicul. à la droite sq qui passe par son pied b dans le plan mn; si donc on tire en b sur sq et dans le plan mn la perpendicul. bc, le dièdre pqsn aura pour mesure l'angle rect. abc; or, l'angle abc est droit en vertu de l'hypothèse; donc le dièdre pqsn est pareillement droit.

Scholie. On peut encore énoncer ce théorème comme il suit : tout plan mn, perpendicul. à une droite ab située dans un plan pq, est aussi perpendicul. à ce plan.

Prop. 2. Théorème. Si deux plans mn, pq sont perpendicul., toute droite ab, tirée dans l'un d'eux pq perpendiculairement à l'intersection sq, est perpendicul. à l'autre plan mn.

Si du point b on tire sur sq, dans le plan mn, la perpendicul. bc, l'angle rect. abc mesure le dièdre pqsn; mais, par hypothèse, ce dièdre est droit; donc l'angle abc est pareillement droit; il s'ensuit que la droite ab est perpendicul. aux deux droites sq et bc et par suite au plan mn.

Corol. Lorsque deux plans mn, pq sont perpendicul. et que d'un point a, pris dans l'un d'eux pq, on mène à l'autre mn une perpendicul., elle se trouve toute entière dans le premier plan. — S'il n'en était pas ainsi, sa perpendicul. ab, tirée du point a sur l'intersection sq, serait aussi perpendicul. au plan mn; on pourrait donc abaisser du point a sur ce plan deux perpendicul., ce qui est impossible.

Prop. 3. Théorème. Lorsque deux plans mn, pq qui se coupent, sont perpendicul. à un même plan st, leur intersection ab est aussi perpendicul. à ce plan.

Car la perpendicul., abaissée d'un point quelconque o de l'intersection ab sur le plan st, est située à la fois dans chacun des plans mn, pq et par suite elle se confond avec cette intersection.

Prop. 4. Théorème. Un plan pq et une droite ab perpendicul. à un même plan mn, sont parallèles.

Si le plan pq et la droite ab se rencontraient au point o, la perpendicul. ok, tirée du point o sur l'intersection gq, serait perpendicul. au plan mn; on pourrait donc mener par le point o deux perpendicul. ob et ok à ce plan, ce qui est impossible.

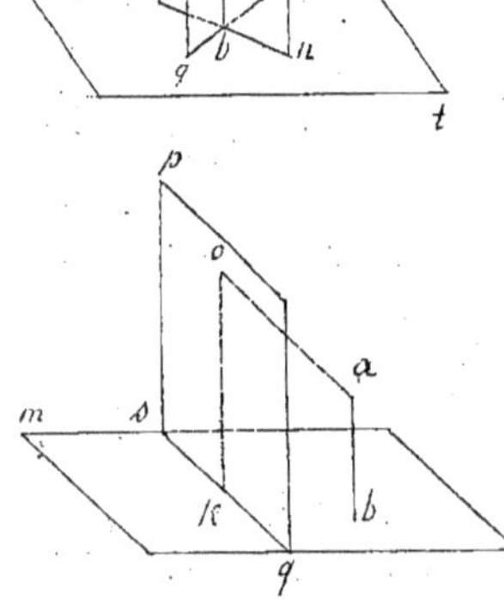

Prop. 5. Théorème. Par une droite ab on peut toujours faire passer un plan perpendicul. à un plan mn, mais on ne peut en faire passer qu'un.

D'abord si d'un point quelconque c de ab on abaisse une perpendicul. cd

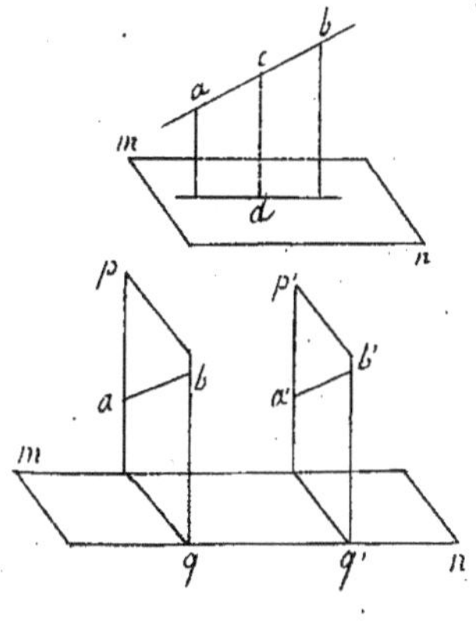

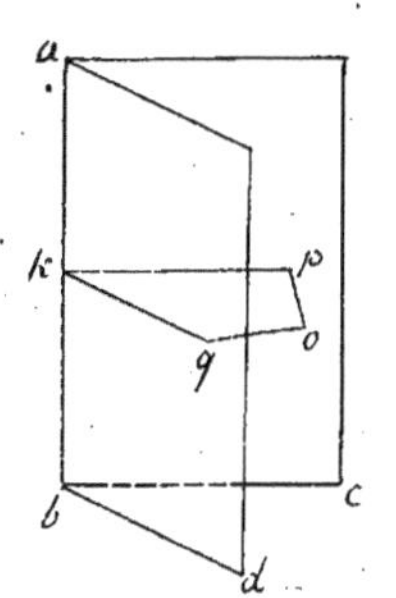

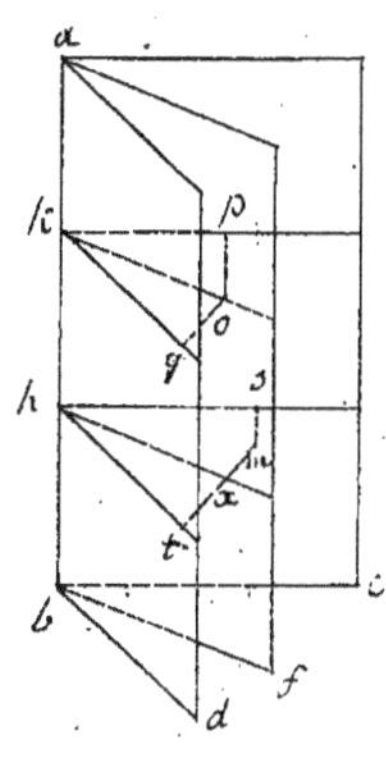

sur le plan mn, le plan acd, déterminé par ab et cd, sera perpendicul. à ce même plan. — On scroit lieu, si par la droite ab on pouvait mener deux plans perpendicul. au plan mn, leur intersection ab serait aussi perpendicul à ce plan, ce qui est contre l'hypothèse.

Prop. 6. — Théorème. — Deux plans pq, p'q' sont parallèles, lorsqu'étant perpendicul. à un même plan mn ils passent par deux droites ab, a'b' parallèles et non perpendicul. à ce plan.

Car, si ces plans se coupaient, par l'intersection on pourrait mener deux plans perpendicul. au plan mn; ce qui est impossible, attendu que cette intersection serait parallèle aux droites ab et a'b'.

Prop. 7. — Théorème. — Les perpendicul. op, oq, abaissées sur les faces ac, ad d'un dièdre cabd d'un point intérieur o, forment un angle poq, dont le plan est perpendicul. à l'arête ab et qui est le supplément de ce dièdre.

Les plans ac, ad, étant perpendicul. aux droites op, oq, sont tous deux perpendicul. au plan poq; donc leur intersection ab est aussi perpendicul. à ce plan et réciproquement; le plan poq est perpendicul. sur l'arête ab au point k. — De là résulte que le dièdre cbad est mesuré par l'angle rect. pkq; or, dans le quadril. opkq, les angles opk, oqk sont droits; donc les angles poq, pkq sont supplémentaires.

Prop. 8. — Théorème. — 1.° Tout point o, pris sur le bissecteur af, d'un dièdre cabd est équidistant de ses deux faces ac, ad. — 2.° Tout point m, pris hors de ce plan, en est inégalement distant.

1.° Le plan poq des perpendicul. op, oq sur les faces ac, ad rencontre ces faces et le bissecteur selon les droites kp, kq et ko, perpendicul. à l'arête ab; or, parceque dièdre cab = dièdre dabf ang. pko = ang. qko; donc ko est la bissectrice de l'angle pkq et par suite op = oq. — 2.° le plan smt des perpendicul. ms, mt aux faces ac, ad rencontre ces faces selon hs, ht et le bissecteur selon la bissectrice hx de l'angle sht; parceque le point m est extérieur à cette bissectrice, il vient ms < mt.

Corol. — Les bissecteurs des dièdres, formés par deux plans qui se coupent, sont le lieu de tous les points de l'espace équi-distans de ces deux plans.

Prop. 9. — Théorème. — La perpendicul. commune à deux droites ab, cd, non situées dans le même plan, est leur plus courte distance.

Par un point f, pris à volonté sur cd, se tire fg parallèle à ab; j'ai

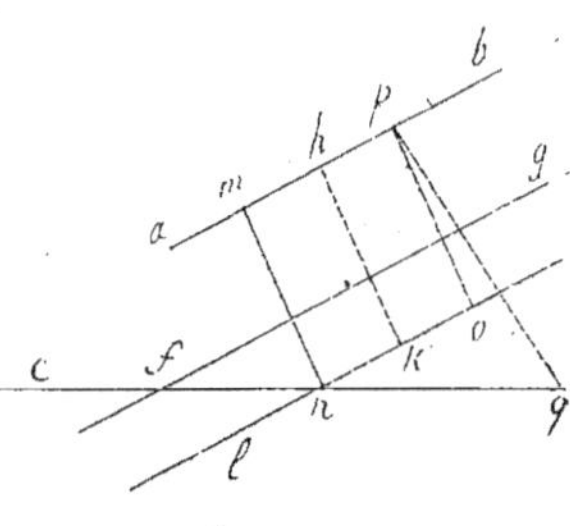

un plan dfg parallèle à cette ligne. — D'un point quelconque h de xl j'abaisse hk perpendicul. sur ce plan; l'intersection kl des plans dfg, ehk est parallèle à ab. — Enfin, par le point de concours n de cd et kl, je mène nm parallèle à hk; cette droite rencontre évidemment la ligne ab; de plus, elle est perpendicul. au plan dfg et par suite à la droite cd, à la droite nk et à sa parallèle ab; ainsi, la ligne mn est la perpendicul. commune aux deux droites ab, cd. — Je dis maintenant que mn est moindre que toute autre ligne pq tirée entre ab et cd; en effet, la parallèle pro à mn, issue du point p, étant perpendicul. au plan dfg, il vient $po < pq$; mais $po = mn$; donc aussi mn est $< pq$.

§. 6. — Propriétés des Angles solides.

I. Un angle solide est la partie de l'espace comprise entre les plans de plusieurs angles asb, bsc, csd, dsc, csa de même sommet s et qui ont, deux-à-deux, un côté commun.

Le point s est le sommet de l'angle solide; les droites sa, sb, sc, sd, se en sont les arêtes.

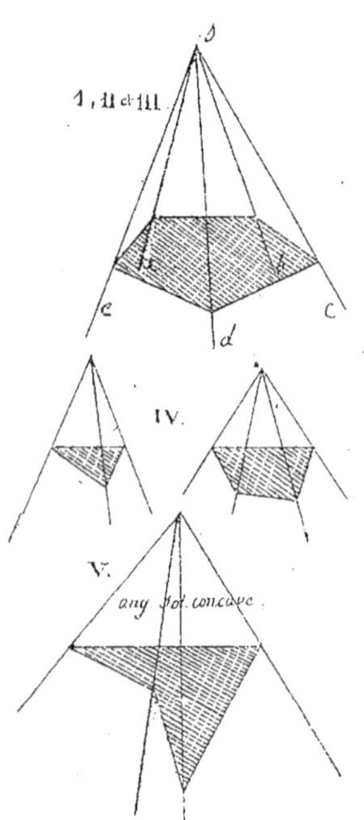

II. On énonce un angle solide par la seule lettre du sommet ou, quand il y a lieu à confusion, par cette même lettre suivie de celles qui se trouvent sur les arêtes, prises dans leur ordre naturel. — Ainsi, on dira angle solide s ou angle solide $sabcde$.

III. Les angles plans ou faces asb, bsc, asd, dsc, csa et les dièdres $asbc$, $bscd$, $csde$, $dsea$, $esab$, que les faces forment deux-à-deux, sont ce que l'on appelle les parties de l'angle solide s. — Le nombre des parties est toujours double du nombre des arêtes.

IV. Les angles solides les plus simples ont trois angles plans et trois dièdres; on les nomme angles solides triples ou trièdres; viennent ensuite les angles solides quadruples qui ont quatre faces et quatre dièdres; les angles solides quintuples qui ont cinq faces et cinq dièdres; &c. &c.

V. Un angle solide est convexe lorsque toutes les sections que l'on peut obtenir, en le coupant par des plans, sont des polygones convexes. — Si cette condition n'est pas remplie, on dit que l'angle solide est concave ou à angles rentrants. — Un trièdre est toujours convexe.

VI. Un trièdre est rectangle quand il a un dièdre droit; bi-rectangle, quand il en a deux et tri-rectangle, quand il en a trois.

VII. Un trièdre est isocèle lorsqu'il a deux angles plans égaux et isoangle lorsqu'il a deux dièdres égaux.

VIII. Un angle solide est équière quand tous ses angles plans sont égaux et équiangle quand tous ses dièdres sont égaux.

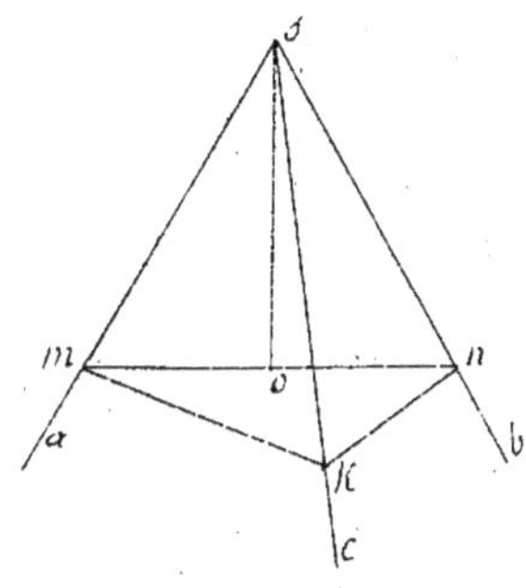

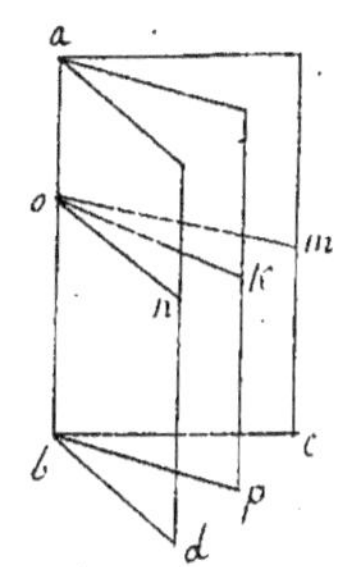

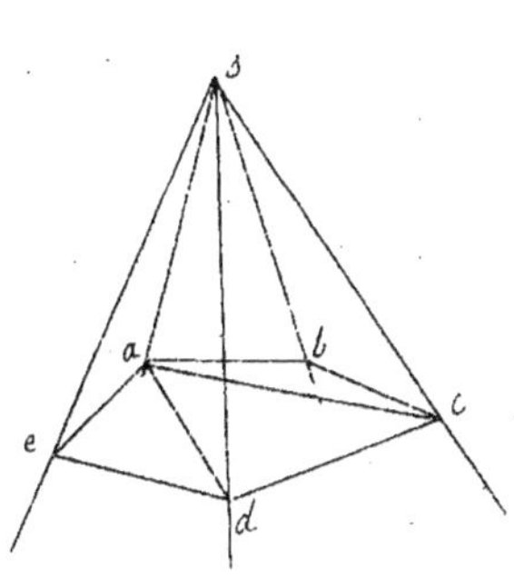

Prop. 1. — Théorème. — Dans tout trièdre s, un angle plan quelconque asb est plus petit que la somme des deux autres asc et bsc.

Il n'y a lieu à établir cette inégalité que lorsque l'angle asb est plus grand que chacun des deux autres asc et bsc. — joignons par la droite mn deux points quelconques m, n des arêtes sa, sb, et, après avoir fait, dans le plan asb, ang. bso = ang. bsc, prenons sk = so et tirons mk, nk. — les triangles nso, nsk sont égaux, parce que sn est commun, so = sk et angle bso = ang. bsc par construction; donc no = nk. — et, comme le triangle mnk fournit mn ou mo + no < mk + nk, il s'ensuit mo < mk. — parcequ'en outre om est commun et so = sk, la comparaison des triangles mso, msk donne ang. aso < ang. asc; ajoutant ang. bso au premier membre et son égal bsc au second, il vient ang. asb < ang. asc + ang. bsc.

Corol. — Dans tout trièdre, un angle plan quelconque est plus grand que la différence des deux autres. — on a en effet l'inégalité ang. asc + ang. bsc > ang. asb, et, en retranchant ang. bsc de part et d'autre, ang. asc > ang. asb — ang. bsc.

Scholie. — L'angle rect, dont le plan est perpendicul. à l'arête d'un dièdre, est le seul angle qui puisse servir de mesure à ce dièdre. — supposons en effet que l'angle mon soit propre à mesurer le dièdre cbad. — d'abord, cet angle devant devenir nul en même temps que le dièdre, c'est-à-dire, lorsque la face ad est rabattue sur la face ac, il faut que ang. bom = ang. bon. — de plus si l'on amène la face ad en ap et par suite on en ok, on a dièdre cabd = dièdre cabp + dièdre dabp et par conséquent ang. mon = ang. mok + ang. nok; ainsi, la droite ok est située dans le plan mon, car sans cela on aurait ang. mon < ang. mok + ang. nok. — maintenant, l'arête ab étant également inclinée sur les trois droites om, on, ok, issues de son pied o dans le plan mon, est perpendicul. à ce plan; donc om, on sont perpendicul. à l'arête ab.

Prop. 2. — Théorème. — Dans tout angle solide s, un ang. plan quelconque asb est moindre que la somme de tous les autres bsc, csd, dse, esa.

Par l'arête sa et chacune des autres sc, sd, à l'exception des deux voisines sb, se, faisons passer des plans sac, sad; l'angle sol. s sera par là décomposé en autant de trièdres sabc, sacd, sade qu'il a de faces moins deux. — or, ces trièdres fournissent 1° asb < bsc + asc; 2° asc < csd + asd; 3° asd < dse + esa; ajoutant ces inégalités et supprimant ensuite les termes asc et asd communs aux deux membres, il vient asb < bsc + csd + dse + esa.

Prop. 3. — Théorème. — Dans tout angle solide s, la somme de tous les angles plans est plus petite que quatre angles droits.

Soit abcde une section faite dans l'angle solide s par un plan qui

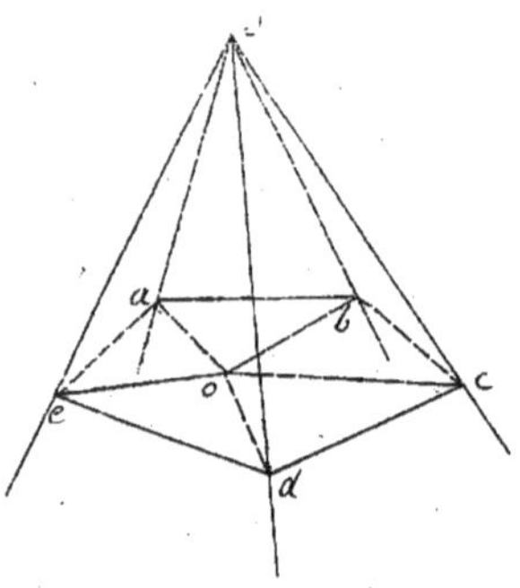

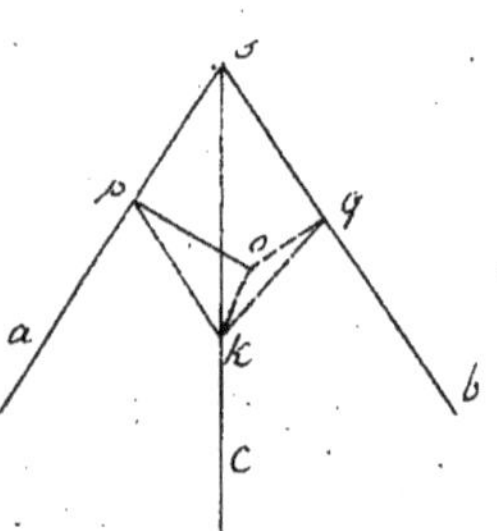

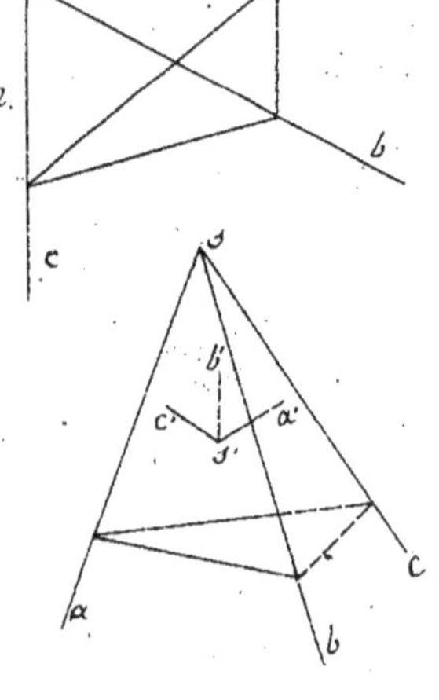

rencontre toutes les arêtes. — si l'on joint les sommets $a, b, c, \ldots$ de ce polygone à un point intérieur quelconque o, les triangles $abo, bco, cdo, \ldots$ sont évidemment en même nombre que les triangles $abs, bcs, cds, \ldots$; et, comme les trois angles d'un triangle valent ensemble deux angles droits, la somme de tous les angles des triangles au sommet o est égale à celle de tous les angles des triangles au sommet s. — or, la première somme se compose de celle M des angles du polygone $abcde$ et de celle des angles au sommet o, laquelle vaut 4 angles droits; la seconde somme est formée de celle N des angles $abs, cbs, bcs, \ldots$ et de celle X des angles plans $asb, bsc, csd, \ldots$ de l'angle solide; ainsi, on a $M + 4 = N + X$. — maintenant, les trièdres $bacs, cbds, dces, \ldots$ fournissent $abc < abs + cbs$, $bcd < bcs + dcs$, $cde < cds + eds, \ldots$, et, en ajoutant, $M < N$; donc, par compensation, il faut que l'on ait $X < 4$ angles droits.

Prop. 4. — Théorème. — Un trièdre isocèdre est aussi isoangle.

D'un point quelconque k de l'arête sc, soient abaissés les plans kpo, kqo perpendicul. aux arêtes sa, sb et par suite au plan asb; leur intersection ko étant aussi perpendicul. à ce plan, les angles kop, koq sont droits. — parceque hypot. sk est commune et que ang. $asc = $ ang. bsc par hypothèse, les triangles kps, kqs, rectangles en p et q, sont égaux; donc $kp = kq$. — parceque hypot. $kp = $ hypot. kq et ko commun, les triangles rectangles kop, koq sont aussi égaux; donc ang. $kpo = $ ang. kqo. — mais ces angles mesurent les dièdres $csab$ et $csba$; conséquemment, dièdre $csab = $ dièdre $csba$.

Réciproque. — Un trièdre isoangle est aussi isocèdre.

Les triangles rectangles kpo, kqo sont égaux, car ko est commun et ang. $kpo = $ ang. kqo par hypothèse; donc $kp = kq$. — parcequ'en outre l'hypothénuse sk est commune, les triangles rectangles kps, kqs sont aussi égaux; donc ang. $asc = $ ang. bsc.

Corol. 1. — Un trièdre équièdre est aussi équiangle et réciproquement.

Corol. 2. — Aux dièdres droits $bsac, asbc$ d'un trièdre bi-rectangle s sont opposés les angles plans droits bsc, asc. — car, les faces asb, bsc étant perpendicul. au plan asb, l'intersection sc est aussi perpendicul. à ce plan et par suite aux droites sa et sb.

Corol. 3. — Les trois angles plans d'un trièdre tri-rectangle sont droits.

Prop. 5. — Théorème. — Les perpendicul. $s'c', s'a', s'b'$, tirées d'un point intérieur s' d'un trièdre s sur ses trois faces asb, bsc, csa, forment un second trièdre s', dont les angles plans et les dièdres sont les supplémens des dièdres et des angles plans du premier.

On a d'abord, prop. 7, page 179, ang. $b's'c' = 2^{e}$ dièdre $bsac$, ang. $c's'a' = 2^{e}$ dièdre $csba$, ang. $a's'b' = 2^{e}$ dièdre $ascb$. — de plus, les trois plans $b's'c', c's'a', a's'b'$ étant

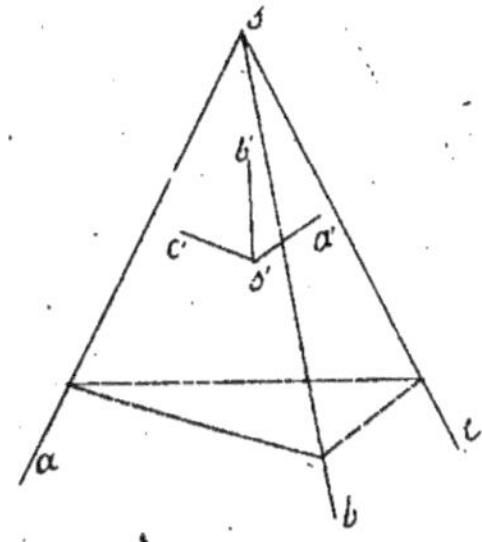

respectivement perpendicul. aux arêtes sa, sb, sc et réciproquement, le trièdre s
jouit par rapport au trièdre s' des mêmes propriétés que le trièdre s' par rapport au
trièdre s; conséquemment, on a aussi ang. asb = 2ᴰ dièdre a's'c'b', ang. bsc = 2ᴰ dièdre b's'a'c', ang. csa = 2ᴰ dièdre c's'b'a'.

Scholies. 1. Les trièdres s et s' sont dits supplémentaires l'un de l'autre.

 11. Le présent théorème subsiste encore quand on substitue au trièdre un angle sol. quelq.

Prop. 6. — Théorème. — La somme des dièdres A, B, C d'un trièdre quelconque est
comprise entre deux et six dièdres droits.

Si l'on représente par a, b, c les trois angles plans du trièdre supplémentaire,
il vient A = 2ᴰ− a, B = 2ᴰ− b, C = 2ᴰ− c, et, en ajoutant, A+B+C = 6ᴰ− (a+b+c); or, la somme des
trois angles plans a, b, c est plus petite que quatre angles droits et plus grande que
zéro; il s'ensuit que A+B+C est > 6−4 ou 2ᴰ et < 6ᴰ.

Prop. 7. — Théorème. — La somme des n dièdres d'un angle solide de n faces est comprise
entre 2 (n−2) et 2 n dièdres droits.

En faisant passer des plans par l'une des arêtes et chacune des autres, à l'exception des deux voisines, on décompose l'angle solide en n−2 trièdres; or, la somme
des dièdres de chacun d'eux étant supérieure à 2ᴰ, la somme des dièdres de tous ces
trièdres, c'est-à-dire, celle des n dièdres de l'angle solide est plus grande que 2 (n−2)ᴰ; en
second lieu, parce que chaque dièdre est < 2ᴰ, la somme de ces n dièdres est plus petite que 2 n ᴰ.

§. 7. — Égalité et symétrie des angles solides.

1. Deux angles solides sont dits symétriques ou égaux par symétrie, lorsque, toutes
leurs parties, angles plans et dièdres, étant égales chacune à chacune, ils ne peuvent toutefois être superposés parceque les parties égales sont assemblées dans des ordres différens.

11. Deux angles solides sont opposés par le sommet quand les arêtes de l'un sont
les prolongemens des arêtes de l'autre.

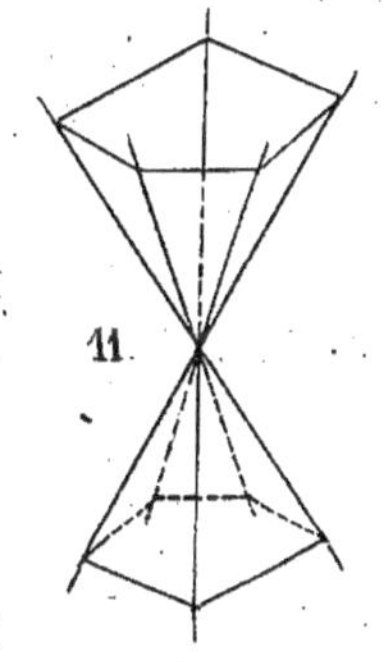

Proposition 1. — Théorème. — Deux trièdres sont égaux quand leurs angles plans sont égaux
chacun à chacun et pareillement assemblés.

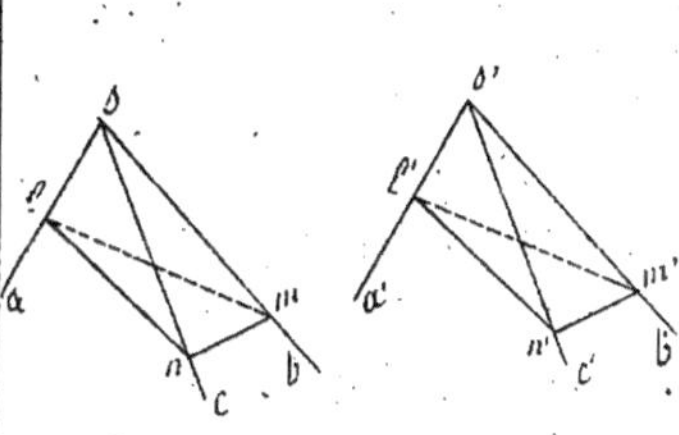

Soient ang. asb = ang. a's'b', ang. bsc = ang. b's'c', ang. csa = ang. c's'a'. — prenons à
volonté les distances égales sl, sl'; du point l élevons sur sa, dans les plans asb, asc,
les perpendicul. lm, ln et tirons mn; du point l' élevons aussi sur s'a', dans les plans a's'b',
a's'c', les perpendicul. l'm', l'n' et tirons m'n'. — Les triangles slm, s'l'm' sont égaux, parceque
sl = sl' par construction, ang. asb = ang. a's'b' par hypothèse et ang. droit slm = ang. droit
s'l'm'; donc sm = s'm' et lm = l'm'. — on prouve de la même manière que triang. sln

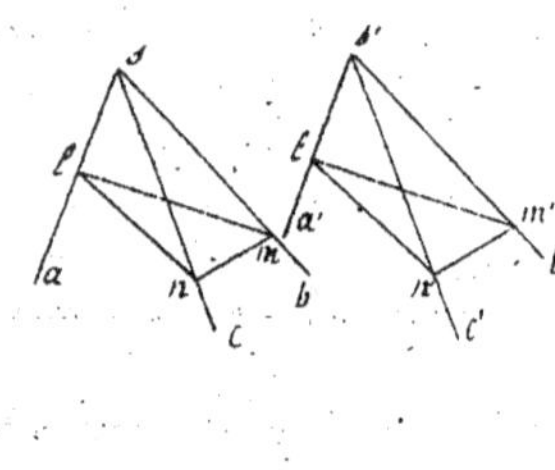

= triangle s'l'n', d'où résulte sn = s'n' et ln = l'n'. — comme, par hypothèse, ang. bsc = ang. b's'c', les triangles msn, m's'n' sont aussi égaux et partant mn = m'n'. — ainsi, les triangles lmn, l'm'n' sont équilatéraux entr'eux et parconséquent ang. mln = ang. m'l'n', c'est-à-dire, dièdre bsac = dièdre b's'a'c'; on démontre de même que dièdre csba = dièdre c's'b'a' et dièdre ascb = dièdre a's'c'b'. — transportons maintenant le trièdre s' de manière que le triangle l'm'n' s'applique sur son égal lmn; l'arête l's' perpendicul. au plan l'm'n' prendra la direction de l'arête ls, perpendicul. au plan lmn; et, comme s'l' = sl, le sommet s' tombera sur le sommet s; de plus, les points m', n' se trouvant déjà en m, n, les droites s'm', s'n' coïncideront avec sm, sn; donc les deux trièdres sont superposables.

Scholie. — Cette démonstration est en défaut lorsque les angles plans asb, asc sont droits; mais alors l'arête sa est perpendicul. au plan bsc et l'arête s'a' au plan b's'c'; conséquemment, si l'on pose l'angle b's'c' sur son égal bsc, la droite s'a' tombera sur l'arête sa et les trièdres seront superposés. — Lorsqu'un seul angle plan est droit, il faut avoir le soin de prendre le point l sur l'arête qui lui est opposée.

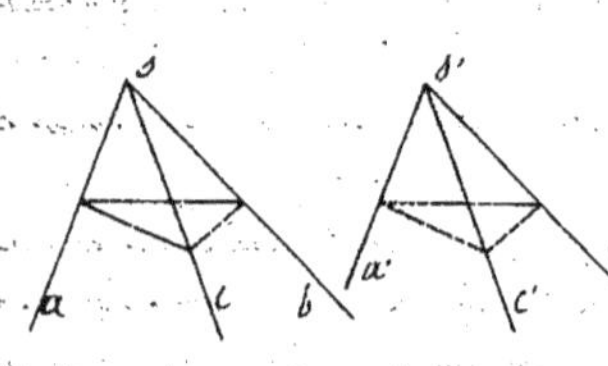

Prop. 2. — Théorème. — Deux trièdres sont égaux quand ils ont un dièdre égal compris entre deux angles plans égaux chacun à chacun et pareillement disposés.

Soient dièdre bsac = dièdre b's'a'c', ang. asb = ang. a's'b', ang. asc = ang. a's'c'. — je pose le trièdre s' sur le trièdre s de manière que l'angle a's'b' couvre son égal asb; parceque dièdre b's'a'c' = dièdre bsac, le plan de l'angle a's'c' se confondra avec celui de l'angle asc; et, parceque ang. a's'c' = ang. asc, l'arête s'c' tombera sur sc; donc trièdre s' = trièdre s.

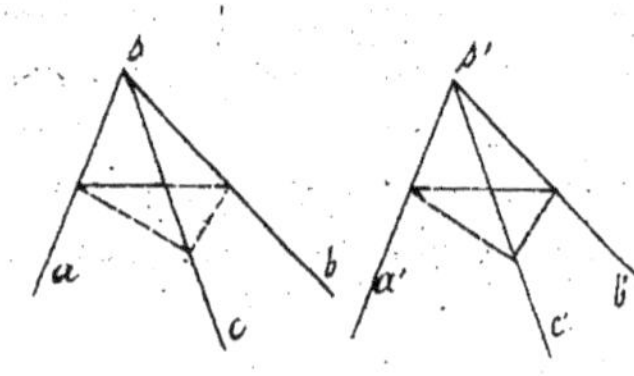

Prop. 3. — Théorème. — Deux trièdres sont égaux, quand ils ont un angle plan égal adjacent à deux dièdres égaux chacun à chacun et pareillement disposés.

Soient ang. asb = ang. a's'b', dièdre bsac = dièdre b's'a'c', dièdre asbc = dièdre a's'b'c'. — je transporte le dièdre s' de manière que l'angle a's'b' couvre son égal asb; parceque dièdre b's'a'c' = dièdre bsac, le plan de l'angle a's'c' se confondra avec le plan asc; pareillement, à cause que dièdre a's'b'c' = dièdre asbc, les plans des angles b's'c', bsc se confondront entr'eux; donc l'intersection s'c' des plans a's'c', b's'c' tombera sur celle sc des plans asc, bsc et par suite trièdre s' = trièdre s.

Prop. 4. — Théorème. — Deux trièdres sont égaux quand leurs trois dièdres sont égaux chacun à chacun et pareillement disposés.

Soient a, b, c les trois dièdres communs; a, bc et a', b'c' les angles plans qui leur sont opposés dans les deux trièdres s et s'. — formons les trièdres t et t' supplémentaires de s et s'. — les trièdres t, t' ayant les mêmes angles plans π-a, π-b, π-c, sont égaux entr'eux; donc leurs dièdres π-a, π-b, π-c et π-a', π-b', π-c' sont aussi égaux chacun à chacun et par suite a = a', b = b', c = c'; conséquemment, trièdre s = trièdre s'.

Prop. 5. _ Théorème. _ Deux trièdres sabc, sa'b'c' opposés par le sommet, sont égaux par symétrie.

On a, parceque les angles rectilignes, opposés par le sommet, sont égaux;

ang. asb = ang. a'sb', ang. bsc = ang. b'sc', ang. csa = ang. c'sa',

et parceque les dièdres, opposés par l'arête, sont aussi égaux;

dièdre csab = dièdre c'sa'b', dièdre asbc = dièdre a'sb'c', dièdre bsca = dièdre b'sc'a'.

ainsi, les six parties des deux trièdres sont égales chacune à chacune. _ D'ailleurs ces trièdres ne peuvent être superposés; car, si l'on applique l'angle a'sb' sur son égal asb de manière que sa' tombe sur sa et sb' sur sb, les arêtes sc, sc' se trouvent de divers côtés du plan asb; lorsqu'au contraire on fait tomber sa' en sb et sb' en sa, les parties égales ne se correspondent plus; donc les trièdres sabc, sa'b'c' sont symétriques.

Corol. 1. _ Un trièdre isoèdre n'a pas de symétrique. _ car, si ang. asc = ang. bsc, on peut opérer la superposition des trièdres sabc, sa'b'c' en posant l'angle a'sb' sur son égal asb, de manière que sa' tombe en sb et sb' en sa.

Corol. 2. _ Si, dans les prop. 1, 2, 3 et 4 de ce paragraphe, les trois parties, supposées égales, n'étaient pas pareillement disposées, les trièdres sabc, s'a'b'c', au lieu d'être égaux par superposition seraient symétriques. _ en prolongeant les arêtes sa, sb sc, on forme en effet un troisième trièdre sa'b'c' symétrique de sabc et qui, en vertu des prop. citées, est aussi légal de s'a'b'c' par superposition.

Corol. 3. _ Un trièdre est déterminé par trois de ses six parties. _ cela résulte de ce que deux trièdres, qui ont trois parties égales chacune à chacune, sont égaux par superposition ou par symétrie. _ il peut arriver toutefois qu'aucun trièdre ne corresponde à trois parties assignées; ainsi, quand on donne les trois angles plans, il faut que le plus grand angle soit plus petit que la somme des deux autres et que la somme des trois angles soit moindre que 4 angles droits; pareillement, quand on donne les trois dièdres, il faut que leur somme soit comprise entre 2 et 6 dièdres droits.

Scholies. 1. _ En général deux angles solides, opposés par le sommet, sont symétriques (même démonst.).

11. _ Deux angles solides symétriques quelconques peuvent être décomposés en un même nombre de trièdres symétriques chacun à chacun et symétriquement placés.

Prop. 6. _ Théorème. _ Deux angles solides de même espèce sont égaux lorsque, abstraction faite d'un angle plan et des deux dièdres adjacens, toutes les autres parties sont égales chacune à chacune et assemblées dans le même ordre.

On opère en effet directement la superposition lorsque les parties égales se succèdent dans le même sens. _ lorsqu'elles sont disposées en sens inverses, les deux angles solides sont égaux par symétrie, car chacun d'eux est égal par superposition à l'angle solide formé par les prolongemens des arêtes de l'autre.

Scholie. _ Ainsi un angle solide de n faces est déterminé par n-1 angles plans et n-3 dièdres, c'est-à-dire, par 2n-3 parties.

§.8. Mesure des angles solides.

Deux angles solides quelconques ou un angle solide et un dièdre sont dits équivalens lorsqu'ils interceptent une même portion de l'espace.

Proposition. — Théorème. — Deux trièdres symétriques $sabc$, $sa'b'c'$ sont équivalens.

Prenons arbitrairement les trois distances égales sl, sm, sn et abaissons du sommet s, sur le plan lmn des trois points l, m, n, la perpendicul. so. — les obliques égales sl, sm, sn, ayant des projections égales ol, om, on, les triangles slo, smo, sno, rectangles en o, sont égaux et par suite ang. lso = ang. mso = ang. nso; donc, parce qu'un trièdre isocèle n'a pas de symétrique, trièdre $sabk$ = trièdre $sa'b'k'$, trièdre $sbck$ = trièdre $sb'c'k'$, trièdre $scak$ = trièdre $sc'a'k'$. — maintenant, si le pied o est intérieur au triangle lmn, fig. 1, il vient en ajoutant ces égalités, trièdre $sabc$ = trièdre $sa'b'c'$; si ce point est extérieur, fig. 2, on parvient au même résultat en ajoutant les deux premières et en retranchant la troisième.

Corol. — Deux angles solides symétriques quelconques sont équivalens.

Prop. 2. — Théorème. — Tout trièdre équivaut à l'excès de la demi-somme de ses trois dièdres sur un dièdre droit.

Si on prolonge les arêtes sa, sb, sc du trièdre $sabc$ en a', b', c', il vient:
1°. tri. $sabc$ + tri. $sa'bc$ = di. $bsac$; 2°. tri. $sabc$ + tri. $sab'c$ = di. $csba$; 3°. tri. $sabc$ + tri. $sabc'$ = di. $ascb$. ajoutant ces égalités membres à membres, en observant que $sabc'$ = $sa'b'c$ (prop. précéd^e) et que la somme tri. $sabc$ + tri. $sa'bc$ + tri. $sab'c$ + tri. $sa'b'c$ est égale à la moitié de l'espace ou à deux dièdres droits, on trouve 2 tri. $sabc$ + 2 di. droits = di. $bsac$ + di. $csba$ + di. $ascb$, d'où l'on déduit tri. $sabc$ = $\frac{1}{2}$ (di. $bsac$ + di. $csba$ + di. $ascb$) − 1 di. droit.

Scholie. — Ainsi, en désignant par A le dièdre aigu ou obtus d'un trièdre bi-rectangle s, on a tri. s = $\frac{1}{2}$ $(A+2) - 1 = \frac{A}{2}$, cequi est évidemment exact.

Prop. 3. — Théorème. — Un angle solide quelconque équivaut à l'excès de la demi-somme de tous ses dièdres sur autant de dièdres droits qu'il a de faces moins deux.

Cela résulte de la proposition précédente et de ce que tout angle solide peut être décomposé en autant de trièdres qu'il a de faces moins deux.

Scholie. — Soit A la somme des dièdres d'un angle solide de n faces. — on a vu que A est $> 2(n-2)$ et $< 2n$. — on déduit de là $\frac{A}{2} - (n-2) > 0$ et $\frac{A}{2} - (n-2) < 2$. — ainsi, tout angle solide est compris entre 0 et 2 dièdres droits ou entre 0 et la moitié de l'espace.

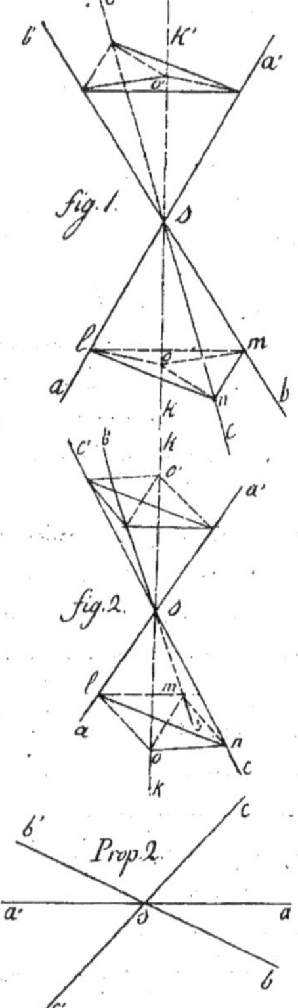

2ᵉ SECTION.
Les Polyèdres.

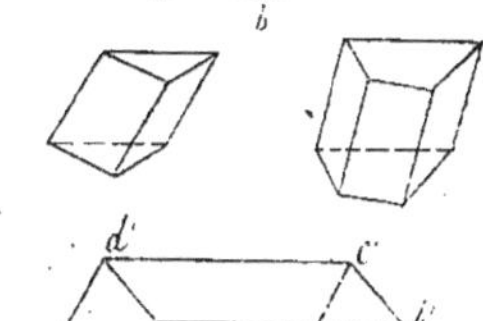

§.—I.— Propriétés des Polyèdres.

I. Un polyèdre est un corps abcdefg terminé de toutes parts par des polygones abcd, abg, bcfg...... — ces polygones, leurs côtés et leurs sommets sont dits les faces, les arêtes et les sommets du polyèdre. — la somme de toutes les faces constitue sa surface et celle de toutes les arêtes en est le périmètre.

Il y a dans un polyèdre autant de dièdres que d'arêtes et autant d'angles solides que de sommets. — les dièdres sont droits, aigus ou obtus. — les angles solides peuvent être triples, quadruples, quintuples, &&.

II. Le plus simple des polyèdres a quatre faces triangulaires, six arêtes et quatre sommets; il se nomme tétraèdre. — on appelle hexaèdres, octaèdres, décaèdres, dodécaèdres, icosaèdres les polyèdres de 6, 8, 10, 12 et 20 faces; on désigne rarement les autres polyèdres sous des noms particuliers.

III. Un polyèdre est convexe quand sa surface ne peut être traversée par une droite indéfinie en plus de deux points. — il est concave ou à dièdres rentrants, lorsque cette condition n'est pas satisfaite. — tous les tétraèdres sont convexes.

IV. Une diagonale est une droite qui unit deux sommets d'un polyèdre non situés sur la même face. — telle est, fig., la droite af.

V. Un prisme est un polyèdre abcdee'd'c'b'a' compris sous plusieurs faces parallélogrammiques abb'a', bcc'b', cdd'c',.... dont les bases ab, bc, cd,... et a'b', b'c', c'd'... aboutissent aux côtés de deux polygones abcde, a'b'c'd'e' égaux et situés dans des plans parallèles.

Les deux polygones abcde, a'b'c'd'e' sont les bases du prisme. — la droite hh', qui mesure leur distance, en est la hauteur.

VI. Un prisme est droit ou oblique selon que les arêtes latérales aa', bb', cc',.... sont perpendiculaires ou obliques aux plans des bases abcde, a'b'c'd'e'. — dans un prisme droit, toutes les faces latérales sont des rectangles.

VII. Un prisme est triangulaire, quadrangulaire, pentagonal,... suivant que la base est un triangle, un quadrilatère, un pentagone,....

VIII. Un prisme est régulier lorsqu'il est droit et que sa base est un polygone régulier.

IX. Un parallélipipède est un prisme abcd d'c'b'a' dont les bases abcd, a'b'c'd' sont des parallélogrammes. — un parallélipipède est compris sous six parallélogrammes lorsqu'il est oblique et sous deux parallélogrammes et quatre rectangles lorsqu'il est droit.

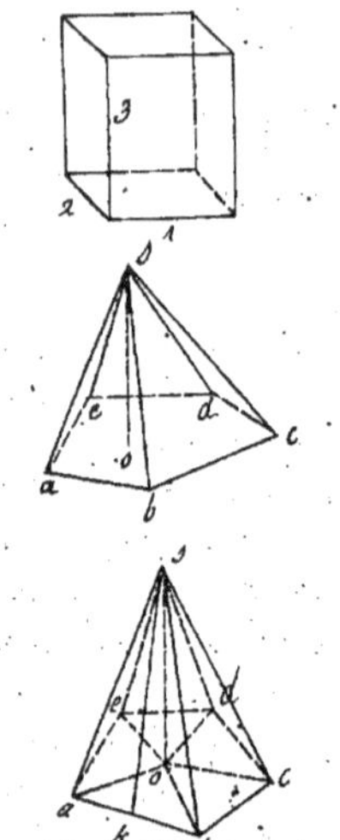

X. Un parallélipipède est rectangle quand ses six faces sont des rectangles. _ il prend le nom de Cube quand il est compris sous six quarrés égaux.

On appelle dimensions d'un parallélipipède rectangle les longueurs des trois arêtes issues d'un même sommet. _ les trois dimensions d'un cube sont égales.

XI. Une pyramide est un polyèdre sabcde compris sous plusieurs faces triangulaires sab, sbc, scd, ... qui ont un sommet commun s et dont les bases ab, bc, cd, ... aboutissent aux côtés d'un polygone abcde.

Le point s est le sommet de la pyramide; le polygone abcde en est la base; la perpendicul. so, abaissée du sommet sur la base ou sur son prolongement, en est la hauteur.

XII. Une pyramide est triangulaire, quadrangulaire, pentagonale, &c&c, selon que la base est un triangle, un quadrilatère, un pentagone, &c _ un tétraèdre est une pyramide triangulaire.

XIII. Une pyramide sabcde est régulière lorsque sa base abcde est un polygone régulier ayant pour centre le pied o de la hauteur so. _ toutes les arêtes latérales sa, sb, sc, ..., ayant des projections égales oa, ob, oc, ...n, sont égales et par suite les faces latérales sab, sbc, scd, ... sont des triangles isocèles égaux. _ la hauteur sk de l'un quelconque de ces triangles se nomme l'apothème de la pyramide.

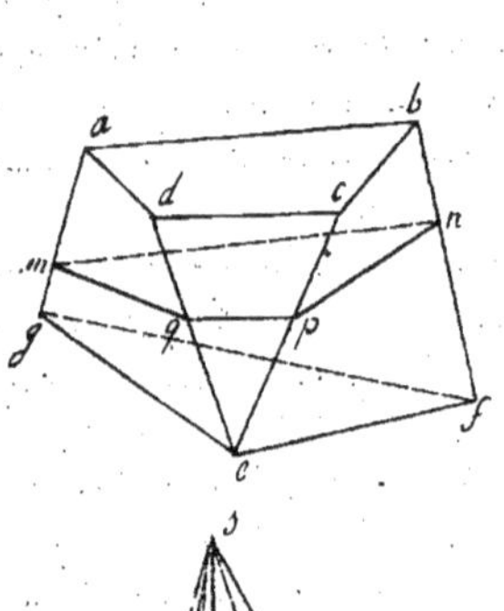

Proposition 1. _ Théorème. _ Toute section mnpq, faite par un plan dans un polyèdre quelconque abcdefg, est un polygone.

Car les intersections d'un plan avec les faces du polyèdre qu'il atteint sont des droites, qui se coupent deux-à-deux, sur les arêtes communes aux mêmes faces.

Scholies 1. _ Les sections, faites dans un polyèdre par divers plans, n'ont pas généralement le même nombre de côtés. _ ce nombre est au moins égal à trois et ne peut être supérieur à celui des faces. _ les sections planes d'un tétraèdre, par exemple, sont triangulaires ou quadrangulaires.

2. _ Toutes les sections planes d'un polyèdre convexe sont des polygones convexes.

Prop. 2. _ Théorème. _ Tout polyèdre peut être décomposé en tétraèdres.

Car 1°. toute pyramide sabcdef peut être décomposée en autant de tétraèdres sabc, sacd, sade, saef que la base abcdef a de côtés moins deux, en faisant passer des plans sac, sad, sae par l'une de ses arêtes et les diagonales ac, ad, ae de la base, issues du sommet a. _ 2°. Tout polyèdre convexe peut être décomposé en pyramides ayant pour sommet commun un point intérieur ou l'un des sommets du polyèdre et pour bases ses diverses faces. _ 3°. Tout polyèdre concave ou à dièdres rentrans peut toujours être décomposé en plusieurs autres polyèdres convexes.

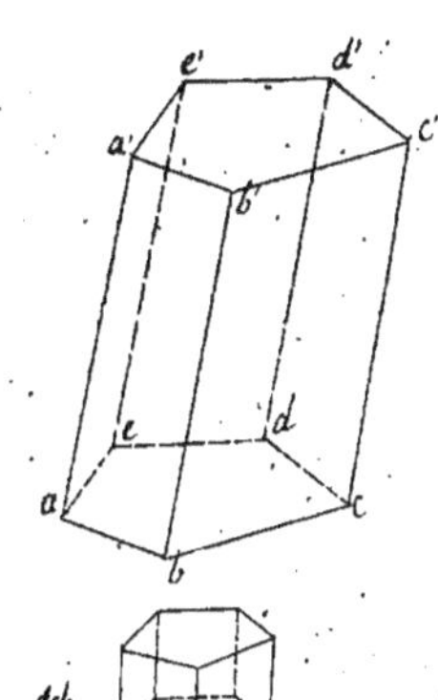

Prop. 3. — Problème. — Construire un prisme, connaissant la base abcde et une arête latérale aa'.

Par les sommets b, c, d, e je tire les droites bb', cc', dd', ee' parallèles à l'arête aa', que je prolonge jusqu'aux points b', c', d', e' du plan, mené par l'extrémité a' parallèlement à la base donnée abcde; j'unis ensuite les points a', b', c', d', e', deux-à-deux, pour former la base supérieure a'b'c'd'e'; le corps ad' est le prisme cherché. — En effet, les parallèles comprises entre plans parallèles étant égales, les faces abb'a', bcc'b', cdd'c',.... sont des parallélogrammes; de plus, parce que les côtés ab et a'b', bc et b'c', cd et c'd',..... sont égaux et parallèles, les polygones abcde, a'b'c'd'e' sont équilatéraux et équiangles entr'eux; donc ils sont égaux et situés dans des plans parallèles.

Corol. — Les arêtes latérales aa', bb', cc', ... d'un prisme ad' sont égales et parallèles.

Scholies. — 1. Un prisme droit est déterminé par sa base et par sa hauteur.

11. Deux prismes droits, de même base et de même hauteur, sont égaux.

Prop. 4. — Théorème. — Les sections pqrst, p'q'r's't', faites dans un prisme ad' par des plans parallèles, sont égales.

Puisque les intersections de deux plans parallèles par un troisième plan sont parallèles et que les parallèles, comprises entre parallèles, sont égales, les côtés pq et p'q', qr et q'r', rs et r's',... sont égaux et parallèles deux-à-deux; de plus, parce que ces côtés sont dirigés dans le même sens, ang. pqr = ang. p'q'r', ang. qrs = ang. q'r's',...; donc les polygones pqrst, p'q'r's't' sont équiangles et équilatéraux entr'eux et partant égaux.

Corol. 1. — Toute section a'b'c'd'e', parallèle à la base abcde, est égale à cette base.

Corol. 2. — Toute droite kk', parallèle aux arêtes latérales, rencontre les sections parallèles en des points homologues m et m'. — car les triangles mpq, m'p'q' sont égaux comme sections parallèles du prisme triangulaire abkk'b'a'.

Scholies. — 1. On appelle section droite d'un prisme toute section faite par un plan perpendicul. aux arêtes latérales. — La section droite d'un prisme droit est égale à sa base.

11. Un tronc de prisme ou un prisme tronqué est la portion d'un prisme comprise entre deux sections non parallèles.

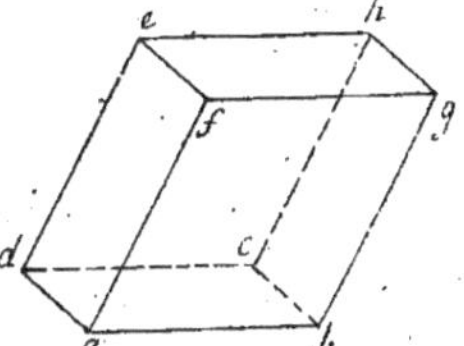

Prop. 5. — Théorème. — Dans tout parallélipipède 1° les faces opposées sont égales et parallèles; 2° les arêtes opposées sont symétriques.

1° Les bases abcd, efgh du parallélipipède ah jouissent par définition de la propriété énoncée. — parce que les figures abcd, afed sont des parallélogrammes, les côtés ab et dc, af et de sont égaux et parallèles; donc les angles baf, cda sont des plans parallèles et sont égaux et partant il y a aussi égalité entre les paral-

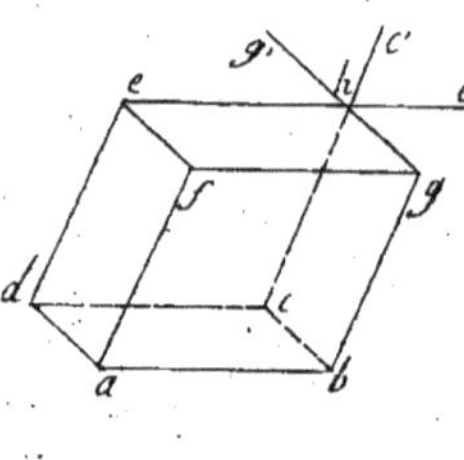

lélogramme abgf et cdeh. _ on établit de la même manière l'égalité et le parallélisme des faces afed et bghc. 2°. les prolongemens he', hg', hc' des arêtes he, hg, hc
étant respectivement parallèles aux arêtes ab, ad, af, les trièdres abdf, he'g'c' sont
compris sous trois angles plans égaux chacun à chacun et pareillement disposés;
donc ces trièdres sont égaux et par suite le trièdre abdf est le symétrique du
trièdre hego. _ on prouve pareillement que les trièdres b et e, c et f, d et g sont symétriques deux-à-deux.

Scholie. _ On peut prendre pour bases deux faces opposées quelconques.

Corol. 1. _ Tout corps, compris sous six faces parallèles deux-à-deux, est un parallélipipède.

Corol. 2. _ Pour construire un parallélipipède, connaissant trois arêtes ab, ad, af issues d'un même sommet a, il faut par l'extrémité de chaque arête mener un plan parallèle
au plan des deux autres; savoir: par l'extrémité b, le plan bchg parallèle à daf;
par d, le plan dehc parallèle à fab; enfin par f, le plan fehg parallèle à bad.

Prop. 6. _ Théorème. _ Les quatre diagonales d'un parallélipipède se coupent mutuellement en deux parties égales.

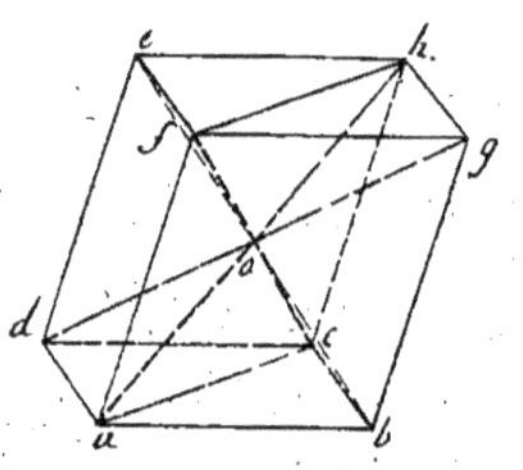

Les arêtes af, ch étant égales et parallèles, le quadrilatère achf est un parallélogramme et par suite les diagonales ah, cf se coupent en leurs milieux
respectifs o. _ comme cette propriété convient à deux quelconques des quatre
diagonales ah, be, cf, dg, le théorème est démontré.

Corol. _ Les quatre diagonales d'un parallélipipède rectangle, sont égales. _ cela résulte de ce que le quadrilatère achf est alors un rectangle.

Prop. 7. _ Théorème. _ Dans tout parallélipipède, la somme des quarrés des quatre diagonales est égale à la somme des quarrés des douze arêtes.

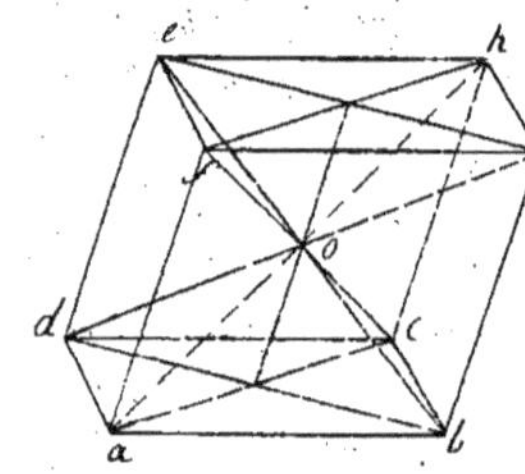

Les parallélogrammes achf, bdeg, abcd fournissent 1°. $ah^2 + cf^2 = 2af^2 + 2ac^2$;
2°. $be^2 + dg^2 = 2de^2 + 2bd^2$; 3°. $ac^2 + bd^2 = 2ab^2 + 2ad^2$; ajoutant ces égalités après avoir
multiplié la troisième par 2, observant que de = af et supprimant de part et
d'autre les termes communs $2ac^2$ et $2bd^2$, il vient $ah^2 + be^2 + cf^2 + dg^2 = 4ab^2 + 4ad^2$
$+ 4af^2$. _ c'est ce qui était à démontrer, car les douze arêtes sont égales quatre à quatre.

Corollaires. 1. _ Dans un parallélipipède rectangle, le quarré d'une diagonale est égal à la somme
des quarrés des trois dimensions. _ puisqu'ici $ah = be = cf = dg$, il vient en effet $4ah^2 = 4ab^2$
$+ 4ad^2 + 4af^2$ ou $ah^2 = ab^2 + ad^2 + af^2$.

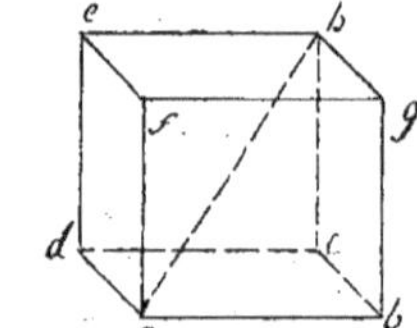

11. _ La diagonale d'un cube est égale à son côté multiplié par $\sqrt{3}$. _ à
cause que ab = ad = af, on a $ah^2 = 3af^2$ d'où l'on déduit $ah = af\sqrt{3}$.

Scholie. _ Le quarré d'une droite ah est égal à la somme des quarrés de ses
projections ab, ad, af sur les trois arêtes d'un trièdre tri-rectangle abdf.

Prop. 8. — *Théorème.* — Tout plan a'b'c'd'e', parallèle à la base abcde d'une pyramide sabcde, divise proportionnellement les arêtes sa, sb, sc, ... et la hauteur so.

Parceque les intersections de deux plans parallèles par une troisième sont parallèles, les droites ab et a'b', bc et b'c', cd et c'd', ... ao et a'o' sont parallèles; mais toute droite, parallèle à la base d'un triangle, divise les côtés proportionnellement; donc sa:sa'::sb:sb', sb:sb'::sc:sc', sc:sc'::sd:sd', ... sa:sa'::so:so'; de là résulte sa:sa'::sb:sb'::sc:sc'::sd:sd'::...::so:so'.

Réciproque. — Les points a',b',c', ... et o', qui divisent proportionnellement les arêtes sa, sb, sc... d'une pyramide sabcde, sont situés dans un même plan a'b'c'd'e' parallèle à la base abcde.

Car si le plan, mené par le point a' parallèlement à la base, ne passait pas par le point c' par exemple, il couperait l'arête sc en c'' et l'on aurait sa:sa'::sc:sc''; mais par hypothèse, sa:sa'::sc:sc'; il faudrait donc que l'on eût sc'=sc'', ce qui est absurde.

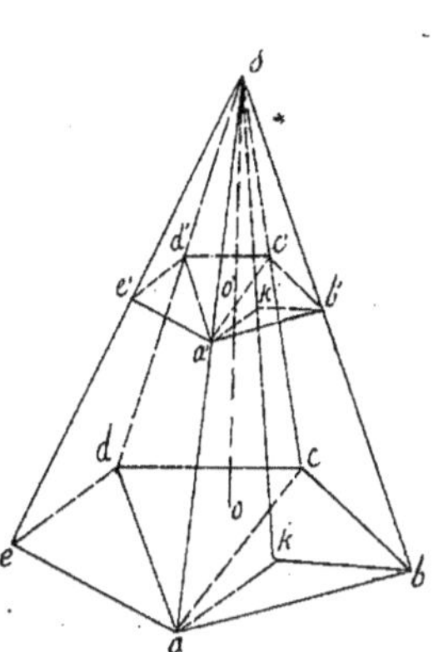

Prop. 9. — *Théorème.* — Dans une pyramide sabcde: 1° toute section a'b'c'd'e', parallèle à la base abcde, est semblable à cette base; 2° la base et la section sont entre elles comme les quarrés de leurs distances so et so' au sommet.

1° Par l'arête sa et chacune des autres sc, sd, à l'exception des deux voisines sb, se, faisons passer des plans sac, sad. — puisque les intersections de deux plans parallèles par un troisième sont parallèles, les côtés ab, bc, cd, ... et les diagonales ac, ad de la base abcde sont respectivement parallèles aux côtés a'b', b'c', c'd', ... et aux diagonales a'c', a'd' de la section a'b'c'd'e'; mais deux angles, ayant des côtés parallèles et de même sens, sont égaux; donc les triangles abc et a'b'c', acd et a'c'd', ade et a'd'e' sont équiangles entr'eux et par suite semblables; de là résulte que la section a'b'c'd'e' est aussi semblable à la base abcde. — 2° or, à cause de cette similitude, abcde:a'b'c'd'e'::ab²:a'b'²; or, parceque les droites ab, a'b' sont parallèles, il vient ab:a'b'::sa:sa' ou bien ::so:so' et par conséquent ab²:a'b'²::so²:so'², donc abcde:a'b'c'd'e'::so²:so'².

Corol. — Toute droite sk, issue du sommet s rencontre la base et la section en des points homologues k et k'. — car les triangles abk, a'b'k' sont semblables comme sections parallèles de la pyramide triang. sabk.

Scholie. — On appelle tronc de pyramide à bases parallèles, la partie abcd...e'd'c'b'a' d'une pyramide sabcde comprise entre la base abcde et une section parallèle a'b'c'd'e'. — la distance oo' des deux bases est la hauteur du tronc.

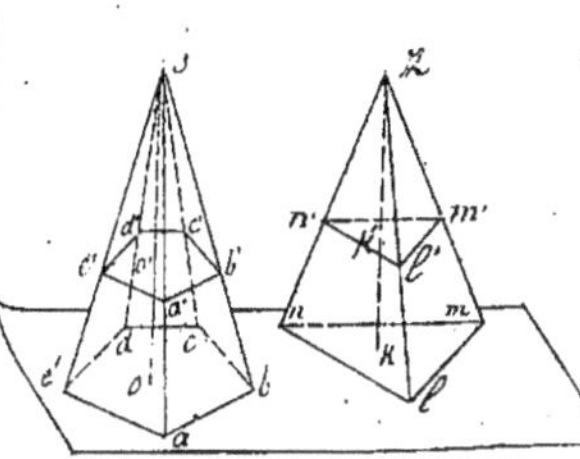

Prop. 10. — *Théorème.* — Si deux pyramides, de hauteurs égales so, zk, ont leurs bases abcde, lmn sur un même plan, les sections a'b'c'd'e', l'm'n' faites par un plan parallèle à celui des bases, sont entre elles comme les bases.

On a a'b'c'd'e':abcde::so'²:so² et l'm'n':lmn::zk'²:zk². — mais, parceque les

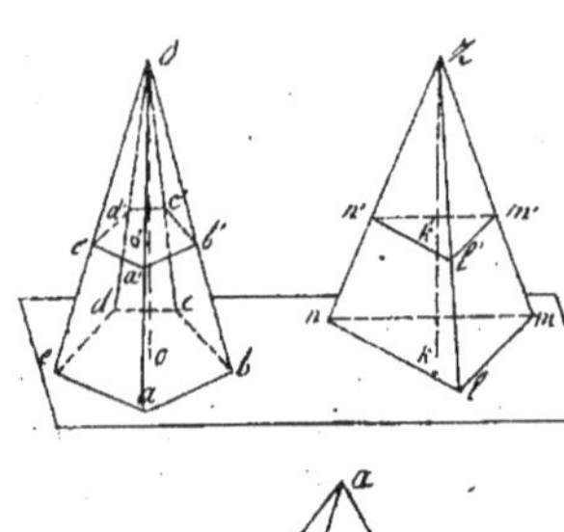

hauteurs so, xk sont égales et parallèles, les sommets s et x se trouvent sur un plan parallèle à celui des bases ou à celui des sections; donc $so = xk$! — ainsi, à cause du rapport commun, il vient $a'b'c'd'e : abcde :: l'm'n' : lmn$ ou bien $a'b'c'd'e : l'm'n' :: abcde : lmn$.

Corol. — Si les bases $abcde$, lmn sont équivalentes, les sections $a'b'c'd'e$, $l'm'n'$ le sont aussi.

Prop. 11. — Théorème. — Les trois droites mn, pq, rt, qui unissent dans un tétraèdre $abcd$ les milieux des arêtes opposées se coupent mutuellement en deux parties égales.

Les droites mp, nq, parallèles chacune à l'arête bd, sont parallèles entre elles; pareillement mq est parallèle à np; donc le quadrilatère $mpnq$ est un parallélogramme et partant les diagonales mn, pq se coupent mutuellement en deux parties égales au point o. — Cette propriété convenant à deux quelconques des trois droites mn, pq, rt, le théorème est démontré.

§ 2. — La symétrie dans l'espace. — Les polyèdres réguliers.

1. — Deux points a, a' sont symétriques par rapport à un plan mn lorsque ce plan est perpendiculaire sur le milieu o de la droite aa' qui les unit.

Cela posé, deux corps quelconques, terminés par des surfaces planes ou courbes et rapportés à un même plan, sont symétriques lorsque tout point pris sur la surface de l'un, a son symétrique sur la surface de l'autre et réciproquement. — Le plan prend le nom de plan de symétrie.

II. — On appelle aussi plan de symétrie d'un corps tout plan qui divise ce corps en deux parties symétriques l'une de l'autre.

III. — On appelle axe de symétrie d'un corps une droite qui contient les centres de toutes les sections qui lui sont perpendiculaires.

IV. — Un point est dit le centre de symétrie d'un corps lorsqu'il est le centre de toutes les sections qui passent par ce point.

V. — Un polyèdre est régulier lorsque toutes ses faces sont des polygones réguliers égaux et qu'on outre tous ses angles solides sont égaux.

Proposition 1. — Théorème. — Deux polyèdres sont symétriques lorsque leurs sommets sont deux-à-deux symétriques par rapport à un même plan.

Considérons d'abord les triangles abc, $a'b'c'$ dont les sommets a et a', b et b', etc. sont symétriques par rapport au plan mn; parce que $pb = pb'$, $qc = qc'$, les côtés bc, $b'c'$ sont symétriques relativement à la droite pq et partant ils sont égaux; on prouve de même que $ab = a'b'$, $ac = a'c'$; donc triang. abc = triang. $a'b'c'$. — Menons à volonté sur le plan mn la perpendicul. xx' et soient x, x' les points où elle rencontre les plans des deux triangles; les plans $bb'c'c$, $aa'x'x$ étant perpendicul. au plan mn,

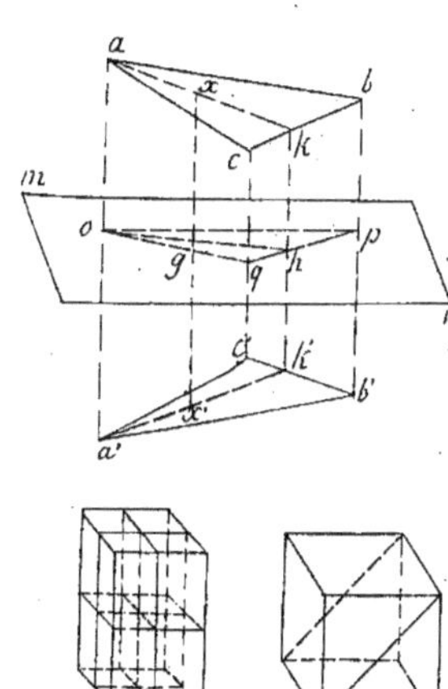

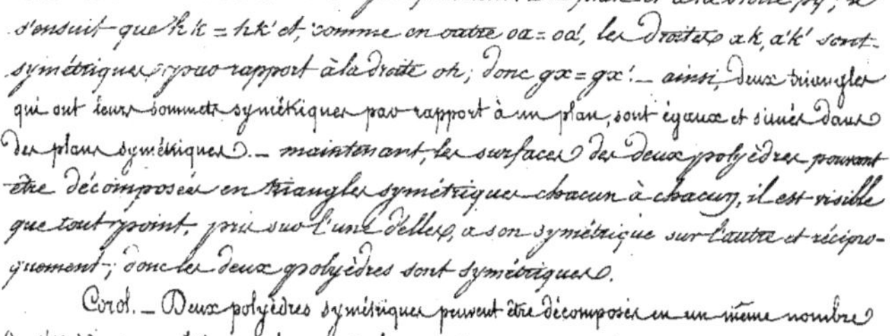

leur intersection kk' est aussi perpendicul. à ce plan et à la droite pq ; il s'ensuit que kk = kk' et, comme on a d'autre oa = oa', les droites ak, a'k' sont symétriques par rapport à la droite oh ; donc gx = gx'. _ ainsi, deux triangles qui ont leurs sommets symétriques par rapport à un plan, sont égaux et situés dans des plans symétriques. _ maintenant, les surfaces des deux polyèdres pouvant être décomposées en triangles symétriques chacun à chacun, il est visible que tout point, pris sur l'une d'elles, a son symétrique sur l'autre et récipro- quement ; donc les deux polyèdres sont symétriques.

Corol. _ Deux polyèdres symétriques peuvent être décomposés en un même nombre de tétraèdres symétriques chacun à chacun (vg. page 188 prop. 2).

Scholie. _ Les trois plans équidistans des faces parallèles d'un parallélipi- pède rectangle sont des plans de symétrie. _ le cube a en outre six autres plans de symétrie déterminés par les six couples d'arêtes opposées.

Prop. 7. _ Théorème. _ Deux polyèdres symétriques sont compris sous un même nombre de faces égales chacun à chacun. _ 2°. les dièdres homologues sont égaux. _ 3°. les angles solides homologues sont symétriques.

1°. Si les triangles dca, dab, dbc sont situés dans un même plan et forment une face abcde du polyèdre, les triangles homologues d'c'a', d'a'b', d'b'c' sont situés dans le plan symétrique et forment une face égale a'b'c'd'e' dans le second polyèdre ; car deux polygones sont égaux lorsqu'ils sont composés d'un même nombre de triangles égaux chacun à chacun et assemblés dans le même ordre. _ 2°. à cause de l'égalité des faces homologues abcde et a'b'c'd'e', aefg et a'e'f'g' ; on a ang. aed = ang. a'e'd', ang. aef = ang. a'e'f' ; de plus, parce que les triangles symétriques def, d'e'f' sont égaux, ang. def = ang. d'e'f'. _ donc les trièdres eadf, e'a'd'f' ont leurs trois angles plans égaux deux à deux et partant dièdre eag = dièdre e'a'g'. _ 3°. les angles solides homologues abegh ', a'b'e'g'h'' ont toutes leurs parties respectivement égales, savoir : ang. bae = ang. b'a'e', ang. eag = ang. e'a'g', ... et dièdre bag = dièdre b'a'b'g', dièdre eagh = dièdre e'a'g'h', ...; d'ailleurs les parties égales sont évidemment disposées en sens inverses ; donc ils sont symétriques.

Scholie. _ Deux polyèdres symétriques ne peuvent être superposés. _ Cela résulte de ce que leurs angles solides homologues ne sont égaux que par symétrie.

Corol. _ Un polyèdre n'a qu'un seul symétrique. _ Soient P' et P'' les symétriques d'un même polyèdre P, par rapport à deux plans différens ; parceque les faces homologues sont égales et que les angles solides homologues sont symétriques dans P,P' et dans P,P'', les polyèdres P',P'' ont des faces homologues égales et des angles solides homologues égaux par superposition ; donc les polyèdres P',P'' sont superposables.

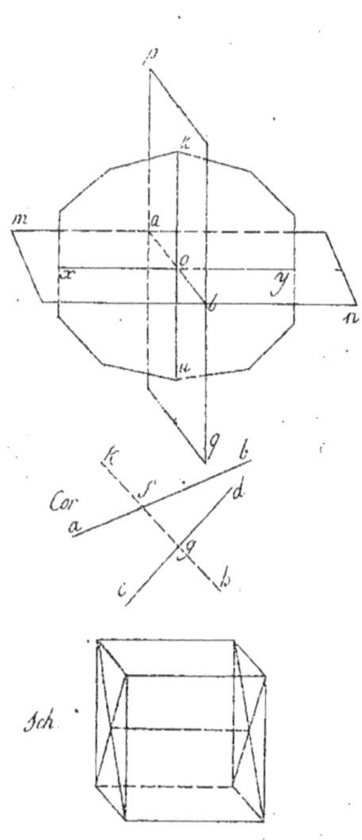

Prop. 3. Théorème. — S'il existe dans un corps quelconque deux plans de symétrie rectangulaires mn, pq, leur intersection ab est un axe de symétrie.

Toute section xyzu, faite dans le corps par un plan perpendicul. à la droite ab et par suite aux deux plans mn, pq, a pour axe de symétrie les droites xy, zu, intersection du premier plan avec les deux derniers; or, parceque l'angle xoz mesure le dièdre droit mabp, les axes de symétrie xy, zu sont rectangulaires; donc le point de concours o est le centre de la section. — conséquemment, l'intersection ab est un axe de symétrie du corps.

Corol. 1. — Tout axe de symétrie d'un corps est aussi un axe de symétrie par rapport à toutes les sections qui le contiennent.

Corol. 2. — Deux axes de symétrie ab, cd d'un même corps se coupent essentiellement. — S'il en était autrement, la perpendicul. fg, commune aux deux axes, rencontrerait la surface du corps en deux points k, h, tels que fk = fh et gk = gh, ce qui est absurde.

Scholie. — Les trois droites, qui unissent les centres des faces opposées d'un parallélipipède rectangle, sont des axes de symétrie.

Prop. 4. — Théorème. — Tout corps, dans lequel il existe trois plans de symétrie mn, pq, rs, rectangulaires deux-à-deux, a pour centre de symétrie l'intersection o de ces trois plans.

D'abord les intersections ab, cd, ef, des trois plans sont trois axes de symétrie perpendiculaires deux-à-deux. — si donc par l'un d'eux ef on conduit à volonté un plan exfy, son intersection xy avec le plan de symétrie mn et la droite ef seront des axes de symétrie relativement à la section produite dans le corps; mais ces deux axes sont rectangulaires parceque ef est perpendicul. au plan mn; donc le point o est le centre de la section. — ainsi, toutes les lignes inscrites dans le corps, qui passent par le point o, ont leurs milieux en ce point, donc ce corps a pour centre de symétrie le point o.

Corol. — Un corps ne peut avoir qu'un seul centre de symétrie. — car, s'il en avait deux, la droite qui les unirait limitée entre les deux serait à la surface du corps, aurait deux milieux, ce qui est absurde.

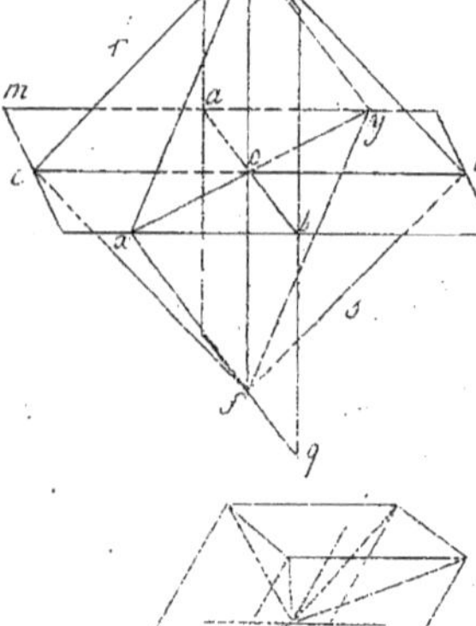

Scholie. — Tout parallélipipède a pour centre le point d'intersection des trois plans équi-distans des faces opposées. — car toutes les lignes inscrites dans le parallélipipède, qui passent par ce point y, sont évidemment divisées en parties égales. — il est visible d'ailleurs que ce point se confond avec l'intersection commune des quatre diagonales.

Prop. 5. — *Théorème.* — Dans tout polyèdre convexe, le nombre F des faces, augmenté du nombre S des sommets et diminué de celui A des arêtes, est égal à deux unités.

Les droites, qui unissent tous les sommets d'un polyèdre à un point intérieur quelconque, décomposent le polyèdre en pyramides qui ont pour bases ses diverses faces et ce point pour sommet commun. — Supposons que les faces aient $n', n'', n''', \ldots$ côtés et que $\delta, \delta', \delta'', \ldots$ soient les sommes des dièdres des angles solides opposés; les mesures, en dièdres droits, de ces angles solides sont $\frac{\delta'}{2} - (n'-2)$, $\frac{\delta''}{2} - (n''-2)$, $\frac{\delta'''}{2} - (n'''-2)$ ou bien $2 + \frac{\delta'}{2} - n'$, $2 + \frac{\delta''}{2} - n''$, $2 + \frac{\delta'''}{2} - n''', \ldots$; et, comme leur assemblage constitue l'espace, la somme de ces F expressions est égale à 4 dièdres droits; ainsi, on a $2F + \frac{1}{2}(\delta' + \delta'' + \delta''' + \ldots) - (n' + n'' + n''' + \ldots) = 4$. — Or, parceque tous les dièdres, formés autour de chacune des droites issues des sommets du polyèdre, valent ensemble 4 dièdres droits et parceque le nombre total des côtés des faces, quand elles sont séparées les unes des autres, est double du nombre des arêtes du polyèdre, il vient $\delta' + \delta'' + \delta''' + \ldots = 4S$ et $n' + n'' + n''' + \ldots = 2A$; substituant, on trouve $2F + 2S - 2A = 4$ ou bien $F + S - A = 2$.

Corol. 1. — La somme X des angles plans d'un polyèdre convexe est égale à autant de fois quatre angles droits qu'il a de sommets moins deux. — On a en effet $X = 2(n'-2) + 2(n''-2) + 2(n'''-2) + \ldots = 2(n' + n'' + n''' + \ldots) - 4F = 4A - 4F = 4(A-F)$; mais, à cause que $F + S - A = 2$, $A - F = S - 2$; donc $X = 4(S-2)$.

Corol. 2. — Il n'existe pas de polyèdre convexe dont toutes les faces aient plus de cinq côtés ou dont tous les angles solides aient plus de cinq arêtes. — Supposons en premier lieu que chaque face ait plus de cinq côtés; les F faces, séparées les unes des autres, produiront au moins $6F$ arêtes et autant de sommets; et comme deux côtés se réunissent à une même arête et au moins trois sommets à celui d'un angle solide, il viendra $A = $ ou $) 3F$ et $S = $ ou $\langle 2F$, d'où, en retranchant $A - S = $ ou $\rangle F$; mais, de la relation $F + S - A = 2$ on tire $A - S = F - 2$; donc $F - 2 = $ ou $\rangle F$, ce qui est absurde. — Supposons en second lieu que chaque angle solide ait plus de cinq arêtes; le nombre des arêtes sera au moins égal à la moitié de $6S$ ou à $3S$; celui des sommets, les faces étant détachées, sera aussi au moins de $6S$ et, parce que chaque face a trois ou un plus grand nombre de côtés, le nombre des faces ne saurait être plus grand que $2S$; ainsi, on aura $A = $ ou $\rangle 3S$ et $F = $ ou $\langle 2S$, d'où résulte $A - F = $ ou $\rangle S$; mais $A - F = S - 2$; donc $S - 2 = $ ou $\rangle S$, ce qui est absurde.

Prop. 6. — *Théorème.* — Il n'existe que cinq polyèdres convexes réguliers.

Supposons qu'un polyèdre régulier soit compris sous F polygones réguliers égaux de n côtés et que m faces aboutissent à chaque sommet. Lorsque les faces sont détachées, il y a en tout nF sommets et, quand elles sont assemblées, il y a seulement $\frac{n}{m}F$; ainsi, la somme de tous les angles plans du polyèdre est égale à $4[\frac{n}{m}F - 2]$; mais cette somme est aussi exprimée par $2(n-2)F$; donc $4[\frac{n}{m}F - 2] = 2(n-2)F$, égalité d'où l'on tire $F = \frac{4m}{2m + 2n - mn}$; comme la valeur de F est essentiellement

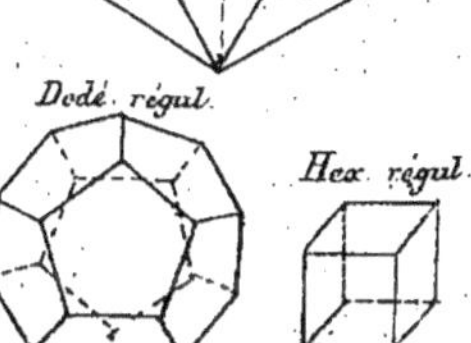

positive, il faut que l'on ait $2m + 2n - mn > 0$ ou $n < \left(\frac{2m}{m-2}\right)$; de plus, parce que n est au moins égal à 3, il vient $3 < \left(\frac{2m}{m-2}\right)$ ou $m < 6$. D'ailleurs m ne peut être moindre que trois; on ne peut donc attribuer à m que les valeurs 3, 4, 5. — en posant $m = 3$, on trouve $n < 6$; on fait conséquemment $n = 3$, $n = 4$, $n = 5$ et on a $1^e\ F = 4$; $2^e\ F = 6$; $3^e\ F = 12$; en posant $m = 4$, il vient $n < 4$; faisant $m = 4$ et $n = 3$, il vient $4^e\ F = 8$. — enfin, pour $m = 5$, on obtient $n < \left(\frac{10}{3}\right)$; posant $m = 5$ et $n = 3$, on trouve $5^e\ F = 20$.

Scholie 1. — on appelle 1° tétraèdre régulier, 2° octaèdre régulier, 3° icosaèdre régulier, les polyèdres réguliers compris sous 4, 8 et 20 triangles équilatéraux; 4° hexaèdre régulier ou cube le corps compris sous 6 quarrés égaux; 5° dodécaèdre régulier, le polyèdre terminé par 12 pentagones réguliers.

Scholie 2. — Les figures de la marge représentant les développemens des surfaces des cinq polyèdres réguliers; on obtient ces corps en exécutant ces développemens sur une feuille de carton que l'on plie ensuite convenablement selon toutes les lignes ponctuées.

Scholie 3. — Les plans perpendicul. sur les milieux des arêtes d'un polyèdre régulier et les bisecteurs des dièdres sont des plans de symétrie. — il s'ensuit que les droites perpendicul. sur les milieux des arêtes et également inclinées sur les faces adjacentes, sont des axes de symétrie. — enfin, tous les polyèdres réguliers, à l'exception du tétraèdre, sont doués d'un centre de symétrie. — ce point est équidistant de tous les sommets et équidistant de toutes les faces.

§.3. — Mesure des aires Polyèdrales.

Proposition 1. — Problème. — Trouver l'aire d'un polyèdre.

Soit $abcdef$ le polyèdre donné. — on évaluera les aires des diverses faces abc, $abef$, $bcde$, $cafd$ et fed à l'aide des règles exposées dans la géométrie plane; on fera ensuite la somme de toutes ces aires; ce sera évidemment la surface du polyèdre.

Prop. 2. — Théorème. — L'aire latérale d'un prisme oblique ad' est égale à son arête aa' multipliée par le périmètre de sa section droite $mnpqr$.

Les aires des parallélogrammes $abb'a'$, $bcc'b'$, $cdd'c'$, ... étant exprimées par $aa' \times mn$, $bb' \times np$, $cc' \times pq$, ... la surface latérale S du prisme vaut $aa' \times mn + bb' \times np + cc' \times pq + ...$; en observant donc que $aa' = bb' = cc' = ...$, il vient $S = aa'(mn + np + pq + ...)$ ou bien $S = aa' \times \text{périm. } mnpqr$.

Corol. — L'aire latérale d'un prisme droit ad' est égale à sa hauteur aa' multipliée par le périmètre de sa base $abcde$.

Scholies 1. — L'aire totale d'un parallélipipède rectangle ayant pour

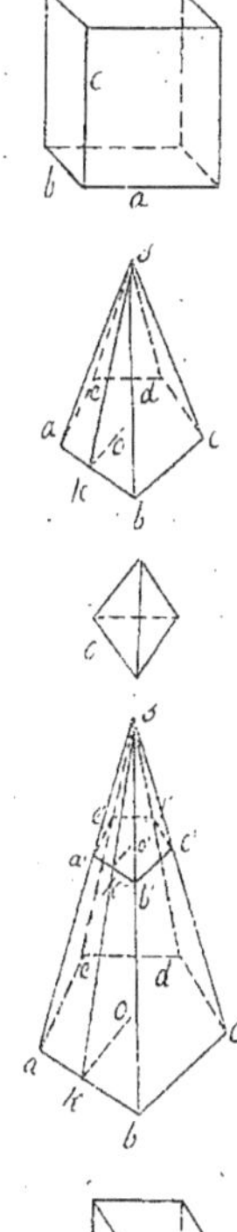

Dimensions a, b, c est $2(ab+ac+bc)$._ L'aire totale du cube, dont le côté est c, est $6c^2$.

11._ Soient p le périmètre de la base, r l'apothème et h la hauteur d'un prisme régulier._ son aire totale est $ph + 2p \times \frac{r}{2}$ ou bien $p(h+r)$.

Prop. 3._ *Théorème._* L'aire latérale d'une pyramide régulière $s.abcde$ est égale au périmètre de la base $abcde$ multiplié par la moitié de l'apothème sk.

L'aire latérale S, étant composée de cinq triangles isocèles égaux à sab, il vient $S = 5.\,ab \times \frac{sk}{2}$; mais $5.ab =$ périm. $abcde$; donc $S =$ périm. $abcde \times \frac{sk}{2}$.

Corol._ L'aire de la base $abcde$ étant égale à son périmètre multiplié par la moitié de son apothème ok, l'aire totale de la pyramide est périm. $abcde \times \frac{sk}{2} +$ périm. $abcde \times \frac{ok}{2}$ ou bien périm. $abcde \times \frac{sk+ok}{2}$.

Scholie._ L'aire totale du tétraèdre régulier, dont le côté est c, étant quadruple de l'aire $\frac{c^2\sqrt{3}}{4}$ de l'une de ses faces, est exprimée par $c^2\sqrt{3}$.

Prop. 4._ *Théorème._* L'aire latérale d'un tronc ad' de pyramide régul., à bases parallèles, est égale à la somme des périmètres des bases $abcde$, $a'b'c'd'e'$ multiplié par la moitié de l'apothème kk'.

L'aire latérale S, étant composée de cinq trapèzes égaux à $abb'a'$, il vient $S = 5.\,\frac{ab+a'b'}{2} \times kk' = (5ab + 5a'b') \times \frac{kk'}{2}$ ou bien $S = (\text{périm. } abcde + \text{périm. } a'b'c'd'e') \times \frac{kk'}{2}$.

Corol._ Soient p, p' les périmètres des deux bases; r, r' leurs apothèmes; c, l'apothème du tronc; l'aire totale de ce tronc est $(p+p')\frac{c}{2} + \frac{pr}{2} + \frac{p'r'}{2}$ ou $p.\frac{c+r}{2} + p'.\frac{c+r'}{2}$.

§. 4._ Mesure des Volumes des corps.

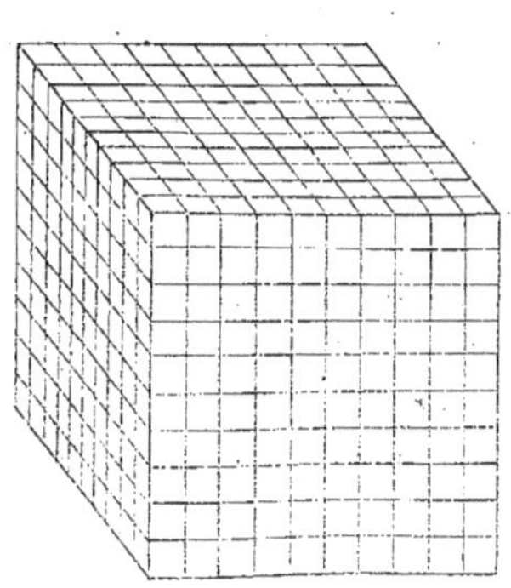

1. Mesurer un corps, c'est l'exprimer numériquement en le comparant à un autre corps, pris arbitrairement pour unité.

Le rapport d'un corps à celui qui sert d'unité s'appelle volume.

11. On prend ordinairement pour unité le cube qui a pour côté l'unité de longueur._ ainsi, selon que l'unité linéaire est le mètre, la toise, &c., l'unité usitée pour mesurer les corps est le mètre cube, la toise cube, &c.

Les subdivisions du mètre cube sont le décimètre cube, le centimètre cube, le millimètre cube, &c._ le mètre cube vaut 1000 décimètres cubes; en effet, si, après avoir divisé trois arêtes issues d'un même sommet respectivement en 10 parties égales ou décimètres, on mène par le point de division de chacune des plans parallèles au plan des deux autres, le mètre cube est décomposé en 100 parallélipipèdes rectangles d'un décimètre quarré de base, contenant chacun 10 décimètres cubes; conséquemment, le mètre cube vaut 100×10 ou 1000 décimètres cubes._ on prouve de même que le décimètre cube = 1000 centimètres cubes, que le centimètre cube = 1000 millimètres cubes, &c.

Delà résulte que $1^{déc.c} = 0,001$, $1^{cent.c} = 0,000001$,......; il faut donc se garder de confondre $1^{déc.c}$ avec $0^{mèt.c}$,001, $1^{cent.c}$ avec $0^{mèt.c}$,01,.....

Les sub-divisions de la Toise cube sont le pied cube, le pouce cube, la ligne cube, &c. — on fait voir aisément que $1^{Tc} = 216^{pc}$, $1^{pc} = 1728^{po.c}$, $1^{po.c} = 1728^{li.c}$, &c.

111. Deux corps sont équivalens lorsqu'ils ont le même volume.

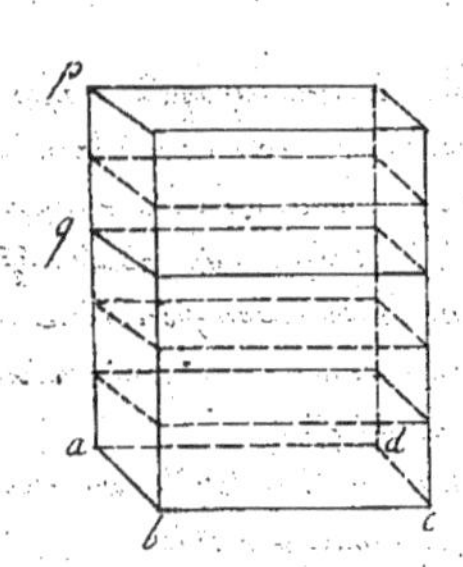

Proposition 1. — Théorème. — Deux parallélipipèdes rectangles cp, cq, de même base abcd, sont entr'eux comme leurs hauteurs ap, aq.

1. Supposons que les hauteurs ap, aq soient commensurables, et que l'on ait ap : aq :: 5 : 3. — si, après avoir divisé la hauteur ap en 5 parties égales, on mène des plans parallèles à la base abcd, toutes les sections seront égales entr'elles et à cette base; et par suite, les parallélip.ides cp, cq seront décomposés en 5 et en 3 petits parallélipipèdes rectangles de même base et de même hauteur et partant égaux; ainsi, on aura paral. cp : paral. cq :: 5 : 3. — donc, à cause du rapport commun, paral. cp : paral. cq :: ap : aq.

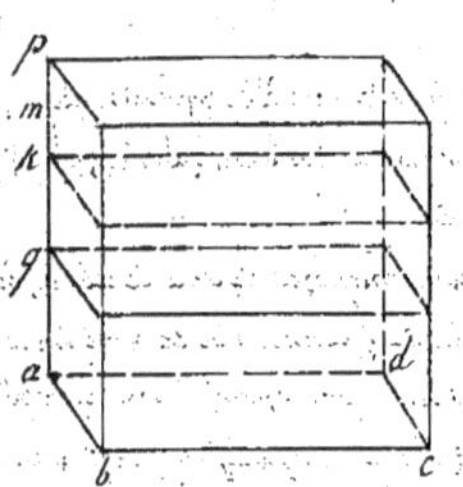

2. Si les hauteurs ap, aq sont incommensurables, je dis que l'on aura encore paral. cp : paral. cq :: ap : aq. — Supposons en effet que l'on ait paral. cp : paral. cq :: ap : am; divisons la hauteur ap en parties égales moindres que qm, de manière qu'il tombe au moins un point de division k entre les points q et m; enfin, par le point k menons un plan parallèle à la base abcd. — comme ap, ak sont commensurables, on a paral. cp : paral. ck :: ap : ak; donc, parceque les antécédens sont les mêmes, paral cq : paral. ck :: am : ak; or, c'est ce qui est impossible, car paral. cq est $<$ paral. ck tandis que am est $>$ ak; donc &c.ª

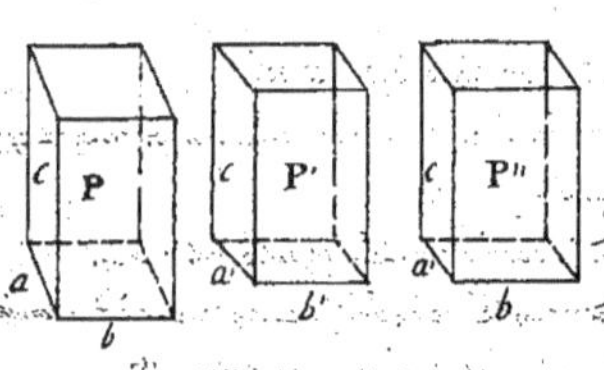

Prop. 2. — Théorème. — Deux parallélipipèdes rectangles de même hauteur sont entr'eux comme leurs bases.

Soient P, P' les deux parallélipipèdes rectangles; a et b, a' et b' les dimensions des bases et c la hauteur commune. — construisons un troisième parallélipipède rectangle P'' dont a',b,c soient les dimensions. — parceque P et P'' ont même base b×c et que les parallélipipèdes P'' et P' ont aussi même base a'×c, il vient P : P'' :: a : a', P'' : P' :: b : b'; multiplions, puis, divisant les deux premiers termes par P'', on a P : P' :: a×b : a'×b'.

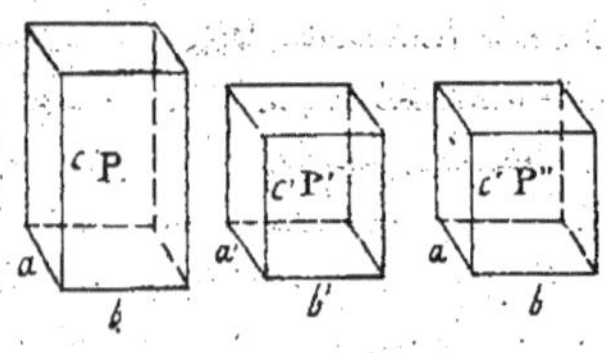

Prop. 3. — Théorème. — Deux parallélipipèdes rectangles quelconques sont entr'eux comme les produits des bases par les hauteurs.

Soient P, P' les deux parallélipipèdes rectangles; a,b,c les dimensions de P et a',b',c' celles de P'. — construisons un troisième parallélipipède rectangle P'' sur les dimensions a,b et c', c'est-à-dire, qui ait même base a×b que le premier et même hauteur c' que le second. — on aura P : P'' :: c : c', P'' : P' :: a×b : a'×b'; multiplions, puis, divisant les deux premiers termes par P'', il vient P : P' :: a×b×c : a'×b'×c' ou P : P' :: ab×c : a'b'×c'.

Prop. 4. — _Théorème._ — Le volume d'un parallélipipède rectangle P est égal au produit de sa base $a \times b$ par sa hauteur c.

En comparant le parallélipipède P au cube Q construit sur le côté k, on a $P : Q :: a \times b \times c : k \times k \times k$, d'où $\frac{P}{Q} = \frac{a}{k} \times \frac{b}{k} \times \frac{c}{k}$. — Maintenant si l'on suppose que le côté k soit égal à l'unité linéaire et si l'on convient de prendre le cube Q pour mesurer les corps, le rapport $\frac{P}{Q}$ exprime le volume du parallélipipède P et les rapports $\frac{a}{k}, \frac{b}{k}, \frac{c}{k}$ ne sont autre chose que ses trois dimensions considérées comme des nombres abstraits. — Conséquemment vol. $P = a \times b \times c$ ou vol. $P = a.b \times c$.

Scholies. 1. — Soient $a = 5^m, b = 2^m,7, c = 5^m,12$; on a $P = 3 \times 2,7 \times 5,12 = 41^{m.c},472$.

II. — Le volume du cube construit sur le côté c est exprimé par $c \times c \times c$ ou par c^3, c'est à dire, par la troisième puissance du côté. — Voilà pourquoi la troisième puissance d'une quantité s'appelle aussi cube.

III. — Le côté x d'un cube équivalent à un corps donné est égal à la racine cubique du volume V de ce corps. — On a en effet $x^3 = V$, d'où $x = \sqrt[3]{V}$.

IV. — Le problème de la duplication du cube, fameux chez les anciens, consiste à déterminer le côté d'un cube double d'un cube donné. — En représentant par x et c les côtés des deux cubes, on a $x^3 = 2c^3$, d'où $x = c\sqrt[3]{2}$; cette valeur de x ne peut pas être construite par la ligne droite et la circonf., elle ne peut non plus être exprimée exactement par des chiffres, attendu que $\sqrt[3]{2}$ est incommensurable. — Ainsi, ce problème ne peut être résolu que par approximation.

Prop. 5. — _Théorème._ — Le volume d'un prisme triangulaire est égal à l'une de ses faces parallélogrammiques multipliée par la moitié de sa distance à l'arète opposée.

Considérons d'abord le prisme triang. droit $abcc'b'a'$; par l'arète cc' menons sur la face opposée (fig. 1) ou sur son prolongement (fig. 2) le plan perpendicul. $cc'd'd$; puis, sur les trois arètes db, dc, dd' qui se coupent deux à deux à angle droit, construisons le parallélipipède rectangle $dbfcc'f'b'd'$. — Les prismes triang. droits $bcdd'c'b', bcff'c'b'$ ayant des bases égales bcd, bcf et même hauteur bb', sont égaux et partant prisme $bcdd'c'b' = \frac{1}{2}$ parall.^de rect. $fd'' = bb'.d'd \times \frac{cd}{2}$. — On prouve de même que prisme $acdd'c'a' = aa'.d'd \times \frac{cd}{2}$. — Donc le prisme triang. droit $abcc'b'a'$ comme (fig. 1) ou différence (fig. 2) des deux prismes $bcdd'c'b'$ et $acdd'c'a'$ a pour mesure la somme ou la différence des rectangles $bb'd'd, aa'd'd$ multipliée par la moitié de cd, c'est-à-dire, $abb'a' \times \frac{cd}{2}$.

Considérons en second lieu le prisme triang. oblique $abcc'b'a'$; construisons sa section droite mnr et la hauteur cc' le prisme triang. droit meutant en c transportons la pyramide qui termine une extrémité sur la pyramide qui termine l'autre bout $b'a'$, de manière que le rectangle mnr couvre son égal $abcd$; dans cette manœuvre perpendicul. au plan mnr, prendront la direction $mr, d_1, r'b'$ respectivement, resteront entre eux, parce que les côtés latéraux d'un prisme sont égaux, $cc' = aa', cc' = mm'$, ont

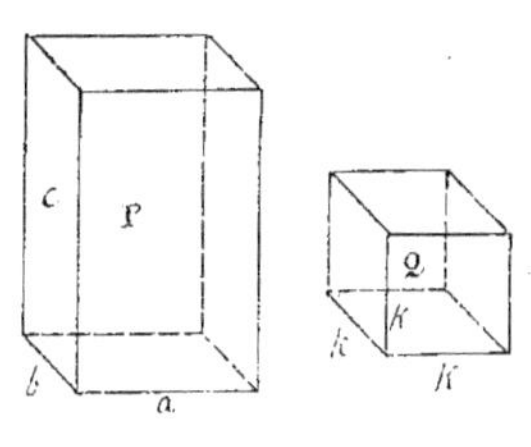

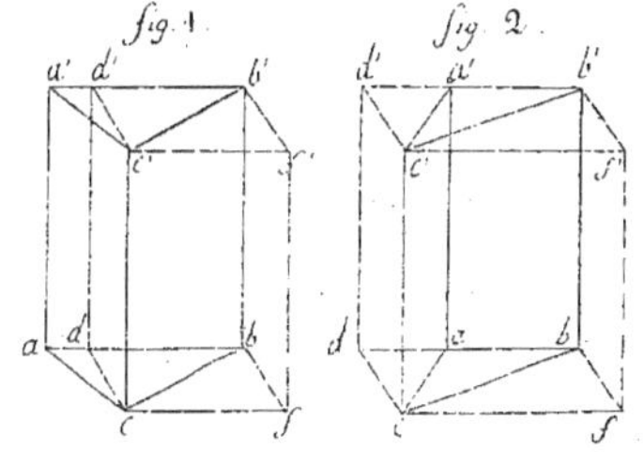

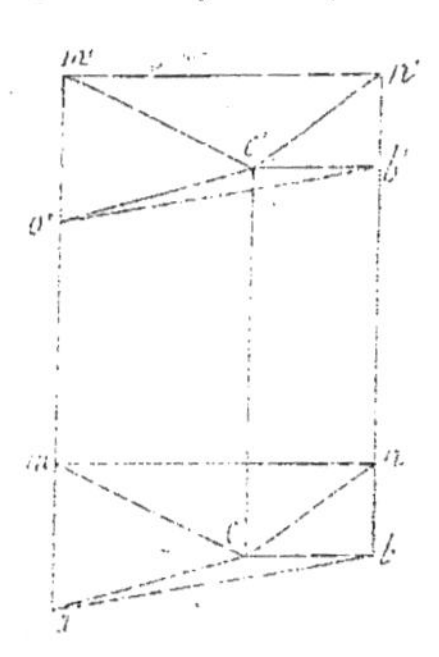

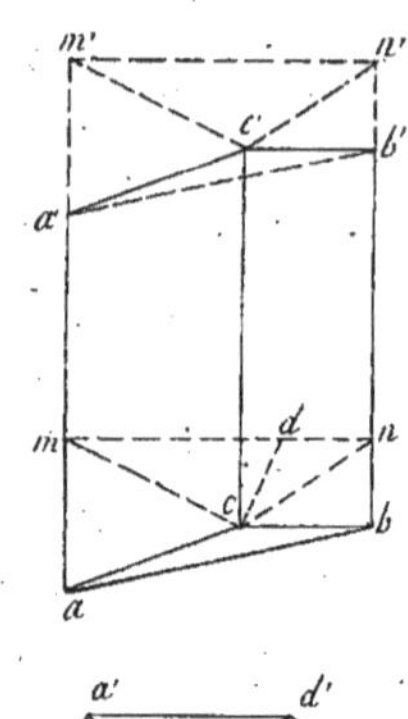

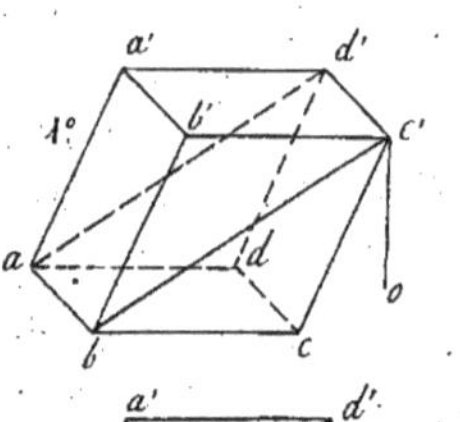

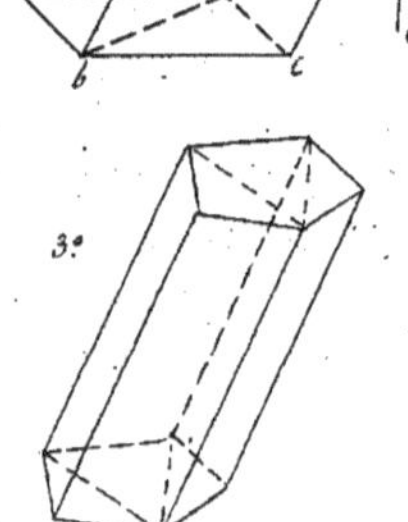

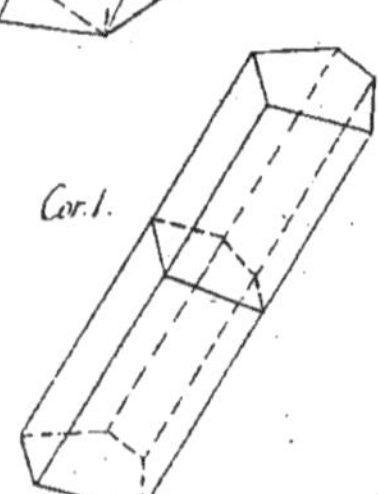

$aa' = mn'$ et, en retranchant de part et d'autre ma, $ma = m'a'$; ainsi, le point a tombe en a'; pareillement, le point b tombe en b' et par suite le triangle cab en $c'a'b'$; donc pyram. $cmnba = $ pyram. $c'm'n'b'a'$, et, en ajoutant à chaque membre le tronc de prisme $cmnb'a'c'$, prisme obl. $abcc'b'a' = $ prisme droit $mncc'n'm'$. — or, prisme droit $mncc'n'm' = mnn'm' \times \frac{cd}{2}$; de plus, parceque les bases aa', mn' sont égales et que la hauteur mn est commune, rect. $mnn'm' = $ parallélog. $abb'a'$; donc prisme obl. $abcc'b'a' = abb'a' \times \frac{cd}{2}$.

Corol. — Le volume d'un prisme triang. quelconque est égal à sa section droite multipliée par son arête latérale. — on a prisme $abcc'b'a' = abb'a' \times \frac{cd}{2} = aa' \times mn \times \frac{cd}{2}$; or, triang. $cmn = mn \times \frac{cd}{2}$ et $aa' = cc'$; donc prisme $abcc'b'a' = cmn \times cc'$.

Prop. 6. — Théorème. — Le volume de tout parallélipipède et en général celui d'un prisme quelconque est égal au produit de sa base par sa hauteur.

1°. Les arêtes parallèles ab, $c'd'$ déterminent un plan $abc'd'$ qui divise le parallélipipède ca' en deux prismes triang. $bcc'd'ad$, $ab'c'd'a'$, dont les volumes sont $abcd \times \frac{cd}{2}$ et $a'b'c'd' \times \frac{cd}{2}$, $c'o$ étant la hauteur du parallélipipède; donc, parceque $a'b'c'd' = abcd$, parallélip. $ca' = 2\, abcd \times \frac{c'o}{2} = abcd \times c'o$.

2°. Le plan $bdd'b'$ des arêtes opposées bb', dd' décompose le parallélipipède ca' en deux prismes triang. équivalents $bcdd'c'b'$, $badd'a'b'$, car ils ont pour mesures respectives les produits des faces égales $bcc'b'$, $add'a'$ par la distance de ces faces. — donc prisme triang. $bcdd'c'b' = \frac{1}{2}$ parallélip. $ca' = \frac{1}{2}\, abcd \times c'o = bcd \times c'o$.

3°. Tout prisme peut être décomposé en prismes triang. ayant pour bases les divers triangles qui forment sa base et pour hauteur commune celle du prisme; chacun de ces prismes triang. ayant pour mesure le produit de sa base par sa hauteur, le volume du prisme polygonal est égal à la somme de toutes les bases triang., c'est-à-dire, à sa base multipliée par sa hauteur.

Corol. 1. — Le volume d'un prisme polygonal est égal à sa section droite multipliée par son arête latérale. — cela résulte de ce que cette mesure convient au prisme triang. et de ce que la section droite du prisme polygonal est la somme de toutes les sections droites des prismes triang. dont il est composé.

Corol. 2. — 1°. Deux prismes quelconques sont équivalents quand ils ont des bases équivalentes et des hauteurs égales et plus généralement quand les produits des bases par les hauteurs sont égaux.

2°. Deux prismes quelconques sont entr'eux comme les produits des bases par les hauteurs.

3°. Deux prismes, de bases équivalentes, sont entr'eux comme les hauteurs.

4°. Deux prismes, de même hauteur, sont entr'eux comme leurs bases.

Prop. 7. — Théorème. — Le quarré d'une figure plane quelconque est égal à la somme des quarrés de ses projections sur les trois faces d'un trièdre tri-rectangle.

Soit so la perpendicul. tirée du sommet s d'un trièdre tri-rectangle $sxyz$ sur un plan quelconque abc qui coupe les trois arêtes aux points a, b, c. — projetons la distance so sur les mêmes arêtes en sa', sb', sc'. — on a, page 190, $sa'^2 + sb'^2 + sc'^2 = so^2$; mais, parceque les triangles soa, sob, soc sont rectangles en o, $sa' = \frac{so^2}{sa}$, $sb' = \frac{so^2}{sb}$, $sc' = \frac{so^2}{sc}$; substituant et divisant ensuite par so^4, il vient
$$\frac{1}{sa^2} + \frac{1}{sb^2} + \frac{1}{sc^2} = \frac{1}{so^2}.$$

Imaginons maintenant trois prismes ayant pour base commune un polygone quelconque S, pour arêtes des droites parallèles aux trois arêtes ox, oy, oz d'un trièdre tri-rectangle $oxyz$ et dont enfin les trois bases supérieures soient situées dans un même plan passant par le sommet o; en désignant par h la hauteur commune, le volume de chacun de ces prismes sera Sh. — mais, en représentant par A, B, C les sections droites faites par les trois faces du trièdre tri-rectangle dans ces trois prismes ou, ce qui revient au même, les projections du polygone S sur les plans de ces faces et par a, b, c les arêtes latérales, les volumes des trois prismes sont aussi exprimés par Aa, Bb, Cc; on a donc $Sh = Aa$, $Sh = Bb$, $Sh = Cc$, d'où l'on déduit $\frac{S^2}{a^2} = \frac{A^2}{h^2}$, $\frac{S^2}{b^2} = \frac{B^2}{h^2}$, $\frac{S^2}{c^2} = \frac{C^2}{h^2}$, et, en ajoutant, $\left(\frac{1}{a^2} + \frac{1}{b^2} + \frac{1}{c^2}\right) S^2 = \frac{1}{h^2} (A^2 + B^2 + C^2)$; or, on a démontré que $\frac{1}{a^2} + \frac{1}{b^2} + \frac{1}{c^2} = \frac{1}{h^2}$; donc $S^2 = A^2 + B^2 + C^2$. — comme on peut supposer que le polygone S est terminé par une infinité de côtés très petits, ce théorème subsiste encore lorsque la figure plane a pour périmètre une ligne courbe.

Scholie. — Soient S, S' deux figures situées dans le même plan; A, B, C et A', B', C' leurs projections sur les trois faces d'un trièdre tri-rectangle; on a $S^2 = A^2 + B^2 + C^2$, $S'^2 = A'^2 + B'^2 + C'^2$. — mais on peut aussi considérer les deux figures $S S'$ comme n'en faisant qu'une seule $S + S'$, dont les trois projections sont $A + A'$, $B + B'$, $C + C'$; donc $(S + S')^2 = (A + A')^2 + (B + B')^2 + (C + C')^2$; développant les calculs, en ayant égard aux premières égalités, on trouve $SS' = AA' + BB' + CC'$.

Prop. 8. — Théorème. — Deux pyramides $sabc$, $s'a'b'c'$, de bases équivalentes abc, $a'b'c'$ et de même hauteur ao, sont équivalentes.

S'il existe quelque inégalité entre ces pyramides, supposons que $sabc$ soit la plus grande et que l'on ait $sabc - s'a'b'c' = P$, P représentant un prisme ayant pour base abc et pour hauteur am. — Divisons la hauteur ao en un certain nombre de parties égales $af, fg, \ldots$ moindres chacune que am et par les points de division $f, g, \ldots$ menons des plans parallèles à celui des bases; les sections correspondantes dans les deux pyramides seront équivalentes. — actuellement, soient $A, A', A''\ldots$ les prismes extérieurs, construits sur la base et les sections de la pyramide $sabc$, parallèlement à l'arête sa, et $B', B''\ldots$ les prismes intérieurs, construits sur les sections de la pyramide $s'a'b'c'$, parallèlement à l'arête

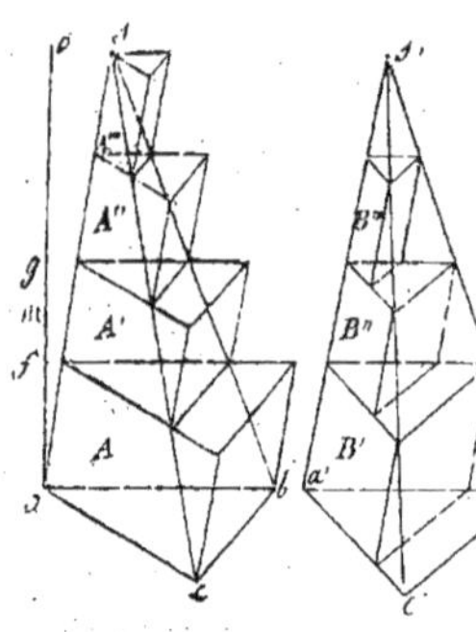

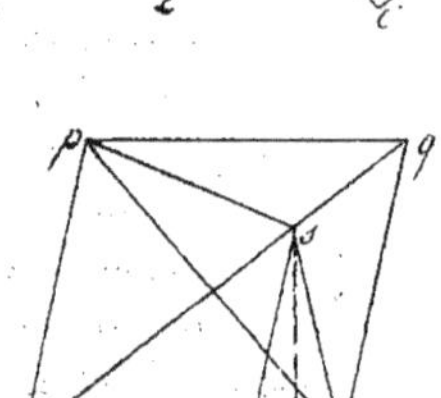

$s'a'$; on a évidemment $sabc \langle A+A'+A''+\ldots, s'a'b'c' \rangle B'+B''+\ldots$, et, en retranchant, $sabc - s'a'b'c' \langle A+A'-B'+A''-B''\ldots$; mais $sabc - s'a'b'c' = P$ par hypothèse et $A'=B', A''=B'', \ldots$ parceque ces prismes ont deux-à-deux des bases équivalentes et même hauteur; la dernière inégalité se réduit donc à $P \langle A$, ce qui est absurde, attendu que les prismes P et A ont même base abc et que la hauteur am du premier est plus grande que la hauteur af du second. — donc $sabc = s'a'b'c'$.

Prop. 9. — *Théorème.* — Le volume d'une pyramide triangulaire $sabc$ est égal à sa base abc multipliée par le tiers de sa hauteur so.

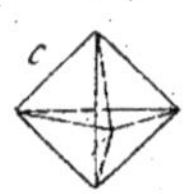

Le prisme triang. $abcspq$, construit sur la base abc et l'arête sc, se compose évidemment de la pyramide triang. $sabc$ et de la pyramide quadrangulaire $sabqp$; or, le plan sbp divise cette dernière en deux pyramides triang. $sabp$, $sbqp$ qui sont équivalentes, parcequ'elles ont des bases égales abp, pbq et pour hauteur commune la distance du point s au plan $abqp$; de plus, les pyramides $sbqp$ ou $bpqs$ et $sabc$ sont aussi équivalentes comme ayant des bases égales pqs, abc et même hauteur so. — ainsi, la pyramide $sabc$ est le tiers du prisme $abcspq$; mais le volume du prisme vaut $abc \times so$; donc celui de la pyramide $sabc$ est égal à $abc \times \frac{so}{3}$.

Corol. — Le volume V du tétraèdre régul., dont le côté est c, est égal à $\frac{c^3 \sqrt{2}}{12}$. — le rayon de la circonf. circonscrite à une face étant $\frac{c}{\sqrt{3}}$, la hauteur du tétraèdre vaut $\sqrt{c^2 - \frac{c^2}{3}} = \frac{c\sqrt{2}}{\sqrt{3}}$; mais l'aire d'une face est $\frac{c^2\sqrt{3}}{4}$; donc $V = \frac{c^2\sqrt{3}}{4} \times \frac{c\sqrt{2}}{3\sqrt{3}}$ ou $V = \frac{c^3\sqrt{2}}{12}$.

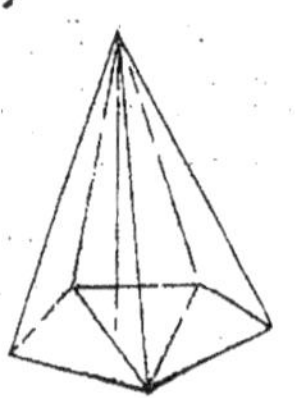

Prop. 10. — *Théorème.* — Le volume d'une pyramide polygonale est égal à sa base multipliée par le tiers de sa hauteur.

Toute pyramide polygonale peut être décomposée en tétraèdres de même hauteur et ayant pour bases les divers triangles dont sa base est formée; or, le volume d'un tétraèdre est égal au produit de sa base par le tiers de sa hauteur; donc la somme de tous ces tétraèdres, c'est-à-dire, le volume de la pyramide est égal à la somme des bases triang. ou à sa base propre multipliée par le tiers de la hauteur commune.

Corol. 1. — Toute pyramide $sabcde$ est le tiers du prisme ac de même base $abcde$ et de même hauteur so. — car les volumes de ces deux corps sont $abcde \times \frac{so}{3}$ et $abcde \times so$.

Corol. 2. — I. Deux pyramides quelconques sont entr'elles comme les produits des bases par les hauteurs.

II. Deux pyramides de bases équivalentes sont entr'elles comme les hauteurs.

III. Deux pyramides de même hauteur sont entr'elles comme leurs bases.

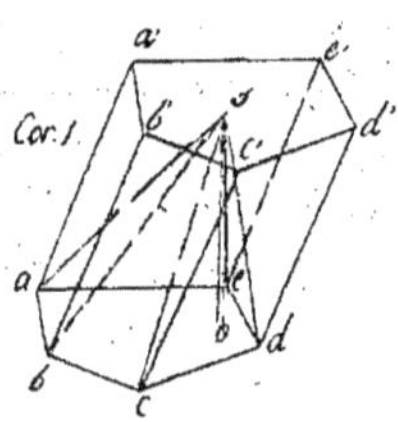

Cor. 1.

Corol. 3. — Dans tout tétraèdre $abcd$, le bissecteur abm d'un dièdre $cbad$ divise l'arête opposée cd en parties cm, md proportionnelles aux faces adjacentes abc, abd. — les tétraèdres $abcm$, $abmd$, ayant même hauteur, sont entr'eux comme leurs bases bcm, bmd c'est-

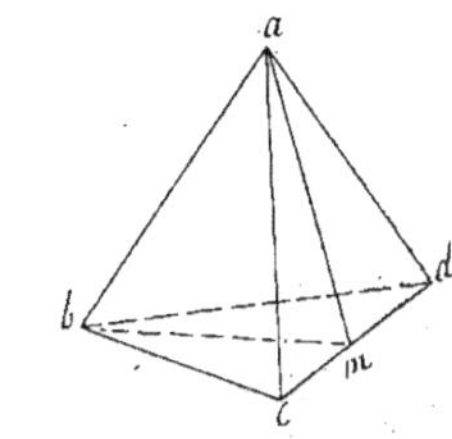

à-dire comme $cm : md$. — mais, parcéque le point m du bissecteur est équi-distant des faces abc, abd, les deux tétraèdres ont encore même hauteur lorsque ces faces sont prises pour bases et par suite ils sont aussi entr'eux comme $abc : abd$; donc $cm : md :: abc : abd$.

Prop. 11. — *Théorème.* — Deux tétraèdres $abcd$, $ab'c'd'$, qui ont un trièdre commun a, sont entr'eux comme les produits $ab \times ac \times ad$, $ab' \times ac' \times ad'$ des arêtes qui forment ce trièdre.

Si l'on tire les droites bd' et cd', les tétraèdres $bacd$, $bacd'$ ont pour hauteur commune la distance du point b au plan acd et par suite ils sont entr'eux comme $acd : acd'$ ou comme $ad : ad'$. — pareillement, les tétraèdres $d'abc$, $d'ab'c'$ ayant pour hauteur commune la distance du point d' au plan abc, sont entr'eux comme $abc : ab'c'$ ou comme $ab \times ac : ab' \times ac'$. — ainsi, on a $abcd : abcd' :: ad : ad'$, $abcd' : ab'c'd' :: ab \times ac : ab' \times ac'$; multipliant ces proportions et divisant les deux premiers termes par $abcd'$, il vient $abcd : ab'c'd' :: ab \times ac \times ad : ab' \times ac' \times ad'$.

Scholie. — Les tétraèdres $abcd$, $ab'c'd'$ sont équivalens lorsque $ab \times ac \times ad = ab' \times ac' \times ad'$.

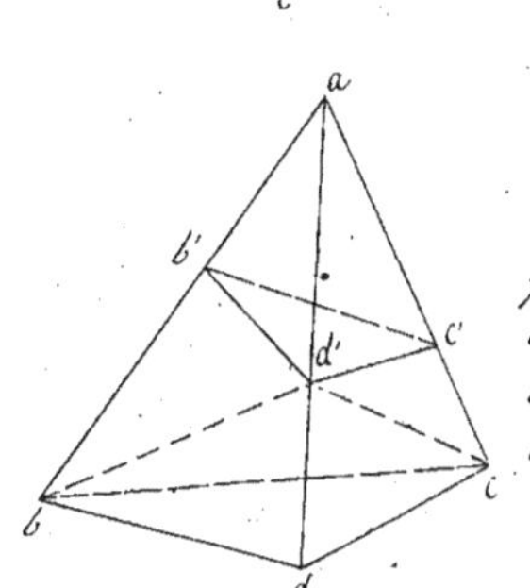

Prop. 12. — *Théorème.* — Tout tronc de prisme triangulaire $abcmnl$ équivaut à trois pyramides, qui ont pour base commune l'une des bases abc du tronc et pour sommets les trois sommets m, n, l de l'autre base mnl.

Le plan mac, déterminé par le sommet m et l'arête ac, détache du tronc la pyramide $mabc$, qui a pour base le triangle abc et pour sommet le point m; c'est-à-dire, la première des pyramides annoncées. — reste à considérer la pyramide quadrangulaire $macnl$, laquelle est décomposée, par le plan man des droites ma, mn, en deux pyramides triang. $manc$, $manl$; or, la première $manc$ est équivalente à la pyramide $banc$, parcequ'elles ont même base anc et pour hauteur commune la distance de l'arête mb au plan parallèle $acnl$; la pyramide $banc$, pouvant s'énoncer $nabc$, est la deuxième des pyramides de l'énoncé, car elle a pour base le triangle abc et pour sommet le point n. — reste la pyramide $manl$ est équivalente à la pyramide $bacl$, car les triangles abl, alc, de même base et de même hauteur, sont équivalens, et de plus les sommets m, b sont situés sur l'arête bm parallèle au plan $acnl$ des deux bases; mais la pyramide $bacl$ ou $labc$ a pour base le triangle abc et pour sommet le point l; c'est donc la troisième des pyramides annoncées.

Scholie. — Soient T le volume du tronc, B l'une des bases et H, H', H'' les distances de cette base aux trois sommets de l'autre. — les volumes des trois pyramides étant $B \times \frac{H}{3}$, $B \times \frac{H'}{3}$, $B \times \frac{H''}{3}$, il vient $T = B \cdot \frac{H+H'+H''}{3}$.

Prop. 13. — *Théorème.* — Tout tronc de pyramide, à bases parallèles, équivaut à trois pyramides de même hauteur que ce tronc et qui ont pour bases: sa base inférieure, sa base supérieure et une moyenne proportionnelle entre ces deux bases.

Considérons d'abord le tronc triangulaire $abc\,nml$; le plan mac, déterminé par le sommet m et l'arête ac, en détache la pyramide $mabc$, qui a pour base le triangle abc et même hauteur mo que le tronc. — reste à examiner la pyramide quadrangulaire $macnl$, laquelle est décomposée par le plan mlc des droites mc, ml, en deux pyramides triang. $clmn$, $malc$; la première $clmn$ a pour base le triangle lmn et pour hauteur la distance du sommet c à cette base ou son égale mo. — par le sommet m, tirons la droite mk parallèle à l'arête al et par suite à la face $acnl$; tirons aussi les droites kl et kc; les pyramides $malc$, $kalc$ sont équivalentes comme ayant même base alc et pour hauteur commune la distance de la droite mk au plan $acnl$; or, la pyramide $kalc$ ou $lakc$ a évidemment la même hauteur que le tronc; il ne s'agit donc plus que de faire voir que sa base akc est moyenne proportionnelle entre les deux bases abc et lmn. — tirons kg parallèle à bc; les triangles de même hauteur étant entre eux comme leurs bases, on a $abc:akc::ab:ak$, $akc:akg::ac:ag$; d'où résulte, parceque les rapports $ab:ak$, $ac:ag$ sont égaux, $abc:akc::akc:akg$; mais le triangle akg est semblable au triangle abc et par suite au triangle lmn, et, comme $ak=lm$, il vient triang. $akg=$ triang. lmn; donc $abc:akc::akc:lmn$.

Considérons présentement une pyramide polygonale $sabcde$ et une pyramide triangulaire $zlmn$ de même hauteur pq et de bases équivalentes $abcde$, lmn; en les coupant par un plan parallèle à celui des bases, on formerait deux autres pyramides $sab'c'd'e'$, $zl'm'n'$, de même hauteur pr et de bases équivalentes $ab'c'd'e'$, $l'm'n'$; ainsi, on aura $sabcde=zlmn$; $sab'c'd'e'=zl'm'n'$ et, en retranchant, tronc $ac'=$ tronc $lmnn'm'l'$. or, le volume du tronc triangulaire équivaut à trois pyramides triang. &c&c; donc aussi le tronc polygonal équivaut à trois pyramides polygonales &c&c.

Scholies. — 1. — Soient T le volume d'un tronc pyramidal, B, B' ses bases parallèles et H sa hauteur. — les volumes des trois pyramides étant $B\times\frac{H}{3}$, $B'\times\frac{H}{3}$, $\sqrt{B.B'}\times\frac{H}{3}$, il vient $T=[B+B'+\sqrt{B.B'}]\frac{H}{3}$.

2. — Le volume d'un tronc de pyramide, dont les bases diffèrent peu, est sensiblement égal à la demi-somme des bases multipliée par la hauteur. — cela résulte de ce que l'expression précédente peut se mettre sous la forme $T=\frac{B+B'}{2}.H-(\sqrt{B}-\sqrt{B'})^2.\frac{H}{6}$ et de ce que, par hypothèse, le dernier terme peut être négligé.

Prop. 14. — *Théorème.* — Tout plan $ehfg$, qui passe par les milieux e, f de deux arêtes opposées ab, cd d'un tétraèdre $abcd$, divise ce corps en deux parties équivalentes $aehfdg$, $begfch$.

Les polyèdres $aehfdg$, $begfch$ sont composés l'un de la pyramide quadrang. $aehfg$

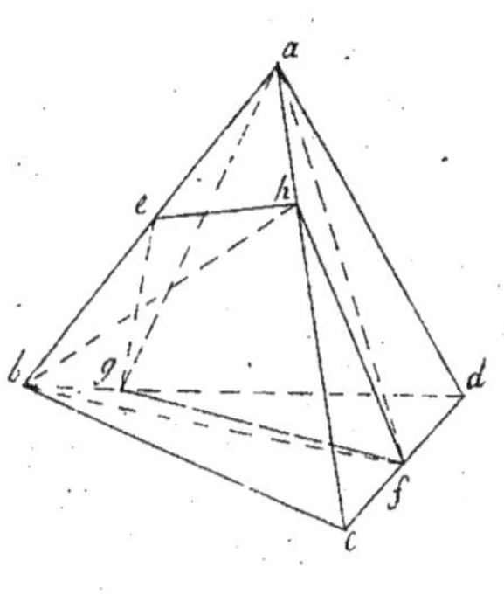

et du tétraèdre $adfg$, l'autre de la pyramide quadrang. $behfg$ et du tétraèdre $hbcf$; or, les pyramides $achfg$, $behfg$ sont équivalentes parcequ'elles ont la même base $ehfg$ et que leurs hauteurs sont proportionnelles aux moitiés ac, bc de l'arête ab; reste donc à faire voir que les tétraèdres $adfg$, $hbcf$ ont aussi le même volume. — à cause de $df = cf$, les bases dfg, bcf sont dans le rapport de leurs hauteurs ou dans celui de $dg : bd$; les hauteurs des deux tétraèdres sont d'ailleurs dans le rapport de $ac : ch$; donc $adfg : hbcf :: dg \times ac : bd \times ch$. — actuellement, les distances des sommets d, b au plan sécant $ehfy$ sont comme $dg : bg$ et celles des sommets c, a au même plan comme $ch : ah$; mais les deux premières distances sont respectivement égales aux deux dernières, parce que $df = cf$ et $bc = ac$; donc $dg : bg :: ch : ah$, d'où $dg : dg + bg :: ch : ch + ah$ ou bien $dg : bd :: ch : ac$ et partant $dg \times ac = bd \times ch$; conséquemment, $adfg = hbcf$.

Prop. 15. — Problème. Trouver le volume V d'un polyèdre quelconque.

Si le polyèdre est convexe, on le décompose en pyramides ayant pour bases ses diverses faces $B, B', B'' \ldots$ et pour hauteurs les distances $H, H', H'' \ldots$ des mêmes faces au point intérieur, sommet commun des pyramides. — on a alors $V = \dfrac{BH}{3} + \dfrac{B'H'}{3} + \dfrac{B''H''}{3} + \ldots$ ou $V = \frac{1}{3}[BH + B'H' + B''H'' + \ldots]$. — quand le polyèdre a des dièdres rentrans, il faut le décomposer en deux ou en plusieurs polyèdres convexes ou bien en tétraèdres.

Corol. — Deux polyèdres symétriques sont équivalens. — Ces polyèdres sont composés de tétraèdres symétriques chacun à chacun; mais deux tétraèdres symétriques, ayant même base et même hauteur, sont équivalens; donc aussi les polyèdres symétriques sont équivalens.

Prop 16. — Problème. Trouver le volume d'un tronc de parallélipipède rectangle limité supérieurement à une surface courbe.

1° Si les dimensions ab', ad' de la base $ab'cd'$ du tronc $ab'cd'dcba$ sont très petites, les courbes ab, bc, cd, da peuvent être considérées comme des lignes droites et la base courbe $abcd$ est entièrement comprise dans le tétraèdre $abcd$; conséquemment, le volume cherché V est à peu près une moyenne arithmétique entre le polyèdre formé des deux troncs $abcb'a'$, $adcdd'a'$ et le polyèdre formé des deux troncs $abdd'b'a'$, $cbdd'b'c'$. — or, les quatre troncs ont respectivement pour mesures l'expression $ad' \times \frac{a'b'}{2}$ multiplié par 1° $\frac{1}{2}(aa'+bb'+cc')$; 2° $\frac{1}{2}(aa'+cc'+dd')$; 3° $\frac{1}{2}(aa'+bb'+dd')$; 4° $\frac{1}{2}(bb'+cc'+dd')$; donc $V = ad' \times \frac{a'b'}{2}\left(\frac{aa'+bb'}{2} + \frac{cc'+dd'}{2}\right)$ ou bien $V = ad' \times \frac{1}{2}(abb'a' + cdd'c')$.

2° Cette mesure convient encore au cas où la dimension ad' est seule très petite, car alors le tronc peut être décomposé en d'autres petits troncs par des plans parallèles à la face $acdd'a'$.

3° Enfin, si le rectangle $ab'cd'$ est quelconque, on détermine les aires A, F des faces $abb'a'$, $cdd'c'$ et celles B, C, D, E de plusieurs sections équi-distantes et comprises entre ces faces; on a alors $V = \frac{ad'}{5}\left(\frac{A+B}{2} + \frac{B+C}{2} + \frac{C+D}{2} + \frac{D+E}{2} + \frac{E+F}{2}\right)$ ou $V = \frac{ad'}{5}\left(\frac{A+F}{2} + B + C + D + E\right)$.

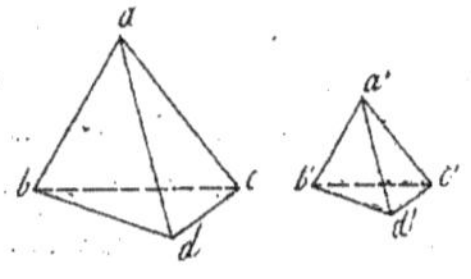

§ 5. — La similitude des Polyèdres.

I. Deux tétraèdres $abcd$, $a'b'c'd'$ sont semblables lorsque leurs six arêtes sont proportionnelles et pareillement assemblées, c'est-à-dire, lorsque l'on a $ab : a'b' :: ac : a'c' :: ad : a'd' :: \&c.\&c$.

II. Deux polyèdres sont semblables quand ils sont composés d'un même nombre de tétraèdres semblables chacun à chacun et pareillement disposés.

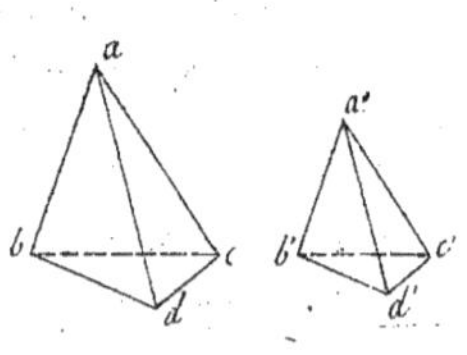

Proposition 1. — *Théorème*. — Dans deux tétraèdres semblables $abcd$, $a'b'c'd'$: 1° les faces homologues sont semblables; 2° les trièdres homologues sont égaux.

1° La proportionnalité des côtés de deux triangles constituant leur similitude; les faces abc et $a'b'c'$, abd et $a'b'd'$,... sont semblables deux à deux. — 2° les triangles semblables étant équi-angles entr'eux, les trièdres homologues a et a', b et b',..., composés d'angles égaux chacun à chacun, sont superposables.

Réciproques. — Deux tétraèdres sont semblables: 1° lorsqu'ils sont compris sous des faces semblables chacune à chacune. — 2° lorsque leurs trièdres sont respectivement égaux.

1° La similitude des faces entraîne la proportionnalité des arêtes. — 2° les triangles équiangles entr'eux étant semblables, l'égalité des trièdres entraîne la similitude des faces.

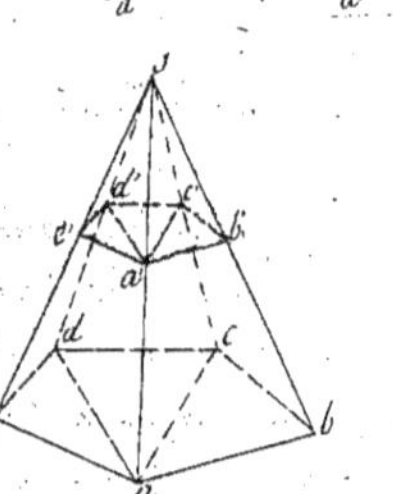

Corol. 1. — Deux tétraèdres semblables ont leurs six dièdres égaux chacun à chacun et réciproquement.

Corol. 2. — Toute section $a'b'c'd'$, parallèle à la base $abcd$ d'une pyramide $s\,abcd$, détermine une autre pyramide $s\,a'b'c'd'$ semblable à la première. — les plans sac, sad décomposent en effet les deux pyramides en tétraèdres $sabc$ et $sa'b'c'$, $sacd$ et $sa'c'd'$, $sade$ et $sa'd'e'$ semblables deux à deux, parcequ'ils sont compris sous des faces respectivement semblables.

Prop. 2. — *Théorème*. — Dans deux polyèdres semblables: 1° les faces sont semblables deux à deux et également inclinées entr'elles; 2° les angles solides homologues sont égaux.

1° Les deux Polyèdres étant composés d'un même nombre de tétraèdres semblables chacun à chacun et pareillement disposés, leurs surfaces sont aussi formées d'un même nombre de triangles semblables chacun à chacun et assemblés de la même manière; de plus, l'inclinaison de deux triangles adjacens de la première surface est égale à l'inclinaison des triangles homologues de la seconde; car ces inclinaisons sont les dièdres homologues de deux tétraèdres semblables ou bien ce sont les sommes d'un pareil nombre de dièdres homologues deux-à-deux; de là résulte, en observant que les faces d'un dièdre sont dans le même plan quand il est égal à deux dièdres droits et réciproquement, que deux polyèdres semblables sont compris sous un même nombre de faces semblables chacune à chacune et également inclinées entr'elles. — 2° les angles solides homologues sont égaux, car toutes leurs parties, angles plans et dièdres, sont égales deux à deux et pareillement assemblées.

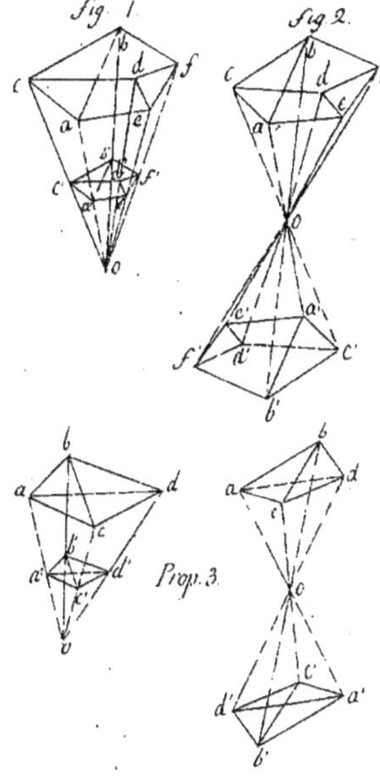

Corol. — Les arêtes, les diagonales et en général toutes les lignes homologues sont proportionnelles.

Prop. 3. — Théorème. — Si, sur les distances $oa, ob, oc, \ldots$ d'un point quelconque o aux divers sommets d'un polyèdre $abcdef$ ou sur leurs prolongemens, on porte des distances proportionnelles $oa', ob', oc', \ldots$, le polyèdre $a'b'c'd'e'f$, qui a pour sommets les extrémités $a', b', c', \ldots$ est semblable au premier. (fig. 1 ou 2).

Il suffit, en vertu de la définition des polyèdres semblables, d'établir cette proposition dans le seul cas du tétraèdre. — or, parce que $oa : oa' :: ob : ob' :: oc : oc'$, la section $a'b'c'$ du tétraèdre $oabc$ est parallèle et semblable à la base abc; on prouverait de même que la face $a'b'd'$ est parallèle et semblable à la face abd, &c. donc les tétraèdres $abcd, a'b'c'd'$ sont semblables.

Scholie. — Le point o est dit le centre de similitude des deux polyèdres (fig. 1 ou 2). Les distances oa et oa', ob et $ob', \ldots$ sont des rayons homologues de similitude.

Prop. 4. — Théorème. — Les tétraèdres semblables sont entr'eux comme les cubes des arêtes homologues.

On peut toujours faire en sorte que les deux tétraèdres aient un trièdre commun a. — parce que les bases $bcd, b'c'd'$ sont semblables, on a $bcd : b'c'd' :: \overline{bc}^2 : \overline{b'c'}^2$; de plus, à cause que $ab : ab' :: ac : ac' :: ad : ad'$, le plan bcd est parallèle au plan $b'c'd'$; donc les hauteurs ao, ao' sont dirigées selon une même droite et partant $ao : ao' :: ab : ab'$ ou bien $\frac{ao}{3} : \frac{ao'}{3} :: bc : b'c'$. — multipliant ces proportions termes à termes, il vient $bcd \times \frac{ao}{3} : b'c'd' \times \frac{ao'}{3} :: \overline{bc}^3 : \overline{b'c'}^3$ ou bien $abcd : a'b'c'd' :: \overline{bc}^3 : \overline{b'c'}^3$.

Prop. 5. — Théorème. — Dans deux polyèdres semblables : 1°. les périmètres sont entr'eux comme les arêtes homologues; 2°. les surfaces sont entr'elles comme les quarrés des arêtes homologues; 3°. les volumes sont comme les cubes des mêmes arêtes.

1°. Les arêtes homologues des deux polyèdres forment une suite de rapports égaux, donc la somme des antécédens et celle des conséquens, c'est-à-dire, les périmètres des deux polyèdres sont proportionnels aux arêtes homologues.

2°. Les aires des polyèdres semblables étant proportionnelles aux quarrés des côtés homologues, les faces homologues des deux polyèdres forment une suite de rapports égaux; donc les sommes de ces faces, c'est-à-dire les surfaces des deux polyèdres sont entr'elles comme les quarrés des mêmes côtés.

3°. les tétraèdres semblables étant proportionnels aux cubes des arêtes homologues, les tétraèdres dont les deux polyèdres sont composés, forment une suite de rapports égaux; donc les sommes des antécédens et des conséquens, c'est-à-dire, les deux polyèdres sont entr'eux comme les cubes des mêmes arêtes.

3ᵉ SECTION.

Les Corps ronds.

§. 1. — Propriétés de la sphère.

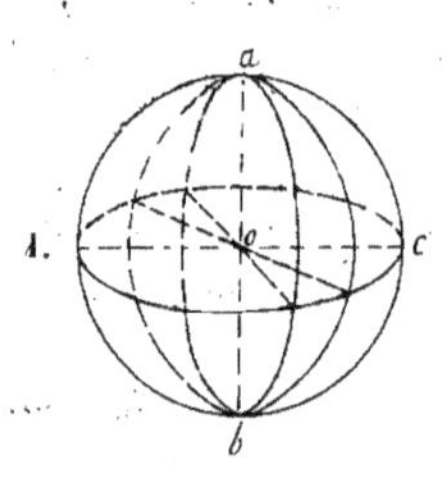

I. La sphère est un corps compris sous une surface courbe dont tous les points sont également distans d'un point intérieure que l'on appelle centre.

La sphère peut être engendrée par la rotation d'un demi cercle acb autour de son diamètre ab, car tous les points de la surface décrite par la demi-circonf. acb sont équi-distans du centre o.

II. Un rayon est une droite qui unit le centre de la sphère à un point de sa surface. — il y a une infinité de rayons. — tous les rayons sont égaux.

III. Un diamètre est une droite qui, passant par le centre de la sphère, est limitée dans les deux sens à sa surface. — tous les diamètres sont doubles du rayon et égaux entr'eux.

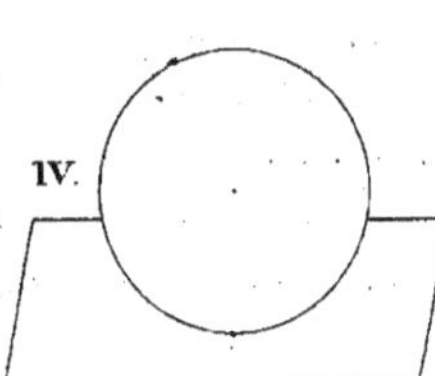

IV. Un plan est tangent à la sphère lorsqu'il a un seul point commun avec sa surface. — ce point est dit point de contact ou de tangence.

V. Un polyèdre est inscrit dans la sphère quand tous ses sommets sont situés sur la surface sphérique. — réciproquement, la sphère est circonscrite au polyèdre.

VI. Un polyèdre est circonscrit à la sphère quand toutes ses faces sont des plans tangents. — réciproquement, la sphère est inscrite dans le polyèdre.

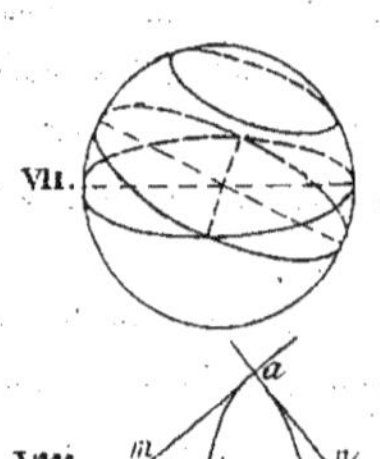

VII. Toutes les sections faites dans une sphère par des plans passant par le centre sont évidemment des cercles qui ont pour centres et pour rayons le centre et le rayon de la sphère. — on démontrera plus loin que toutes les autres sections planes de la sphère sont des cercles de rayons plus petits.

Cela posé, on appelle grand cercle toute section qui passe par le centre et petit cercle toute section qui n'y passe pas.

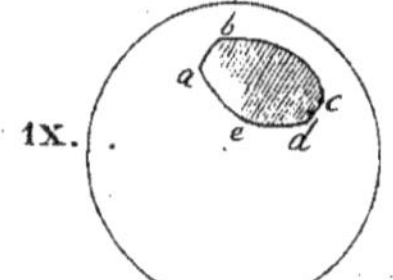

VIII. On appelle angle de deux arcs de grands cercles ab, ac l'angle rectiligne man formé par les tangentes am, an au point a commun à ces arcs.

IX. Un polygone sphérique est la portion abcde de la surface de la sphère comprise entre plusieurs arcs de grands cercles ab, bc, cd, de, ea. — ces arcs et les angles qu'ils forment deux à deux sont les côtés et les angles du polygone.

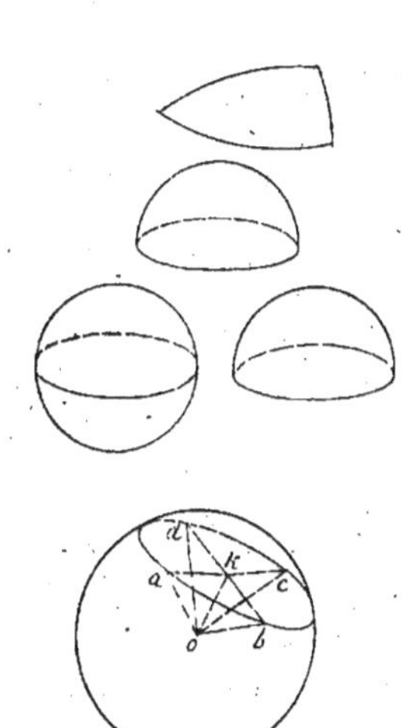

X. Un triangle sphérique peut être scalène, isocèle ou équilatéral; il peut aussi être isoangle ou équiangle. — il est rectangle quand il a un angle droit; bi-rectangle quand il en a deux et tri-rectangle quand il en a trois.

Proposition 1. — Théorème. — Tout grand cercle divise la sphère en deux parties égales.

Car si, après avoir retourné l'une des parties, on l'applique sur l'autre de manière qu'elles aient pour base commune le grand cercle, les deux parties coïncideront parfaitement; sans quoi il y aurait des points de la surface sphérique inégalement distans du centre, ce qui est contre sa définition.

Prop. 2. — Théorème. — Toute section plane abcd de la sphère est un cercle.

Soient ok la perpendicul. abaissée du centre o sur le plan de la section $abcd$ et $oa, ob, oc, \ldots$ les rayons qui aboutissent à son contour. — les triangles oka, okb, $okc, \ldots$ rectangles en k, sont égaux parce que ok est commun et que les hypoténuses $oa, ob, oc, \ldots$ sont ces rayons; de là résulte que $ka = kb = kc = \ldots$; donc la section $abcd$ est un cercle dont le centre est le pied k de la perpendicul. ok.

Corol. 1. — Par deux points a, b de la surface sphérique on peut toujours faire passer une circonf. de grand cercle. — le plan, déterminé par le centre o et les deux points a et b, coupe en effet la surface sphérique selon une circonf. de grand cercle qui contient les points a, b. — le problème est indéterminé lors que les deux points donnés sont les extrémités d'un même diamètre.

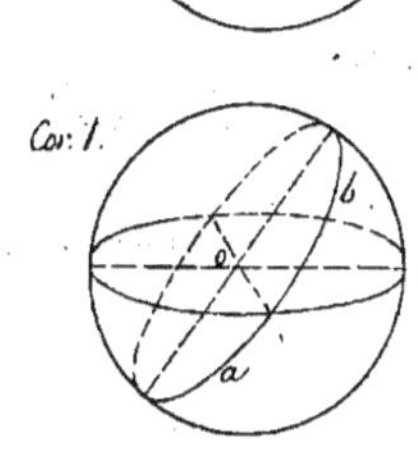

Cor. 1.

Corol. 2. — Par trois points a, b, c de la surface sphérique on peut toujours faire passer une circonf. de petit cercle. — car le plan des trois points a, b, c coupe généralement la surface de la sphère selon une circ.^{ce} de petit cercle qui contient ces trois points.

Corol. 3. — Les petits cercles égaux sont équi-distans du centre de la sphère, et, de deux petits cercles inégaux, le plus grand en est le moins éloigné. — cela résulte de ce que les intersections de deux petits cercles quelconques avec le grand cercle, qui passe par leurs centres, sont des diamètres respectifs de ces petits cercles.

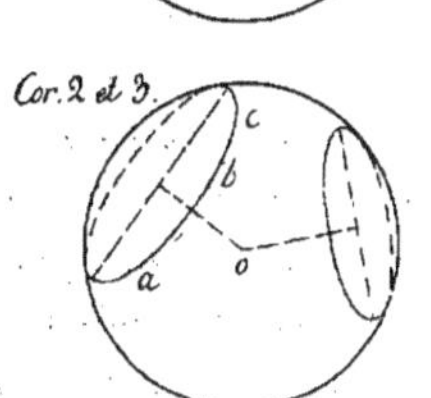

Cor. 2 et 3.

Prop. 3. — Théorème. — Tout plan mn, perpendiculaire à l'extrémité d'un rayon oa, est tangent à la sphère.

Unissant le centre o à un point quelconque k du plan mn, on a ok. $ok >$ perp. oa; ainsi, le point k et en général tous les points du plan mn, à l'exception du point a, sont extérieurs à la sphère. — donc mn est un plan tangent.

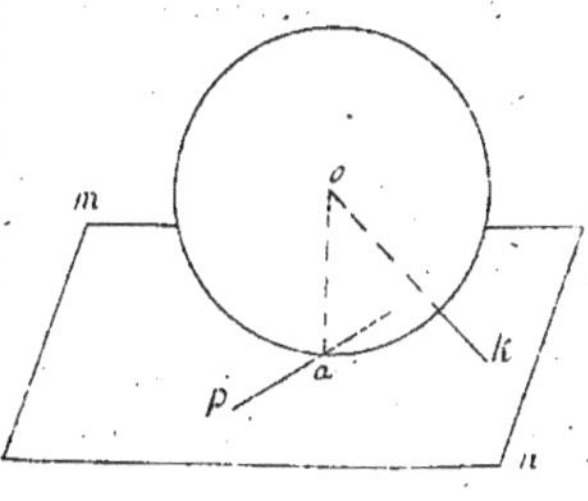

Corol. 1. — Toute droite ap, tirée dans le plan tangent mn par le point de contact a, est tangente à la sphère.

Corol. 2. — Deux tangentes ab, ac à la sphère, issues d'un même point a et terminées à leurs points de contact b, c, sont égales. — car elles sont aussi tangentes à la circonf. de la section

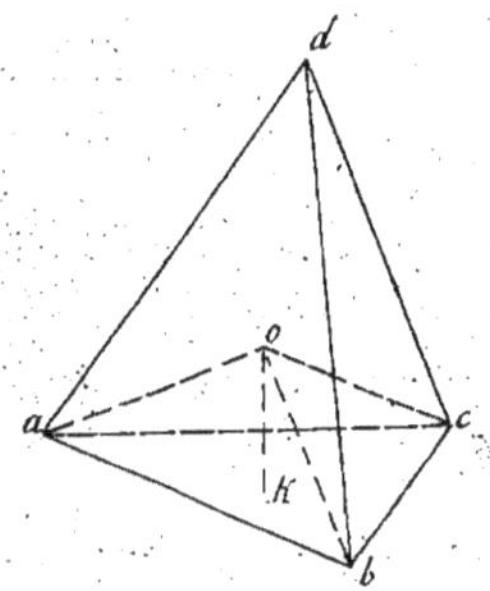

faite par le plan bac.

Prop. 4. — Problème. — Faire passer une surface sphérique par quatre points donnés a,b,c,d.

Le centre de la sphère étant équi-distant des points a,b, est situé sur le plan my perpendicul. sur le milieu de la droite ab. — puisque le même centre est équi-distant des points b,c, il est aussi situé sur le plan ny perpendicul. sur le milieu de la droite bc. — ainsi, toutes les surfaces sphériques, qui passent par les trois points a,b,c, ont leurs centres sur l'intersection xy de ces deux plans; il est visible que cette droite est perpendicul. au plan abc et que son pied k est équi-distant des trois points a,b,c. — comme la surface sphérique doit encore contenir le point d, on obtiendra son centre en cherchant le point o où la droite xy rencontre le plan perpendicul. sur le milieu de cd; donc la surface de la sphère, décrite du centre o avec un rayon oa, passe par les quatre points a,b,c,d. — si les quatre points appartenaient à un même plan, la droite xy serait parallèle au plan perpendicul. sur le milieu de cd et le problème serait impossible. — toutefois si ce dernier plan contenait la droite xy, ce qui arrive dans le cas où le quadrilatère abcd est inscriptible à la circonf., le problème serait indéterminé.

Corol. — Les six plans perpendicul. sur les milieux des six arêtes d'un tétraèdre, passent par le centre de la sphère circonscrite à ce corps.

Prop. 5. — Problème. — Inscrire une sphère dans un tétraèdre abcd.

Le centre de la sphère, étant équi-distant des faces abc, abd, est situé sur le bissecteur abo du dièdre cabd. — par une raison semblable, le même centre se trouve sur les bissecteurs bco, cas des dièdres abcd, bcad. donc si, du point o commun aux trois bissecteurs avec un rayon égal à la distance ok de ce point à l'une des faces abc, on décrit une sphère, elle sera inscrite dans le tétraèdre abcd.

Corol. 1. — Le volume d'un tétraèdre et en général d'un polyèdre convexe quelconque circonscrit à la sphère est égal à sa surface multipliée par le tiers du rayon; — car il est la somme de plusieurs pyramides ayant pour bases les faces du polyèdre, pour sommet commun le centre de la sphère et pour hauteur le rayon.

Corol. 2. Les six plans bissecteurs des six dièdres d'un tétraèdre quelconque passent par le centre de la sphère inscrite dans ce tétraèdre.

Prop. 6. — Théorème. — Les côtés et les angles d'un polygone sphérique abcde sont les mesures des angles plans et des dièdres de l'angle solide

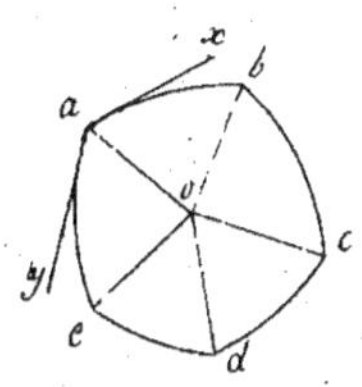

o abcde, qui a pour arêtes les rayons des sommets.

D'abord les angles au centre aob, boc, cod, ... sont évidemment mesurés par les arcs ab, bc, cd, ... qu'ils comprennent. — en second lieu, parceque les tangentes ax, ay au point a des arcs ac, ab sont perpendicul. au rayon oa et tracées dans les faces oac, oab, l'angle xay, c'est-à-dire, l'angle cab est la mesure du dièdre oab; on prouve de même que les angles abc, bcd, — sont les mesures des dièdres aobc, bocd, ...

Corol. — Ainsi, les diverses propriétés des angles solides conviennent aux polygones sphériques; on a donc les théorèmes qui suivent:

1. — Dans un triangle et en général dans un polygone sphérique, un côté quelconque est plus petit que la somme de tous les autres.

2. — Dans tout polygone sphérique convexe, la somme de tous les côtés est moindre qu'une circonf. de grand cercle.

3. — Un triangle sphérique isocèle est aussi isoangle et réciproquement.

4. — Un triangle sphérique équilatéral est aussi équiangle et réciproquement.

5. — Deux triangles sphériques sont égaux par superposition ou par symétrie, lorsqu'ils ont: 1° leurs trois côtés égaux chacun à chacun. 2° un angle égal compris entre deux côtés égaux chacun à chacun. 3° un côté égal, adjacent à deux angles égaux chacun à chacun. 4° leurs trois angles respectivement égaux.

6. — La somme des angles d'un triangle sphérique est comprise entre deux et six angles droits

7. — La somme des angles d'un polygone sphérique de n côtés est comprise entre $2n$ et $2(n-1)$ angles droits.

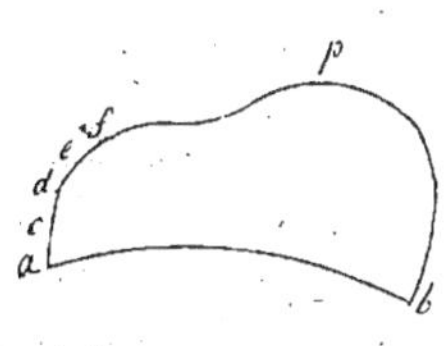

Prop. 7. — Théorème. — Le plus court chemin d'un point a à un autre point b, sur la surface sphérique, est l'arc de grand cercle ab qui unit ces deux points.

Parceque deux points sont essentiels et suffisent pour la détermination d'un arc de grand cercle, toute ligne courbe apb, tracée entre les points a, b sur la surface de la sphère, peut être considérée comme composée d'une infinité de petits arcs de grands cercles ac, cd, de, ...; or, dans tout polygone sphérique un côté est plus petit que la somme de tous les autres; on a donc $ab < ac + cd + de +...$, c'est-à-dire, $ab < apb$.

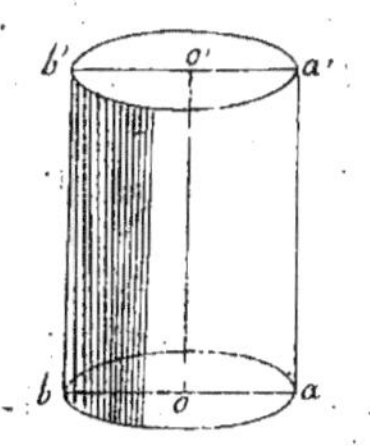

§. 2. — Propriétés des cylindres.

1. On appelle cylindre droit circulaire le corps abb'a' engendré par la rotation d'un rectangle oo'a'a autour de l'un de ses côtés oo' supposé immobile. — les cercles ab, a'b' décrits par les côtés oa, o'a', sont les bases du cylindre; le côté fixe oo' en

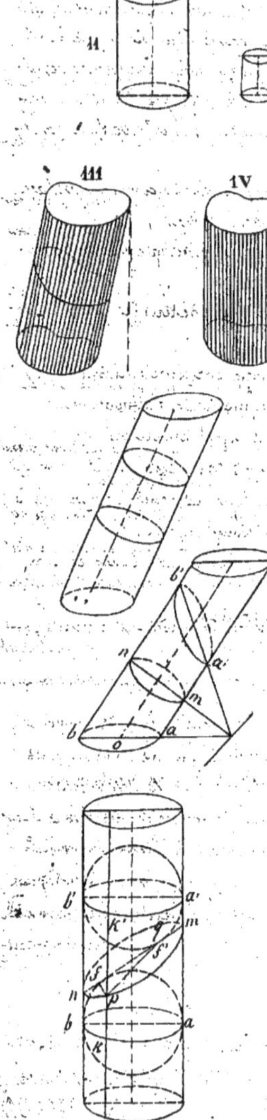

est la hauteur ou l'axe ; enfin, le côté aa' qui engendre sa surface latérale, se nomme côté générateur.

11. Deux cylindres droits circulaires sont semblables lorsqu'ils sont engendrés par des rectangles semblables, ou, en d'autres termes, lorsque leurs rayons sont entr'eux comme leurs hauteurs.

111. On donne plus généralement le nom de cylindre à tout prisme dont les bases sont terminées par une infinité de petits côtés, c'est-à-dire, par des lignes courbes. — les arêtes prennent alors le nom de génératrices.

IV. On dit qu'un cylindre est droit ou oblique selon que ses génératrices sont perpendicul. ou obliques aux plans des bases. — les sections perpendicul. aux génératrices s'appellent sections droites.

Proposition 1. — Théorème. — Les sections planes parallèles d'un cylindre sont égales.

Car un cylindre est un prisme dont les bases ont une infinité de petits côtés.

Corol. 1. — Toute parallèle aux génératrices coupe les sections parallèles en des points homologues.

Corol. 2. — Un cylindre est engendré par sa base, quand elle se meut parallèlement à elle même, de manière que l'un de ses points décrive une droite égale et parallèle aux génératrices.

Prop. 2. — Théorème. — Tout cylindre oblique, à bases circulaires, peut être coupé suivant un cercle par un plan non parallèle aux bases.

Car le symétrique du plan de la base ab, par rapport à une section droite quelconque mn, coupe le cylindre suivant une figure $a'b'$ symétrique de cette base et partant égale à cercle oa.

Scholie. — Ainsi, en un point quelconque de la surface cylindrique, on peut faire deux sections circulaires égales. — on les nomme sections sous-contraires ou antiparallèles.

Prop. 3. — Théorème. — Dans un cylindre droit circulaire, toute section $mpnq$, oblique aux bases, est une ellipse.

Concevons deux sphères, de même rayon que le cylindre, tangentes en f et f' au plan sécant et qui, inscrites dans ce corps, touchent sa surface latérale selon les circonf. des sections droites ab et $a'b'$. — joignons les points ff' à un point quelconque p du contour de la section et tirons la génératrice kk'. — parce que les droites $fp, f'p, kk'$ touchent les sphères en f, f', k et k', on a $fp = pk$, $f'p = pk'$ et par suite $fp + f'p = kk' = aa'$; donc la section $mpnq$ est une ellipse dont les foyers sont f, f' et dont le grand axe mn est égal à aa'.

§. 3. — Propriétés des Cônes.

1. On appelle cône droit circulaire le corps *sab* engendré par la rotation d'un triangle rectangle *sao* autour de l'un des côtés *so* de l'angle droit, supposé immobile. — Le point *s* et le cercle *ab*, décrit par le côté *oa*, sont le sommet et la base du cône; le côté fixe *so* en est la hauteur ou l'axe; enfin le côté *sa*, qui engendre sa surface latérale, se nomme côté générateur ou apothème.

11. Deux cônes droits circulaires sont semblables quand ils sont engendrés par des triangles rectangles semblables, ou, en d'autres termes, quand les rayons des bases sont entr'eux comme les hauteurs ou comme les apothèmes.

111. On donne plus généralement le nom de cône à toute pyramide dont la base est terminée par une infinité de petits côtés, c'est-à-dire par une ligne courbe. — Les arêtes prennent alors le nom de génératrices.

iv. Un cône est droit lorsque sa base a un centre et que ce centre est le pied de la hauteur. — dans le cas contraire, il est oblique.

v. Un tronc de cône est la portion d'un cône comprise entre deux sections parallèles. — Les sections sont les bases du tronc et leur distance en est la hauteur.

Le tronc de cône droit circulaire *abb'a'* est engendré par la rotation du trapèze *oo'a'a* autour de l'axe *oo'*. — les bases circulaires *ab*, *a'b'* sont décrites par les côtés *oa*, *o'a'* perpendicul. à l'axe ou à la hauteur *oo'*; enfin le côté *aa'* qui engendre la surface latérale du tronc, se nomme côté générateur ou apothème.

vi. Deux troncs de cônes droits circulaires sont semblables lorsqu'ils sont engendrés par des trapèzes semblables, c'est-à-dire, lorsque leurs dimensions homologues sont proportionnelles.

Proposition 1. — Théorème. — Les sections planes parallèles d'un cône sont semblables.

Car un cône est une pyramide dont la base a une infinité de petits côtés.

Corol. 1. — Les sections parallèles sont proportionnelles aux quarrés de leurs distances au sommet.

Corol. 2. — Toute droite, issue du sommet, coupe les sections parallèles en des points homologues.

Corol. 3. — Un cône peut être engendré par sa base, quand elle se meut en restant parallèle et semblable à elle même, de manière que les homologues de deux de ses points soient respectivement situés sur deux droites issues du sommet.

Prop. 2. — Théorème. — Tout cône circulaire oblique *sabc* peut être coupé suivant un cercle par un plan non parallèle à la base *abc*.

La surface sphérique, déterminée par le sommet *s* et trois points pris à volonté sur circonf. *abc*, contient évidemment cette circonf.; je tire le diamètre *sf* et je dis que la section *mn*, faite dans le cône par un plan perpendicul. en un point quelconque *o* de ce diamètre, est un cercle. — je mène arbitrairement la génératrice

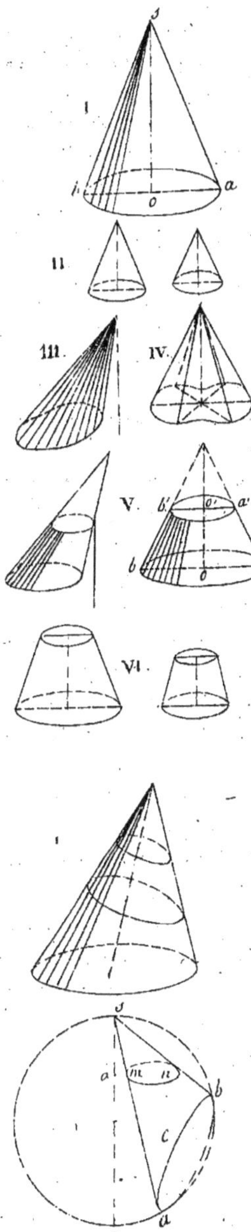

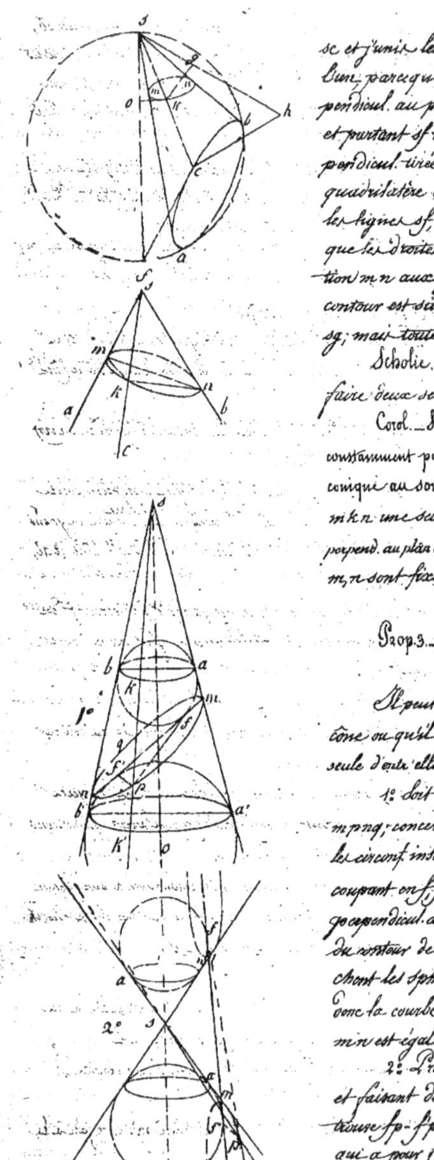

sc et j'unis les points c et k aux points f et o; les angles scf et kof sont droits, l'un, parce qu'il est inscrit dans la demi-circonf. scf; l'autre, parceque sf est perpendicul. au plan coupant; donc le quadrilatère fcko est inscriptible à la circonf. et partant sf × so = sc × sk. — soient sh la bissectur du cône sabc et kg la perpendicul. tirée en k sur sc dans le plan sch; les angles chg, gkc étant droits, le quadrilatère chgk fournit aussi sc × sk = sh × sg. — ainsi, sf × so = sh × sg, et, comme les lignes sf, so, sh sont invariables, la distance sg est aussi constante. — de là résulte que les droites ko, kg menées d'un point quelconque k du contour de la section m n aux points fixes s et g, se coupent à angle droit et par suite que ce contour est situé entièrement sur la surface sphérique décrite sur le diamètre sg; mais toute section plane de la sphère est un cercle; donc la section mn est circul.

Scholie. — Ainsi, en un point quelconque de la surface conique, on peut faire deux sections circulaires. — on les nomme sections sous-contraires ou anti-parallèles.

Corol. — Si un dièdre droit ascb se meut de manière que ses faces asc, bsc passent constamment par les côtés sa, sb d'un angle fixe asb, l'arête sc engendre une surface conique au sommet s, dont les sections perpendicul. aux côtés sa, sb sont circulaires. — Soit m k n une section perpendicul. au côté sa. — les plans mkn, bsc, étant tous deux perpend. au plan asc, leur intersection kn est perpend. sur mk ; donc, parce que les points m, n sont fixes, la section mkn se confond avec le cercle décrit sur le diamètre mn.

Prop. 3. — Théorème. — Dans un cône droit circulaire, toute section, qui ne passe pas par le sommet, est une ellipse, une hyperbole ou une parabole.

Il peut arriver que le plan coupant rencontre toutes les génératrices du cône ou qu'il ne les rencontre qu'en partie ou bien enfin qu'il soit parallèle à une seule d'entre elles.

1° Soit smn le plan conduit suivant l'axe so perpendiculairement à la section mpnq; concevons deux sphères ayant les mêmes centres et les mêmes rayons que les circonf. inscrite et ex-inscrite au triangle smn; ces sphères touchent le plan coupant en f, f' et la surface conique selon les circonf. ab, a'b', dont les plans sont perpendicul. à l'axe. — joignons les points de contact f, f' à un point quelconque p du contour de la section mpnq et tirons la génératrice sp. — parceque fp, f'p, sp touchent les sphères en f, f', k et k', on a fp = pk, f'p = pk' et partant fp + f'p = kk' = aa'; donc la courbe mpnq est une ellipse dont les foyers sont f, f' et dont le grand axe mn est égal à aa'.

2° Prolongeant toutes les génératrices du cône pour former le cône opposé et faisant des constructions et des raisonnemens semblables aux précédens, on trouve fp − f'p = aa'; il s'ensuit que la section n'mn" est une branche d'hyperbole, qui a pour foyers les points de contact f, f' et un axe transverse mn égal à aa'.

3°. Si la section et par suite la droite mn sont parallèles à la génératrice sb, il vient encore $fp = pk$; les plans asb et sbk rencontrent le plan coupant selon les droites xy et pt, l'une perpendicul. et l'autre parallèle à mn; ainsi, on a $pt : sb :: pk : sk$; mais $sb = sk$; donc $pt = pk$ et partant $fp = pt$; de là suit que la section $n'mn'$ est une parabole dont f et xy sont le foyer et la directrice.

Scholie. — Voilà pourquoi l'ellipse, l'hyperbole et la parabole sont désignées sous le nom commun de sections coniques ou simplement sous celui de coniques. — Les sections circulaires sont comprises dans les sections elliptiques.

§. 4. — Aires des corps ronds.

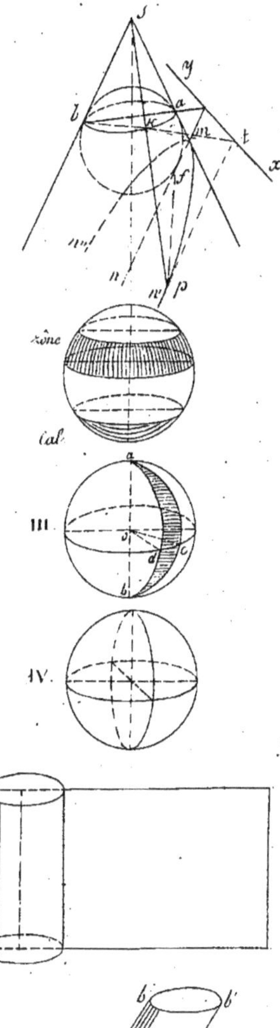

I. On appelle zône la portion d'une surface sphérique comprise entre deux sections circulaires parallèles. — Les deux sections sont les bases de la zône et leur distance en est la hauteur.

II. Une calotte sphérique est une zône dont l'une des bases dégénère en un point. — La hauteur prend alors le nom de flèche.

III. Un fuseau est la portion $acbd$ d'une surface sphérique comprise entre deux demi-grands cercles acb, adb terminés au même diamètre ab. — L'arc de grand cercle cd, qui mesure l'angle rectiligne cod de l'inclinaison des deux plans acb, adb, est dit l'arc du fuseau.

IV. Un fuseau est droit quand son arc est égal au quart d'une circonf. de grand cercle. — La surface sphérique vaut évidemment quatre fuseaux droits ou huit triangles tri-rectangles.

Proposition 1. — Théorème. — L'aire latérale d'un cylindre droit est égale au contour de sa base multiplié par sa hauteur.

Car si, à partir d'une génératrice quelconque, on déroule cette surface latérale sur un plan, le développement est un rectangle qui a pour dimensions la hauteur du cylindre et le contour rectifié de sa base.

Scholie. — Soient A l'aire latérale d'un cylindre droit circulaire, R son rayon et H sa hauteur; on a $A = cir. R \times H$ ou $A = 2\pi R H$. — L'aire de chaque base étant πR^2, on a aussi aire totale $A' = 2\pi R H + 2\pi R^2$ ou $A' = 2\pi R (H + R)$.

Prop. 2. — Théorème. — L'aire latérale d'un cylindre oblique $abb'a'$ est égale à sa génératrice ab multipliée par le contour de sa section droite mn.

Car ce cylindre est un prisme compris sous une infinité de pans très étroits.

Propos. 3. — Théorème. — L'aire latérale d'un cône droit circulaire sab est égale à la

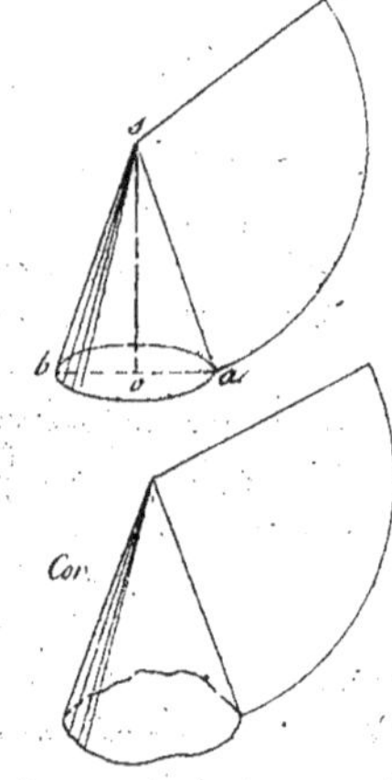

circonf. de sa base ab multipliée par la moitié de l'apothème sa.

Car, tous les points de cir. va étant équi-distans du sommet s, si l'on déroule, à partir de la génératrice sa, la surface conique sur un plan, le développement est un secteur circulaire saa' dont le rayon est l'apothème sa et dont l'arc aa' est égal à cir. va.

Corol. _ La même mesure convient à une surface conique quelconque limitée à une base curviligne dont tous les points sont équi-distans du sommet.

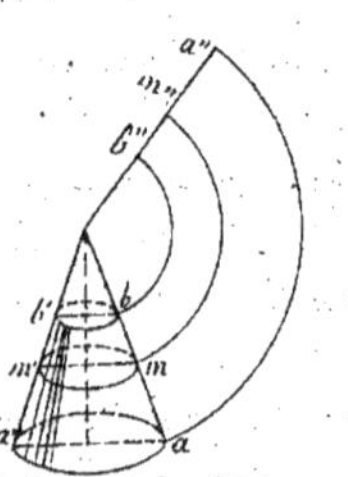

Scholie. _ Soient A l'aire latérale d'un cône droit circulaire; R le rayon de la base et c le côté générateur ou l'apothème. _ on a $A = \mathrm{cir.}\,R \times \frac{c}{2} = 2\pi R \times \frac{c}{2}$ ou $A = \pi R c$. _ on a aussi aire totale $A' = \pi R c + \pi R^2$ ou bien $A' = \pi R (c + R)$.

Prop. 4. _ Théorème. _ 1° L'aire latérale d'un tronc aa'bb' de cône droit circulaire est égale à la demi-somme des circonf. des bases parallèles aa', bb' multipliée par l'apothème ab. _ 2° elle est aussi égale à l'apothème ab multipliée par la circonf. de la section mm', équi-distante des deux bases.

Car, si l'on déroule cette surface sur un plan à partir du côté ab, le développement est un fragment de couronne abb"a", dont les arcs limites aa", bb" et l'arc moyen mm° sont égaux aux circonf. des cercles aa', bb' et mm' et qui a pour épaisseur l'apothème ab.

Scholie. _ Soient A l'aire latérale du tronc; R', R'' et R les rayons des bases et de la section équi-distante; enfin c, l'apothème. _ on a 1°: $A = \frac{\mathrm{cir}\,R' + \mathrm{cir}\,R''}{2} \times C = \frac{2\pi R' + 2\pi R''}{2} \times c$ ou $A = \pi (R' + R'') C$; 2°: $A = \mathrm{cir.}\,R \times C$ ou $A = 2\pi R C$. _ on a aussi air. totale $A' = \pi (R' + R'') C + \pi R'^2 + \pi R''^2$ ou bien $A' = \pi [R'(C + R') + R°(C + R'')]$.

Prop. 5. _ Théorème. _ L'aire de la sphère est égale à une circonf. de grand cercle multipliée par le diamètre.

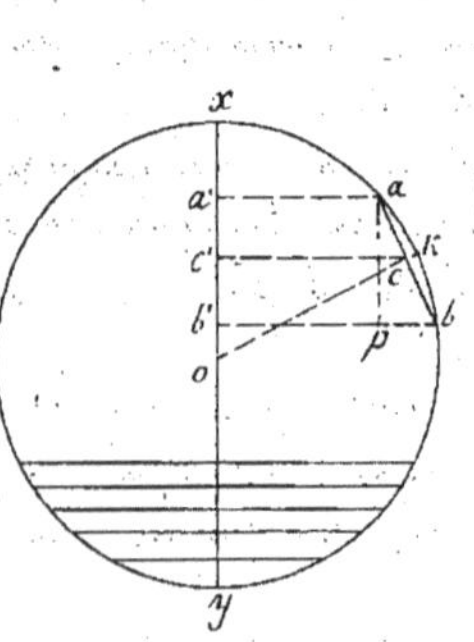

Tandis que le demi-cercle xay tourne autour du diamètre xy pour engendrer la sphère, une corde quelconque ab engendre la surface d'un tronc de cône qui a pour hauteur sa projection a'b' sur l'axe xy et pour circonf. moyenne la cir. c'c décrite par son milieu c; cette surface est en conséquence mesurée par $2\pi \times cc' \times ab$. _ tirons ap parallèle à l'axe et le rayon ok du milieu c, lequel est perpendicul. sur la corde ab; les triangles abp, occ', ayant leurs côtés respectivement perpendicul., sont semblables et pourtant oc:ab::cc':ap ou a'b' ou bien cc' × ab = oc × a'b'; donc l'aire latérale du tronc est exprimée par $2\pi \times oc \times a'b'$ ou par cir. oc × a'b'. _ Lorsque la corde ab est très petite, oc devient égal à ok et l'aire du tronc de cône peut être prise pour la zone décrite par le petit arc ab; ainsi, cette zone a pour mesure cir. ok × a'b'. _ décomposons maintenant la surface sphérique en une infinité de zones très minces par des plans per-

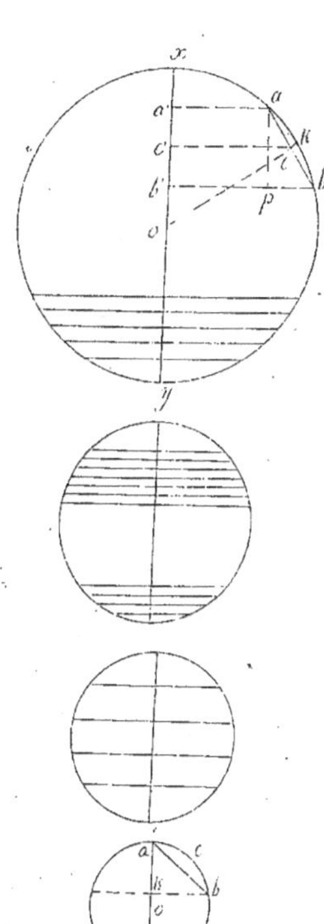

pendicul. à l'axe xy; chacune d'elle valant une circonf. de grand cercle multipliée par sa hauteur, leur somme ou l'aire de la sphère est égale à cir. ox multipliée par la somme de toutes les hauteurs, c'est-à-dire, par le diamètre xy.

Corol. — L'aire de la sphère est quadruple de l'aire d'un grand cercle. — Soit A une surface sphérique d'un rayon R; on a $A = $ cir. $R \times 2R = 2\pi R \times 2R = 4\pi R^2$ ou bien $A = 4$ cercle R. — Posant $2R = D$, d'où $4R^2 = D^2$, on a aussi $A = \pi D^2$ ou $A = $ cercle D.

Scholie. — Les formules $A = 4\pi R^2$, $A = \pi D^2$ servent à déterminer l'aire d'une sphère dont on connait le rayon ou le diamètre et réciproquement.

Prop. 6. — Théorème. — L'aire d'une zône ou d'une calotte sphérique est égale à une circonf. de grand cercle multipliée par sa hauteur.

Car une zône ou une calotte peut être décomposée, par des plans perpendicul. à l'axe, en zônes infiniment minces, ayant pour épaisseurs les élémens de la hauteur de la zône ou de la calotte.

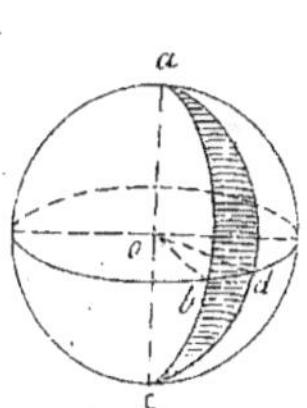

Scholie. — Soient z une zône ou une calotte, H sa hauteur et R le rayon; on a $z = $ cir. $R \times H$ ou $z = 2\pi R H$.

On voit que, sur une même sphère, les zônes de même hauteur sont équivalentes et qu'en général deux zônes quelconques sont entre elles comme leurs hauteurs. — ainsi, pour partager une surface sphérique en un certain nombre de zônes équivalentes, il faut diviser un diamètre en un même nombre de parties égales et lui mener des plans perpendicul. par les points de division.

Corol. — La calotte, engendrée par l'arc acb, est équivalente au cercle qui a pour rayon la corde ab de cet arc. — on a cal. $acb = 2\pi \times oa \times ak$; mais $2oa \times ak = ab^2$ donc cal. $acb = \pi . ab^2$.

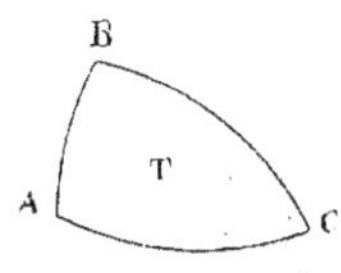

Prop. 7. — Théorème. — L'aire d'un fuseau $abcd$ est égale à son arc bd, multiplié par le diamètre ac.

Le fuseau $abcd$ étant contenu dans la surface sphérique autant de fois que l'arc bd est contenu dans cir. ob, on a la proportion : fus. $abcd$: aire sphérique :: bd : cir. ob; multipliant par ac les deux derniers termes, il vient fus. $abcd$: aire sphérique :: $bd \times ac$: cir. $ob \times ac$; mais aire sphérique $= $ cir. $ob \times ac$; donc fus. $abcd = bd \times ac$.

Scholie. — Soient R le rayon et A l'arc d'un fuseau F; on a $F = A \times 2R$ ou $F = 2AR$. — ainsi, sur une même sphère, deux fuseaux sont proportionnels à leurs arcs.

Prop. 8. — Théorème. — L'aire d'un triangle sphérique, exprimée en fuseaux droits, est égale à l'excès de la demi-somme de ses trois angles sur un angle droit.

Soient A, B, C les angles d'un triangle sphérique T. — le trièdre, qui a pour arêtes les rayons des sommets, équivaut au dièdre $\dfrac{A+B+C}{2} - 1$; quand le trièdre est bi-rectangle, le dièdre équivalent est $\dfrac{3}{2} - 1 = \dfrac{1}{2}$; or, deux trièdres, dont les sommets sont au centre de la sphère, sont évidemment entr'eux comme les triangles qu'ils interceptent sur sa surface; en observant donc qu'un triangle sphérique tri-rectangle $= \frac{1}{2}$ fas. droit, il vient $\frac{A+B+C}{2} - 1 : \frac{1}{2} :: T : \frac{1}{2}$ fas. droit, d'où l'on tire $T = \left[\frac{A+B+C}{2} - 1\right]$ fas. droit ou $T = \pi R^2 \left[\frac{A+B+C}{2} - 1\right]$.

Scholie. — de là résulte que la surface d'un polygone sphérique, exprimée en fuseaux droits, est égale à l'excès de la demi-somme de tous ses angles sur autant d'angles droits qu'il a de côtés moins deux.

Prop. 9. — Théorème. — Les aires des sphères sont entr'elles comme les quarrés des rayons.

Soient R, R' les rayons de deux sphères et A, A' leurs aires; on a $A = 4\pi R^2$, $A' = 4\pi R'^2$ et, en divisant, $\frac{A}{A'} = \frac{R^2}{R'^2}$ ou bien $A : A' :: R^2 : R'^2$.

Scholie. — Les aires latérales ou totales des cylindres, cônes et troncs de cônes semblables sont entr'elles comme les quarrés des lignes homologues. — car on peut considérer ces corps comme des prismes, pyramides ou troncs de pyramides semblables.

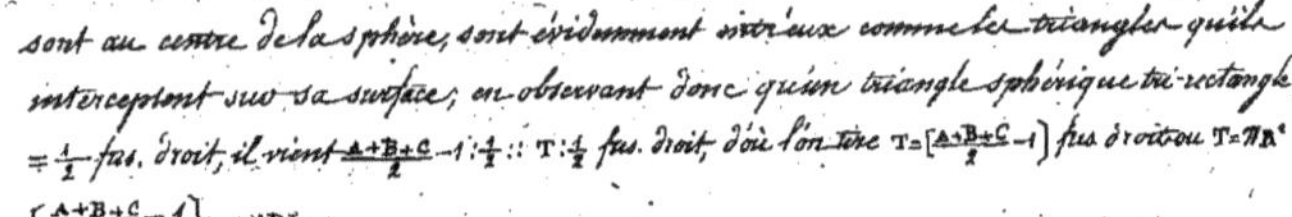

Prop. 10. — Théorème. — L'aire A de la sphère est à l'aire totale A' du cylindre circonscrit comme $2:3$ et à l'aire totale A'' du cône équilatéral circonscrit comme $4:9$.

Le demi-cercle acb, le demi-quarré circonscrit $adfb$ et le demi-triangle équilatéral circonscrit $gegb$ engendrent, en tournant autour du diamètre ab, la sphère, le cylindre et le cône équilatéral circonscrits. — en désignant par R le rayon de la sphère, on a $A = 4\pi R^2$; l'aire latérale du cylindre circonscrit est $2\pi R \times 2R$ ou $4\pi R^2$ et partant elle est égale à celle de la sphère; ainsi $A' = 4\pi R^2 + 2\pi R^2$ ou $A' = 6\pi R^2$ et en divisant $\frac{A}{A'} = \frac{4}{6} = \frac{2}{3}$, c'est-à-dire, $A : A' :: 2 : 3$. — le rayon de la circonf. circonscrite au triangle équilatéral étant $2R$, son côté est égal à $2R\sqrt{3}$ et la surface latérale du cône à $\pi R\sqrt{3} \times 2R\sqrt{3}$ ou à $6\pi R^2$; conséquemment, elle équivaut à la surface totale du cylindre; comme la base est exprimée par $3\pi R^2$, il vient $A'' = 6\pi R^2 + 3\pi R^2$ ou bien $A'' = 9\pi R^2$; divisant la valeur de A par celle de A'', on trouve $\frac{A}{A''} = \frac{4}{9}$ ou $A : A'' :: 4 : 9$.

§. 5. — Volumes des corps ronds.

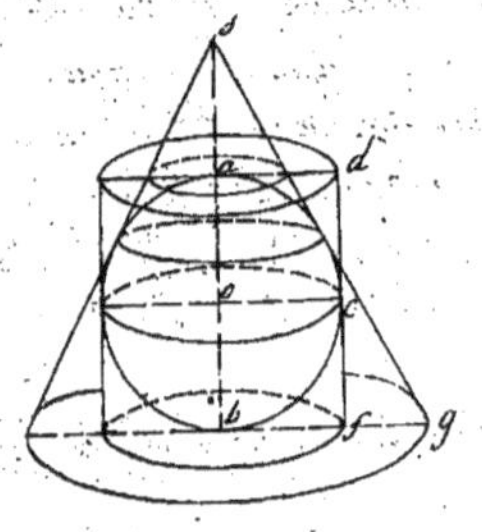

I. Un secteur sphérique est le corps engendré par la rotation d'un secteur circulaire oab autour d'un diamètre xy qui lui est extérieur. — la zône, décrite par l'arc ab, est la base du secteur sphérique. — cette zône devient une calotte quand la rotation s'opère autour de l'un des rayons ou du secteur oab.

II. Un Onglet sphérique est la portion de la sphère comprise entre deux demi-grands cercles limités au même diamètre. — le faisceau qu'ils déterminent est la base de l'onglet.

III. Un segment sphérique est le corps engendré par la rotation d'un segment circulaire acb autour d'un diamètre xy qui lui est extérieur. — la corde ab et sa projection $a'b'$ sur l'axe sont la corde et la hauteur du segment sphérique.

IV. Une tranche sphérique est la portion de la sphère comprise entre deux sections parallèles. — ces sections sont les bases de la tranche et leur distance en est la hauteur.

Quand l'une des sections se réduit à un point, la tranche n'a plus qu'une base ; elle est alors recouverte par une calotte.

V. Une pyramide sphérique est la portion de la sphère qu'intercepte un angle solide dont le sommet est au centre. — elle est terminée par un polygone sphérique qui prend le nom de base.

Proposition 1. — Théorème. — Le volume d'un cylindre quelconque est égal au produit de sa base par sa hauteur.

Car un cylindre est un prisme dont les bases ont une infinité de petits côtés.

Scholie. — soient V, R et H le volume, le rayon et la hauteur d'un cylindre droit circulaire ; on a $V = $ cercle $R \times H$ ou $V = \pi R^2 H$.

Prop. 2. — Théorème. Le volume d'un cône quelconque est égal au produit de sa base par le tiers de sa hauteur.

Car un cône est une pyramide dont la base a une infinité de petits côtés.

Corol. — Tout cône est le tiers du cylindre de même base et de même hauteur.

Scholie. — Soient V, R et H le volume, le rayon de la base et la hauteur d'un cône droit circulaire ; on a $V = $ cercle $R \times \frac{H}{3}$ ou $V = \frac{\pi}{3} R^2 H$.

Prop. 3. — Théorème. — Tout tronc de cône, à bases parallèles, équivaut à trois cônes de même hauteur que le tronc et qui ont pour bases : sa base inférieure ; sa base supérieure et une moyenne proportionnelle entre ces deux bases.

Car un tronc de cône peut être considéré comme un tronc de pyramide dont les bases sont des polygones semblables, ayant un même nombre infiniment grand de côtés très-petits.

Corol. — Le volume d'un tronc de cône dont les bases diffèrent peu est sensiblement égal à la demi-somme des bases multipliée par la hauteur. (voyez page 204 prop. 13).

Scholie. — Soient R, R' et H les rayons des bases et la hauteur d'un tronc T à bases circulaires parallèles. — les bases étant exprimées par πR^2, $\pi R'^2$ et leur moyenne proportionnelle par $\sqrt{\pi R^2 \times \pi R'^2} = \pi RR'$, on a $T = \frac{\pi}{3} R^2 H + \frac{\pi}{3} R'^2 H + \frac{\pi}{3} RR'H$ ou bien $T = \frac{\pi}{3} H \left(R^2 + R'^2 + RR' \right)$. — on peut encore écrire ce résultat comme il suit : $T = \frac{\pi}{3} H \left[(R + R')^2 - RR' \right]$.

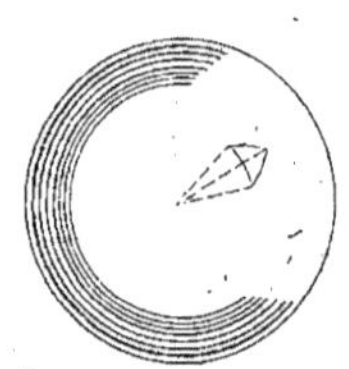

Prop. 4. _ *Théorème.* _ Le volume de la sphère est égal à son aire multipliée par le tiers du rayon.

On peut décomposer la surface de la sphère en une infinité de petites faces sensiblement planes et par suite son volume en une infinité de pyramides ayant pour bases ces faces, pour sommet commun le centre de la sphère et pour hauteur le rayon. _ or, le volume d'une pyramide est égal au produit de sa base par le tiers de sa hauteur ; donc la somme de toutes ces pyramides, c'est-à-dire, le volume de la sphère est exprimé par son aire, somme de toutes les petites bases, multipliée par le tiers du rayon.

Scholie. _ Soit R le rayon d'une sphère V ; on a $V = 4\pi R^2 \times \frac{R}{3}$ ou $V = \frac{4\pi}{3} R^3$. _ posant $2R = D$, d'où $R^3 = \frac{D^3}{8}$, il vient $V = \frac{4\pi}{3} \cdot \frac{D^3}{8}$ ou $V = \frac{\pi}{6} D^3$. _ c'est à l'aide de ces formules que l'on calcule le volume d'une sphère dont on connaît le rayon ou le diamètre et réciproquement.

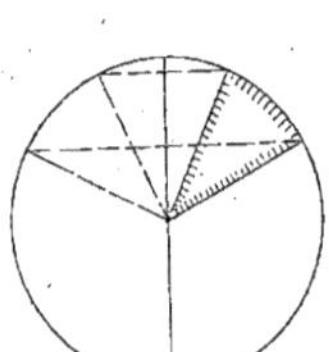

Prop. 5. _ *Théorème.* _ Le volume d'un secteur sphérique est égal à la zône ou à la calotte, qui lui sert de base, multipliée par le tiers du rayon.

Car un secteur sphérique est composé d'une infinité de petites pyramides qui ont pour sommet commun le centre de la sphère et pour bases les faces élémentaires de la zône ou de la calotte qui le termine.

Scholie. _ Soient V le volume d'un secteur sphérique, H la hauteur de la zône ou de la calotte et R le rayon ; on a $V = 2\pi R H \times \frac{R}{3}$ ou $V = \frac{2\pi}{3} R^2 H$.

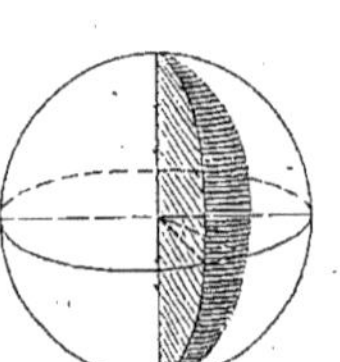

Prop. 6. _ *Théorème.* _ Le volume d'un onglet sphérique est égal au fuseau, qui lui sert de base, multiplié par le tiers du rayon.

Car un onglet est la somme d'une infinité de petites pyramides ayant pour bases les élémens de son fuseau et pour sommet commun le centre de la sphère.

Scholie 1. _ Soient V le volume de l'onglet, A l'arc de son fuseau et R le rayon ; on a $V = 2 A R \times \frac{R}{3}$ ou $V = \frac{2}{3} A R^2$.

Scholie 2. _ Le volume d'une pyramide sphérique est égale à l'aire de sa base multipliée par le tiers du rayon. (même démonstration).

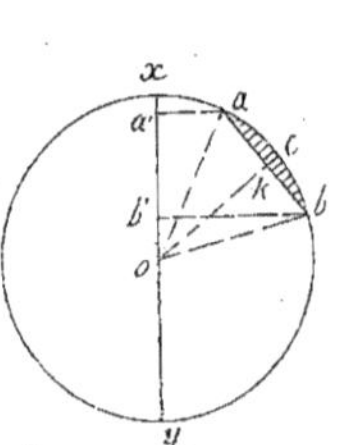

Prop. 7. _ *Théorème.* _ Le volume d'un segment sphérique est égal au cercle, qui a pour rayon sa corde, multipliée par le sixième de sa hauteur.

Le segment sphérique, engendré par la rotation du segment circulaire acb autour du diamètre xy, est la différence des corps engendrés par le secteur $oacb$ et par le triangle isocèle oab. _ or, secteur sph. $oacb = \frac{2\pi}{3} oa^2 \times a'b$, $a'b$ étant la hauteur du segment ; de plus, parceque le corps engendré par le triangle oab, est la forme d'une infinité de petites pyramides ayant pour base les élémens de la surface que décrit la corde ab, pour sommet commun le centre de la sphère et pour hauteur celle-ci du té-

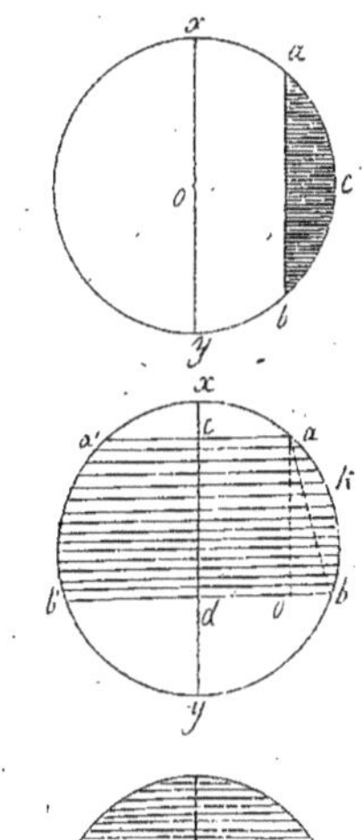

angle, son volume est exprimé (page 216) par $2\pi ok \times ab' \times \frac{ck}{3}$ ou par $\frac{2}{3}\pi ok^2 \times ab'$ ainsi; segment sph. $acb = \frac{2\pi}{3}(oa^2 - ok^2) \times ab'$; mais $oa^2 - ck^2 = ak^2 = \frac{ab^2}{4}$; donc seg. sph. $acb = \frac{2\pi}{3} \times \frac{ab^2}{4} \times ab'$ ou bien seg. sph. $acb = \pi\, ab^2 \times \frac{ab'}{6}$.

Corol. — Tout segment sphérique est à la sphère décrite sur sa corde comme diamètre, dans le rapport de sa hauteur à sa corde. — Les volumes $\frac{\pi}{6} ab^2 \times ab'$; $\frac{\pi}{6} ab^3$ de ces corps sont en effet dans le rapport de $ab': ab$. — ils sont équivalens lorsque la corde ab est parallèle à l'axe xy.

Prop. 8. — Théorème. — Le volume d'une tranche sphérique égale la demi-somme de ses bases multipliée par sa hauteur, plus la sphère décrite sur cette hauteur comme diamètre.

Soient v le volume de la tranche $ab'b'a$ engendrée par la rotation de la figure $cakbd$ autour du diamètre xy; r, r', les rayons ke, al des bases; enfin H, la hauteur cd. — cette tranche se compose évidemment du segment sph. akb et du tronc de cône décrit par le trapèze $cabd$. — or, seg. sph. $akb = \frac{\pi}{6} ab^2 \times H$, et, comme le triangle rectangle abc fournit $ab^2 = ao^2 + oa^2 = (R - R')^2 + H^2$, il vient seg. sph. $akb = \frac{\pi}{6}(R^2 + R'^2 - 2RR' + H^2)H$. — d'un autre côté, tronc $cabd = \frac{\pi}{3}(R^2 + R'^2 + RR')H = \frac{\pi}{6}(2R^2 + 2R'^2 + 2RR')H$. — ajoutant, on trouve $v = \frac{\pi}{6}(3R^2 + 3R'^2 + H^2)H$ ou $v = \frac{\pi R^2 + \pi R'^2}{2} \times H + \frac{\pi}{6}H^3$.

Corol. — Un segment sphérique à une seule base équivaut à la moitié du cylindre de même base et de même hauteur, augmentée de la sphère qui a cette hauteur pour diamètre. — car si $R' = 0$ la formule devient $v = \frac{1}{2}\pi R^2 H + \frac{\pi}{6}H^3$.

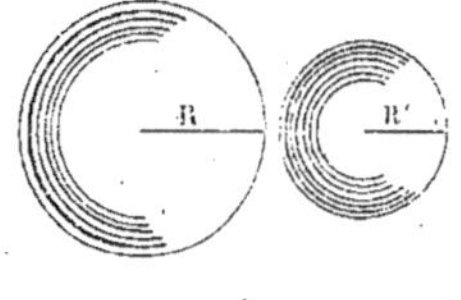

Prop. 9. — Théorème. — Les volumes des sphères sont proportionnels aux cubes des rayons. Soient v, v' les volumes de deux sphères et R, R' leurs rayons; on a $v = \frac{4}{3}\pi R^3$, $v' = \frac{4}{3}\pi R'^3$, et en divisant, $\frac{v}{v'} = \frac{R^3}{R'^3}$ ou $v : v' :: R^3 : R'^3$.

Scholie. — Les volumes des cylindres, cônes et troncs de cône semblables sont entre eux comme les cubes de leurs lignes homologues. — car on peut les considérer comme des prismes, pyramides et troncs de pyramides semblables.

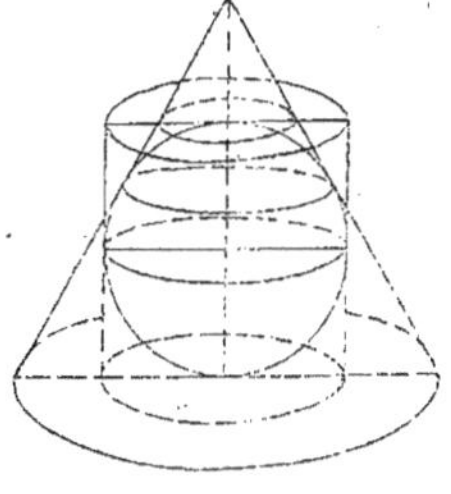

Prop. 10. — Théorème. — Le volume v de la sphère est au volume v' du cylindre circonscrit comme $2:3$ et à celui v'' du cône équilatéral circonscrit comme $4:9$.

En représentant par R le rayon de la sphère, on a $v = \frac{4}{3}\pi R^3$, $v' = \pi R^2 \times 2R$ ou $v' = 2\pi R^3$, et, en divisant, $\frac{v}{v'} = \frac{4}{6} = \frac{2}{3}$, c'est-à-dire, $v : v' :: 2 : 3$. — le côté générateur du cône étant $2R\sqrt{3}$, sa base est égale à $3\pi R^2$ et sa hauteur à $\sqrt{12R^2 - 3R^2}$ ou à $3R$; ainsi $v'' = 3\pi R^2 \times R$ ou $v'' = 3\pi R^3$; donc $\frac{v}{v''} = \frac{4}{9}$ et partant $v : v'' :: 4 : 9$.

§. 6. — Aires et volumes des corps de révolution.

1. Lorsqu'on divise une ligne plane quelconque en petits élémens égaux, le centre

des moyennes distances de tous leurs milieux est dit le centre des moyennes distances de la ligne.

II. Lorsqu'on divise une figure plane quelconque en petits élémens rectangulaires égaux par deux séries de droites parallèles qui se coupent à angle droit le centre des moyennes distances des centres de tous ces petits rectangles est dit le centre des moyennes distances de l'aire de la figure.

III. Le centre de symétrie d'une figure se confond avec les centres des moyennes distances de son contour et de son aire. — Car les élémens du contour et de l'aire étant deux-à-deux sur un même diamètre et à égale distance du centre de symétrie, la somme algébrique des distances de tous les élémens rectilignes ou superficiels, par rapport à une droite quelconque passant par le centre, est nulle d'elle-même.

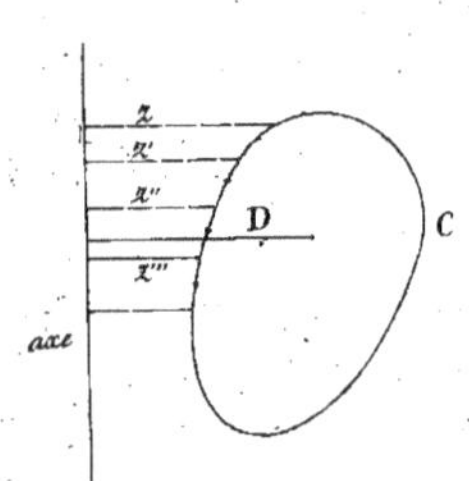

Proposition. — Théorème. — Lorsqu'une figure plane fait une révolution autour d'un axe situé dans son plan: 1° l'aire du corps engendré a pour mesure le contour générateur multiplié par la circonf. décrite par son centre des moyennes distances. 2° le volume de ce corps a pour mesure l'aire génératrice multipliée par la circonf. décrite par son centre des moyennes distances.

1° Soient A l'aire engendrée; C, le contour générateur et D la perpendicul. tirée de son centre des moyennes distances sur l'axe de rotation. — Décomposons le contour C en un très grand nombre m de petits élémens égaux à c et désignons par $z, z', z'',\ldots$ les distances de leurs milieux à l'axe. — les aires des petits troncs de cône, que décrivent ces divers élémens, étant exprimées par $c\times 2\pi z$, $c\times 2\pi z'$, $c\times 2\pi z'',\ldots$ et la somme de toutes ces aires formant l'aire cherchée, on a $A = c\times 2\pi(z+z'+z''+\ldots)$ ou bien $A = mc\times 2\pi\frac{z+z'+z''\ldots}{m}$; mais $mc = C$ et $\frac{z+z'+z''+\ldots}{m} = D$; donc $A = C\times 2\pi D$.

2° Soient V le volume du corps engendré; S, l'aire génératrice et K la perpendicul. tirée de son centre des moyennes distances sur l'axe. — décomposons la surface S en un très grand nombre m de petits rectangles égaux à s par deux séries de droites parallèles et perpendicul. à l'axe et appelons $z, z', z'',\ldots$ les distances des centres de ces rectangles à cette ligne. — l'anneau engendré par le petit rectangle $abcd$, étant la différence des cylindres décrits par $abgh$ et $dcgh$, est exprimé par $\pi.ah^2\times ab - \pi.dh^2\times ab$ ou par $\pi.(ah^2-dh^2)ab$; mais $ah^2-dh^2 = (ah+dh)(ah-dh) = 2\,oi\times ad$; donc la mesure de l'anneau est $ad\times ab\times 2\pi.oi$ ou rect. $abcd\times 2\pi.oi$. — ainsi, les divers anneaux, dont le volume V est composé, ont pour mesures $s\times 2\pi z$, $s\times 2\pi z'$, $s\times 2\pi z'',\ldots$; conséquemment $V = s\times 2\pi(z+z'+z''+\ldots)$ ou bien $V = ms\times 2\pi\frac{z+z'+z''\ldots}{m}$; or, $ms = S$, $\frac{z+z'+z''+\ldots}{m} = K$; donc $V = S\times 2\pi K$.

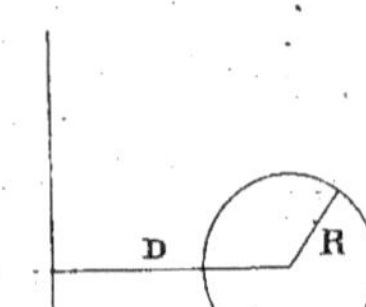

Scholie. — Si la figure génératrice est un cercle d'un rayon R et dont le centre est distant de l'axe de D, on a $A = 2\pi R\times 2\pi D$ ou $A = 4\pi^2 RD$ et $V = \pi R^2\times 2\pi D$ ou $V = 2\pi^2 R^2 D$. — quand le cercle est tangent à l'axe, il vient $D = R$ et par suite $A = 4\pi^2 R^2$ et $V = 2\pi^2 R^3$.

GÉOMÉTRIE DE L'ESPACE.

2e PARTIE.

Ire SECTION.

Les Surfaces courbes.

§.1. — La génération des surfaces courbes.

I. On peut tracer sur une surface courbe quelconque une infinité de lignes; on appelle lignes planes ou à simple courbure celles qui ont tous leurs points dans un même plan; les autres prennent le nom de lignes à double courbure.

II. Une surface est convexe lorsque toutes ses sections planes sont elles mêmes convexes. — telle est la surface de la sphère.

III. On désignera désormais sous les noms respectifs de centre, d'axes principaux et de plans principaux d'une surface le point, les droites et les plans appelés jusqu'ici centre, axes et plans de symétrie. — on donnera en outre le nom de diamètres à toutes les droites tirées par le centre.

IV. Les diverses intersections d'une surface courbe avec d'autres surfaces, décrites arbitrairement, ne sont pas généralement de même espèce; les sections planes, par exemple, peuvent être rectilignes, circulaires, elliptiques, &c &c; toutefois, lorsque les surfaces sont soumises à certaines lois, il existe entre ces lignes une liaison plus ou moins facile à saisir, qui dépend à la fois de ces lois et de la forme de la surface que l'on considère; on s'efforce de rendre cette liaison aussi simple que possible en choisissant un système convenable de surfaces coupantes; c'est pour atteindre ce but que l'on traverse la surface tantôt par des plans parallèles ou par des plans qui passent par la même droite, tantôt par des surfaces sphériques concentriques, &c; on parvient par là, ou moins dans un assez grand nombre de cas, à obtenir des relations suffisamment simples entre les lignes d'intersection; c'est ce qui arrive, entre autres, lorsque ces lignes sont droites ou circulaires, lorsqu'elles sont égales ou semblables, &c.

V. Supposons que l'on ait décrit sur une surface courbe S une série de lignes g, g', g'', g'''... infiniment voisines et assujetties à une loi commune; de manière que chacune soit déterminée par les mêmes conditions; puis, traçons à volonté sur cette surface d'autres lignes d, d', d''... qui rencontrent toutes celles qui précèdent; imaginons ensuite que la ligne g se meuve en s'appuyant sur l'une ou au besoin sur

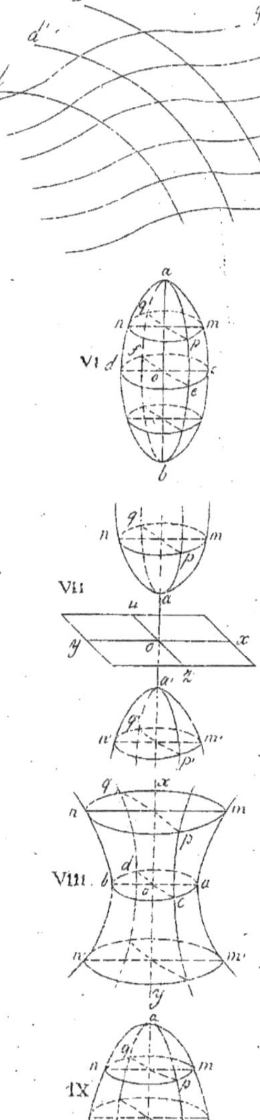

plusieurs des lignes d, d', d''... et qu'elle subisse en outre, à chaque instant, les modifications voulues par la loi mentionnée; il est visible que, pendant son mouvement, elle coïncidera successivement avec les lignes g', g'', g'''... et partant qu'elle engendrera la surface S. — On dit que les lignes g, g', g'', g'''... sont les génératrices de la surface, et que les lignes fixes d, d', d''..., dont le nombre est toujours limité, en sont les directrices.

Ainsi, toute surface courbe peut être engendrée, d'une infinité de manières différentes, par le mouvement d'une ligne assujettie à rencontrer une ou plusieurs lignes fixes et à changer, à chaque instant, de forme et de grandeur d'après une loi déterminée.

Pour éclaircir ce que ces considérations générales ont d'abstrait, nous allons faire connaître les générations de quelques surfaces particulières; nous passerons ensuite en revue les familles de surfaces les plus importantes; ce sont les surfaces de révolution, les surfaces développables et les surfaces gauches. — On dit que les surfaces des deux dernières familles sont réglées, parce que les unes et les autres peuvent être engendrées par le mouvement d'une ligne droite.

VI. — L'Ellipsoïde. — Ce corps est engendré par une ellipse $mpnq$ qui se meut, en restant parallèle à elle-même, de manière que ses quatre sommets m, n, p et q décrivent deux ellipses fixes $acbd$, $aebf$, situées dans des plans perpendiculaires et ayant un axe commun ab. — Ce corps est doué d'un centre o, de trois axes principaux ab, cd, ef rectangulaires deux à deux et de trois sections principales $acbd$, $aebf$ et $cedf$.

VII. — L'hyperboloïde à deux nappes. — Il est engendré par une ellipse $mpnq$ qui se meut, parallèlement à elle-même, de manière que ses sommets m et n, p et q décrivent deux hyperboles (man, $m'a'n'$) et (paq, $p'a'q'$), ayant le même axe transverse aa' et des plans perpendiculaires. — La surface de ce corps est composée de deux nappes illimitées $ampnq$, $a'm'p'n'q'$. — Le centre o des deux hyperboles directrices, l'axe commun aa' et les axes non transverses xy, zu, enfin, les trois plans aox, aoz, $xzyu$ sont le centre, les axes et les plans principaux de l'hyperboloïde.

VIII. — L'hyperboloïde à une nappe. — Il est engendré par une ellipse $mpnq$, qui se meut, en restant semblable et parallèle à elle-même, de manière que ses sommets m et n décrivent les deux branches man, $n'bn'$ d'une même hyperbole. — Le centre o de cette hyperbole, ses axes ab, xy et la perpendiculaire cd à leur plan, enfin, les plans xou, xov, $acbd$ que ces droites déterminent sont le centre, les axes et les plans principaux de l'hyperboloïde.

IX. — Le paraboloïde elliptique. — Il est engendré par une ellipse $mpnq$ qui se meut, parallèlement à elle-même, de sorte que ses sommets m et n, p et q décrivent deux paraboles quelconques man, paq, ayant même sommet a, même axe ax et des plans perpendiculaires. — Ce corps est dénué de centre et ne possède qu'un axe ax et deux plans principaux man et paq.

X. — Le paraboloïde hyperbolique. — Supposons que deux paraboles quelconques man, paq aient même sommet a, des axes ax, ay situés en ligne droite et des plans

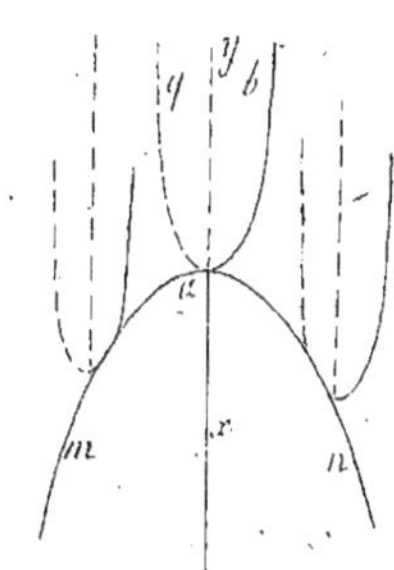

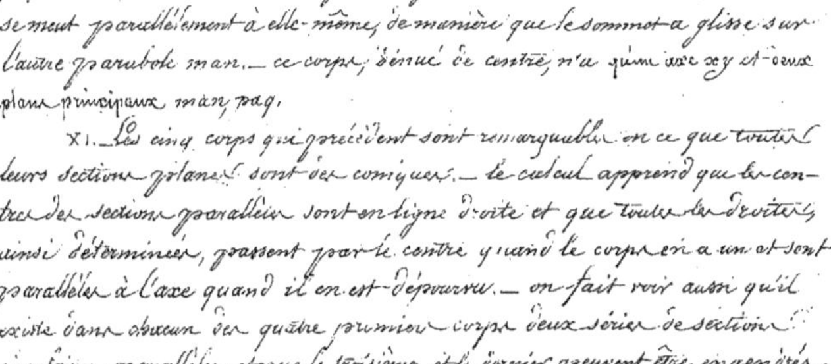

perpendicul. — le corps dont il s'agit est engendré par la parabole paq, lorsqu'elle se meut parallèlement à elle-même, de manière que le sommet a glisse sur l'autre parabole man. — ce corps, dénué de centre, n'a qu'un axe xy et deux plans principaux man, paq.

XI. Les cinq corps qui précèdent sont remarquables en ce que toutes leurs sections planes sont des coniques. — le calcul apprend que les centres des sections parallèles sont en ligne droite et que toutes les droites ainsi déterminées, passent par le centre quand le corps en a un et sont parallèles à l'axe quand il en est dépourvu. — on fait voir aussi qu'il existe dans chacun des quatre premiers corps deux séries de sections circulaires parallèles et que le troisième et le dernier peuvent être engendrés de deux manières différentes, par la ligne droite.

§. 2. — Les surfaces de révolution.

I. — Une surface est dite de révolution lorsqu'elle est engendrée par la rotation d'une ligne quelconque abcde, à simple ou à double courbure, autour d'une droite fixe xy, de manière que chacun de ses points décrive une circonf. de cercle perpendicul. et concentrique à cette droite. — la ligne xy, autour de laquelle la génératrice abcde opère son mouvement, s'appelle axe de révolution.

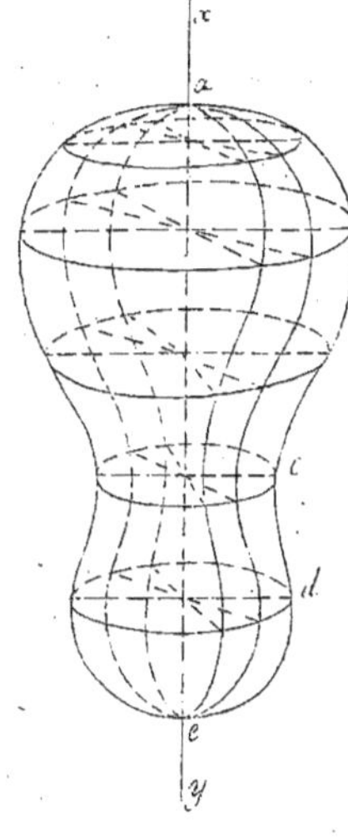

II. — On nomme plan méridien ou simplement méridien toutes les sections qui passent par l'axe. — il est visible que chaque méridien, en tournant autour de l'axe, engendre la surface de révolution; il s'ensuit que tous les méridiens sont égaux.

III. — On appelle cercles parallèles ou simplement parallèles toutes les sections circulaires, perpendicul. et concentriques à l'axe. — le plus grand des méridiens prend le nom d'équateur et le plus petit celui de cercle de gorge ou de collier.

IV. — Il résulte de ces définitions que tout corps de révolution peut être engendré par un cercle mobile, de rayon variable, astreint à rester perpendicul. et concentrique à une droite fixe et à s'appuyer constamment sur une droite donnée.

V. — Les corps de révolution les plus remarquables sont les trois corps ronds étudiés plus haut. — la sphère est de révolution par rapport à chacun de ses diamètres; cette propriété ne convient qu'à elle seule. — la surface du cylindre droit circulaire est engendrée par une droite parallèle à l'axe; tous ses cercles parallèles sont égaux. — la surface du cône droit circulaire est engendrée par une droite indéfinie qui coupe l'axe; elle est composée de deux nappes égales opposées par le sommet, les rayons des parallèles sont entre eux comme les distances de leurs centres à ce sommet. — la surface dégénère en un plan lorsque la génératrice est perpendicul. à l'axe.

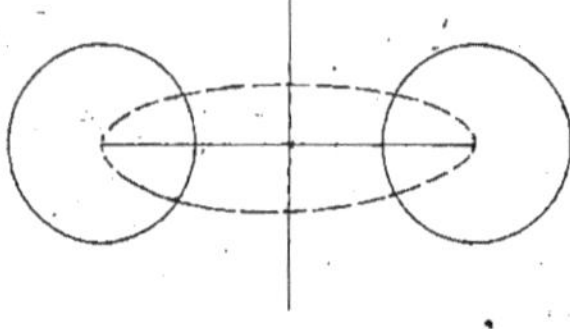

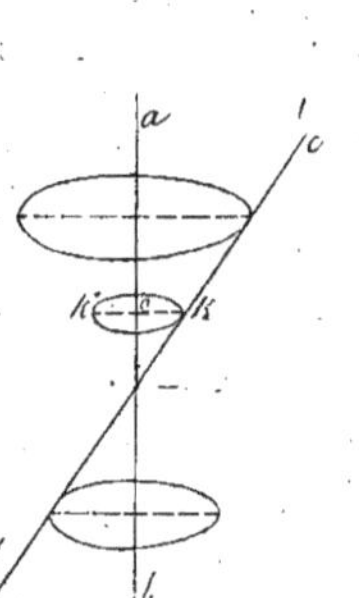

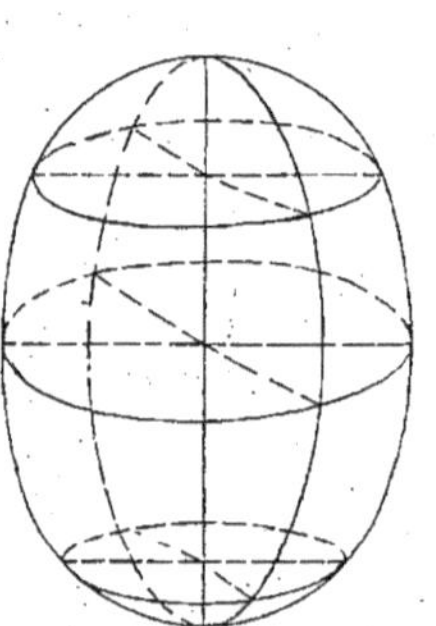

VI. — Le Tore ou la surface annulaire est engendrée par un cercle tournant autour d'un axe situé dans son plan : — il peut arriver que la circonf. génératrice ne rencontre pas l'axe, qu'elle lui soit tangente ou qu'elle le coupe en deux points — les sections, perpendicul. à l'axe, sont des zônes circulaires.

VIII. — On appelle Ellipsoïde, Hyperboloïde, Paraboloïde de révolution les corps engendrés par la révolution d'une ellipse, hyperbole ou parabole autour d'un axe principal. — L'ellipsoïde de révolution est allongé ou aplati selon que le mouvement a lieu autour du grand axe ou autour de petit axe. — L'hyperboloïde de révolution est à deux nappes ou à une nappe selon que l'axe de rotation est un axe transverse ou non transverse. — le calcul apprend que la surface de ce dernier corps est identique avec celle décrite par la rotation d'une droite cd autour d'un axe ab qu'elle ne rencontre pas. — le parallèle kk', engendré par la plus courte distance ok des lignes ab, cd, est le collier de l'hyperboloïde. — les quatre corps sont au surplus des cas particuliers de ceux que l'on a examinés page 224.

Proposition 1. Théorème. — Les méridiens et les parallèles d'une surface de révolution se coupent à angle droit.

Car l'axe de révolution est perpendicul. à tous les parallèles et tout plan, conduit suivant une droite perpendicul. à un autre plan, est aussi perpendicul. à ce plan.

Scholie. — En chaque point d'une surface de révolution on peut faire passer un méridien et un parallèle.

Prop. 2. — Théorème. — L'axe d'une surface de révolution est un axe principal, et tous ses méridiens sont des plans principaux.

L'axe de révolution est un axe principal parce qu'il contient les centres de toutes les sections circulaires qui lui sont perpendicul. — chaque méridien, coupant les parallèles à angle droit et selon des diamètres, divise en deux parties égales toutes les cordes de la surface qui lui sont perpendicul.; donc ce plan est princip.^{al}

Corol. 1. — Tout plan méridien divise une surface de révolution en deux parties égales. — pour opérer la superposition, il suffit en effet, l'une des parties restant fixe, de faire faire à l'autre une demi-révolution autour de l'axe.

Corol. 2. — Quand la section méridienne est douée d'un axe principal perpendicul. à l'axe de révolution, la surface a pour centre le point de concours de ces deux axes. — car le parallèle décrit par le premier axe est évidemment un plan principal de la surface, et, si par le second on conduit deux méridiens à angle droit, le point dont il s'agit est l'intersection commune de trois plans principaux rectangulaires vis-à-vis

Prop. 3. — Théorème. — Les intersections de deux surfaces de révolution autour d'un même axe

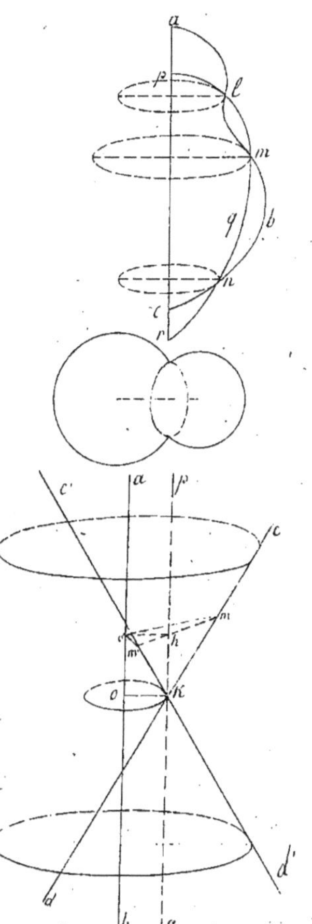

sont des circonf. de cercles perpendicul. et concentriques à cet axe.

Car, si les lignes méridiennes abc, pqr se coupent en l, m, n; les parallèles décrits sur ces points sont communs aux deux surfaces.

Corol. 1. — L'intersection de deux sphères est un cercle perpendicul. et concentrique à la ligne des centres. — Car les deux sphères sont de révolution par rapport à cette ligne.

Corol. 2. — Lorsque les axes de deux surfaces de révolution sont situés sur un même plan, leur intersection est divisée par ce plan en parties symétriques. — cela résulte de ce que le plan des deux axes est un plan principal commun aux deux surfaces.

Prop. 4. — Théorème. — L'hyperboloïde de révolution à une nappe peut être engendré de deux manières différentes par la ligne droite.

Soit ok la plus courte distance des droites ab, cd non situées dans le même plan; par le point k je tire pq parallèle à ab et dans le plan pkc, je fais ang. pkc = ang. pkc; je dis que les hyperboloïdes, engendrés par la rotation des droites cd, cd autour de l'axe ab, sont identiques. — pour le prouver, je mène un plan perpendicul. à l'axe commun qui coupe cet axe et les trois droites pq, cd, cd aux points o'; h, m et m'; les sections résultantes dans les deux surfaces sont deux cercles ayant pour centre le point o' et pour rayons les distances o'm, o'm'; ainsi, ces sections se confondront et il en sera de même des deux surfaces si l'on fait voir que les rayons sont égaux. — or, parceque ang. pkc = ang. pkc' et que kh est commun, triang. rect. khm = triang. rect. khm' et partant hm = hm'; mais la droite ok, perpendicul. aux droites pq et cd, l'est aussi au plan ckc'; donc sa parallèle o'h est perpendicul. au même plan et par suite à la droite mm'; donc obl. o'm = obl. o'm'.

Scholie. — En chaque point de l'hyperboloïde de révolution à une nappe on peut faire passer deux lignes droites appartenant aux deux modes de génération.

§. 3. — Les surfaces développables.

1. On dit qu'une surface est développable lorsqu'elle peut être étendue sur un plan sans déchirure et sans pli. — telles sont les surfaces latérales des cylindres et des cônes examinés dans le §. 4 de la page 215. — voici au surplus la génération générale de ces deux espèces de surfaces.

11. Une surface est cylindrique lorsqu'elle est engendrée par une droite indéfinie aa', assujettie à glisser sur une directrice fixe abcd, à simple ou à double courbure, en restant constamment parallèle à elle-même. — La surface dégénère en un plan quand la directrice est une droite.

On conservera le nom de sections droites aux sections perpendicul. aux génératrices.

111. Une surface est conique lorsqu'elle est engendrée par une droite indéfinie

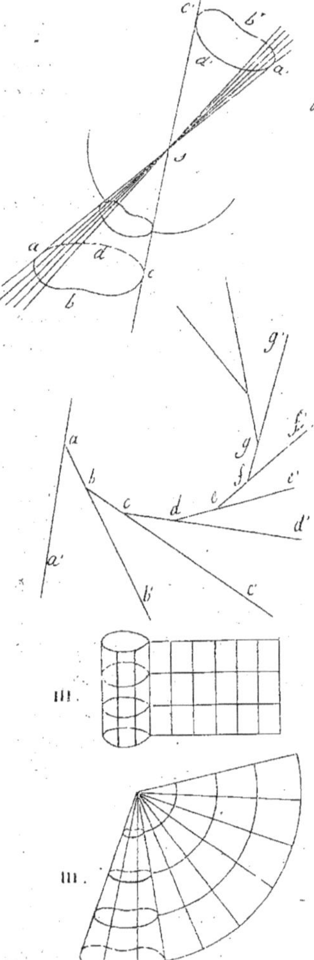

aa', assujettie à passer constamment par un point fixe s, nommé centre ou sommet, et à glisser sur une directrice fixe $abcd$ à simple ou à double courbure. — Cette surface est toujours composée de deux nappes illimitées $sabcd$, $sa'b'c'd'$ séparées par le sommet s. — Elle dégénère en un plan quand la directrice est rectiligne.

On appelle sections sphériques d'une surface conique celles qui sont produites par des surfaces sphériques ayant leur centre au sommet. — Ces lignes sont généralement à double courbure.

Proposition. — Théorème. — Toute surface, engendrée par une ligne droite, est développable, lorsque deux génératrices consécutives quelconques sont situées dans le même plan.

Soient aa', bb', cc', dd',... les génératrices infiniment voisines de la surface, lesquelles, étant situées deux à deux dans un même plan, se coupent en des points très rapprochés a, b, c, d,... formant une ligne $abcde$... à double courbure. — On pourra d'abord faire tourner la petite face angulaire $a'ab'$ autour de la génératrice ab' jusqu'à ce qu'elle se rabatte sur le plan de la petite face $b'bc'$; ensuite le plan des deux faces $a'ab'$, $b'bc'$ autour de la génératrice bc' jusqu'à ce qu'il se rabatte sur la face $c'cd'$, et ainsi de suite. — En continuant cette série de rabattemens, on parviendra à étendre toute la surface sur un plan par la simple flexion de ses élémens, c'est-à-dire, sans qu'il y ait rupture ou duplicature; donc cette surface est développable.

Scholies. 1. — La ligne à double courbure $abcde$..., lieu des intersections consécutives de génératrices, prend le nom d'arête de rebroussement.

11. — Une surface développable est composée de deux nappes indéfinies séparées par l'arête de rebroussement.

111. Les surfaces cylindriques et coniques sont développables. — Dans le développement d'une surface cylindrique, les sections droites se transforment en lignes droites perpendicul. aux génératrices, lesquelles conservent d'ailleurs leur parallélisme. — Dans celui d'une surface conique, les sections sphériques sont converties en arcs circulaires semblables et concentriques, dont les génératrices sont les rayons.

IV. — L'arête de rebroussement d'une surface conique se réduit à son sommet; ce point passe à l'infini dans les surfaces cylindriques.

§. 4. — Les surfaces gauches.

Une surface est gauche lorsque, pouvant être engendrée par le mouvement d'une ligne droite, deux génératrices quelconques, infiniment voisines, ne sont pas dans le même plan. — Il peut arriver que toutes les génératrices soient parallèles à un même plan qui prend le nom de plan directeur.

Comme deux génératrices consécutives, quelque rapprochées qu'elles soient, ne sont ni parallèles ni concourantes, il est impossible d'étendre la petite surface qu'elles comprennent sur un plan sans qu'il en résulte des déchirures ou des plis; ainsi les surfaces gauches et les surfaces développables forment deux familles distinctes.

Proposition 1. — Théorème. — Toute surface gauche peut être engendrée par le mouvement d'une droite assujettie à rencontrer trois lignes fixes.

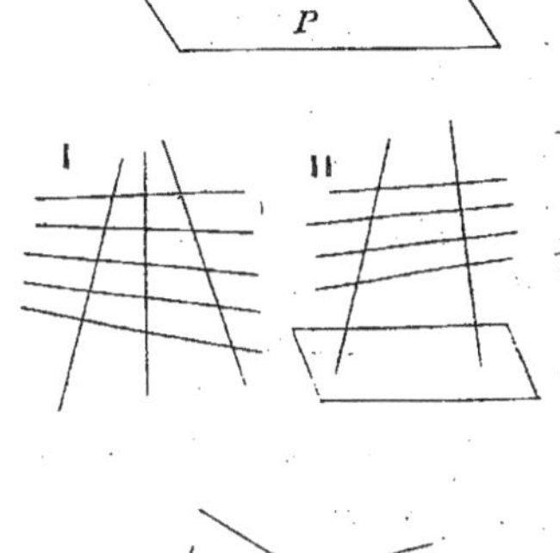

Je dis d'abord que la direction d'une droite est déterminée lorsqu'elle est soumise à passer par un point donné o et à rencontrer deux lignes quelconques C' et C''; en effet, la surface conique, qui a pour sommet le point o et pour directrice la ligne C', est généralement traversée par la ligne C'' en un ou en plusieurs points; en joignant le sommet o à l'un d'eux a, on obtient une génératrice oa de la surface conique qui rencontre évidemment la directrice C''. — Maintenant, si l'on trace à volonté sur une surface gauche trois lignes quelconques C, C' et C'', on pourra dire que chacune des génératrices est déterminée par la triple condition de passer par un point de la ligne C et de rencontrer les lignes C' et C''; ou, en d'autres termes, que cette surface peut être décrite par une droite mobile assujettie à glisser sur ces trois lignes prises pour directrice.

Corol. — Toute surface gauche à plan directeur peut être engendrée par une droite astreinte à glisser sur deux lignes fixes, en restant parallèle à elle-même. — Cela résulte de ce qu'une droite est déterminée en direction lorsqu'elle est assujettie à passer par un point o, à rencontrer une ligne C et à être parallèle à un plan P.

Scholies. — 1. La surface gauche la plus simple et à laquelle on rapporte toutes les autres est engendrée par une droite assujettie à glisser sur trois droites fixes, qui deux-à-deux ne sont ni parallèles ni concourantes. — Cette surface est identique avec l'hyperboloïde à une nappe défini plus haut.

11. — On appelle plan gauche la surface décrite par une droite qui se meut, parallèlement à un plan, en s'appuyant sur deux droites fixes non situées dans le même plan. — Le plan gauche est identique avec le paraboloïde hyperbolique.

111. — On donne en général le nom de Conoïdes aux surfaces gauches qui ont un plan directeur et une de leurs directrices rectiligne. — Un conoïde est droit ou oblique selon que la directrice rectiligne est perpendiculaire ou oblique au plan directeur.

Prop. 2. — Théorème. — L'hyperboloïde à une nappe peut être engendré, de deux manières différentes, par une droite assujettie à glisser sur trois droites fixes.

Soient ab, cd, ef trois droites non situées deux-à-deux dans le même plan; je tire trois droites bc, de, fa qui leur soient respectivement parallèles et qui rencon-

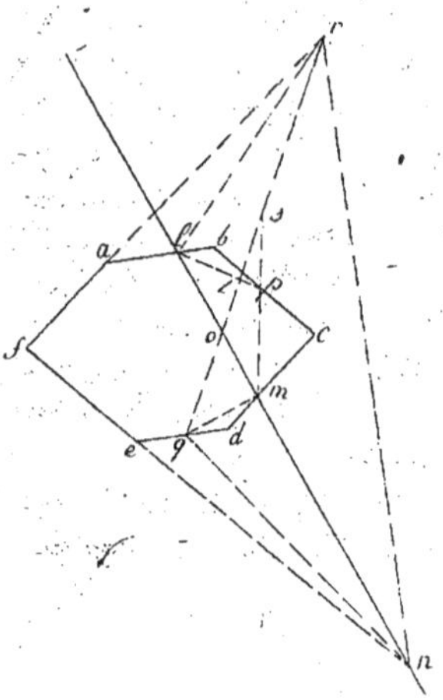

-tront: la première bc, les droites ab et cd; la deuxième de, les droites cd et ef; la troisième fa, les droites ab et ef; je forme ainsi un hexagone gauche abcdef, c'est-à-dire,
dont les côtés ne sont pas dans le même plan; mais les plans des côtés opposés abc et def, bcd et efa, cde et fab sont parallèles deux à deux.

Cela fait, je dis que les deux hyperboloïdes gauches qui ont pour directrices ab, cd, ef et bc, de, fa sont identiques; assertion qui deviendra évidente si l'on
fait voir que toute génératrice lmn de la première surface est située sur la seconde ou, ce qui revient au même, qu'elle est rencontrée par une génératrice
quelconque de cette dernière.

Par la génératrice lmn je conduis arbitrairement un plan qui traverse
les trois droites bc, de, fa en p,q,r; tout consiste à prouver que ces trois points sont en ligne
droite; car cette droite sera une génératrice de la seconde surface et, comme les génératrices
lmn, rpq sont situées dans le plan sécant, elles se rencontreront essentiellement. — s'il n'en
est pas ainsi, la droite qr coupera les trois droites lm, lp, mp aux points o,t,s; or, on a 1°. on
: om :: or : os, parce que les intersections mp, nr des plans parallèles bcd, efa par un troisième sont parallèles; 2°. om : ol :: oq : or, parce que les plans cde, fab sont parallèles ainsi que
les intersections mq, lr; 3°. ol : m :: ot : oq, parce que lt est parallèle à qn; multipliant ces
proportions terme à terme, il vient

$$on \times om \times ol : om \times ol \times on :: or \times oq \times ot : os \times or \times oq,$$

Or, comme les deux premiers termes sont égaux, il faut que les deux derniers
le soient aussi, c'est-à-dire, que l'on ait ot = os, ce qui est absurde. — donc les trois points
p,q,r sont en ligne droite.

Corol. 1. — On peut coucher sur l'hyperboloïde gauche deux systèmes de droites, tels que les
droites d'un même système ne se rencontrent pas et coupent toutes celles de l'autre système.

Corol. 2. — L'hyperboloïde gauche peut être engendré par une génératrice de l'un des deux systèmes
glissant sur trois génératrices de l'autre système.

Corol. 3. — L'hyperboloïde gauche est convexe, car si une droite traversait sa surface en trois
points, elle rencontrerait trois génératrices d'un même système et serait par conséquent une
génératrice de l'autre système, ce qui est contraire à l'hypothèse.

Prop. 3. — Théorème. — Le plan gauche peut être engendré de deux manières différentes, par
une droite qui glisse sur deux droites fixes, en restant parallèle à un plan directeur.

Soient ac, bd les directrices d'un plan gauche et mn le plan directeur; tirons bx
parallèlement à ac et conduisons les plans a'b'k', a''b''k'', a'''b'''k''',.... parallèles au plan
mn; les droites ab, a'b', a''b'' seront les génératrices de la surface. — cela fait, cou-
pons arbitrairement le plan gauche selon un plan parallèle au plan dbx; soient
or et o,o',o'',o''',.... ses intersections avec le plan cabx et les diverses génératrices, de
manière que la ligne o o' o'' o'''.... soit le contour de la section faite dans la surface. — par

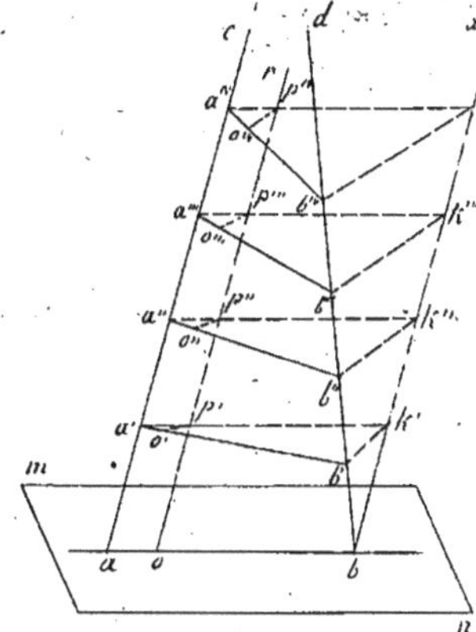

ce que $p'o'$ et $k'b'$, $p''o'$ et $k''b''$ sont parallèles, on a $p'o' : k'b' :: a'p' : a'k'$, $p''o' : k''b'' :: a''p'' : a''k''$, mais $a'p' = a'p'$, $a'k' = a''k''$ comme parallèles comprises entre parallèles; donc $p'o' : p''o' :: k'b' : k''b''$. — or, parceque $b'k'$ est parallèle à $b''k''$, $k'b' : k''b'' :: b'k' : b''k'' :: op' : op''$; il s'ensuit que $p'o' : p''o' :: op' : op''$ et, à cause de ang. $op'o' = $ ang. $op''o'$, que les triangles oop', oop'' sont semblables; conséquemment, ang. $o'or = $ ang $o''or$, ce qui ne peut avoir lieu à moins que les trois points o, o', o'' ne se trouvent en ligne droite. — on prouverait de la même manière que cette droite passe par les points $o'', o'''...$; ainsi, toutes les sections du plan gauche, parallèles au plan obx, sont rectilignes; donc cette surface peut être décrite par une droite assujettie à glisser sur deux des droites $a'b'$, $a''b''$, $a'''b'''$... en restant parallèle au plan directeur obx.

Corol. 1. — Il existe sur un plan gauche deux systèmes de génératrices respectivement parallèles à deux plans directeurs; telle en outre que toutes les génératrices d'un même système ne se rencontrent pas et coupent toutes celles de l'autre système.

Corol. 2. — Le plan gauche est une surface convexe. — car on peut considérer cette surface comme un hyperboloïde gauche dont les trois directrices sont parallèles à un même plan.

§. 5. — Similitude des surfaces courbes.

1. Deux surfaces courbes sont semblables lorsque, ayant inscrit à volonté un polyèdre dans l'une, on peut toujours inscrire dans l'autre un polyèdre semblable.

II. Soient prises, sur les distances oa, ob, oc,.... d'un point quelconque o aux divers points d'une surface S ou sur leurs prolongemens, des distances oa', ob', oc',.... qui leur soient proportionnelles; la surface S', qui passe par les points $a', b', c',...$; est semblable à la première. — cela résulte de la définition 1 et de la prop. 3, page 207. — on dit en outre que les surfaces S et S' sont semblablement placées.

Le point o est le centre de similitude des deux surfaces S, S'. — la similitude est directe dans le cas de la fig. 1 et inverse dans celui de la fig. 2.

III. Toute surface conique, ayant pour sommet le centre o de similitude, rencontre les surfaces S et S' selon deux courbes semblables C et C'.

IV. Deux surfaces de révolution sont évidemment semblables lorsqu'elles sont engendrées par la rotation de deux courbes, semblables et pareillement situées, autour d'un axe passant par leur centre de similitude.

V. Les surfaces courbes semblables sont entr'elles comme les quarrés des dimensions homologues.

Les corps compris sous ces surfaces, sont entr'eux comme les cubes des mêmes dimensions.

On peut en effet considérer ces corps comme des polyèdres semblables terminés par une infinité de petites faces.

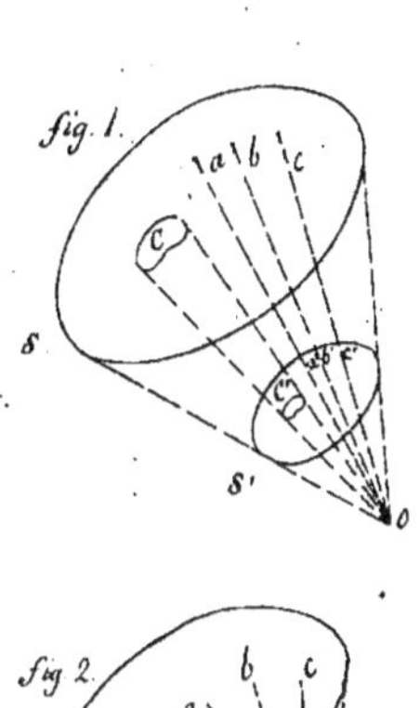

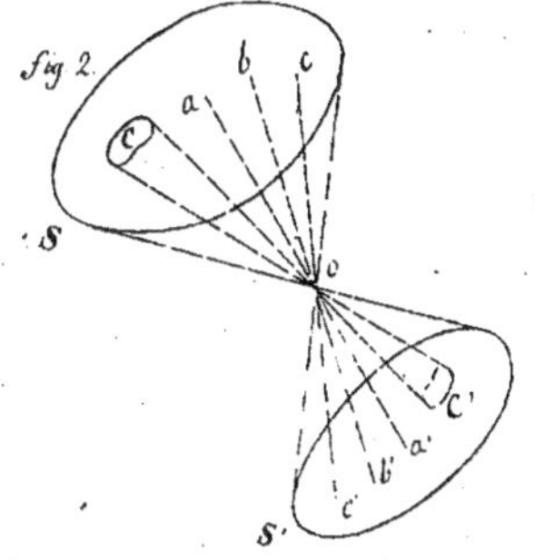

2ᵉ SECTION.

Les Plans tangens

§. 1. _ Notions générales.

1. Lorsqu'on considère une ligne à double courbure comme un polygone gauche infinitésimal : 1º les prolongemens des petits côtés sont les tangentes de la ligne; 2º les plans, déterminés par deux petits côtés consécutifs, s'appellent plans osculateurs.

Ainsi, pour obtenir la tangente et le plan osculateur en un point b d'une ligne donnée, il faut 1º joindre, par une droite pq, le point b au point très voisin a; 2º faire passer un plan mn par le point b et les points a et c qui le précède et le suive immédiatement.

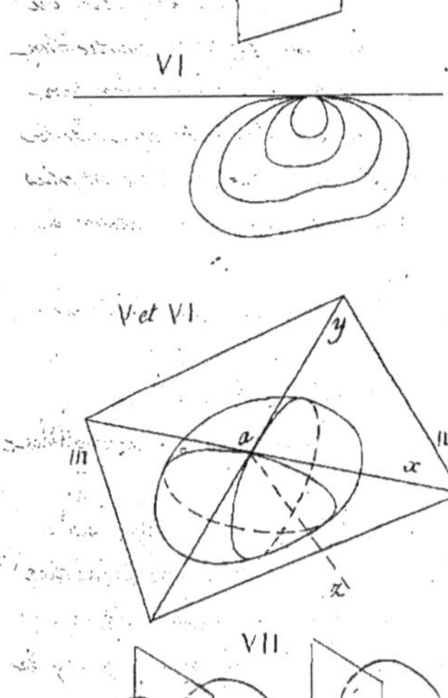

II. On appelle normales les perpendicul. tirées sur l'une des tangentes d'une courbe par le point de contact: _ toutes les normales sont situées dans un même plan perpendicul. à la tangente; on dit que ce plan est normal à la courbe.

III. Une ligne droite ou courbe est tangente à une surface quand l'un de ses élémens y est situé, c'est-à-dire, quand elle coupe la surface en deux points très voisins _ il existe en chaque point d'une surface une infinité de tangentes.

IV. Il résulte de ces définitions que toute droite, tangente à une ligne quelconque tracée sur une surface, est tangente à la surface au même point et que réciproquement toute section, faite par un plan qui contient l'une des tangentes de la surface, est tangente au même point de cette droite.

V. Un plan mn est tangent en un point a d'une surface lorsqu'il passe par deux droites ax, ay tangentes à la surface en ce point. _ le point a est dit point de contact ou de tangence.

VI. On appelle normale la perpendicul. az tirée sur un plan tangent mn par son point de contact a. _ tous les plans, conduits suivant la normale az, sont perpendicul. au plan tangent mn; ces plans et leurs intersection avec la surface sont nommées plans normaux et sections normales _ une section est oblique quand elle passe par le point de contact a sans contenir la normale az.

VII. Deux surfaces sont tangentes lorsqu'elles touchent le même plan au même point. _ les normales des deux surfaces au point de contact se confondent. _ ainsi, lorsque deux sphères se touchent: 1º les deux centres et le point de contact sont en ligne droite, 2º suivant que le contact est extérieur ou intérieur, la distance des centres est égale à la somme ou à la différence des rayons

VIII. Deux surfaces se touchent suivant une ligne abcde lorsqu'elles ont même plan

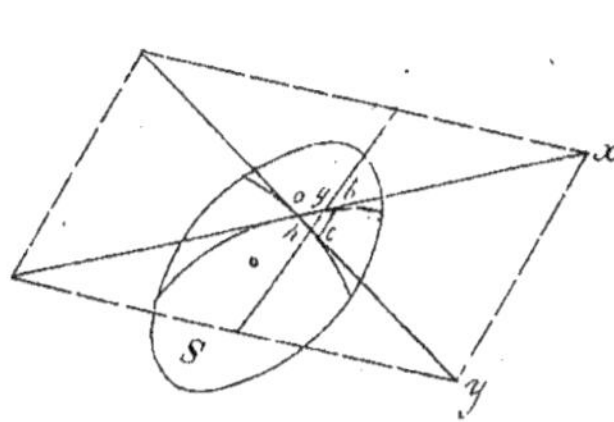

tangent ou même normale en chacun des points de cette ligne. — La ligne abcd est dite ligne de contact ou de raccordement.

Proposition 1. — Théorème. Le plan tangent en un point à une surface est le lieu de toutes les tangentes que l'on peut mener à la surface par ce point.

Soient b, c deux points de la surface infiniment voisins du point a, de manière que les droites ax, ay soient deux tangentes et que le plan xay qu'elles déterminent soit tangent en a. — parceque la petite droite bc, tirée entre les points b et c, appartient à la surface, toute droite gh, qui unit deux points quelconques g, h du périmètre du petit triangle abc, se trouve d'une part dans le plan tangent xay et de l'autre est tangente à la surface qu'elle traverse aux points y, h dont la distance est infiniment petite. — or, le triangle abc étant d'une étendue inappréciable, on doit considérer ses trois sommets a, b, c comme se confondant en un seul point; on peut donc dire que toutes les droites, tirées par le point a dans le plan tangent, touchent la surface en ce même point; c'est là précisément ce qu'il s'agissait de faire voir.

Scholie. — Il peut arriver que toutes les sections planes, qui passent par le point de contact, présentent leur convexité d'un même côté du plan tangent ou bien qu'elles présentent leur convexité en partie d'un côté de ce plan et en partie de l'autre; dans ce dernier cas, le plan tangent est aussi sécant. — le plan tangent au tore est de la première ou de la seconde espèce; selon que la distance du point de contact à l'axe est plus grande ou plus petite que la distance du centre du cercle générateur à la même droite.

Corol. 1. — Le plan tangent à l'extrémité d'un axe ou en un point d'une section principale est perpendicul. à cet axe ou à cette section.

Corol. 2. — Les plans tangens aux extrémités d'un diamètre sont parallèles.

Corol. 3. — Les plans tangens aux points homologues des surfaces semblables sont parallèles.

Prop. 2. — Problème. — Mener le plan tangent en un point donné d'une surface courbe.

Par le point donné a je fais à volonté deux sections planes bac, dae ou plus généralement je trace sur la surface deux lignes quelconques; je tire les tangentes mn, pq au point a de ces lignes; le plan mpnq de ces deux droites est le plan tangent cherché.

Scholie. — Il faut, autant que possible, choisir les plans sécans de manière que les intersections soient des lignes simples, par exemple, des droites, des circonférences, des ellipses, &c. — lorsqu'une intersection est rectiligne, elle se confond avec sa tangente et partant elle se trouve toute entière dans le plan tangent.

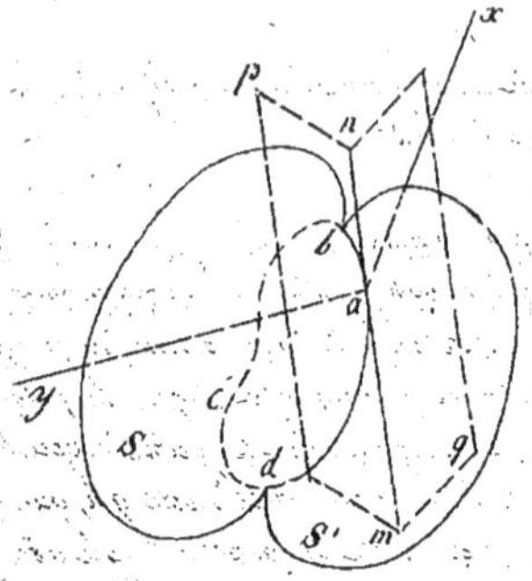

Corol. — La perpendiculaire ak, tirée du point de contact a sur le plan tangent mpnq, est normale à la surface.

Prop. 3. — Problème. — Mener une tangente au point a de l'intersection commune abcd de deux surfaces s et s'.

La ligne abcd appartenant aux deux surfaces s et s', sa tangente du point a est située dans chacun des plans mp, nq, tangens au même point de ces surfaces, donc elle se confond avec leur intersection mn.

Corol. — Le plan xay des normales ax, ay des surfaces s et s', au point a de leur intersection abcd, est normal à cette intersection. — car le plan xay est perpendicul. aux deux plans tangens mp, nq et par suite à leur intersection mn.

§.2 — Plans tangens aux surfaces de révolution, gauches et développables.

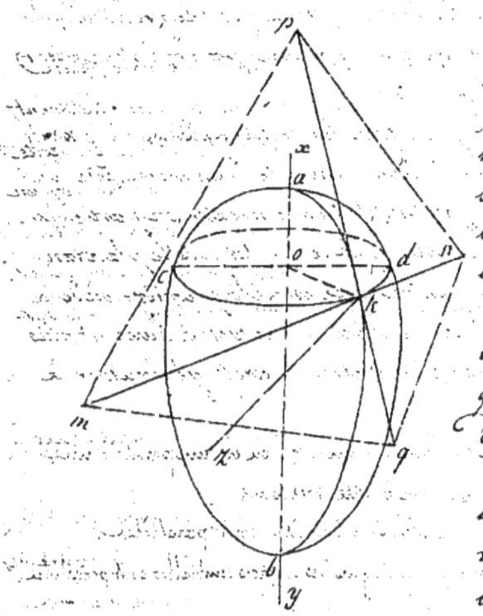

Proposition 1. — Théorème. — Le plan tangent au point k d'une surface de révolution est perpendicul. au méridien akb qui passe par ce point.

Ce plan tangent est déterminé par les tangentes, pq, mn à la section méridienne akb et au parallèle ckd du point de contact k; or, ces deux plans se coupant à angle droit et selon le rayon ok, la tangente mn perpendicul. à l'extrémité de ce rayon dans le plan ckd, est perpendicul. au méridien akb; donc le plan tangent pm qn, qui contient cette droite, est aussi perpendicul. au même méridien.

Scholie. — Ainsi pour déterminer le plan tangent en un point donné sur une surface de révolution, il faut tirer une tangente à la section méridienne qui passe par ce point et conduire par cette tangente un plan perpendicul. à celui de la section.

Corol. — Toutes les normales d'une surface de révolution rencontrant l'axe — car le méridien akb étant perpendicul. au plan tangent pm qn, la perpendicul. kz tirée du point k sur ce dernier plan, c'est-à-dire, la normale au point k de la surface est située dans ce méridien; donc cette normale rencontre l'axe xy.

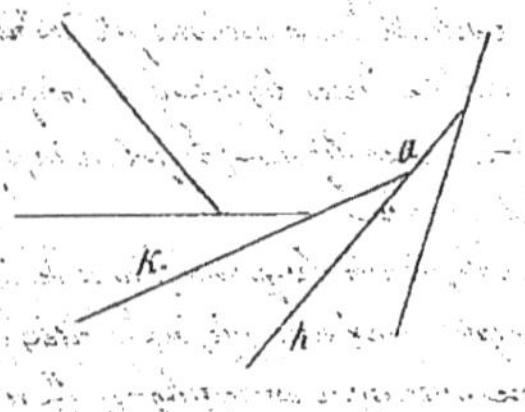

Prop. 2. — Théorème. Le plan tangent au point k d'une surface développable touche la surface tout le long de la génératrice ak de ce point.

Le plan kak' déterminé par la génératrice ak et par la génératrice ak infiniment voisine, contient évidemment un élément de chacune des sections que l'on peut faire dans la surface non seulement par le point k, mais encore par chacun des points de la génératrice ak; donc le plan tangent en k se confond avec le plan kak et par suite il touche la surface tout le long de ak.

Scholie._ Les génératrices et les plans tangents d'une surface développable sont les tangentes et les plans osculateurs de son arête de rebroussement.

Prop. 3._ Problème._ Mener le plan tangent en un point k d'une surface dévelop.[ble]

Je trace la génératrice ab du point k et je détermine le point b où elle coupe une ligne quelconque cbd tracée sur la surface donnée; le plan kbp, qui passe par la génératrice ab et la tangente pq au point b de la courbe cbd, touche la surface tout le long de ab; c'est en conséquence le plan tangent cherché.

Corol. 1._ L'intersection de deux plans tangents à une surface cylindrique est parallèle aux génératrices; car chacun de ces plans contient une génératrice.

Corol. 2._ L'intersection de deux plans tangents à une surface conique passe par le sommet, car tout plan tangent, contenant une génératrice, passe par ce point.

Prop. 4._ Théorème._ Tout plan, conduit suivant une génératrice d'une surface gauche, est tangent en un point de cette génératrice.

(Par la génératrice o d'une surface gauche je fais passer à volonté un plan P qui coupe les génératrices 1 et 1', qui la précède et la suit immédiatement, on a et a'; et les autres génératrices 2,3,4... 2',3',4',... en b,c,d... b',c',d',... _ la droite aa', qui se trouve toute entière dans le plan P, rencontre la génératrice o en un certain point k, et, comme les éléments ak, ka' sont en ligne droite, la section cba k a'b'c' a une inflexion en ce point _ ainsi, le plan P contient la génératrice o et la tangente aka' au point k de la section; donc c'est le plan tangent de la surface gauche au même point.

Prop. 5._ Problème._ Mener le plan tangent en un point d'une surface gauche donnée par ses trois directrices.

Soient d'abord a,bc les trois directrices rectilignes d'un hyperboloïde à une nappe et proposons nous de mener le plan tangent au point o de la génératrice. construisons à volonté deux autres génératrice b' et c' et par le point o tirons une droite k qui les rencontre l'une et l'autre. _ la ligne k, coupant les trois génératrices a'b'c' du premier mode, est une génératrice du second mode; donc le plan, déterminé par les droites a' et k, touche l'hyperboloïde au point o.

Soient c,c'c'' les trois directrices d'une surface gauche quelconque, a a'a'' une génératrice et o le point par lequel on veut faire passer le plan tangent._ menons les tangentes ab, a'b', a''b'' aux points a, a',a'' des trois lignes c,c'c'' et le plan tangent au point o de l'hyperboloïde dont les trois tangentes sont les directrices; ce plan sera celui cherché _ en effet la génératrice de l'hyperboloïde, infiniment voisine de a a'a'', appartient évidemment à la surface donnée; donc le petit élément

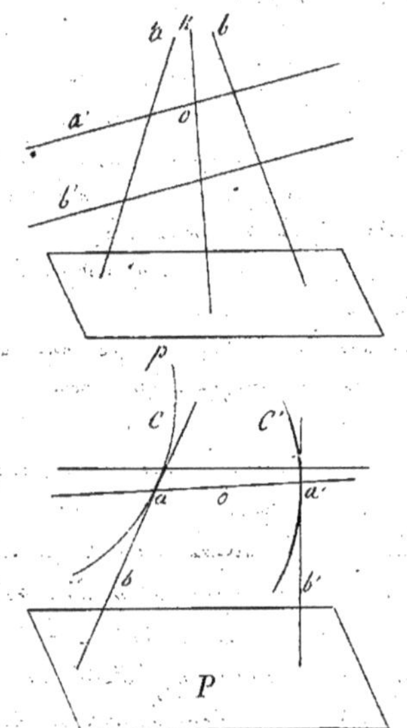

gauche, compris entre ces deux génératrices, est commun aux deux surfaces
et par suite ces surfaces se touchent tout le long de la génératrice $a a'$.

Prop. 6. — Problème. — Mener le plan tangent en un point d'une surface gauche,
à plan directeur, donnée par ce plan et par ses deux directrices.

Soient d'abord a, b, p les deux directrices et le plan directeur d'un
plan gauche, et proposons nous de déterminer le plan tangent au point
o de la génératrice a'. — construisons à volonté une seconde génératrice b' et
par le point o tirons une droite k qui rencontre b' et soit parallèle au plan
des deux directrices a et b. — la droite k sera une génératrice du second
mode, et partant le plan des deux droites a' et k sera tangent en o au
plan gauche.

Soient maintenant c, c' et P les deux directrices et le plan directeur
d'une surface gauche quelconque; $a a'$ une génératrice et o le point par le
quel doit passer le plan tangent. — menons les tangentes ab, $a'b'$ aux
points a et a' des lignes c et c'; puis le plan tangent du point o au plan
gauche, dont ces droites et le plan P sont les directrices et le plan directeur.
— ce plan est celui cherché. — on voit en effet que la génératrice du
plan gauche, infiniment voisine de $a a'$, appartient à la surface donnée; que
l'élément gauche, compris entre ces deux droites, est commun aux deux
surfaces et que par suite ces surfaces sont tangentes en chacun des
points de la génératrice $a a'$.

Fin du cours de Géométrie.

9 782014 468618